INTRODUCTION TO SECONDARY CELL ENGINEERING

2차전지공학 개론

이국환

2차전지공학 개론

이국환

구민사

2차전지공학 개론

초판 인쇄 | 2024년 7월 10일
초판 발행 | 2024년 7월 20일

저　　자 | 이국환
발 행 인 | 조규백
발 행 처 | 도서출판 **구민사**
(07293) 서울특별시 영등포구 문래북로 116, 604호(문래동 3가 46, 트리플렉스)
전　　화 | (02) 701-7421
팩　　스 | (02) 3273-9642
홈페이지 | www.kuhminsa.co.kr

신고번호 | 제2012-000055호 (1980년 2월 4일)
I S B N | 979-11-6875-388-4(93500)

값 | 34,000원

2차전지(Secondary cell)

제1회 세계 한인 과학기술인대회가 2023년 7월 4일(화) ~ 7월 7일(금)까지 서울 강남구 한국과학기술회관에서 개최되었다. 과학기술정보통신부와 한국과학기술단체총연합회 주관으로 열린 이 대회는 세계 각지의 한인 과학기술자들과 함께 공동연구와 협력의 장을 마련하고 교류하며, 대한민국이 세계적 과학기술 중심 국가로 거듭나 선도적인 역할과 위상을 갖추고, 발판을 마련하겠다는 취지이다.

프로그램을 살펴보면 다음과 같다.

프로그램

	첫째날 7.4(화)	둘째날 7.5(수)	셋째날 7.6(목)	넷째날 7.7(금)
09:30~10:00		기조강연1	기조강연2	기조강연3
10:00~10:30		Break	산학연 Tech 포럼(산학연 사례 중심) / 우수 논문 시상식(10:00~11:30)	차세대 리더스 포함
10:30~10:50		제1회 세계 한인 과학기술인 대회 개회식		
10:50~12:00		사이언스 토크 콘서트		
12:00~13:00		오찬	오찬	오찬
13:00~15:00		미래과학기술: 우주항공·해양 / 첨단모빌리티 / 인공지능 / 기초1	미래과학기술: 수소·2차전지 / 차세대원자력 / 종합1; 세계여성과학기술인포럼	세계한인스타트업포럼 / 차세대 Job Fair / 과학외교포럼 / 한인석학과의 대화
15:00~15:30		Break	Break	Break
15:30~17:00	등록	미래과학기술	미래과학기술	세계한민족 과학기술자 공동협의회 총회(19개 과협회장단, Invitation Only)
15:30~17:30	환영연 (17:00~17:30)	사이버보안 / 차세대통신 / 첨단로봇·제조 / 기초2	첨단바이오 / 양자 / 반도체·디스플레이 / 종합2	
17:30~18:00	특별강연1		특별강연2	
18:00~20:00	환영만찬, 공연		환송만찬	

현재 4차 산업혁명시대에 있어 2차전지는 국가의 과학기술과 산업 경쟁력 핵심 중의 한 산업분야이다. 기술 패권의 한 축인 것이다. 친환경의 대표적인 전기자동차를 비롯한 전동화 모빌리티(Mobility)는 물론 차세대 모빌리티를 포괄하는 동력원으로 없어서는 안되는 2차전지는, 전기차 원가의 51% 이상을 차지하는 핵심요소기술의 집합체로 전 세계적으로 수요가 폭발적으로 증가하고 있는 산업이다. 그만큼 2차전지를 구성하고 있는 주요 핵심요소인 양극재, 음극재, 분리막, 전해질 분야에 있어 연구개발과 기술의 고도화 경쟁력은 우리가 상상하는 그 이상이다. 그야말로 선의의 경쟁으로 기술 패권을 확보하고자 하는 것이다. 또한 이와 관련된 모듈, 부품, 소재와 더불어 광물 추출 및 가공을 비롯한 폐배터리 재활용 산업 등 연계 산업도 계속 빠른 속도로 성장하고 있다.

저자는 학부와 대학원에서 전기자동차를 비롯한 전장, 메커니즘, 배터리, 이와 관련된 플라스틱 소재와 물성, 응용 등을 비롯한 기계시스템응용설계 그리고 창의적 공학설계특론 등을 가르치며 역공학설계와 기능분석 방법론에 의한 문제해결과 창의적·개념적 선도기술 구현 등을 동반으로 고도화 선행개발 등을 가르치며, 연구해왔다.

실제로도 저자는 전동 모빌리티에 있어 주행 시 차체의 안정성과 안전성을 유지하는 핵심요소기술인 자세복원 메커니즘에 대한 미국, 중국 등에 등록특허와 함께 연관된 특허를 수십 개 보유한 연구 및 기술개발 전문가이기도 하다. 전동 모빌리티에 들어가는 메커니즘과 시스템은 물론 리튬이온 배터리(LIB), 리튬인산철 배터리(LFP), 슈퍼커패시터 배터리 등의 개발에도 참여했다.

2차전지의 중요성을 이론적으로 그리고 개인용 이동장치인 PM(Personal Mobility)을 연구개발하여 양산하는 과정에서 절실히 깨달아 이를 저서로써 출간하게 된 것이다.

연구개발의 결과인 전문적인 내용보다는 우선 2차전지의 종류, 원리, 특성, 소재, 활용 등을 폭넓게 이해하고, 알기 쉽게 개론적으로 저술하고자 하였다. 이는 2차전지에 대한 관심은 물론 핵심 내용에 대한 이해와 습득이 용이하도록 하여, 향후 보다 전문적인 학업과 연구개발 그리고 산업기술 현장에서 실무와 적용에 도움이 되도록 한 것이다.

2차전지는 미래를 향한 국가 경쟁력의 상징 중 한 품목이다. 미래 먹거리의 창출이며, 고용 효과에 있어서도 위대한 동력이 된다.

PREFACE

2차전지 산업 분야에서 묵묵히 헌신하며, 땀과 노력과 열정을 가지고 종사하는 많은 분들이 있다. 그분들의 노고에 진심으로 감사드린다. 화학공학, 소재공학, 전기공학, 전자공학, 기계공학 등을 비롯한 관련 융복합기술이 적용된 종합기술

(개발기술과 공정기술)의 집합체는 그분들의 그동안 헌신의 결과인 놀랍고 자랑스런 업적이며 결과물이다.

저자는 이러한 축적된 훌륭한 결과물을 조사, 분석, 검토하고, 탐구하면서 거기에 직접 PM(Personal Mobility)용 2차전지(리튬이온, 리튬인산철, 슈퍼커패시터 등)를 연구개발하고, 전기바이크 및 전동킥보드에 직접 실장·탑재하여 수년에 걸친 현장시험과 수차례 개선보완을 거친 후 초기 제품을 판매해 본 기술개발과 현장실무 경험을 바탕으로 본 저서를 집필하게 되었다. 전문적인 연구개발(R&D) 결과 내용을 가능한 배제하면서, 아주 쉽게 개념적으로 저술하고자 한 것이다. 또한 기술의 동향과 논문분석, 특허분석으로 각 차별기술의 비교분석을 한 후, 장점은 물론 단점과 문제점도 파악하여 이를 좀 더 개선하고자 하는 보완설계, 즉 개선설계 내용(대안과 개념설계)도 2차전지 전체를 넓은 시야에서 보는 기계시스템을 전공한 공학자 및 개발자 입장에서 조심스럽게 거론하였다.

저자는 근 40년 가까이 오직 한길을 걸으며 연구개발과 기술사업화에 전념을 해오고 있다. 그리고 그 오랜 기간 갈고 닦은 이론과 실무를 통합한 성과물로 논문, 수백 개의 특허(상용화 특허 포함)를 비롯한 80권이 넘는 공학기술 분야, R&D 및 기술사업화 분야, 창의성 분야 등 다양한 분야의 저서를 출간하였다. 그동안 공학자, 연구개발자, 발명가, 엔지니어로서의 신념은 "과학기술(Science & Technology)이란 인간의 일상생활을 풍족하고 편리하게 해주는 도구이자 수단이 되어야 한다는 것이다. 그것도 인간의 문명 발전과 번영에 유익한 도구이며 수단으로서." "급격히 변화하는 시대에 적응하고, 현실을 직시하며 좀 더 나은 미래를 개척하기 위해서는 오로지 끈기와 열정으로 자기계발에 힘쓰는 것이다"라고 강조하고 싶다. 각자가 꿈꾸고 희망하고 목표로 삼고 있는 미래 개척과 도전에는 본인들의 땀과 노력, 눈물이 비례한다는 것을 확신한다. 보다 나은 미래 도약을 위해서 독자분들 모두의 꾸준한 호기심과 탐구심, 도전정신을 기대해 본다.

아무쪼록 본서가 기술개발과 산업발전에 있어 훌륭한 길잡이가 되었으면 한다. 그리고 기술보국(技術報國)의 현장에서 최선을 다하는 독자들에게 큰 도움이 되기를 바라며, 끝으로 이 책을 펴내는데 있어 수고해 주신 도서출판 구민사 조규백 대표님과 전무님을 비롯한 직원 여러분께 진심으로 감사를 드린다.

조규백 대표님과 전무님을 비롯한 직원 여러분께 진심으로 감사를 드린다.

공학박사
이 국 환(李國煥)

CONTENTS

CHAPTER 04

리튬이온 2차전지 배터리 모듈 기능 분석

CHAPTER 05

LFP(리튬인산철) 2차전지

CHAPTER 06

슈퍼커패시터 배터리

CONTENTS

CHAPTER 07

전고체 배터리

CHAPTER 08

배터리 관련 개선설계 사례연구

CHAPTER 09

전기자동차 2차전지(배터리) 안전기준

CONTENTS

시작하는 말 - Prologue

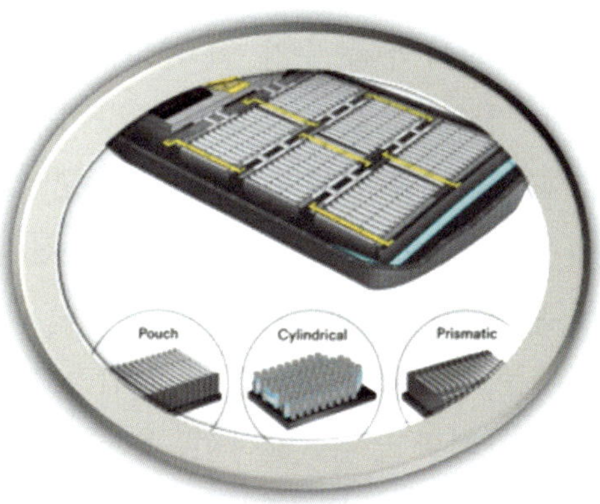

전기자동차(전기차) 가격의 30~40%를 차지하는 2차전지(battery, 배터리)는 전기자동차를 비롯한 친환경 모빌리티(mobility, 이동 및 운송수단)에 있어 첨단기술이 집약된 핵심부품이자 모듈(module)이다. 충전을 통해 여러 번 재사용이 가능한 배터리를 2차전지라고 부른다. 그리고 현재 가장 널리 사용되는 2차전지는 '리튬이온 배터리'이다.

기존 화석연료(휘발유, 디젤 등)를 사용하는 자동차를 비롯한 모든 운송 및 이동수단을 탄소중립 에너지로 대체함으로써, 탄소 저감을 통한 지구온난화와 기후변화에 대응하는 동시에 인간의 삶의 질을 높이기 위한 대기오염으로부터의 획기적인 문제해결안이다. 오늘날 전 세계에서 소비되는 석유(원유)의 약 79%가 자동차와 비행기, 선박의 연료로 쓰이는데 현재 확보된 배터리 기술로도 배터리가 석유 수요의 50%를 대체할 수 있을 뿐만 아니라, 그 비중도 급속도로 증가할 것이다.

이산화탄소(CO_2) 저감효과를 얻기 위해서는 우선적으로 화석연료를 사용하여 전기를 생산하는 방식을 반드시 바꿔야만 하므로 대체에너지 및 신재생에너지를 이용해 전기를 생산해야 한다.

전기자동차의 장점으로는 간단한 구조(가솔린, 디젤자동차에서 핵심부품인 엔진과 변속기의 사용이 배제되어 부품 수가 30~40% 이상 획기적으로 줄어듦), 2차전지에 의한 충전, 저소음, 무공 해 · 친환경, 간편한 운전 조작 등이 있다.

미래의 자동차로 여러 에너지원을 활용한 차세대 자동차가 근간에 상용화될 것이다. 여기서는 현재 세계적으로 가장 경쟁이 치열한 전기자동차에 사용되고 있는 충전이 가능한 2차전지에 대해 내용을 전개하고자 한다.

전지(電池)는 간단히 정의하면 화학 반응에 의해 전류를 일으키는 장치이다. 좀 더 전문적으로 설명하면 화학 반응, 방사선, 온도의 차이, 빛 따위로 전극 간에 전위차가 발생하게 하여 전기에너지를 만드는 장치로, 일반적으로 많이 쓰이는 것은 화학 반응에 의해서 만들어지는 화학전지이다. 충전이 불가능한 1차전지와 충전이 가능하고 반복해서 사용할 수 있는 2차전지가 있다.

전지를 영어로는 배터리(battery)라 하며, 배터리 1개를 셀(cell)이라 한다.

일반적으로 '전지'와 '배터리' 단어를 같이 사용하고 있으므로 본서에서도 '전지'와 '배터리' 용어를 혼용(混用)하고자 한다.

전지(電池)는 한자 용어지만 배터리는 세계 공용으로 사용하는 용어(공용어)이기 때문이다. 또한 1차전지, 일차전지와 2차전지, 2차전지도 혼용으로 사용되고 있으나 여기서는 아라비아 숫자를 사용하는 1차전지, 2차전지를 우선적으로 통일하고자 한다.

전지(배터리)를 탑재한 전기자동차는 크게 모터(motor, 전동기), 인버터(inverter, 직류(直流)의 전력을 교류(交流)의 전력으로 변환하는 장치), 배터리(battery)의 3가지 주요 부품으로 구성되어 구조적으로는 비교적 간단하다. 이 중에서 모터는 회전운동을 함으로써 기존 내연기관을 대체하는 부품이고, 인버터는 전지에 저장된 직류를 교류로 변환시켜 준다. 전기자동차는 전지의 전력으로 구동모터(전동기)를 움직여 달리게 한다.

전지(배터리)의 성능을 결정하는 가장 중요한 인자는 에너지밀도(energy density)와 출력밀도(power density)이다.

이외에도 안정성, 수명, 충전시간, 충전효율, 충전 용이성, 저온성능, (주행)안전성 등 다양한 요구(요구성능)를 만족해야 한다.

에너지밀도는 전지를 완전(完全, 滿) 충전(full charging)한 후, 즉 1회 충전 시 주행할 수 있는 운행거리와 관계되는데, 이는 단일(단위)전지(unit cell)에 저장되는 에너지량으로 결정된다. 만약 발생되는 충돌 시의 안전성을 고려해 탑승객이나 화물을 실을 수 있는 공간 확보를 위해 전지를 탑재할 수 있는 공간은 제한된다.

따라서 제한된 차체의 공간에서 전지팩(배터리팩, battery pack)을 실장하는 공간도 제한되므로, 표준화된 단일(단위)전지(unit cell)의 같은 사이즈(size, 크기) 내에서 그만큼 에너지밀도는 높고, 용적이 작으며, 경량화도 중요하다. 그리고 반드시 성능 안전성도 필수적이다.

출력밀도(power density)는 전지 단위무게당 출력으로 정의되며, 전기자동차의 가속력과 최고 속도를 결정한다.

일반적으로 에너지밀도와 출력밀도는 서로 상각(償却, trade off로 감가상각의 의미) 관계를 갖는다. 따라서 에너지밀도와 출력밀도를 동시에 높이기 위해서는 여러 가지의 전기 관련 기술이 복합적으로 적용된다.

전지출력을 높이기 위해서는 고출력 양극재, 음극재(소재)를 적용하고 전극을 얇게 코팅(coating)하며 전도성 물질 함량을 늘리는 방법들이 있다. 그러나 고출력에 따른 에너지밀도의 감소를 감안해야 하므로 적용에는 한계가 있다.

에너지밀도를 감소시키지 않고 출력을 높이기 위한 기술개발이 진행되고 있다. 예를 들면, 배터리 구성부품의 저항을 줄이고, 분리막의 투과도(투과효율)를 높이며, 효과적인 방열시스템 등 다양한 복합적인 기술 적용이 필요하다.

화석연료를 대신한 동력원으로 전지를 이용한 전기자동차에 사용하는 전지는 전지무게당 에너지밀도가 큰 전지를 요구하고, 하이브리드(hybrid) 자동차용 전지는 전지무게당 출력이 큰 전지를 요구한다.

그림 1은 현재 상용화된 2차전지 리튬이온(Li-ion)전지와 니켈 수소(Ni-MH, Nickel-Metal Hydride, 니켈-메탈 하이드라이드)전지와의 출력밀도와 에너지밀도를 비교한 것이다.

전기자동차용으로 주로 사용되고 있는 양극재(양극재료, 양극소재)로는 고가의 코발트(Co, Cobalt, 코발트) 비율을 줄인

① NCA(NiCoAl, Nickel-Cobalt-Aluminum oxide, '니켈-코발트-알루미늄 산화물'로 산화물은 산소와 다른 금속원소의 화합물을 말한다)

② NCM(NiCoMn, Nickel-Cobalt-Manganese oxide, '니켈-코발트-망간' 산화물)

③ NCMA(NiCoMnAl, Nickel-Cobalt-Manganese-Aluminum oxide, '니켈-코발트-망간-알루미늄' 산화물)을 비롯하여

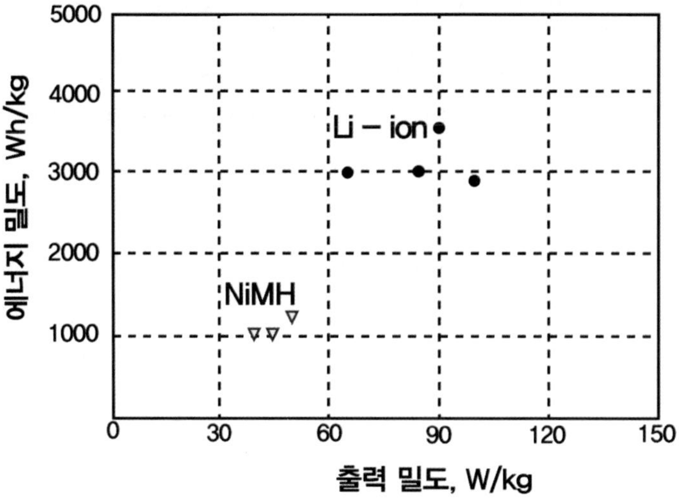

➲ 그림 1 상용화된 전지의 출력밀도와 에너지밀도(출처: SK에너지)

고가의 코발트(Co)를 사용하지 않는

① Spinel(스피넬, '망간 산화물'로 대표적인 스피넬 구조(spinel structure)의 양극활물질의 화학식은 $LiMn_2O_4$(LMO)이며, 리튬 2차전지 배터리의 양극재로 사용하고 있다. 스피넬 양극재 LMO는 고출력, 고속 충전에 좋은 특성을 가진다)

② Olivine(올리빈, '철 인산염'으로 올리빈 구조는 광물(미네랄)인 올리빈의 구조를 뜻하며 리튬 인산철(LFP, LFP의 화학식은 $LiFeO_4$이며, 가장 큰 특징은 Fe(철, Ferrum)이 들어간다는 것이다. 따라서 가격이 리튬이온 배터리보다 저렴하다) 배터리의 양극재로 사용하고 있다)

전기자동차용으로 주로 사용되고 있는 음극재(음극재료, 음극소재)는 다음 3가지가 주로 사용되고 있다.

① 흑연(graphite, 그래파이트)

흑연은 탄소 동소체의 일종으로, 다이아몬드나 숯처럼 주 구성 성분은 탄소지만 분자구조가 판 형식으로 되어 있어 잘 부스러지는 암석이다. 연필심의 주요 재료로 사용된다. 탄소 원자 하나당 3개의 다른 탄소 원자와 공유 결합을 하는데, 이때 남은 전자 하나는 자유전자가 된다. 흑연이 도체인 이유도 이 때문이다. 층과 층 사이에는 반데르발스 힘이 작용한다.

반데르발스 힘(Van der Waals forces)

비극성 분자간의 아주 가까운 거리에서 발생하는 인력으로 노벨 물리학상을 수상한 네덜란드의 물리학자 요하네스 반데르발스(Johannes Diderik van der Waals)의 이름에서 따왔다. 이상 기체 법칙에서 선형성을 어긋내는 힘으로, 포텐셜(potential)이 거리의 6제곱에 반비례하는 분자간 인력 상호작용으로 정의하는 경우, 모든 분자 간 상호작용을 통틀어 정의하는 경우 등이 있다.
일반적으로 인력과 척력(반발력)의 합으로 계산한다. 분자 간 상호작용은 1.10kJ/mol 안팎의 에너지를 가지며 원자간 상호작용(100kJ/mol 단위)에 비하면 매우 작다. 공유 결합으로 연결된 물질과 분자 간 상호작용으로 연결된 물질의 녹는점과 끓는점을 비교해 보면 쉽게 알 수 있다. 반데르발스 힘이라고 표기하기도 한다.

② 비정질 탄소(amorphous carbon)

비정질(非晶質)이란 이온, 원자, 분자 따위가 규칙적으로 배열되어 있지 않은 고체 상태를 의미한다. 비결정성물질, 비결정질이라고도 하며, 유리, 고무, 수지 따위가 있으며 반도체, 자성체, 고강도 재료 등에 쓰인다.

③ LTO(Lithium Titanium Oxide)

음극의 재료로 리튬티탄산화물(Lithium titanate oxide)이 사용된 2차전지의 일종이다. 흑연을 LTO로 대체해 수명, 안전성을 개선한 음극재이다.

보통 2차전지에서는 음극으로 흑연(graphite)을 주로 사용한다. 흑연은 구조적으로 안정성과 낮은 전자 화학 반응성, 많은 리튬이온 저장 능력, 대량 생산이 가능하고, 저렴한 가격 등의 조건을 갖추고 있다. 흑연은 보통 그래핀층으로 구성되어 있는데, 매우 강력한 구조이다. 이런 층은 대신 느슨하게 스택(stack, 쌓인 더미로 적층)되어 있으며 층과 층의 공간 사이에 리튬이 삽입되어(intercalate), 즉 층간 결합을 수행한다.

흑연의 대안으로 사용되는 음극 재료는 LTO가 있다.

LTO는 리튬티탄산화물(lithium titanate oxide)이 사용된다. LTO는 스피넬 구조(spinel structure)를 이루고 있기 때문에 리튬이온이 충·방전되는 과정에서 팽창과 수축을 반복하는 흑연과 다르게 부피 변화를 무시할 수 있는 제로 스트레인(zero-strain, 변형이 거의 없는)의 특성을 지니고 있어 안전성이 우수하다. 또한 SEI막(SEI, Solid Electrolyte Interphase, 리튬이온전지의 성능을 좌우한다. SEI는 셀이 조립되고 난 후 '전지가 첫 충전을 하는 과정에서 전극 표면에 형성되는 부동태막'을 일컫는다. 배터리의 충전 과정에서 전해질 내 물질들이 전기분해를 일으켜 전극-전해질 계면에 고체막을 형성하는데, 양극과 음극 표면 모두에 형성되는 이 고체막을 SEI라고 한다)을 형성하지 않아 온도에도 매우 강하다. 그리고 고출력과 긴 수명을 가지고 있어 상용차 중심으로 사용 중에 있다.

단점으로는 높은 오픈 서킷 포텐셜(OCP, Open-Circuit Potential, 개방회로전위, 외부개회로에 전류를 흐르지 않게 하는 전지의 전위)을 가지는데 이 때문에 셀의 전압이 낮아지게 된다.

포텐셜(potential)은 '전위, 전위차'라고 하며 대전상태(帶電狀態)가 다른 물체간의 전기효과에 의해 측정되는 것으로, 전위가 서로 다르면 전류가 흐르고 전위가 동일하면 전류가 흐르지 않는다.

배터리 시장에서 세계적으로 치열한 기술경쟁으로 리튬전지 기술이 한 단계씩 발전함으로써 예전보다 주행거리가 크게 확장된 전기자동차가 생산되고 있다. 그러나 전기자동차가 본격적으로 상용화되기 위해서는 기본 에너지밀도가 500Wh/kg 수준의 성능을 요구하며, 가격도 낮아져야 한다.

또한 전기자동차가 대량 보급 확산으로 증가하면 소비전력량도 크게 증가하므로 이를 감당할 수 있는 발전소의 증설이 필수적이며, 전기충전 인프라(infra, 사회적 생산이나 경제활동의 토대를 형성하는 기초적인 시설)의 구축도 병행되어야 하므로 장기적인 관점에서 지속적인 기술개발과 시설 투자가 필수적인 산업분야이다.

최근에는 에너지밀도의 향상에 따른 주행거리가 대폭 향상되고, 완속 및 급속 충전으로 충전시간이 단축되고, 2차전지(배터리) 사용의 수명연장 등 기술수준이 상당히 진척되었다.

특히 전지를 충전 중 또는 주행 중에 여러 가지 원인, 결함으로 전지 손상에 의한 열폭주로 인한 화재와 폭발로부터의 안전성을 확보하기 위한 고도화된 전지 및 관련 기술이 개발되어 친환경자동차로 인기를 끌면서 보급이 확대되고 있다.

동시에 전기자동차의 확대를 위해 현재의 완속충전 시스템(charging station)보다 더욱 빠른 급속충전 시스템, 즉 전지를 충전하거나 교체할 수 있는 충전 인프라 구축이 활성화, 가속화되고 있다.

보급의 확대로 가속화되는 전기자동차용 차세대 배터리 시장에 있어, 리튬전지 기술개발을 기본으로 부각되는 차세대 배터리 후보로는 다음 표 1과 같이 리튬황 배터리, 리튬공기 배터리, 나트륨마그네슘 배터리, 전고체 배터리를 비롯한 기타 배터리가 개발되고 있다.

이 중에서 전고체 배터리는 지난 10여년 간 기술개발 속도가 비교적 빠르게 진행되었고 리튬이 온전지의 고질적인 불안요소인 화재 및 폭발 등의 안전성을 해결해 줄 수 있다는 기대감으로 가장 이상적이며 현실적인 차세대 배터리의 대안으로 떠오르고 있다.

즉, 전고체 배터리가 안전성, 고용량, 디자인 자유도 등 수요 측면의 다양한 필요조건을 충족시킬 수 있는 차세대 배터리의 유력한 대안인 것은 지난 10여년 간의 배터리 특허출원 및 등록 현황에서도 잘 나타나고 있다.

현재 기술과 향후 미래 기술의 현황과 동향을 알 수 있는 배터리 특허출원 건수에 있어, 차세대 배터리 관련 특허출원 건수를 살펴보면 전고체 배터리, 리튬공기 배터리, 리튬황 배터리, 나트륨 마그네슘 배터리 순으로 높게 나타났다.

표 1 차세대 배터리의 종류, 구성요소 및 장단점 비교(출처: LG경제연구원, 2017년)

구분	구성요소	장점	단점
리튬-황 배터리	• 양극: 황 또는 황화합물 • 음극: 리튬 금속 • 전해질: 유기계고체 전해질	• 고용량 및 낮은 제조원가 • 기존 공정의 활용 가능	• 지속적인 충 · 방전 시 양극재(황)의 감소로 수명 저하 • 황에 의한 제조설비의 부식
리튬-공기 배터리	• 양극: 공기(산소) • 음극: 리튬 금속 • 전해질: 유기계고체 전해질	• 배터리 셀 구조 단순 • 고용량 및 경량화 가능	• 고순도 산소 확보 어려움 • 산소 여과장치, 브루어(brewer, 추출장치) 등 추가 장치로 인해 부피 증가
나트륨-마그네슘 배터리	• 양극: 금속화합물 • 음극: 나트륨/마그네슘 • 전해질: 유기계고체 전해질	• 저가화 및 고용량에 용이	• 양극재 후보 물질 적음 • 긴 충 · 방전 시간
전고체 배터리	• 양/음극: 기존 또는 다른 차세대 배터리의양/음극 활 용 가능 • 전해질: 세라믹(황화물/산화물), 고분자, 복합재 등	• 높은 안전성 및 고용량 가능 • 다양한 애플리케이션(초소형 전자기기, 전기차 등)에 활용 가능	• 높은 계면저항 • 유해 가스인 황화수소 발생(황화물계) 또는 낮은 저온 특성(고분자)

전기자동차 게임체인저(game changer)가 되는 차세대 미래 배터리의 핵심으로 본격화하는 전고체(全固體) 배터리 기술경쟁의 현황에 대해 다음 기사를 발췌해 인용한다.

그림 2는 리튬이온 배터리와 전고체 배터리 비교로 전해질을 액체로 사용하느냐, 완전히 고체(전고체)로 사용하느냐가 가장 큰 차이이다.

그림 3은 2차전지 전체에서 전고체 배터리가 점유하는 예상 시장에 대한 전망이다. 그림 4는 국내외 주요 배터리 업체, 관련 소재 업체와 배터리를 공급받는 완성차 업체의 전고체 배터리 관련 전략이다.

인사이드(inside) & 인사이트(insight)

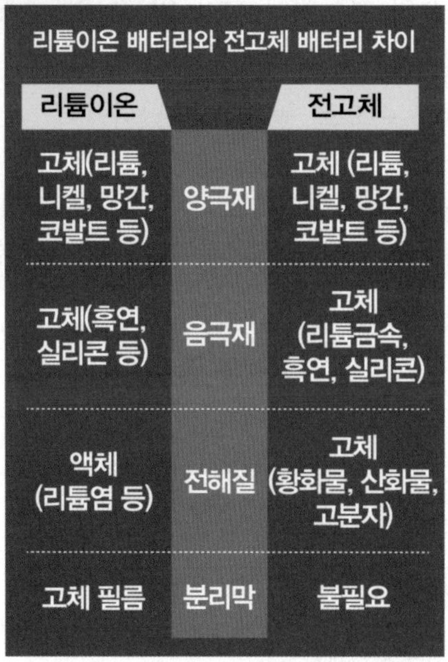

그림 2 리튬이온 배터리와 전고체 배터리 비교

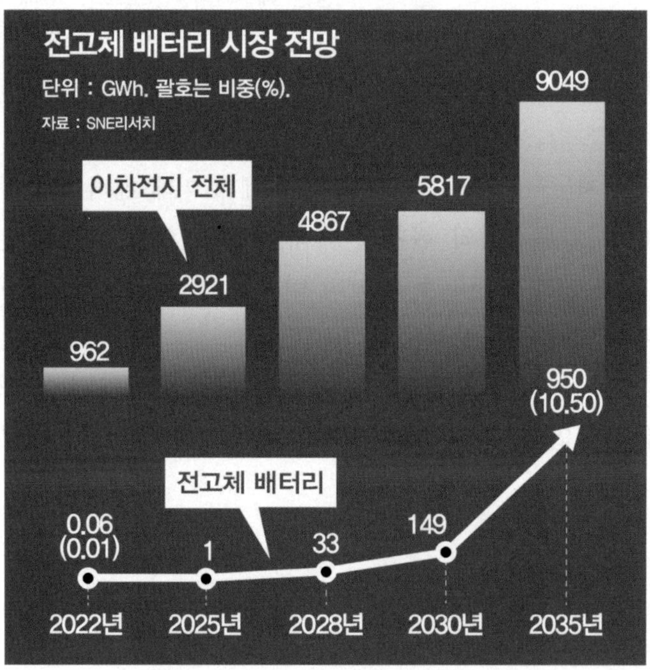

그림 3 전고체 배터리 시장 전망

국내외 주요 기업 전고체 배터리 관련 전략

구분	기업	전략
배터리 및 소재 업체	삼성SDI	전고체 배터리 파일럿 라인 'S라인' 완공 예정 2027년 전고체 배터리 양산 목표
	LG 에너지 솔루션	기술 난도 낮은 고분자 전고체 배터리 우선 생산
	포스코JK 솔리드솔루션	지난해 연간 24t 규모 고체 전해질 생산 라인 완공
완성차 업체	현대자동차	2025년 전고체 배터리 탑재한 전기차 시범 양산 2030년 전후 본격 양산 목표
	도요타	2027년 전고체 배터리 탑재 차량 양산 계획 ▶ 10분 충전에 1200km 이상 주행

그림 4 국내외 주요 기업의 전고체 배터리 관련 전략

✦ 안전성, 주행거리 동시 개선 '열쇠'

충전을 통해 여러 번 재사용이 가능한 배터리를 2차전지라고 부른다. 그리고 현재 가장 널리 사용되는 2차전지는 '리튬이온 배터리'다. 배터리 4대 소재 중 양극재, 음극재, 분리막은 고체, 전해질은 액체다. 전해질은 충전 및 방전 시 양극과 음극 사이를 오가는 리튬이온의 통로 역할을 한다. 한국 배터리 업체들의 주력 제품인 3원계(NCM: 니켈, 코발트, 망간) 배터리, 중국이 많이 생산하는 리튬인산철(LFP) 배터리 모두 리튬이온 배터리 계열이다. 차세대 배터리로 각광받는 전고체 배터리는 글자 그대로 배터리의 모든 소재가 고체다. 다시 말해 전해질 역시 고체라는 얘기다. 때문에 전고체 배터리는 분리막이 필요 없다. 액체 전해질을 사용하면 양극과 음극이 접촉해 폭발할 가능성이 있어 반드시 분리막이 필요한 것과 다르다. 전고체 배터리의 강점은 안전성이다. 리튬이온 배터리는 온도 변화로 인해 부피가 팽창하거나 외부 충격으로 인한 누액 등으로 손상될 경우 화재로 이어질 가능성이 있다. 특히 액체 전해질의 온도가 일정 수준 이상 높아지면 '열폭주'가 일어날 수도 있다. 때문에 이를 관리하기 위한 열관리 시스템이 필요하다. 반면 고체로만 구성된 전고체 배터리는 이 같은 위험이 상대적으로 낮다. 안전성이 높아진 만큼 외부 충격을 막기 위한 장치나 열관리 시스템을 대폭 줄일 수 있다. 같은 공간에 더 많은 배터리 셀을 탑재할 수 있는 것이다. 배터리 셀을 많이 넣으면 전기차 주행거리가 늘어난다. 완성차업체 입장에서는 전기차 구조를 단순화할 수 있어 원가를 절감하고, 배터리 무게를 줄여 경량화를 추구하기가 더 쉽다.

✦ 도요타 "2027년 탑재", 업계 "글쎄"

전고체 배터리는 지금까지 볼 수 없었던 제품인 것은 아니다. 인공 심장박동기와 같은 의료기기 등에 사용된 사례가 있다. 문제는 이를 전기차에 쓸 수 있는 수준으로 개발할 수 있느냐는 것이다. 전고체 배터리의 전해질은 크게 고분자(폴리머), 산화물계, 황화물계로 구분돼 연구가 진행 중이다. 업계에서는 황화물계에 주목하고 있다. 물질이 이온을 운반할 수 있는 전도도가

높고, 양극과 음극과의 접촉면을 넓게 만들 수 있어서이다. 하지만 공정상 유독가스인 황화수소가 발생하고, 생산 시간이 오래 걸린다는 단점이 있다. 전고체 배터리의 음극에서 발생하는 덴드라이트(Dendrite: 음극 표면에 리튬 결정이 생성돼 효율이 떨어지고 결국 양극과 만나게 되는 것) 현상도 극복해야 한다. 도요타가 13일 2027년까지 전고체 배터리를 탑재한 전기차를 출시하겠다고 밝혔다. 충전 시간은 10분 이하면서 1200km를 달릴 수 있다고 소개했다. 현행 전기차에 비해 충전 시간은 절반으로 단축되면서 1회 충전 시 주행거리는 2배 이상으로 늘린다는 것이다. 나카지마 히로키 도요타 최고기술책임자(CTO)는 일본 현지 기술 설명회에서 "(전고체 배터리에) 좋은 재료가 발견됐다"고 했다. 니혼게이자이신문(닛케이)은 지난해 일본 특허권 조사업체 '패턴트 리절트'에 의뢰해 2000년부터 2022년 3월까지 미국 등 세계 10개국과 세계지식재산권기구(WIPO) 등에 출원된 전고체 배터리 관련 특허를 조사했다. 그 결과 1위인 도요타(1331건)를 비롯해 파나소닉(445건), 이데미쓰(272건) 등 일본 업체가 1~3위를 휩쓴 것으로 나타났다. 업계와 전문가들은 도요타가 설령 전고체 배터리 관련 신기술을 확보했더라도 2027년 의미 있는 수준의 양산에 도달하기는 어렵다고 보고 있다. 배터리업계 관계자는 "도요타가 이야기하는 '좋은 재료'가 불확실하고, 무엇보다 앞으로 3~4년 만에 사업성을 검증하고 양산까지 시작하긴 어려울 것"이라고 했다. 다른 관계자는 "2차전지 대량생산 경험이 부족한 도요타가 배터리 제조를 과소평가하는 것 같다"고 지적했다.

✦ 한국 자동차·배터리 업계도 도전

업계에서는 전고체 배터리가 가진 기술적 난제, 생산 단가 문제 등으로 2차전지 시장의 주류가 되기는 어렵다는 전망에 무게를 둔다. 시장조사업체 SNE리서치는 2035년 전고체 배터리의 점유율이 10~13% 수준이 될 것으로 보고 있다. 주류는 여전히 리튬이온 배터리가 될 것이며, 전고체는 일부 프리미엄 자동차나 도심 항공 모빌리티(UAM) 정도에 사용될 것이란 분석에 힘이 실리고 있다.

다만 K배터리 업체들도 2차전지 시장 주도권을 유지하기 위해 전고체 배터리 개발에 힘을 기울이고 있다. 배터리 3사 중 전고체 배터리 개발이 가장 빠르다는 평가를 받고 있는 삼성SDI는 지난해 3월 경기 수원시의 연구소에 전고체 배터리 파일럿 라인인 'S라인'을 착공했다. 올해 중 완공해 신규 공법 등을 시험한 뒤 2027년 전고체 배터리를 양산하겠다는 목표를 갖고 있다. LG에너지솔루션은 2026년 황화물계 배터리와 함께 상대적으로 기술 난도가 낮은 고분자 전고체 배터리를 우선적으로 생산한다는 계획이다. SK온은 미국 솔리드파워와 함께 기술 확보를 진행하고 있다. 현대자동차그룹의 경우 2025년 전고체 배터리를 탑재한 전기차를 시범 양산하고 2030년 본격적인 생산에 돌입한다는 로드맵을 세우고 있다. 자동차업계 관계자는 "현대차그룹은 이미 전기차 분야에서 어느 정도 주도권을 잡은 상황이며, 수소연료전지라는 대안도 있는 만큼 전고체 배터리 개발이 급하지 않다"고 분석했다. 정부도 2030년까지 민간 부문과 함께 20조 원을 차세대 배터리 분야에 투자해 전고체 배터리를 세계 최초로 상용화하겠다는 계획을 내놨다. 김동완 고려대 건축사회환경공학부 교수는 "전고체 배터리 관련 기술이 향상돼 의미 있는 수준으로 상용화되려면 2027년은 물론 2030년도 이르다는 평가가 있다"면서도 "한국이 가진 2차전지 연구개발(R&D)과 생산 노하우는 세계 최고 수준인 만큼 전고체 배터리 시장에서도 결코 뒤처지지 않을 것"이라고 말했다.

발췌: 이건혁 기자, "전기차 게임체인저, 전고체 배터리", 동아일보, 2023년 6월 27일.

Battery – Cell, Module, Pack

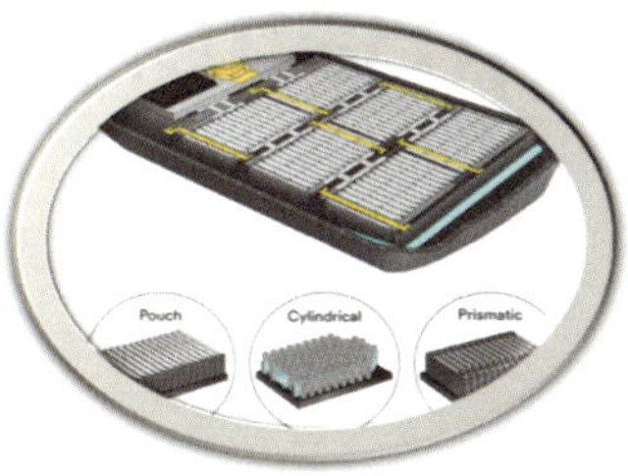

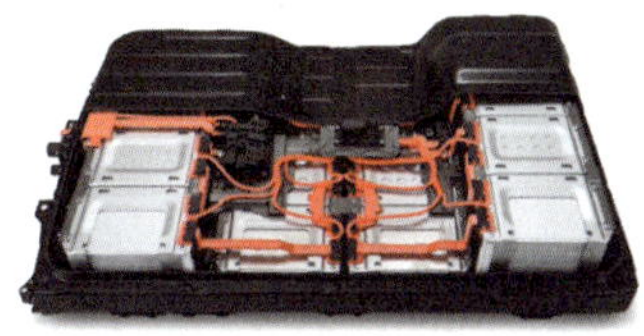

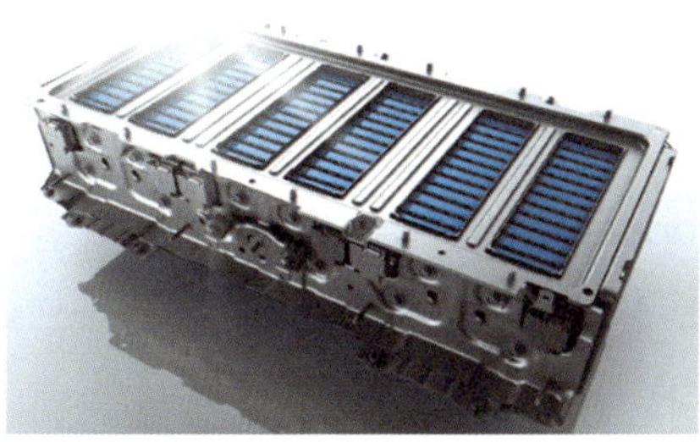

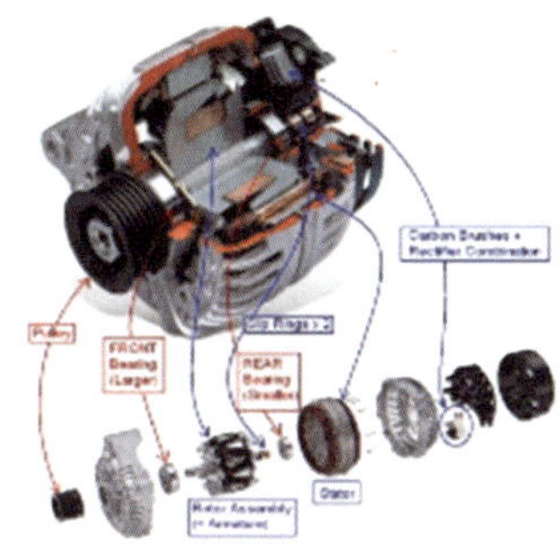

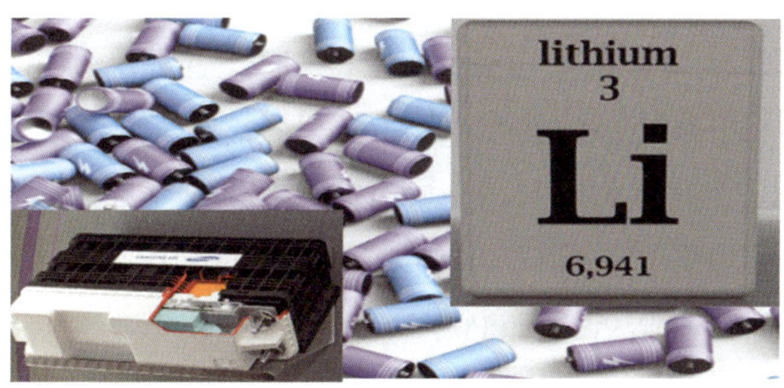

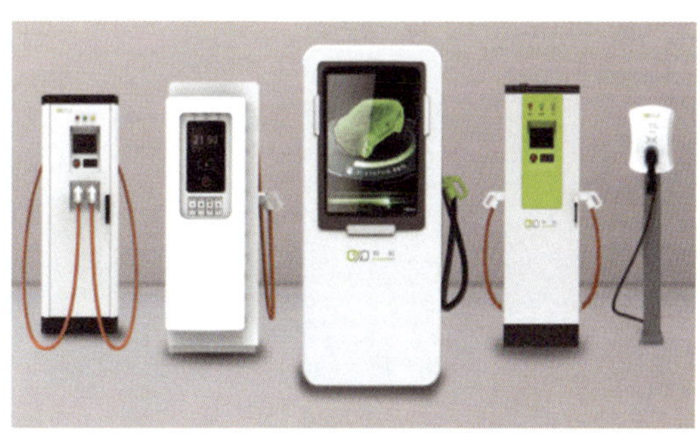

CHAPTER 01

배터리(Battery, Cell)의 개요

01 배터리의 역사와 충·방전이 가능한 2차전지

1) 배터리(Battery, 전지)의 개발 역사

리튬이온 배터리는 1980년대 미국의 굿이너프(J. B. Goodenough)에 의해 원리가 확립된 이후 1991년 일본 소니(Sony)사(社)가 $LiCoO_2$(리튬 코발트 산화물)를 양극, 탄소를 음극으로 사용하는 리튬이온 2차전지를 세계 최초로 상용화시켰다.

리튬이온 2차전지는 리튬을 함유한 금속산화물을 양극으로 리튬이온을 가역적으로 흡장(吸藏, 기체가 고체에 흡수되어 고체의 내부에 스며드는 현상)할 수 있는 탄소계 물질을 음극으로, 리튬염이 함유된 유기용매를 전해질로 이용하는 전지를 지칭한다. 전지의 충·방전 시 리튬이온은 분리막으로 격리된 양극과 음극 사이를 가역적으로 이동하면서 전자를 저장 및 방출하게 되어 충·방전이 일어나게 되는 것이다. 현재 사용되고 있는 대표적인 2차전지는 리튬이온 배터리(LIB, Li-ion battery)와 리튬인산철 배터리(LFP, Lithium iron phosphate battery, 약어 Li-$FePO_4$ battery)다.

그림 1.1은 1차전지 건전지부터 2차전지까지 배터리(battery, 전지)의 개발에 대한 역사를 간략하게 설명하고 있다.

그림 1.1 배터리(battery, 전지)의 개발 역사

2) 전지의 개요

전지(battery)는 내부에 들어있는 화학물질(활물질, active material)의 화학에너지(chemical energy)를 전기화학적 산화-환원반응(electrochemical oxidation-reduction reaction)에 의해 전기에너지(electrical energy)로 변환하는 장치이다.

정확한 의미에서 '전지'라는 용어는 두 개 이상의 전기화학적 셀(cell)의 집합체를 나타내지만, 보통 단위 전지(single cell)에도 사용되고 있다.

전지는 화학반응 대신 전기 화학반응이 일어나 전자(electron)가 도선을 통하여 외부로 빠져나갈 수 있도록 특별한 내부구조로 이루어져 있으며, 도선을 통해 흐르는 전자 흐름(flow)은 전기에 너지의 원천이 되어 인간에게 유용한 편의를 제공한다.

3) 전지의 구성요소

모든 전지는 양극(cathode 또는 positive electrode)과 음극(anode 또는 negative electrode)이라는 활물질들을 가지고 있고, 분리막(separator)에 의해 서로 떨어져 있으며, 두 전극 사이의 이온 전달을 가능케 하는 전해질(electrolyte)에 담겨 있다.

전등, 기계, 기구 등을 작동하기 위해서는 전지의 두 전극 사이에 충분한 전압과 전류가 생성될 수 있도록 적절한 전극물질과 전해질이 선정되어 특별한 구조로 배열되어야 한다.

4) 전지의 원리

전지의 음극은 보통 전자를 내어주고 자신은 산화되는 물질이며, 양극은 전자를 받아 (양이온과 함께) 자신은 환원되는 물질로서, 전지가 외부 부하(전등, 전자기기, 기구 등)와 연결되어 작동할 때, 즉 전지의 방전반응이 진행할 때 두 전극은 각각 전기화학적으로 다른 상태로의 변화를 일으킨다. 이때 음극의 산화반응에 의해 생성된 전자는 외부 부하(load)를 경유하여 양극으로 이동하고 양극 물질과 환원반응을 일으킨다.

이때 전기적 회로는 음극과 양극 방향으로의 아니온(anion(negative ion, 음이온))과 카티온(cation(positive ion, 양이온))의 물질 이동에 의해 전해질 내에서 완성된다. 전지를 사용함에 따라 전지의 전압은 계속 낮아지고 결국 외부 부하(load)를 작동시킬 수 없을 때까지 이르게 된다. 이 경우 버리게 되는 전지를 1차전지, 재충전하여 다시 사용할 수 있는 전지를 2차전지라 한다. 재충전 시에는 방전반응과는 반대의 반응이 진행되어 전지 본래의 화학적 상태로 되돌아가기 때문에 재사용이 가능한 것이다.

02 전지(배터리)의 정의 및 종류

1) 2차전지의 정의

그림 1.2와 같이 화학에너지를 전기에너지로 변환하는 충전과 방전을 통해 전지(배터리)의 반복 사용이 가능하냐, 아니냐에 따라 1차전지와 2차전지로 구분한다.

2차전지는 충전과 방전을 통해 반복 사용이 가능한 전지를 일컫는다.

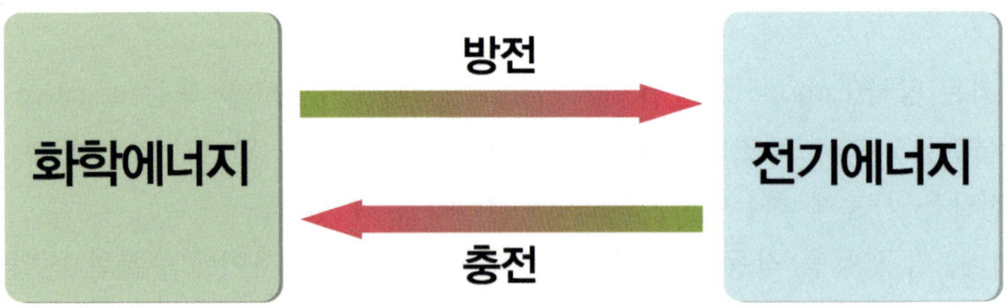

그림 1.2 화학에너지를 전기에너지로의 변환에 따른 충전과 방전

1차전지와 2차전지의 종류에는 다음과 같은 것들이 있다.

(1) 1차전지

1회 사용으로 재활용이 불가능한 전지이다(건전지). 여기에는 수은전지, 리튬망간전지, 알칼리망간전지 등이 해당된다.

(2) 2차전지

방전 후 충전이 가능한 전지이다(축전지). 여기에는 리튬이온전지, 리튬폴리머전지, 니켈카드뮴전지, 니켈수소전지, 니켈아연전지 등이 있다.

화학에너지를 전기에너지로의 변환에 따른 2차전지의 충전과 방전의 원리를 그림 1.3과 같이 간략하게 설명할 수 있다.

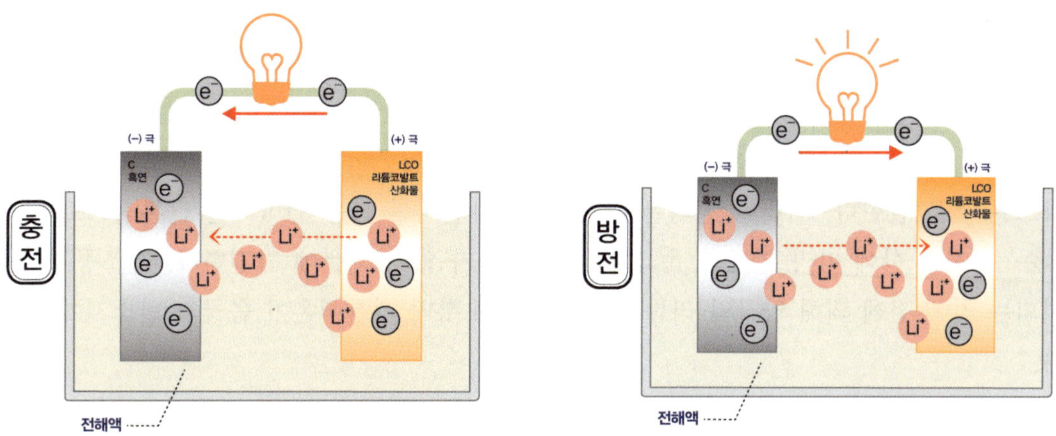

(a) 충전 (b) 방전

그림 1.3 2차전지 충전과 방전 원리

> ✦ **충전 :** 충전장치(대표적인 장치는 충전기, charger)에 의한 에너지를 축적(비자발적 이동)
> ✦ **방전 :** 다른 전자기기에 에너지를 공급(자발적인 이동)
>
> 1차전지는 한 번 산화되면 다시 환원될 수 없음(비가역적)
> 2차전지는 산화와 환원을 반복해서 일으킬 수 있음(가역적)

그림 1.4는 2차전지 충전과 방전 원리를 도식화하여 나타냈다.

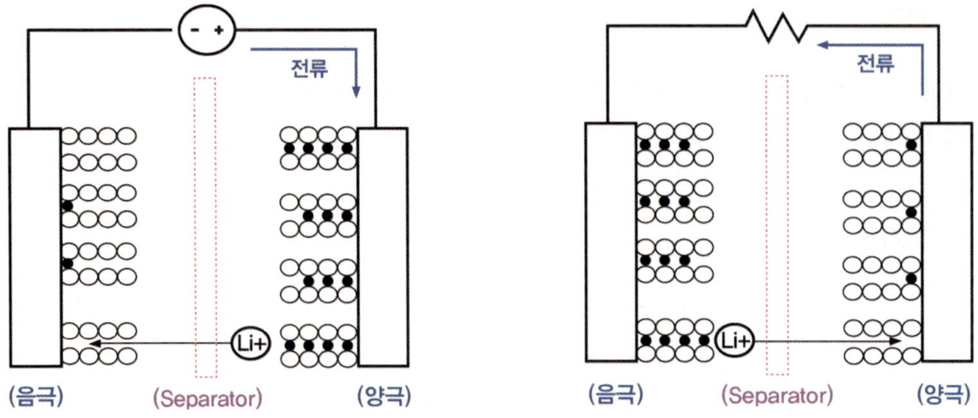

(a) 양극물질 내에 있던 리튬이온을 음극물질 내로 이동시키는 과정

(b) 음극물질 내에 있던 리튬이온이 양극물질 내로 이동하는 과정

그림 1.4 2차전지 충전과 방전 원리

리튬이온전지는 두 전극(양극과 음극)과 리튬이온을 두 전극간에 가역적으로 전달할 수 있는 물질로 구성된다. 전지는 흔들의자 원리(rocking chair principle)라고 하는 원리에 의해 작동되는데, 이는 전지를 충전 및 방전함에 따라 리튬이온이 양극과 음극 사이를 교대로 드나드는 것을 말한다. 이러한 원리는 리튬금속 2차전지의 작동 원리와는 근본적으로 다르며, 충·방전을 함에 따라 양극과 음극 물질의 변화가 없기 때문에 안전하다. 제조공정에서 실시되는 첫 충전에 의해 양극의 리튬 함유 화합물로부터 리튬이온이 음극의 탄소재에 이동된다.

$$LiCoO_2 + C \xrightarrow{\text{첫 충전}} Li_{1-x}CoO_2 + Li_xC$$

그 후의 방전 및 충전반응은 역시 음극과 양극 사이를 리튬이온이 이동하는 것에 의해 일어나게 된다.

$$Li_{1-x}CoO_2 + Li_xC \underset{\text{방전}}{\overset{\text{충전}}{\rightleftarrows}} Li_{1-x+dx}CoO_2 + Li_{x-dx}C$$

2) 전지(배터리)의 종류

전지의 종류에는 1차전지, 2차전지, 3차전지가 있다.

(1) 1차전지(Primary cell)

1차전지(primary cell, primary battery)는 일상생활에서 많이 접하게 되는 충전이 안되는 일회용 건전지(乾電池)이다. 건전지는 실제로는 건조한 것이 아니고, 유동성이 없는 수용성 전해질이 들어 있다는 의미이다. 비가역적인 화학반응이 일어나 한 번 사용하면 다시 충전하지 못하므로 재사용이 안되서 버리게 된다. 따라서 1차전지는 재사용이 불가능한 전지를 일컫는다.

규격에 따라 원통형으로 된 AA(1.5V), AAA 건전지 2가지가 있으며, 일반적으로 가장 많이 쓰인다. AAA 건전지는 보통 리모컨 등 소형 가전제품에 많이 사용된다. 종류에는 건전지, 알칼라인전지, 습전지(濕電池), 고체전해질전지, 산화은전지, 산화수은전지 등이 있다.

그림 1.5는 미국의 대표적 건전지 업체 듀라셀(DURACELL)의 원통형 트리플 에이(AAA) 배터리이다. 표 1.1은 표준화된 규격에 따른 투 에이(AA) 및 트리플 에이(AAA) 건전지의 크기 비교를 보여준다.

그림 1.5 듀라셀(DURACELL)의 원통형 AAA 배터리

표 1.1 원통형 AA 및 AAA 건전지(전압 1.5V)의 크기 비교

	AA	AAA
길이	50mm	44.5mm
지름(∅)	14.2mm	10.5mm

(2) 2차전지(Secondary cell)

2차전지(secondary cell, secondary battery)는 한 번 쓰고 버리는 1차전지와 달리 충전해서

반영구적으로 사용하는 전지로, 재사용이 가능한 전지를 일컫는다.

2차전지는 친환경 부품으로 주목받고 있으며, 니켈카드뮴(Ni-Cd) 배터리, 리튬이온(Li-ion) 배터리, 니켈수소(Ni-MH) 배터리, 리튬폴리머(Lithium polymer, 양극에 리튬화합물, 음극에 흑연을 사용한 전해질로 도전성 폴리머를 사용한 전지) 배터리 등 다양한 종류가 있다. 스마트폰으로 대표되는 휴대전화기(휴대폰)와 노트북 컴퓨터, 태블릿(tablet), 카메라 등 들고 다니는 포터블(portable) 전자기기뿐만 아니라 전기자동차(전기차)를 비롯한 모빌리티(mobility, 이동수단)의 핵심 부품이며, 부가가치가 높아 반도체 및 디스플레이와 함께 21세기 3대 주요 전자부품으로 꼽힌다.

특히 리튬폴리머 배터리(LPB, Lithium Polymer Battery)는 안정성이 높고 에너지 효율이 좋은 차세대 2차전지이다. 외부 전원을 이용해 충전하는 고체 전해질전지이다. 고체 또는 젤(gel) 상태의 중합체(polymer, 폴리머)를 전해질로 사용하여 전지가 외부 충격으로 파손되어도 발화하거나 폭발할 위험이 거의 없다. 외장 역시 단단한 금속으로 만들 필요가 없어 3mm 이하의 두께로도 만들 수 있고, 무게를 기존 전지의 30%까지 줄일 수 있다. 특히 제조 공정이 간단하여 대량 생산이 가능하며, 전기자동차에 쓰일 만한 대용량도 만들 수 있다.

2차전지는 재충전이 가능해 계속 사용할 수 있는 전지로 기후변화에 대응하는 친환경 추세와 전기자동차(전기차)의 폭발적 수요 증가 등으로 그 용도는 계속 확대되고 있다. 충전 과정을 통해 가역적인 역반응이 일어나므로 수천 회의 충전과 방전이 가능하다. 충전을 통해 재사용이 가능한 배터리를 총칭하여 2차전지라고 한다.

초창기 납축전지, 니켈카드뮴 배터리, 니켈수소 배터리 등을 비롯한 현재 전기자동차에 주로 사용되는 리튬이온 배터리(LIB, Li-ion battery)와 리튬인산철 배터리(LFP, Lithium Iron Phosphate Battery) 등이 대표적이다. 2차전지의 종류는 다음과 같다.

① 리튬이온 배터리(LIB, Li-Ion Battery)

리튬이온이 양극(+)에서 음극(-)으로 이동할 때 전류를 충전시키고, 반대로 음극(-)에서 양극(+)으로 이동할 때는 전류를 방전하도록 하는 원리로 만든 2차전지이다. 리튬이온전지는 두 전극과 리튬이온을 두 전극간에 가역적으로 전달할 수 있는 물질로 구성되어 있다. '흔들의자(rocking chair, 로킹 체어) 원리'라 불리는 원리(rocking chair principle이란 전지를 충전 및 방전함에 따라 리튬이온이 양극과 음극 사이를 교대로 드나드는("rock" back and forth) 것을 말한다)에 의해 작동 전지를 충전 및 방전함에 따라 교대로 드나들 수 있다.

리튬이온 배터리는 1970년대 미국 뉴욕주립대학교의 휘팅엄(Stanley Whittingham) 교수에 의해 제안되었고, 1991년 일본 소니(Sony) 에너지테크가 상업적으로 사용될 수 있는 리튬이온전지 개발에 최초로 성공했다.

리튬이온전지의 양극에는 리튬코발트 산화물, 인산철리튬, 리튬망간 산화물 등 리튬을 포함한 금속 산화물이 사용되고, 음극에는 탄소가 사용되는 경우가 많다. 전해질(어떤 물질을 물에 녹였을 때 전기가 통하는 물질을 말한다)인 전해액으로는 용매와 염이 주성분으로 사용되고 있다. 초기 리튬이온전지는 공기 중의 수분과 반응하면 열을 만들어내는 불안정한 물질인 리튬금속을 전극에 도입했기 때문에 전지의 안정성이 떨어졌고, 이로 인해 별도의 보호회로가 필요했다. 이후 이온 상태의 리튬을 재료로 사용하게 되면서 안정성이 크게 높아졌다.

리튬이온전지는 에너지 저장밀도가 높아 작고 얇은 모양으로 만들 수 있기 때문에 휴대폰이나 카메라와 같은 소형 휴대용 기기(디바이스, device)의 전원으로 널리 이용되고 있다. 또한 리튬이온전지는 한 번 방전된 후 다시 충전할 때 전지의 용량이 줄어드는 메모리 효과(memory effect)가 적고, 자연 방전도 잘 일어나지 않아 2차전지로 사용되기에 적합한 특징을 가지고 있다. 그러나 전지 수명은 충·방전의 횟수와 사용 빈도에 따라 제한된다.

- 장점 : 높은 에너지밀도, 높은 작동 전압, 높은 출력, 무공해, 우수한 배터리 수명, 고속충전이 가능하며, 메모리 효과 등이 없다.
- 단점 : 구성물질의 리튬메탈의 불안정성으로 인해 온도가 급상승하는 현상, 폭발의 위험성이 있다.

2000년대 들어와 나노기술이 도입되어 전지의 용량을 크게 높여 나가면서 전기자동차와 같이 용량이 크면서도 안전성이 높아야 하는 분야의 전지로 널리 사용되고 있다.

② 리튬인산철 배터리(LFP, Lithium Iron Phosphate Battery)

리튬인산철 배터리(LFP)는 리튬이온 배터리의 일종으로 양극 소재(양극재)로 인산철을 사용한다. 리튬인산철 배터리는 리튬이온 배터리보다 안전성이 높고, 가격이 저렴하며, 수명이 길다는 장점이 있다. 그러나 에너지밀도가 낮아 주행거리가 짧다는 단점이 있다. 리튬인산철 배터리의 기술이 발전하면서 에너지밀도가 높아지고 주행거리가 늘어나고 있다. 이에 따라 리튬인산철 배터리는 전기자동차와 에너지저장장치(ESS, Energy Storage System, 태양광 · 풍력 발전으로 생산된 전기를 배터리에 저장했다가 일시적으로 전력이 부족할 때 쓸 수 있도록 하는 에너지 저장시스템을 말한다. 배터리식 ESS는 리튬이온과 황산화나트륨 등을 사용한다. ESS는 스마트 그리드의 핵심으로서 신재생에너지를 안정적으로 공급하기 위해 필수적인 미래 유망 사업으로 꼽힌다) 시장에서 점점 더 주목받으며 수요가 확대되고 있다.

③ 리튬폴리머 배터리(Li-Polymer Battery, Li-PB)

고체 전해물질(전해질)을 이용하여 기존의 액체 전해물질을 사용하는 전지에 비해 안정성을 높이고 구조를 단순화하여 비용의 절감, 니켈 카드뮴전지 대비 3배 이상의 에너지 저장밀도를 가지게 되며 방전율도 매우 낮다.

④ 니켈카드뮴 배터리(Ni-Cd Battery)

니켈(Ni)을 양극으로, 카드뮴(Cd)을 음극으로 사용하는 전지이며, 알칼리 수용액을 전해질로 사용한다.

- 장점 : 가격이 싸고 방전 주기가 적으며, 메모리 현상(memory effect)이 없어 장기적인 보관에 용이하다. 또한 알칼리 수용액은 황산과 같은 산성 수용액보다 전도성이 뛰어나다는 장점을 가지고 있다.
- 단점 : 에너지밀도가 적어 메모리 효과(memory effect) 때문에 다음 충전 시 용량이 줄어드는 현상이 발생한다.

⑤ 니켈수소 배터리(Ni-MH Battery)

1990년대 초 니켈카드뮴전지에서 음극인 카드뮴(Cd)을 수소 저장 합금으로 대체하여 메모리 효과(memory effect)를 피하고 카드뮴(Cd)이라는 공해물질도 쓰지 않고 용량도 증대시킨 니켈수소(Ni-MH)가 상용화되었다.

- 장점 : 니켈카드뮴에 비해 사용시간과 메모리 효과 등이 효과적이며 친화적이다.
- 단점 : 가격이 비싸고 출력이 떨어지며, 급속 충전에 불리해서 고전류를 요하는 응용기기에서는 적합하지 않다.

3) 테슬라(Tesla) 배터리

(1) 배터리의 종류

전기자동차에 사용되고 있는 2차전지의 사례로, 세계적으로 전기자동차(전기차) 시장을 주도하고 있는 대표적 미국 기업 테슬라(Tesla) 전기자동차에 사용하는 배터리에 대해 자세히 살펴보도록 한다. 현재 테슬라 전기자동차에서 사용되고 있는 셀타입(cell type)에 따른 배터리의 종류와 특징은 표 1.2와 같다.

▶▶ 표 1.2 배터리의 종류와 특징

셀타입	각형	파우치형	원통형
대표그림		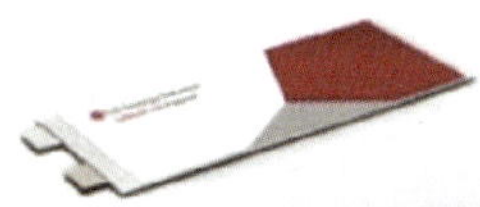	
적층단면	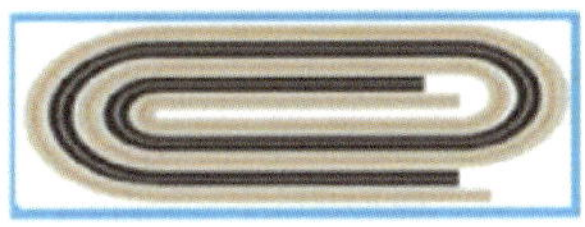		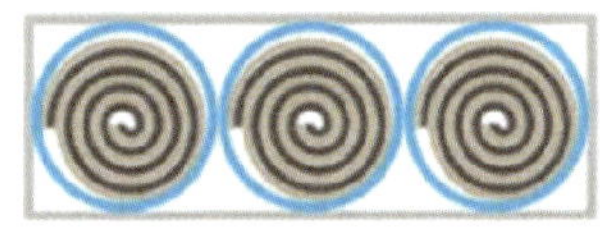
장점	금속 외피로 외부 충격에 강함 다양한 셀 스태킹(stacking, 적층) 가능	다양한 크기 · 모양제작 가능 불용공간 최소화	긴 역사와 안정적인 생산공정 대량생산 용이 및 원가경쟁력
단점	상대적으로 복잡한 공정 열 관리 어려움	복잡한 공정과 난이도	팩단위로 패키징시 원통형 형상에 따른 불용공간 존재
배터리社	CATL, 삼성SDI, 노스볼트, BYD	LG에너지솔루션, SK온	파나소닉, LG에너지솔루션
완성차社	BMW, 벤츠, 폭스바겐, 아우디, 포르쉐	현대기아차, GM, 포드, 르노, 닛산, 볼보, 폭스바겐	테슬라

양극재 음극재 분리막

열관리 용이도 : 각형 〈 파우치형 〈 원통형
충격 위험도 : 원통형 〈 각형 〈 파우치형
가격경쟁력 : 파우치형 〈 각형 〈 원통형
화재 위험도 : 원통형 〈 각형 〈 파우치형
공간 활용도 : 원통형 〈 각형 〈 파우치형

✦ 외피 재질

각형 : 금속(metal)
파우치형 : 플라스틱(plastic)
원통형 : 금속 캔(metalcan)

원통형 배터리(cylindrical cell)는 보기에 익숙한 배터리 형태로 테슬라가 전기자동차에 가장 먼저 넣었으며, 현재 테슬라에서 가장 많이 사용되고 있는 방식의 배터리이다. 중국은

CATL이 주로 공급하는 각형 배터리(prismatic cell)를 사용하고 있으며, 다른 미국 자동차와 독일 폭스바겐에서는 파우치 배터리(pouch cell) 방식을 주로 사용하고 있다. 국내의 경우는 현대자동차의 아이오닉5 전기차에서와 같이 파우치형 방식을 사용하고 있다. 각형 배터리는 단단한 금속 캔(can) 안에 배터리를 보관하기에 상대적으로 외부 충격에 강하며, 파우치형 배터리는 케이스(case)가 플라스틱 재질인만큼 형태의 변경 및 변형이 용이하지만 충격에 대한 안전성은 취약하다.

원통형 배터리는 상대적으로 저렴하고 만들기 쉽다는 장점이 있지만, 배터리팩(battery pack) 에너지밀도가 낮다는 단점과 팩으로 만들기 힘들다는 단점이 있다. 팩 하나를 만드는 데 있어 4,400개의 21700 배터리로 하나의 팩을 만들 시 17,600번의 용접이 필요할 정도로 공정이 까다롭고 관리도 까다롭다. 또한 원통형이기 때문에 구조상 에너지밀도가 낮고 패키징 시에 못 쓰는 공간이 많아진다. 또한 셀 크기가 커질수록 배터리팩의 공간효율이 떨어지고 각 전지를 연결하는 장착 비용 또한 증가한다. 그럼에도 불구하고 테슬라가 원통형 배터리를 사용하는 이유는 와인딩(winding, 휘감기) 방식으로 인해 만드는 방식이 단순하여 상대적으로 만들기 쉽고 빠르며, 제조 역사도 길어 수율과 생산성이 높고 표준화가 잘 되어 있기에 그만큼 만드는 난이도가 낮다는 점이다. 전용 배터리와는 달리 여러 배터리 제조사에서 대량으로 만들기 때문에 소량 구매도 가능하며 공급사도 쉽게 바꿀 수 있다. 즉, 제조상의 보편성도 우수하고 공급선도 다양하기 때문이다.

한편 금속 캔(metal can)을 케이스로 사용하여 상대적으로 내구성도 높고 한국에서 잘 쓰이는 파우치형과 비교해보면 단 셀(single cell)의 온도가 급격하게 상승할 시 배터리 셀을 연결하는 금속 와이어가 녹아내려 끊어지며, 전류를 차단하는 퓨즈 역할을 함으로써 화재를 방지해줘 열폭주 전파(thermal propagation) 방지에 더 좋아 전기차 화재 전파 방지에도 상당히 유리하다. 이러한 문제가 있기에 테슬라는 4680 배터리를 만들겠다고 하였으며, 기존의 차량설계 대신에 새로운 구조화된 팩(structural pack, 배터리팩 대신 차체 구조를 활용한 구조용 배터리팩으로 배터리가 차의 일부로서 존재하는 것을 의미한다)이라는 혁신적 배터리팩 구조를 도입해 기존의 스케이트보드 방식(Cell to Pack 방식)에서 더욱 개선하여 셀을 더 넣을 수 있도록 차체 설계구조를 바꾸었다.

스케이트보드 방식(셀투팩, CTP, Cell To Pack)

CTP(Cell To Pack) 기술(방식)은 현재 전기차 배터리 제조 과정에서 사용되는 혁신적인 기술이다. 이 기술은 배터리팩을 구성하는 작은 셀들을 직접 팩(pack)으로 결합하는 방식을 말한다. 일반적으로 전기차 배터리팩은 여러 개의 개별 셀들로 구성되어 있다. 이러한 개별 셀들은 우선 모듈(module)로 결합되고, 이후에 모듈들이 합쳐 다시 팩으로 최종 결합된다. 하지만 CTP 기술은 개별 셀들을 모듈 없이 직접 팩으로 결합하는 방식이다.

(1) CTP(Cell To Pack) 기술의 장점(이점)

① 공간 활용 및 경량화

개별 셀들을 직접 팩으로 결합하기 때문에 모듈로 결합할 때 발생하는 추가적인 부피와 무게를 줄일 수 있다. 이는 전체적으로 전기차의 무게 감소와 공간 활용의 향상을 가능하게 한다. 따라서 무게를 줄여 주행거리를 키울 수가 있다.

② 전기 접촉 감소

기존의 모듈 결합 방식에서는 셀들간의 전기 접촉을 위한 별도의 부품들이 필요하다. 그러나 CTP 기술은 개별 셀들을 직접 팩으로 결합하므로 전기 접촉 저항을 줄일 수 있다. 이는 전기차의 성능 향상에 도움이 된다.

③ 생산성 향상

CTP 기술은 생산 과정에서 모듈 결합 단계를 생략함으로써 생산성을 향상시킨다. 이는 배터리팩 제조 과정을 간소화해 생산 비용을 절감한다. 이러한 CTP 기술은 전기차 배터리 제조기술의 혁신적인 발전으로서 배터리팩의 성능과 효율성을 향상시켜, 전기차의 주행거리, 충전시간, 공간활용 등 다양한 측면에서 사용자들에게 유리하다.

(2) CTP(Cell To Pack) 기술의 개선점

최근 CTP 기술을 도입한 중국 CATL은 CATL의 '기린 배터리'가 1회 충전으로 1,000km의 주행이 가능하다고 했다. 그러나 전기차 중량, 주행 환경 및 주행 조건 등 어떤 기준으로 테스트를 했는지의 신뢰성 있는 명확한 데이터가 필요하다고 본다. 그러나 현재 의문점이 있지만, 향후 기존의 제품과는 다른 직렬, 병렬로의 셀의 연결은 전압과 용량을 키워주고 팩 내부에는 모듈을 추가하여 배터리 용량을 늘릴 수가 있다. 또한 액체 냉각부품 및 냉각장치를 통해 열을 제어하는 시간을 대폭 줄이면서 발열에 의한 냉각 효율을 높이면, 발열문제로 생기는 성능저하를 감소시킬 수 있어 충분히 주행거리의 향상을 꾀할 수가 있다.

현재 원통형 배터리를 사용하는 회사는 미국 테슬라(Tesla)와 루시드(Lucid)이다. 그림 1.6은 여러 종류의 원통형 배터리의 모양과 스펙(spec.)을 나타낸다.

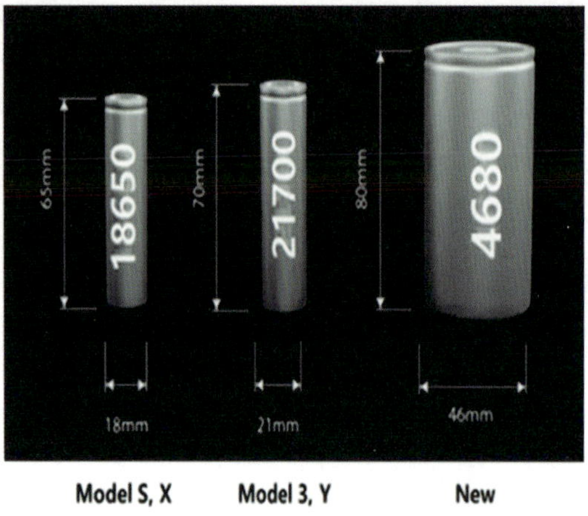

배터리 타입	18650	21700	4680
지름(mm)	18	21	46
높이(mm)	65	70	80
부피(mm^3)	16,540	24,245	132,952
부피비	-	1.5배 (18650 대비)	5.5배 (21700 대비)
무게(g)	45	70	320
차량 대당 셀 수(개)	7,104	4,416	960
에너지밀도(Wh/kg)	240	260	300
에너지용량(mAh)	3,000	5,000	9,000
비용(USD/kWh)	185	170	75
전극 필름 면적(mm×mm)	600×60	800×65	3,850×72

그림 1.6 여러 종류의 원통형 배터리 모양과 스펙

18650 배터리

21700 배터리가 나오기 전 가장 많이 사용되었던 배터리 형태이며 직경(셀의 외부지름, Φ) 18mm, 길이 65mm의 원통형 배터리이다. 일본 소니(Sony)에서 만들어진 규격이며 니켈수소(Ni-MH) 및 리튬이온 배터리 둘 다 18650배터리에 들어가지만, 현재는 가격 경쟁력으로 인해 리튬이온 배터리만 사용된다.

리튬이온 배터리는 크게 2가지로 나누어지는데 3원계 리튬이온 배터리와 리튬인산철 배터리로 나눠지며, 이 2개의 배터리는 현재에도 다양한 배터리에 사용되는 리튬이온 배터리의 형태이다. 테슬라(Tesla)가 원통형 배터리 16850 배터리로 로드스터(Roadster, 테슬라가 출시한 전기스포츠카)를 내놓을 때만해도 라미네이트(laminate)형 리튬이온전지 등 다른 전지 기술은 아직 좋지 않았으며, 생산성과 안정성이 떨어졌기 때문이다. 또한 배터리의 일관성이 요구 사항을 충족하지 않으면 직렬 및 병렬로 연결된 많은 수의 배터리로 구성된 배터리팩을 관리하면 각 배터리의 성능이 향상되지 않았는데, 18650 배터리는 그것을 충족시키고, 고장이 나도 작은 범위 내에서 다른 셀을 이용하는 것으로 제어를 할 수 있어서 대형 배터리 셀과 비교 시 고장의 영향이 적다 보니 자연스럽게 원통형 배터리가 선택되었다. 용량은 일반적인 AA형 배터리와 비교 시 1,200mAh에서 3,600mAh 사이로 더 크며, 배터리팩으로 결합 시 5,000mAh를 초과할 수 있다. 같은 무게의 니켈수소(Ni-MH) 배터리의 1.5~2배 용량이며 배터리 방전율도 낮다. 또한 셀의 에너지밀도는 250Wh/kg으로 500사이클 이상의 긴 수명을 가졌기 때문에 당시에는 가장 좋은 선택이었다. 다만 높은 발열, 복잡한 결합구조 형성 및 빠른 충전이 불가능한 여러 문제에 직면하고 있어서 이를 해결하고자 테슬라는 21700 배터리를 개발해 만들게 되었다.

라미네이트(laminate)형 리튬이온전지

얇고 가벼운 라미네이트(laminate)형 리튬이온 배터리는 스마트폰 등 전자기기에서 상대적으로 출력이 약한 전력을 장시간 공급한다. 전기자동차를 비롯한 모터 구동 제품에 적용하기 위해 출력 향상은 물론 저온 · 고온 등 환경 변화에 견딜 수 있는 배터리로는 사용이 부적합하다.

21700 배터리

테슬라가 세상에 처음 내놓은 테슬라 로드스터 1세대는 16800 배터리를 사용해 만들었다. 하지만 해당 배터리만으로는 테슬라가 원하는 가격과 주행거리가 나오지 않았기에 새로운 배터리 형태가 필요했다. 하지만 이때까지는 테슬라가 직접 만들 정도의 돈과 기술이 없었기에 테슬라는 해당되는 기술을 다른 배터리 회사와 협업을 해서 만드는 방식으로 나아갔다. 18650 배터리를 사용했던 테슬라는 더 좋은 배터리를 써야겠다는 생각으로 원통형 배터리를 만들 수 있는 배터리 회사들을 향해 원하는 가격에 개발하고 만들어 줄 수 있는지를 물었고, 해당되는 가격이 너무나도 터무니없이 싼 가격이라는 것을 안 배터리 회사들은 하나같이 거절을 했으나, 일본 파나소닉(Panasonic)은 해당되는 요구에 응했다. 그리고 테슬라와 파나소닉 둘의 협업이 시작되었으며 미국 서부 네바다주(State of Nevada)에 기가 네바다(Giga Nevada, giga factory 의미)라고 하는 배터리를 만드는 공장을 만들어 2016년부터 생산하였다. 일본 파나소닉과의 협업을 통해서 개발한 21700 배터리는 지름 21mm, 길이 70mm로 18650 배터리와 비교해보면 테슬라에 들어간 배터리 모노머(monomer)의 용량은 35% 이상 더 높은 3~4.8Ah에 도달하여 20% 더 높은 300Wh/kg의 에너지밀도를 가지게 되었다. 또한 니켈이 80% 이상 들어간 NCM811(영문자는 3원계 니켈, 코발트, 망간을 의미하고, 811 숫자의 의미는 각 금속이 차지하는 함량의 비율이 8:1:1이라는 뜻이다)이나 NCMA(사원계 니켈, 코발트, 망간, 알루미늄) 양극재를 적용해 용량이 50% 이상 늘어났으며, 18650의 생산라인을 변경하지 않고 그대로 사용가능하다는 장점이 있으며, 전기차의 선도적 역할로 급속히 성장 중인 테슬라에서 엄청난 수의 21700 배터리를 사용함에 따라 당시 18650을 사용하던 회사들도 하나같이 21700 배터리 개발과 생산에 돌입하였다.

21700 배터리의 전원 리튬배터리 시스템은 $170/Wh, 18650 배터리 시스템은 $185/Wh이며, 동일 용량대비 무게가 약 10% 감소하였다. 단일 셀의 용량이 증가하고 부피가 커짐에 따라 단일 셀의 밀도가 높아져 동일 에너지에 필요한 셀의 수를 1/3로 줄였기에 가능한 것으로서 이전보다 시스템 관리의 어려움이 줄고 배터리팩에 사용되는 부품 수를 줄여 배터리 무게가 더욱 줄어들었다. 한 예로 삼성 SDI에서 개발한 21700의 경우 소니에서 만든 것과 비교하여 무게가 10% 정도 더 가볍다. 이로 인해 배터리 시스템 비용도 약 9% 감소를 하였다. 한편 합작해서 만든 공장에서 테슬라 리튬이온 셀 모듈, 셀 팩, 모터, 드라이브 유닛(unit)

등을 생산하였으며, 해당 공장에 파나소닉이 16억 달러라는 거금을 투자하여 만들었기에 일부 공간에서 배터리를 생산하고 있지만, 해당되는 기술의 개발은 상당히 힘들었으며 동시에 테슬라가 원하는 수율과 가격까지 맞추어야 하기 때문에 상당한 부채를 떠안게 된 파나소닉은 2021년이 되어서야 비로소 흑자를 보게 되었다. 네바다 공장은 대부분 테슬라 제품을 생산하고 있으며, 파나소닉의 기술을 습득한 테슬라는 이를 통해 4680 배터리를 개발하여 생산하고 있다.

NCM622 배터리처럼 뒤에 숫자가 있는 배터리는 니켈 : 코발트 : 망간이 각각 6 : 2 : 2로 섞여 있단 뜻이다. 함량의 비율을 의미한다.
NCM712 배터리는 니켈 : 코발트 : 망간이 각각 7 : 1 : 2 비율이다.
그리고 하이니켈(high nickel) 배터리는 니켈의 함량을 많이 높인 배터리를 말하는 것으로, NCM811처럼 니켈의 함량이 높은 배터리를 하이니켈 배터리라고 한다.

그럼 왜 이렇게 니켈의 함량을 높일까?
코발트(Co, Cobalt, 은백색의 금속 원소) 가격 때문이다.
코발트 가격이 비싸고 수급에 문제가 많아서 코발트 비중을 줄이고 니켈의 비중을 늘리는 것이다. 니켈의 비중을 올리면 고밀도 배터리가 가능하며 LCO 배터리에 근접한 높은 출력을 구현할 수 있다. 하지만 니켈의 함량을 무조건 높이는 게 능사가 아닌 게 불안정성이 늘어나고, 니켈의 수요도 많아져 가격이 계속 상승하고 있다.

4680 배터리

4680 배터리는 2020년 테슬라 모터스(Tesla Motors, 테슬라 자동차)의 창업자 일론 머스크(Elon Musk)가 먼저 제안한 배터리의 용량이며 테슬라가 자체적으로 생산하기로 한 배터리이기도 하다. 지름(셀의 외부직경) 46mm, 길이 80mm의 원통형 배터리로서 테슬라에 따르면 차량 주행거리와 비용 절감 사이에서 지름(Φ) 46mm가 최고의 스윗스팟(sweet spot : 원래 의미는 '골프채, 정구의 라켓, 야구의 배트 등에서 공이 가장 효과적으로 쳐지는 점이나 면'을 말하며, 골프채, 라켓, 배트 등으로 공을 칠 때 많은 힘을 들이지 않고 원하는 방향으로 멀리 빠르게 날아가게 만드는 최적 지점이란 의미이기도 하다. 여기서는 전기차에 있어 필요조건을 만족하는 배터리의 최적화를 뜻한다)이었기에 이와 같은 크기로 개발을 하기로 한 것이다.

기존 배터리와 비교해서 에너지 용량은 5배, 출력은 6배 개선돼 전기차 주행거리도 16% 늘어난다고 알려진 배터리이기도 하며, 테슬라가 셀(cell) 지름에 따른 셀 가격 감소폭과 주행거리 증가 추이에서 가장 이상적인 수치라고 말하는 배터리다.

기존 21700 배터리와 비교 시 부피가 25배 늘어났다. 배터리 생산에서 주로 사용하고 있는 습식 방식에서 벗어나 건식 방식으로 개발이 이루어지며 이를 통해 생산 단가도 크게 줄여서 기존 21700 배터리 가격에서 50%를 감소시키는 것을 목표로 하고 있다. 4680 배터리에서 NCMA(사원계 니켈 · 코발트 · 망간 · 알루미늄) 양극재를 적용해 니켈 함량을 85~90%로 높이고, 알루미늄을 첨가하여 화학적으로 더 안정적이 되며, 차량의 주행거리가 훨씬 더 늘어나는 배터리가 만들어졌다. 또한 배터리를 관리하는 BMS(Battery Management System, 배터리 관리시스템, 배터리를 관리하는 시스템으로 전기자동차(BEV)나 ESS 등에 탑재된 배터리의 전류, 전압, 온도 등을 센서를 통해 측정하고 미리 파악하여 배터리가 최적의 성능을 발휘할 수 있도록 제어하는 시스템) 부품이 관리해야 할 셀 수가 4,400개에서 830개로 대폭 줄어들어 셀 관리가 훨씬 쉬워지면서 차량 운행을 하면서도 배터리의 안정성이 대폭 증가한다.

배터리를 만드는데 있어서도 용접 횟수도 줄어드는데 로이터(Reuters) 통신의 보도에 의하면, 기존 21700의 셀당 용접 필요 횟수가 4번이었다면, 4680은 그 절반인 2번으로 줄어든다. 기존 21700팩에서 셀 연결에 17,600번(4,400×4)의 용접을 필요로 했다면, 4680팩에선 그 10분의 1도 안되는 1,660번(830×2)으로 줄어드는 것이다. 다만 해당되는 방식으로 만들어지면 데드 스페이스(dead space, 거의 쓸 수 없는 사용하지 않는 공간, 즉 사용하지 못하는 쓸모없는 공간)가 더 늘어나게 되기에 이를 해결하고자 구조화된 팩(structural pack)을 만들어 더 높은 단계의 플랫폼화시켜 배터리 셀 보호를 더 잘할 수 있도록 하면서도 4680 배터리를 넣어도 부족한 공간이 최대한 적게 하도록 했다.

자동차 개발과 생산을 해봤어도 배터리 생산을 해본 적이 없는 테슬라였기에 배터리를 만들고 개발하고 생산하는 것이 매우 힘들 것이라는 판단으로 비웃는 이들이 많았다. 하지만 개발이 점차 진행되고 수율이 높아지면서 2023년 6월에는 텍사스에서 생산된 4680 배터리의 총 생산량이 1,000만 개를 넘어서는 이정표를 세웠다.

그림 1.7은 단일 셀(1개를 의미하는 단 셀)의 외부직경(Φ) 대비 셀 직경의 크기 증가로 인해 개선된 효과(전기차 주행거리, 생산성에 있어 비용절감 등 개선된 효과)를 보여주는 그래프이다. 테슬라가 원하는 전기차의 성능을 구현하기 위해 최초로 개발한 이상적 셀 직경(외부지름 Φ 46mm)을 갖는, 기존 배터리와 비교되는 4680 배터리를 기준으로 하여 가로축(x축)은 셀 외부직경(Φmm), 세로축(y축)은 전기차 주요항목의 개선도(%)의 비교 수치를 보여준다.

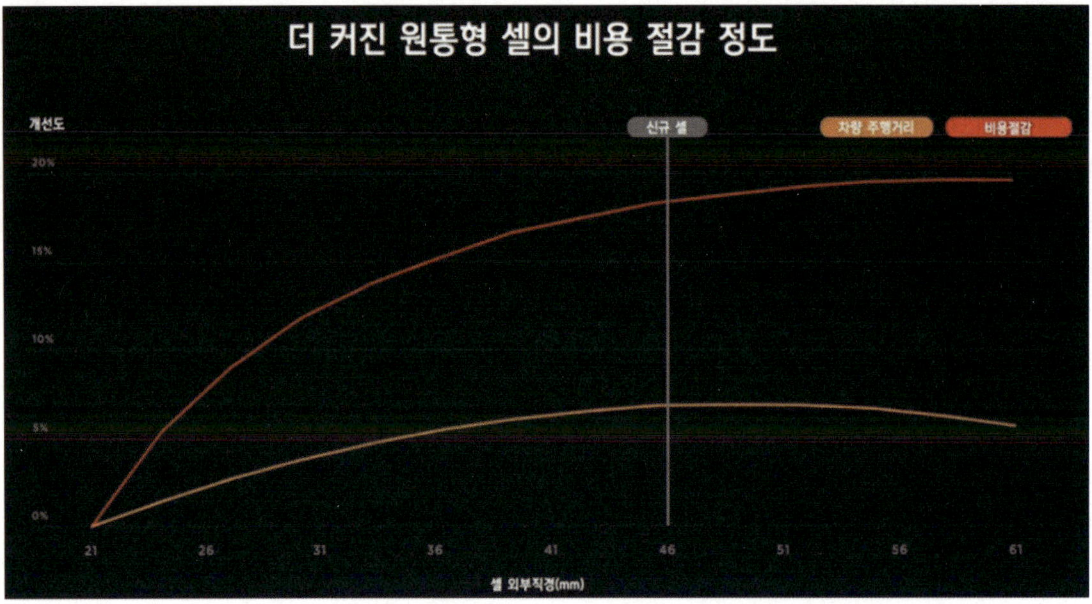

그림 1.7 4680 배터리를 기준으로 한 셀 외부직경(Φmm)과 전기차 주요 항목의 개선도(%)의 비교

(2) 3차전지(Tertiary cell)

① 연료전지(Fuel cell)와 연료전지 자동차(Fuel cell vehicle)

3차전지(tertiary cell, tertiary battery)는 직접 발전이 가능한 전지를 말하며, 연료를 공급하면 전기를 지속적으로 만들어내는 전지이다. 화학반응 원리를 이용한 연료전지(fuel cell)가 대표적인 3차전지이다.

최근 친환경자동차로 연료전지 자동차가 배터리를 이용하는 전기자동차와 함께 미래의 동력원으로 강력하게 부상하고 있다. 연료전지는 전기화학반응에 의해 연료가 갖고 있는 화학에너지를 전기에너지로 직접 변환시키는 발전장치이다.

연료전지의 원리는 1839년 영국의 그로브(Grove)에 의해 처음 발명되었고, 1960년대부터 미항공우주국(NASA)의 우주선 프로젝트의 동력원으로 활용되기 시작했고, 1994년 독일 다임러 벤츠사에서 연료전지 자동차를 제작하였다.

그림 1.8은 연료전지 스택(stack : '쌓여있는 더미' 또는 '쌓아서 채워놓은 무더기'로 적층을 뜻한다)에서 전기가 발생하는 원리를 보여주고 있다. 그림 1.9는 연료전지의 원리를 보여주는 개략도이다.

연료전지의 원리는 천연가스, 메탄올, 석유 또는 석탄가스 등의 연료로부터 추출한 수소와 공기 중의 산소를 반응시켜 전기에너지를 직접 얻는 원리를 활용하는데, 이는 물을 전기분해하면 수소와 산소가 발생하는 것을 역으로 이용한 것이다.

이 중에서 천연가스를 고온고압에서 수증기와 화학반응시켜 생산하는 수소가 전 세계 수소 생산량의 절반을 차지하고 있다.

연료전지 각각의 전극으로 수소와 산소를 공급하면 전기, 물 그리고 열이 발생한다. 공급된 수소는 다공성의 양극(cathode, 연료극)을 통과하고, 이 수소는 양극 표면에서 이온화되면서 수소이온과 전자로 분리된다. 이렇게 분리된 수소이온은 가운데 전해질을 통해 그리고 전자는 외부 회로를 통해 각각 반대편 음극(anode, 공기극)으로 움직여 산소와 결합하면서 물이 생성되고 동시에 전기가 발생된다. 이 반응에서 열도 발생한다.

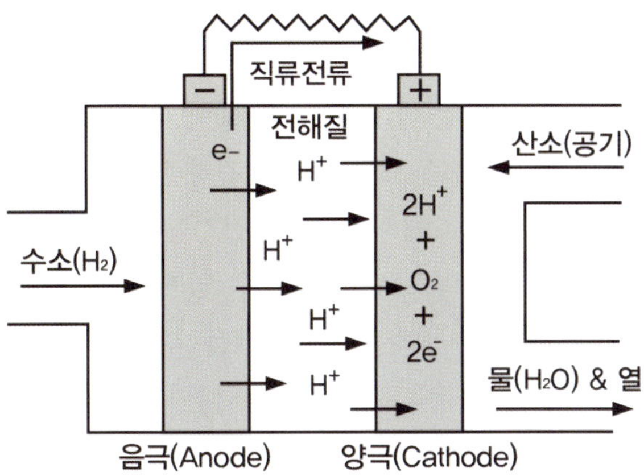

그림 1.8 연료전지의 원리

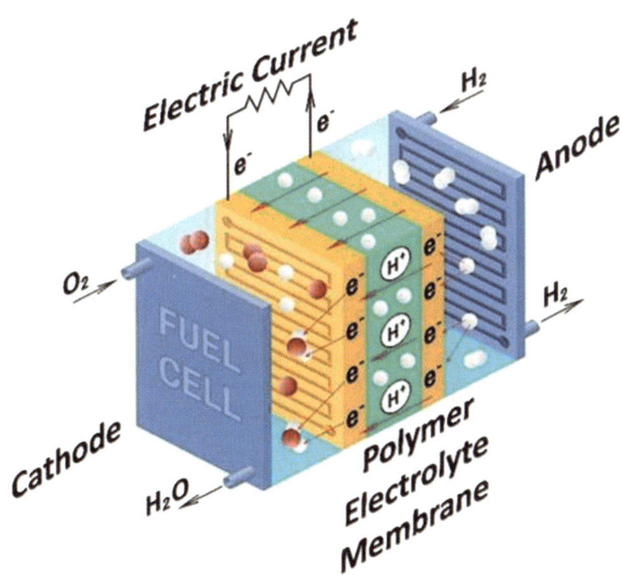

그림 1.9 연료전지의 원리를 보여주는 개략도

연료전지는 전기화학반응을 통해 직접 발전되기 때문에 그 효율이 40~60% 정도로 가스터빈의 30% 수준보다 상당히 높으며, 공해 물질과 소음 배출이 적은 에너지 절약형인 동시에 무공해 기술이다. 연료전지 스택은 연료전지 자동차의 핵심 부품으로 일반적으로 총 400여개 이상의 적층된 셀로 구성된다. 하나의 셀(cell)은 수소와 산소가 화학반응을 하여 전기에너지를 생성하는 전극, 수소 및 산소를 전극막 표면으로 전달하는 기체 확산층, 전극막과 수소, 산소가 통과할 수 있는 경로를 만들어주는 금속 분리판 등으로 구성된다.

수소연료전지는 수소와 산소의 화학반응 시 물이 생성되는 과정에서 전력을 얻게 되는데, 이때 백금 촉매로 도포된 전해질막으로 수소와 산소를 격리해야 한다. 전해질은 한 전극에서 다른 전극으로 수소이온을 전달해 주는 역할을 하며, 이온 전달의 저항을 최소화해주기 위하여 전해질막은 전극이 접촉되지 않는 범위에서 가능한 얇게 한다. 촉매는 전극의 반응을 향상(촉진)시킨다. 수송용의 경우 주로 고분자막의 전해질이 사용될 가능성이 높은데, 수소는 촉매의 작용으로 이온화하고, 수소에서 분리된 전자는 배선을 통과해 산소 쪽으로 흐르며, 배선의 중간에 모터를 놓으면 전력으로 이용할 수 있게 된다. 수소와 산소가 결합할 때는 저온을 유지하게 되고 60% 이상의 높은 효율을 얻을 수 있다.

고체 고분자막형 연료전지에서 사용되고 있는 전극은 고분자 전해질막과 일체화 접합된 것으로, '투과막 전극접합체(MEA, Membrane Electrode Assembly)'라고 한다. 이것은 백금계 촉매를 입힌 카본 분말을 투과막 소재에 분산시킨 박막인데, 이 박막을 투과막의 앞뒤에 접합하여 MEA로 만든다. MEA의 두께는 0.2mm 정도이고, 전극의 두께는 약 10μm, 전극 속에 포함되는 백금계 촉매는 0.1~0.5g/cm^{2}이다. 분리막(separator 또는 bipolar plate)은 연료와 공기의 통로가 되는 홈이 파인 판(plate)이다. MEA의 외측에 접합된 다공질 탄소막에 다시 접합된다. 이 판은 연료와 공기를 공급할 뿐 아니라 연료측에서는 수분의 보급통로, 공기측에서는 생성된 물의 제거통로로서의 기능을 가지고 있다. 그리고 외부회로로 전기를 흘리는 역할도 한다. 따라서 홈의 깊이와 폭 등 구조적인 인자가 연료전지의 출력효율에 크게 영향을 미치는 중요한 기술요소가 되는 것이다.

연료전지는 크게 저온형과 고온형으로 구분된다. 저온형 연료전지는 100℃ 이하에서 작동하며 자동차, 선박, 열차, 드론 등 수송용 기계장치에 주로 사용되는데, 고분자전해질형 연료전지(PEMFC, Polymer Electrolyte Membrane Fuel Cell)가 대표적이다. 저온형 연료전지에서는 저온에서 전기를 발생시키기 위해서 귀금속인 고가의 백금을 촉매로 사용하므로 가격이 비싼 것이 단점이다. 고온형 연료전지는 150~200℃ 이상의 고온에서 작동한다. 고온형 연료전지로는 용융탄산염형 연료전지(MCFC, Molten Carbonate Fuel Cell)나 고체산화물형 연료전지(SOFC, Solid Oxide Fuel Cell)가 대표적으로 활용되는데, 발전소, 대형 건물 또는 일반 산업현장에서 널리 활용되고 있다. 연료전지 기술개발에서는 표 1.3과 같이 크게 4가지 방식으로 구분할 수 있다.

▶▶ 표 1.3 연료전지 종류

종류	PEMFC 고분자전해질형 연료전지	PAFC 인산형 연료전지		MCFC 용융탄산염형 연료전지		SOFC 고체산화물형 연료전지	
적용범위	차량용 소형, 이동형 전원	가정용	건물용	대형발전용	선박용	건물용	선박용
용량	1kW	1kW	5~수백 kW	MW급	수십 kW~MW	10kW~	수백 kW
효율	35%	40%		47%(복합 시 60%)		55%(복합 시 65%)	
전해질	프로톤 교환막	H_3PO_4		Li_2CO_3/K_2CO_3		$ZrO_2(+8Y_2O_3)$	
전극	Graphite + Pt	Graphite + Pt		NiO/Ni(CR)		LSM(YSZ)/NiO(YSZ)	
전달이온	H^+	H^+		CO_3^{-2}		O^{-2}	
사용연료	H_2(개질기) LNG, LPG, 메탄올	H_2(개질기) LNG, LPG, 메탄올		H_2, CO(개질기) LNG, LPG, 메탄올, 석탄가스		H_2, CO, CH_4 LNG, LPG, 메탄올, 석탄가스	
작동온도	상온~120℃	160~220℃		600~700℃		850~1,000℃	
특성	높은 에너지밀도 〈적용〉 우주선, 차량	효율 제한, 부식 〈적용〉 대형차량		제어 복잡, 부식 〈적용〉 발전소		고효율 〈적용〉 발전소	

PEMFC : Polymer Electrolyte MembraneFuel Cell(고분자전해질형 연료전지)
PAFC : Phosphoric Acid FuelCell(인산형 연료전지)
MCFC : MoltenCarbonate Fuel Cell(용융탄산염 연료전지)
SOFC :Solid Oxide Fuel Cell(고체산화물 연료전지)

고분자전해질형 연료전지(PEMFC, Polymer Electrolyte Membrane Fuel Cell)는 고체폴리머 연료전지(SOFC, Solid Polymer Fuel Cell)로도 불리며 자동차용으로 가장 많이 연구되고 있는 방식이다. 고체고분자 전해질막(PEMFC) 연료전지 스택은 다음과 같은 장점을 갖고 있다.

㉠ 전해질로 고체 고분자막을 사용하기 때문에 양극간의 차압제어와 가압화가 쉽다.
㉡ 전지는 상온에서 기동할 수 있고, 기동시간이 짧다.
㉢ 플라스틱 등의 값싼 전지 구성 재료를 사용할 수 있다.
㉣ 내부저항이 낮아 고출력밀도를 얻기가 용이하여 소형, 경량화가 가능하다.
㉤ 100℃ 이하의 저온에서 운전할 수 있다.

연료전지에 필요한 수소는 천연가스, 메탄올, 석유 또는 석탄가스 등의 연료로부터 추출하여 활용하고 있다. 한편 물의 전기분해를 통해 수소를 얻는 방식(수전해 방식)은 현재로서는 경제성이 크게 떨어지는 것으로 알려져 있다. 그러나 장기적으로 태양열, 풍력 등을 활용하여 생성된 전기로 물을 전기분해하여 수소를 제조하는 방식이 활성화되어야 할 것이다. 현재 수소는 천연가스, 메탄올, 석유 또는 석탄가스 등으로부터 생산하고 있는데, 연료 충전소에 연료변환기(fuel reformer)가 설치되어 있는 경우 해당 연료로부터 수소를 경제적인 가격으로 얻을 수 있다.

그림 1.10은 수소를 얻는 과정부터 연료전지를 통해 전기에너지를 만들고 수송용 자동차뿐만 아니라 가정용, 발전용 등 다른 활용 분야까지를 종합적으로 나타낸 것이다.

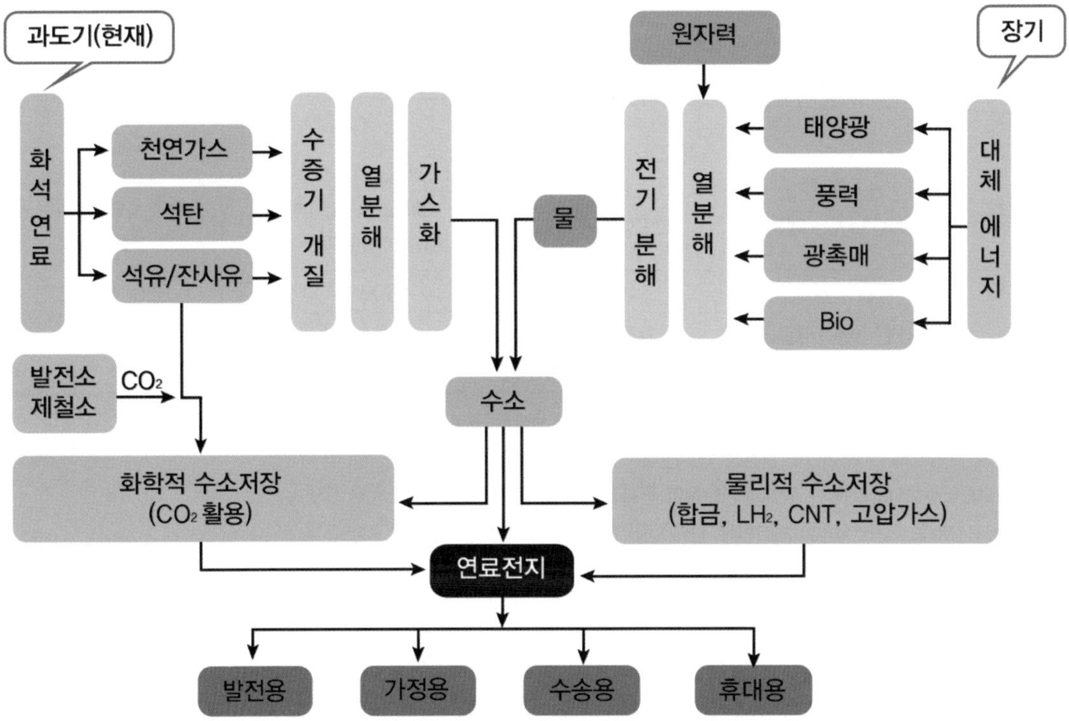

그림 1.10 수소 연료전지 시스템의 활용

연료전지는 모듈간의 연결, 즉 전지를 연결하듯이 시스템을 덧붙이면 대형화가 가능한 것도 큰 장점이다. 처음에 연료전지는 자동차나 인공위성 등 이동체의 독립전원으로서 개발되기 시작했다. 연료전지가 탄도 미사일, 장거리 로켓을 비롯한 우주를 왕복하는 유무인 우주선에 활용될 경우 전기에너지원으로도 효과적으로 활용될 뿐만 아니라 연료전지의 부산물로 생성되는 물은 우주에는 없는 물을 얻는 수단으로도 유효하게 잘 활용될 수 있다.

그림 1.11은 연료전지 자동차의 구조를 보여주고 있다. 구조는 기존의 전기자동차와 유사하나, 배터리 전기자동차와는 달리 연료전지로 자동차 자체에서 전기를 생성한다.

전기자동차에는 변속기 대신 대부분 감속기가 장착되고, 전기로 모터를 돌려 자동차의 차축을 구동시킨다.

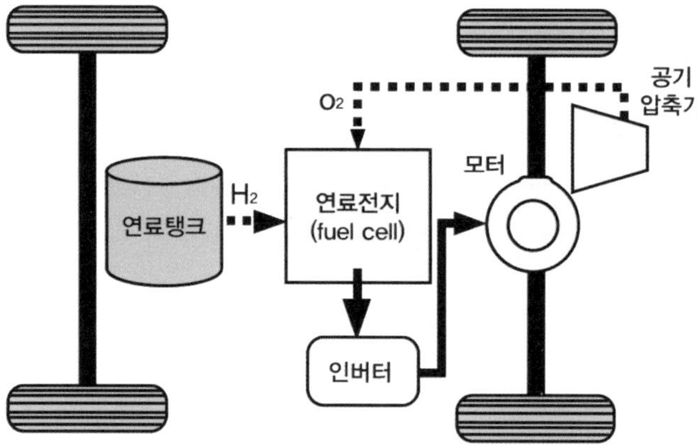

그림 1.11 연료전지 자동차의 구성도

기체수소는 부피당 밀도가 낮기 때문에 이를 보관하기 위해서는 고압으로 압축하는데, 연료전지 자동차에서는 700bar 정도의 고압으로 수소를 압축하여 보관한다.

수소 보관용 연료탱크는 이런 고압을 견디도록 탄소섬유강화 복합재질로 제작하고 탱크의 내부에는 복원력이 뛰어나고, 극한과 초고온에서도 변형이 거의 없으며, 열 안정성이 우수하고, 내열성과 절연성이 매우 높은 고분자재료인 슈퍼엔지니어링 플라스틱 폴리이미드(PI, Polyimide) 직물(fabric)을 내장한다.

연료전지 자동차에서 700bar 고압의 기체수소는 2단계로 감압되어 연료전지 스택으로 공급된다. 한편 전기 생산을 위한 화학반응에 필요한 공기는 외부 공기를 정화하여 활용한다. 먼저 대기 중의 공기에 포함된 미세먼지, 화학물질 등을 공기필터로 제거하는데, 이렇게 정화된 건조한 공기는 가습기로 습도를 높인 후 기체 확산층을 통해 연료전지 전극막으로 공급된다.

연료전지 스택(stack : '쌓여있는 더미' 또는 '쌓아서 채워놓은 무더기'로 적층)의 주요 구성 부품으로는 멤브레인(membrane, 막), 촉매전극, 기체 확산층(GDL, Gas Diffusion Layer), 분리판, 체결 기구 등이 있다. 주로 자동차 구동용으로 사용되는 전해질 교환막 연료전지 시스템의 실용화를 위한 가장 큰 기술적 과제는 작동온도의 적정화와 빙점 이하 보관 및 시동에 있다. 작동온도의 적정화는 120℃ 내외에서 작동이 가능한 전해질 교환막 개발을 통해서만 가능하다. 이 경우 물을 매개로 한 기존의 전해질 전도 특성에서 탈피할 수 있어 가습 및 반응 생성수의 제거 문제가 해결된다.

특히 작동온도가 올라가면 전지 반응 활성화에 의해 귀금속 촉매 사용량을 줄일 수 있다. 또한 냉각수 온도를 높일 수 있어 크기가 작은 냉각시스템의 설계가 가능하다. 연료전지 스택에서 수소와 산소를 반응시켜 전기를 만들고 나면 부산물로 H_2O가 생성되는데, 저온상태에서 촉매 근처나 기체 확산층 내에서 얼지 않도록 하며 시동을 거는 것이 매우 중요하다. 디젤엔진과 동등한 저온 시동성 확보를 목표로 현재 -25℃로 스택을 냉동한 후에도 시동이 가능한 냉시동 기술개발이 필요하다.

물 관리가 필요한 현재의 전해질 교환막 수소연료전지의 경우 물의 동결에 의한 연료전지 전극 구조의 파괴나 스택 운전장치의 손상이 없어야 한다. 또한 신속한 시동 및 적정 운전온도 도달을 위해 연료전지 시스템을 가열하는 것이 필요하다. 신속한 시동은 수소연료 차량의 연비를 결정하는 중요한 요소로서 시스템의 부피 및 무게 저감을 위한 기술개발이 필요하다. 그림 1.12는 수소 연료전지 자동차에서 각 부품의 배치도와 각 기능을 설명하고 있다.

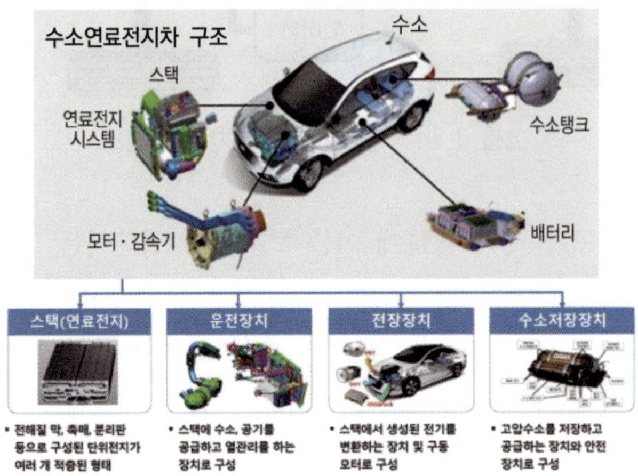

그림 1.12 수소연료전지 자동차의 부품 배치와 각 기능

내연기관 자동차와 비교할 경우 연료전지 자동차의 장점으로는 기존 내연기관에 비해 에너지 전환효율이 높고 에어컨용 압축기나 펌프 등 보조 기구의 작동 소음 이외에 불쾌한 음원의 발원 요소가 없다는 것이다. 엔진과 변속기가 필요하지 않기 때문에 부품수가 대폭 줄고 차량 공간의 레이아웃(layout) 설계의 자유도가 높아질 수 있으며, 대기오염을 발생하는 해로운 배출가스가 거의 없다. 연료전지 자동차에서는 생성되는 전기에너지 이외에 배기 시스템을 통해 수소와 산소의 반응으로 순수한 물만 배출된다. 한편 배터리 전기자동차와 비교할 경우 연료전지 자동차는 수소의 연료공급 시간이 배터리 충전시간보다 훨씬 짧게 걸리고 1회 충전 후 주행거리가 훨씬 길다. 한편 연료전지 자동차의 단점으로는 차량 가격이 비교적 높고 연료인 수소를 공급하는 충전소와 같은 산업기반 시설, 즉 인프라 시설이 부족하다는 점이다. 또한 고압으로 기체 수소를 저장하는 연료공급 방식이 액체 연료를 사용하는 가솔린, 디젤자동차보다는 위험하다는 것도 단점으로 거론된다.

최근 연료전지 자동차가 미래의 친환경자동차로 강력하게 부상하고 있다. 연료전지는 자동차뿐만 아니라 친환경 에너지원으로서 환경오염을 유발하는 화력발전소를 대체할 친환경 발전소 또는 잠수함의 동력원 등과 같은 대형 시스템으로도 그 사용범위가 확대될 전망이다. 동력원으로 서의 연료전지는 친환경자동차, 열차, 드론 등과 로켓과 같은 국방 무기와 우주 탐사를 위한 우주선 등의 동력원으로 사용이 크게 증가할 것으로 전망된다.

2020년 이후 전 세계적으로 친환경에 대한 요구가 한층 더 강화되면서 우주에서 가장 풍부한 원소인 수소에너지 시대가 화석에너지의 시대를 종결할 것이다.

② 수소에너지(Hydrogen energy)와 수소자동차(Hydrogen vehicle, Hydrogen fueled car)

수소에너지는 화석연료나 원자력이 넘볼 수 없는 장점을 갖고 있다. 무엇보다 석유 매장지가 중동, 러시아, 북남미 등에 밀집된 것과는 달리 수소는 지구 어디에서나 물을 통해 손쉽게 얻을 수 있다. 물의 전기분해로 만들어지기 때문에 얼마든지 재생이 가능하고, 어느 나라든 기술력과 경제력만 있으면 얼마든지 수소를 에너지로 전환할 수 있다. 또한 수소는 연소시 공해물질이 거의 없는 청정 에너지원이다. 화석연료 차량에서 나오는 이산화탄소(CO_2)와 스모그는 세계적으로 해마다 수십만 명의 호흡기 질환을 유발하고 심할 경우 생명을 빼앗아 가기도 하며, 지구온난화의 가장 큰 원인이기도 하다. 그러나 수소는 친환경 연료이다. 수소를 연소해 물이 되는 과정에서 공기 중의 질소가 산소와 반응해 극소량의 질소산화물(NOx)이 생성되지만, 이는 기술적으로 충분히 제어할 수 있다. 이미 수소는 산업용 기초 소재에서부터 일반 연료, 자동차, 비행기, 연료전지 등에 이르기까지 다양한 분야에서 차세대 에너지원으로 사용되고 있다.

수소연료의 비점(비등점)은 대기압에서 -253℃로 매우 낮아 상온에서는 기체 상태이고, 저위발열량은 석유계 연료의 3배에 이르는 120MJ/kg으로 모든 연료 중에서 질량당 에너지밀도가 가장 높은 연료이다. 그러나 LPG(Liquefied Petroleum Gas, 액화석유가스)와 같은 통상의 기체연료와는 물성치에 큰 차이가 있어 기존 엔진의 연료전환기술 개념으로는 개발이 용이하지 않다. 수소연료는 가연범위가 0.1~7.1로 넓고 점화에너지가 0.2mJ로 작으며, 연소속도가 빨라 희박연소가 용이한데, 특히 저부하 영역에서는 열효율이 증가한다. 그러나 조기점화(preignition) 가능성이 크고 고부하 영역에서는 역화가 발생하기 쉽다. 또한 연소실 내 유동 증가는 도리어 연소에 역효과를 줄 수도 있어 연소실 설계에 기존 엔진과는 차별화한 개념이 필요하다. 자발화온도가 585℃로 가솔린보다는 높아 강제 착화방식을 사용해야 한다. 질량 대비 발열량은 가솔린에 비해 2.7배 크다. 그러나 상온에서는 가스 상태로 밀도가 작기 때문에 저장용기의 크기와 무게가 문제가 되며, 흡기매니폴드(manifold, 흡기관) 분사방식에서는 출력의 저하가 현저하다. 단열화염온도 및 열전달계수가 커서 냉각손실 및 연소실 벽면온도를 증가시키기 때문에 냉각시스템과 열부하에 대한 대책이 필요하다. 윤활유

연소에 의한 미량 이외에는 미연탄화수소와 일산화탄소(CO) 배출이 없어 공해가 적다. 그러나 단열화염온도가 석유계 연료보다 다소 높아 질소산화물 생성이 증가하며 연소소음이 발생하여 이에 대한 대책이 필요하다.

수소자동차(수소연료전지 자동차)는 동력원으로 수소연료전지를 사용하는 전기자동차이다. 수소연료전지가 전기를 공급한다는 점이 배터리(충전지)를 사용하는 전지식 전기자동차와 다르다. 일반적으로 전기자동차라 불리는 배터리 전기자동차는 외부로부터 전기를 공급받아 배터리(rechargeable battery, 전지, 2차전지, 충전지)에 저장(충전)했다가 쓰는(방전) 방식인 반면, 수소연료전지 자동차는 수소연료전지에서 수소를 이용하여 직접 전기를 일으킨다. 즉, 발전소를 갖고 다니는 셈이다.

연료전지란 연료와 산화제를 전기화학적으로 반응(화학반응)케 하여 화학에너지로부터 전기에너지를 발생시키는 장치이다.

수소자동차는 수소 차량에 속하며, 수소 차량의 경우 자동차 및 기타 운송차량 외에도 수소연료 우주발사체를 포함한다. 이러한 차량의 발전장치는 전동기 구동을 위해 내연기관의 수소를 태우거나(수소내연기관 자동차), 연료전지 내에서 수소를 산소와 반응시켜 수소의 화학에너지를 역학적 에너지로 변환한다. 운송 연료공급을 위해 수소를 널리 사용하는 것은 제안된 수소경제의 필수 요소이다.

수소자동차의 실용화에 가장 큰 장애물은 수소 저장매체이다. 현재 수소를 저장하는 방식은 물리적으로 압축하여 고압상태에서 저장하는 고압수소탱크, 액화시켜 극저온상태에서 저장하는 액체수소탱크, 특수금속의 가역반응을 이용한 금속수소화물(metal hydride) 저장방식이 있다.

고압수소탱크 방식은 탄소섬유강화 복합재질을 사용하면서 고압으로 압축하여 연료 탑재용량을 증가시킬 수 있게 되었다. 로켓 연료로 이용되는 액체수소탱크 방식은 발열과정 중에 고급 기술이 필요할 뿐만 아니라 장기간 보관이 힘들고 저장밀도가 떨어진다. 이런 사정을 고려할 때 가장 가능성이 높은 차량용 수소저장 방식은 고압수소탱크 방식과 금속수소화물(metal hydride)을 이용한 방식이다.

수소는 적절한 금속을 만나면 금속 내 격자 사이의 공간에 들어가 액체수소보다도 더 밀집된 상태를 이루게 된다. 금속수소화물은 금속과 수소가 가역적으로 반응해 수소화물(hydride)이라고 하는 새로운 형태의 화합물을 형성하는 것을 말한다. 금속수소화물의 부피당 저장량은 액체수소 형태의 저장 방법보다 1.5~2배나 높은 것으로 알려져 있다. 수소와 결합해 수소화물을 만드는 금속으로는 주기율표상에서 알칼리금속, 알칼리토금속, 희토류금속 그리고 전이금속 일부가 수소화물을 이룬다. 금속수소화물로 수소를 저장하는 방식은 높은 저장밀도로 대량의 수소를 저장할 수 있고, 온도를 높이거나 압력을 낮춤으로써 쉽게 수소를 방출할 수 있는 장점이 있다. 대표적인 수소 저장을 위한 금속수소화물로는 7종류로 구분되고 있는데, 표 1.4에 나타내었다. 여기에서 원소 A는 희토류와 알칼리 원소를 의미하는데, 수소와 높은 친화도의 성질(친화성)을 갖고 있어 수소화합물을 잘 구성한다. 또한 원소 B는 전이금속을 의미하는데, 수소를 활용하고자 할 때 수소화합물의 안정성은 낮추면서 가역적인 반응을 지원하는 원소이다. 표 1.4 중에서 금속수소화물로 주로 활용되는 합금재료는 AB_5, AB_2, AB, A_2B이다.

표 1.4 금속수소화물의 종류

구성식	원형(prototype)	수소화합물(hydrides)
AB_5	$LaNi_5$	$LaNi_5H_6$
AB_2	ZrV_2, $ZrMn_2$, $TiMn_2$	$ZrV_2H_{5.5}$
AB_3	$CeNi_3$, YFe_3	$CeNi_3H_4$
A_2B_7	Y_2Ni_7, Th_2Fe_7	$Y_2Ni_7H_3$
A_6B_{23}	Y_6Fe_{23}	$Y_6F_{23}H_{12}$
AB	TiFe, ZrNi	$TiFeH_2$
A_2B	Mg_2Ni, Ti_2Ni	Mg_2NiH_4

일반적으로 금속수소화물로 수소를 저장하는 능력은 저장매체인 금속의 질량당 저장되는 수소의 질량의 비로 표시한다. 일반적으로 합금재료는 AB_5, AB_2, AB, A_2B 형태의 금속수소화물은 각각 1.5, 2.0, 1.8, 3.0% 정도의 수소를 저장할 수 있는 것으로 알려져 있다.

한편 AB_5인 란탄-니켈합금($LaNi_5H_6$)으로 수소를 흡수하면, 동일한 부피에서 1,000기압으로 압축된 기체수소 또는 액체수소의 2배 정도의 수소의 저장이 가능하다.

이러한 수소화물은 조금만 온도를 높이면 수소가스를 방출하는데, 수소가스의 순도는 대단히 높은 편이다. 수소를 흡수하는 금속으로는 이외에 마그네슘(Mg), 니오븀(Nb), 바나듐(V), 망간(Mn) 및 이들의 합금이 있다.

수소자동차용으로 사용될 경우 수소는 천연가스, 석탄, 원자력 또는 태양에너지를 활용하여 생산할 수 있다. 수소의 중량은 가솔린의 1/3 정도이나, 보통의 온도와 압력에서는 체적이 액체 가솔린의 약 3,000배 정도이므로 자동차의 연료로 활용하기 위해서는 상당한 고압으로 압축시켜야 한다. 압축 기체나 액체 상태에서 사용할 때의 해결과제는 천연가스와 거의 동일하며, 최근에는 고압으로 수소를 금속에 흡착한 수소저장 합금을 개발하는 데 연구를 집중하고 있다.

이론적으로 수소연료를 연소시키면 물만 발생되는 가장 이상적인 청정연료이다. 그러나 실제로는 질소산화물(NOx)이 발생되고, 연소속도가 지나치게 빨라 역화나 조기점화가 일어날 가능성이 큰 것이 문제점이다.

CHAPTER 02

전지(Cell, Battery, 배터리)

01 2차전지의 배터리, 배터리팩 특성

1) 2차전지

전지(배터리)의 분류는 일반적으로 크게 쓰이는 용도와 수량이 많은 1차전지와 2차전지로 나눠 정의하고 있다. 그 주요 특징은 다음과 같다.

① **1차전지 :** 일회성으로 한 번 사용하고 버리는 배터리이다. 일회용 소모품 전지인 것이다. 일반 AA 및 AAA 알카라인(Alkaline) 건전지가 대표적인 1차전지이다.

② **2차전지 :** 충전이 가능한 배터리로 여러 번 재사용이 가능한 전지이다. 여기에는 밀폐형 납산(SLA, Sealed Lead Acid) 배터리, 니켈카드뮴(Ni-Cd) 배터리, 알카라인 재충전용 전지, 니켈수소(Ni-MH) 배터리, 리튬이온(Li-ion) 배터리, 리튬폴리머(Li-polymer) 배터리 등이 있다. 그림 2.1은 2차전지의 개발 역사를 간략히 보여준다.

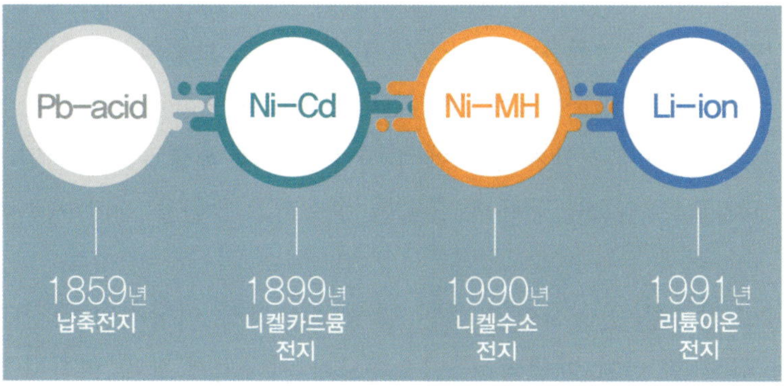

그림 2.1 2차전지의 개발 역사

(1) 2차전지의 종류와 특징

① 밀폐형 납산(SLA, Sealed Lead Acid) 배터리는 대개 전지의 무게가 문제가 되지 않으며, 저렴한 가격으로 사용하는 곳에 주로 이용된다. 충전 배터리 중에서 가장 낮은 에너지 밀도를 갖는다.

- 장점 : 가격이 저렴하고 자가 방전의 주기가 적으며, 메모리 현상이 없어 장기적인 보관이 용이하다.
- 단점 : 상대적으로 에너지밀도가 매우 낮아서 작은 기기에 사용하기에는 부적합하며, 완전 충·방전에 매우 약하며, 폐기 시 납(Pb) 성분으로 환경에 유해한 영향을 준다.

② 니켈카드뮴(Ni-Cd) 배터리는 가장 보편화되어 있는 충전지이다. 니켈과 카드뮴의 활물질(active material, 전지가 방전할 때 화학적으로 반응해 전기에너지를 생산하는 물질로 양극 활물질과 음극활물질이 있다)로 구성되어 있으며, 약 500회의 충·방전이 가능하다.

- 장점 : 전지의 내부저항이 작고, 방전율도 뛰어나며, 열악한 조건(저온, 과방전, 과충전) 등에서도 잘 견딘다.
- 단점 : '메모리 효과(memory effect)' 현상 때문에 완전히 방전하지 않고 충전을 하면 용량이 줄어드는 현상이 발생한다. 그래서 배터리 수명이 제한된다. 현재 많이 개선되었으나, 카드뮴 성분의 유해성으로 인해 세계적으로 시장은 점점 감소 추세이다.

③ 알카라인(Alkaline) 재충전용 전지로는 표준형(일회용) 알카라인과 재충전용 알카라인 전지가 있다.

- 장점 : 반복 재활용 시 일회용 전지에 비해 경제적이다.
- 단점 : 다른 충전지에 비해 충전 사이클 수가 적어 비효율적이며, 재충전 시 용량이 점점 줄어들고 충전 시 폭발의 위험이 있다.

④ 니켈수소(Ni-MH) 배터리는 니켈카드뮴전지에 비해 단위 부피당 에너지밀도가 2배로 커서 소형 포터블(portable, 휴대용) 기기에 주로 적용하며, 약 500회 이상의 충·방전이 가능하다.

- 장점 : 니켈카드뮴전지에 비해 긴 사용시간을 가지며, 메모리 효과가 개선되고 유해물질이 적어 환경 친화적이다.
- 단점 : 니켈카드뮴전지에 비하여 가격이 비싸다. 급속 충전 시 열이 발생하며, 초기에는 자가 방전율이 니켈카드뮴 배터리에 비해 1.5배 정도 높았지만, 현재 거의 같은 수준에 도달했다.

⑤ 리튬이온(Li-ion) 배터리는 높은 에너지저장밀도와 가벼운 중량으로 빠르게 시장을 확장하고 있다. 최근에 가장 각광을 받고 있는 배터리로 그 수요는 엄청나다. 특히 전기자동차에 전기를 공급하는 필수 동력원으로 부가가치와 연계 산업에 끼치는 영향도 매우 크다. 현재 더 고밀도의 에너지저장기술이 개발 중이며 휴대형 기기들의 소형화를 한층 발전시키는 데 크게 일조하고 있다. 그 형태로는 코크(coke)형과 그래파이트(graphite)형으로 구분한다.

- 장점 : 높은 전압과 용량이 가능하며, 에너지저장밀도가 매우 높다.
- 단점 : 충전 시 구성물질 중 하나인 리튬메탈의 불안전성으로 인해 온도가 급상승하는 현상이 발생되며, 폭발의 위험성을 가지고 있어 취급에 각별한 주의가 요구된다.

⑥ 리튬폴리머(Li-polymer) 배터리는 고체 전해물질(전해질)을 이용하여 기존의 액체 전해물질(전해질)을 사용하는 전지에 비해 안전성을 높이고 구조를 단순화하여, 비용 절감 등을 꾀하고 있으며 니켈카드뮴전지 대비 3배 이상의 에너지저장밀도를 가지게 되며 방전율도 매우 낮다.

2) 배터리의 구성 및 원리

(1) 배터리

배터리(전지, battery 또는 cell)는 화학반응으로 전기를 일으키고(발생), 저장하고(충전), 필요한 곳에 전기를 공급해 주는(방전) 장치이다.

① 배터리 = 전기를 발생하는 장치

② 전기 발생 = 전류 흐름(플러스(+)에서 마이너스(-)로 흐름) = 전자 이동(마이너스(-)에서 플러스(+)로 이동)

③ 전자의 이동 = 어떠한 재료(원자)에 붙어있던 전자가 어떠한 원인으로 인해 떨어져 나와 한쪽 방향으로 이동

- 전자 분리 = 산화 = 금속의 부식 = 반응성 크다
- 전자 결합 = 환원 = 금속의 석출 = 반응성 작다

그림 2.2는 전해질(수용액)에서 전자 이동 및 전류 흐름의 원리를 보여준다.

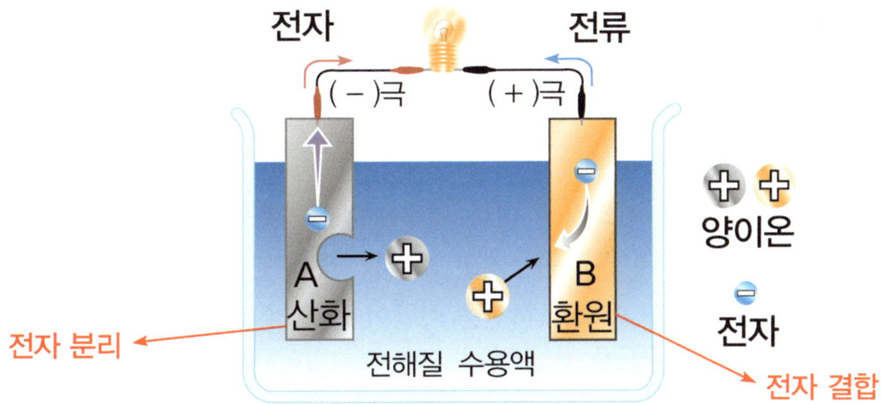

출처 : http://study.zum.com/book/13177

그림 2.2 전자 이동 및 전류 흐름의 원리

그림 2.3은 금속에 있어 전자 분리(산화)와 전자 결합(환원), 즉 금속의 이온화 경향을 보여주는 비교이다. 리튬(Li, lithium)은 주기율표 제1족에 속하는 알칼리 금속 원소 중에서 전자를 잘 내어 놓는 원소이며, 산화가 잘 되고 반응성이 큰 금속 원소임을 알 수 있다.

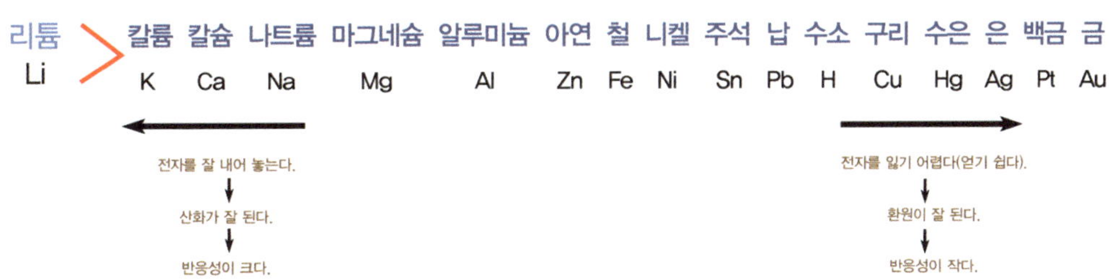

그림 2.3 금속의 이온화 경향

(2) 충전(Charge) 및 방전(Discharge)

① **충전(充電)** : 충전장치(또는 충전기, charger)에 의한 에너지의 축적(비자발적 이동)으로, 즉 전지에 전류를 흘려서 원래의 전압(초기 전압)으로 회복시키는 현상이다.

② **방전(放電)** : 다른 전자기기에 에너지를 공급(자발적인 이동)하는 것으로, 즉 전지에서 전기가 전지 밖(외부)으로 흘러나가는 현상이다.

1차전지는 한 번 산화되면 다시 환원될 수 없다(비가역적).

2차전지는 산화와 환원을 반복해서 일으킬 수 있다(가역적). 따라서 충전 및 방전을 계속해서 배터리를 재사용하는 것이다.

3) 2차전지(리튬이온 배터리)의 구성

2차전지는 크게 4가지 구성요소(4대 요소)로 된 구조를 갖는다. 리튬이온 배터리의 성능을 좌우하는 4대 구성요소에 대해 살펴보도록 한다.

배터리 성능 발전을 위해 신소재에 대한 연구개발을 강화하며, 또한 기존 소재의 성능 향상과 핵심기술에 대한 지속적인 연구개발 노력도 계속 필요하다.

리튬이온 배터리의 고용량 · 고효율 혁신을 이끌어야, 우리 삶의 풍요를 가져올 미래 배터리 산업을 이끌어 나갈 수 있다.

2차전지의 구성요소(리튬이온 배터리의 성능을 좌우하는 4대 구성요소)

① 양극
② 음극
③ 분리막
④ 전해액

양극과 음극의 구조는 기재와 합제로 구성되고, 합제는 활물질 + 도전재 + 바인더로 이뤄진다. 이를 보기 쉽게 도식화하면 그림 2.4와 같다.

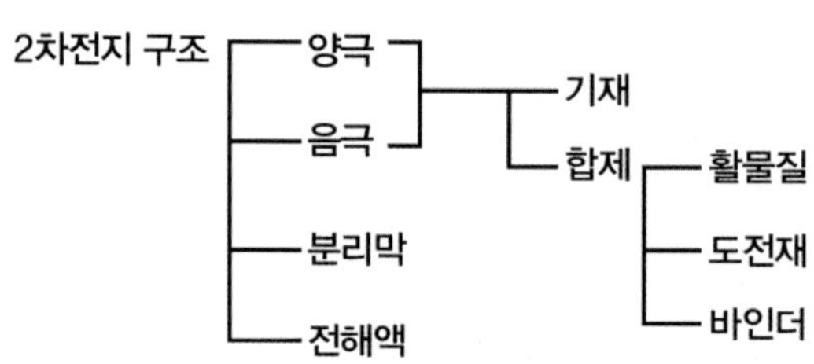

그림 2.4 2차전지의 구조

(1) 2차전지(리튬이온 배터리)의 구성요소

2차전지는 그림 2.5와 같이 크게 양극과 음극, 전해액과 분리막 구조로 구성된다.

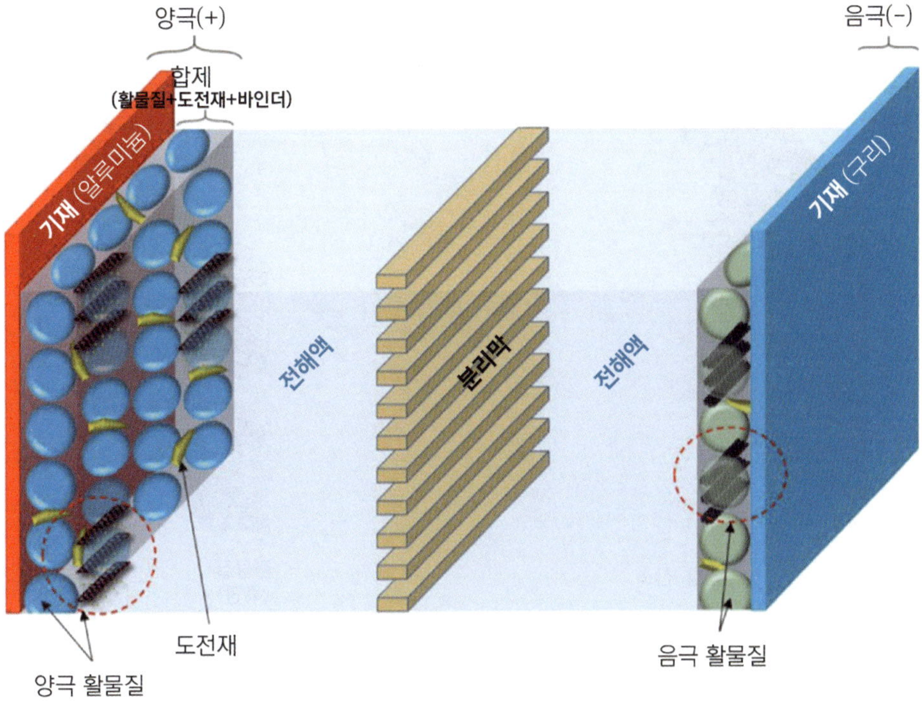

그림 2.5 2차전지의 구조 및 구성요소

여기서 가장 중요한 양극(anode, 애노드)은 리튬이온 배터리의 용량과 전압을 결정하며, 리튬이온 배터리는 리튬의 화학적 반응으로 전기를 생산하는 배터리이다. 따라서 당연히 리튬이 들어가게 되는데 그 공간이 바로 양극이다. 하지만 리튬은 원소 상태에서는 반응이 불안정해서 리튬과 산소가 만난 리튬산화물이 양극에 사용된다.

리튬산화물처럼 양극에서 실제 배터리의 전극 반응에 관여하는 물질을 '활물질'이라고 한다. 즉, 리튬이온 배터리의 양극에서는 리튬산화물이 활물질로 사용되는 것이다. 그림 2.5와 같이 기재 위에 양극 활물질(파란색 동그라미), 도전재(노란색), 바인더(binder)로 구성된다. 음극(cathode, 캐소드)도 동일구조로 구성된다.

활물질과 도전재는 가루 형태이기 때문에 이들로 전극을 만들어 주기 위해 알루미늄 또는 구리로 된 판(기재, substrate, 여기서 기재(基材)는 기질(基質)로 화학반응에서의 반응물, 반응물질을 의미한다)에 아교, 풀과 같은 접착제 역할을 하는 바인더(binder)를 통해 고정한다.

- 양극 활물질 : 리튬과 산소가 결합된 구조
- 음극 활물질 : 흑연들이 결합된 격자구조

그림 2.6은 양극 활물질과 음극 활물질을 보여준다.

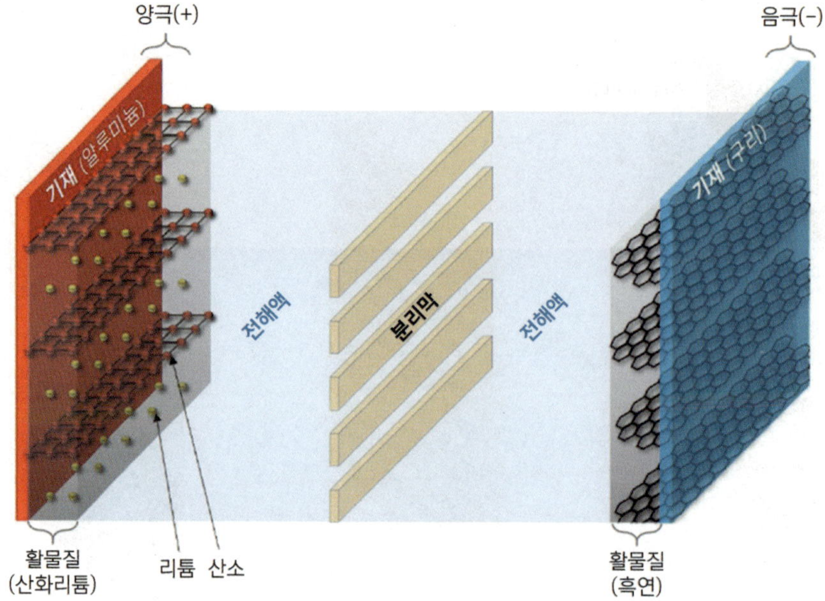

(a) 양극 활물질과 음극 활물질을 포함한 전체 구성도

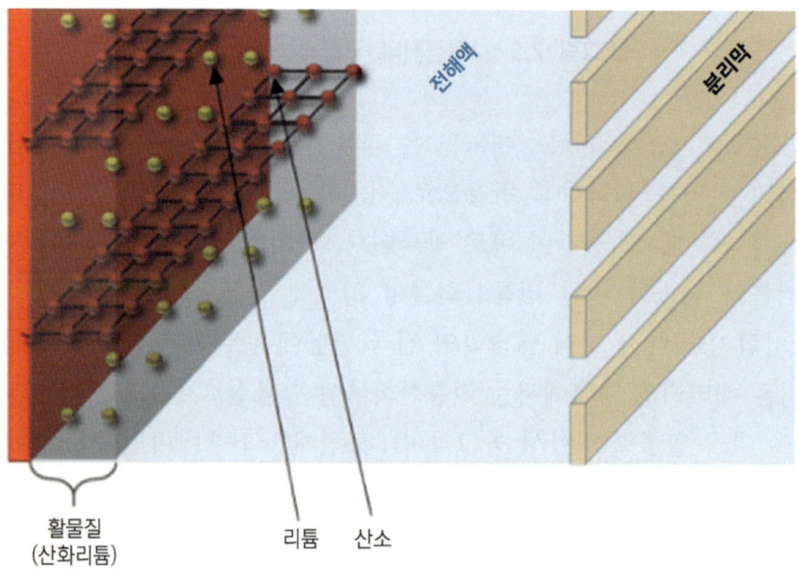

(b) 양극 활물질과 음극 활물질(상세도)

그림 2.6 양극 활물질과 음극 활물질

양극을 조금 더 자세히 살펴보면, 양극의 틀을 잡아주는 얇은 알루미늄 기재(판, plate)에 활물질과 도전재 그리고 바인더가 섞인 합제가 입혀져 있다. 활물질은 리튬이온을 포함하고 있는 물질이고, 도전재는 리튬산화물의 전도성을 높이기 위해서 넣고, 바인더는 알루미늄

기재에 활물질과 도전재가 잘 달라붙도록, 점착(또는 접착)할 수 있도록 도와주는 일종의 접착제 역할을 한다.

이렇게 만들어진 양극은 배터리의 특성을 결정짓는 중요한 역할을 한다. 어떤 양극 활물질을 사용했느냐에 따라 배터리의 용량과 전압이 결정되며, 리튬을 많이 포함했다면 용량이 커지게 되고, 음극과 양극의 전위차가 크면 전압이 커진다. 일반적으로 음극은 종류에 따라 전위의 차이(전위차)가 작은데 반해, 양극은 상대적으로 차이가 크기 때문에 양극이 배터리 전압을 결정짓는 데 아주 중요한 역할을 하는 것이다.

그림 2.7은 알루미늄 기재에 합제가 점착(접착)되어 붙어, 결합된 단면 조립구조를 보여준다. 그리고 둥근 원안 확대 사진은 합제의 확대된 조직구조이다.

도전재는 영어로 conductive additive로 conductive(전도성) + additive(특정 효과를 내도록 첨가하는 물질, 즉 첨가물)를 합친 용어로, 특정 대상에 전도성(도전성)을 생기게 만드는 첨가제이다.

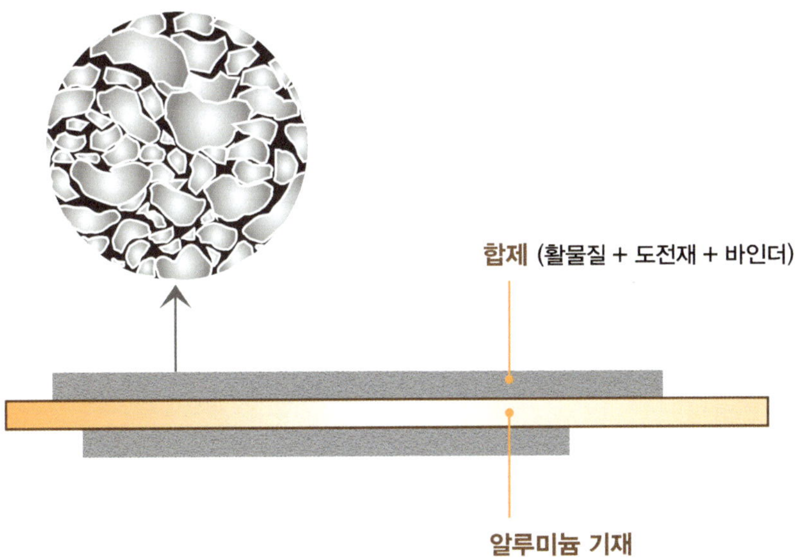

그림 2.7 알루미늄 기재에 합제가 결합된 단면 조립구조

(2) 양극(Anode)

양극은 배터리의 '용량'과 '전압'을 결정하는 중요 역할을 한다. 음극의 활물질에 따라서도 전압이 달라질 수 있으나, 양극이 상대적으로 활물질에 따른 전위차가 크므로 전압 차이도

커서 배터리의 전압을 결정하는데 더 큰 역할을 한다.

양극의 구성은 기재 + 합제(활물질 + 도전재 + 바인더)로 구성된다.

산화물의 형태로 충전과 방전의 핵심이 되는 '리튬 원자'가 존재하며, 최근에는 고성능 양극재의 수요가 늘면서 3원계 NCA(니켈 · 코발트 · 알루미늄), 사원계 NCMA(니켈 · 코발트 · 망간 · 알루미늄) 등 다양한 양극재가 개발되었다. 그림 2.8은 활물질, 도전재, 바인더로 결합된 합제를 입체적으로 모형화시킨 구성도이다.

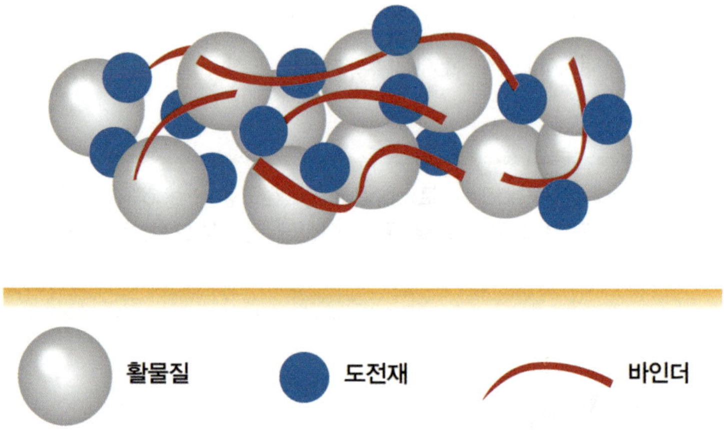

그림 2.8 합제(활물질, 도전재, 바인더의 결합) 입체적 모형도

구성요소에 대한 설명은 다음과 같다.

① 배터리의 성능을 결정하는 '활물질(Active material)'

리튬이온 배터리의 경우 충전과 방전에 핵심이 되는 물질로 양극재에는 안정적인 반응을 위해 산소가 결합된 리튬 계열의 산화물을 사용하고 있다.

② 이온화된 전자의 전도성을 높이는 '도전재(Conductive additive)'

도전재는 활물질인 리튬산화물의 전도성을 높이는 역할을 한다. 또한 리튬산화물에서 이온화된 전자의 흐름을 촉진시키는 역할도 한다. 만약 도전재의 양을 줄이고 그만큼 활물질을 더 넣을 수 있다면, 그만큼 더 많은 리튬산화물을 양극에 포함시킬 수 있다(=배터리의 용량이 증가).

③ 알루미늄 기재와 합제를 연결시키는 '바인더(Binder)'

바인더(binder)는 2차전지의 전극을 기계적, 물리적으로 안정화시켜 주는 소재로 활물질과 도전재를 집전체에 점착(접착)시켜 주는 일종의 접착제이다. '활물질 + 도전재'는 가루 형태이며, 이들과 전극 역할을 하는 알루미늄 기재를 연결시키기 위해서 일종의 접착제 역할을 하는 바인더를 혼합하는 것이다.

(3) 음극(Cathode) - 전자를 도선으로 내보내는 '음극'

음극 역시 양극처럼 음극 기재에 활물질이 입혀진 형태로 이루어져 있다. 음극 활물질은 양극에서 나온 리튬이온을 가역적으로 흡수·방출하면서 외부 회로를 통해 전류를 흐르게 하는 역할을 수행한다.

배터리가 충전상태일 때 리튬이온은 양극이 아닌 음극에 존재하며, 이때 양극과 음극을 도선으로 이어주면(방전) 리튬이온은 자연스럽게 전해액을 통해 다시 양극으로 이동하게 되고, 리튬이온과 분리된 전자(e^-)는 도선을 따라 이동하면서 전기를 발생한다.

음극은 구리 기재 위에 활물질, 도전재, 바인더가 입혀진다. 음극에는 대부분 안정적인 구조를 지닌 흑연(graphite)이 사용된다. 흑연은 음극 활물질이 지녀야 할 많은 조건들인 구조적 안정성, 낮은 전자 화학반응성, 리튬이온을 많이 저장할 수 있는 조건, 가격 등을 고루 갖춘 재료로 꼽히고 있다.

음극은 충전 시 양극에서 이동된 리튬이온과 전자를 저장한다. 기재와 합제의 형태로 구성되고, 리튬이온 배터리에서의 음극 활물질은 '흑연(graphite)'이 주로 사용된다. 흑연 활물질은 충전 시 양극에서 음극으로 이동된 리튬이온과 전자가 저장되며, 흑연의 구조는 그림 2.9와 같이 탄소가 결합된 형태로 탄소 6개당 1개의 리튬원자를 저장한다. 만약 흑연이 아니라 다른 물질을 음극 활물질로 사용하여 더 많은 이온을 저장할 수 있다면 그만큼 배터리의 용량 증가가 가능하다.

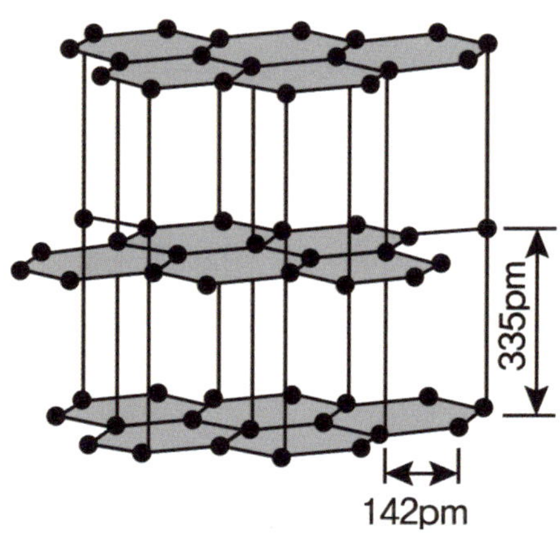

그림 2.9 흑연의 결정구조(탄소 6개당 1개의 리튬원자 저장)

음극의 활물질은 반응성이 적고, 구조적으로 안정적이며, 리튬이온을 많이 저장할 수 있는 조건, 가격 등을 고려하여 선정한다. 현재 용량이 크고 충전 속도를 빠르게 할 수 있는 실리콘(Si, Silicon, Silicone, 규소) 음극재 등 차세대 음극재 개발이 활발하게 진행되고 있다.

(4) 분리막(Separator) - 양극과 음극의 장벽 '분리막', 배터리 안전을 책임지는 '분리막'

양극과 음극이 배터리의 기본 성능을 결정한다면 분리막과 전해액은 배터리의 안전성을 결정짓는 구성요소라고 할 수 있다.

분리막은 양극과 음극이 서로 섞이지 않도록 물리적으로 막아주는 역할을 담당하고 있다. 전자가 전해액을 통해 직접 흐르지 않도록 하고, 내부의 미세한 구멍(기공, pore)을 통해 원하는 이온만 이동할 수 있게 만든다.

즉, 물리적인 조건과 전기화학적인 조건을 모두 충족시킬 수 있어야만 한다. 현재 상용화된 분리막으로는 폴리에틸렌(PE), 폴리프로필렌(PP)과 같은 합성수지가 있다.

① 분리막의 특성과 역할

분리막은 간단히 설명하면 절연 소재의 얇은 막으로, 역할은 다음과 같이 크게 5가지로 요약할 수 있다. 양극과 음극이 배터리의 성능을 대표하는 소재라면, 분리막은 배터리의 안전성과 관련된 중요한 역할을 하는 핵심 소재라고 할 수 있다.

㉠ 이름에서 알 수 있듯이 분리막은 배터리 내부에서 양극과 음극이 접촉하지 않도록 분리하고 있다.

㉡ 분리막에는 우리 눈에는 보이지 않지만 매우 미세한 기공(pore)을 가지고 있어 그 구멍을 통해 리튬이온이 양극과 음극 사이를 이동할 수 있도록 하는 역할을 하고 있다.

㉢ 전자를 빼고 리튬이온만 통과시켜 주는 필터 역할을 하며, 양극과 음극이 섞이지 않도록 하는 안전장치이다. 충·방전 중 양극과 음극의 직접적인 접촉을 차단하고, 리튬이온만 통과시킨다. 만약 분리막이 없어 리튬이온과 전자가 한꺼번에 이동된다면 화학반응이 기하급수적으로 증가하여 열을 발생시키고 이것이 폭발로 이어진다. 전위가 서로 다른 양극과 음극이 섞인다면 이것이 결국 합선돼 저항이 0인 상태에서 대단히 큰 전류가 흘러 열발생(열폭주)에 의한 폭발로 이어진다. 배터리로 인한 화재나 폭발의 대부분은 이 분리막에 문제(파손, 찢김 등)가 생겨 양극과 음극의 물질이 서로 뒤섞여 화학반응을 일으키는 것으로 기인한다.

㉣ 배터리 내부 온도가 일정 수준 이상 올라가게 되면, 분리막 표면에 위치한 기공들이 막혀 리튬이온의 이동을 차단해 내부적으로 쇼트(short, 단락 또는 합선 : 접촉되면 안되

는 두 도체, 즉 서로간의 부하가 거의 없는 상태에서 전류적으로 접촉되는 현상을 말하는 것으로, 쇼트가 나면 의도치 않은 과전류가 흐르게 되고 그 막대한 전기에너지가 발산하는 발열로 인해 화재가 일어날 수도 있는 현상이다) 발생을 방지한다.

㉤ 분리막은 높은 기계적 강도를 지니고 있어 강한 힘을 받을 때 배터리 내부에서 발생하는 부산물이나 이물질들을 막아 안전성을 확보하는 역할을 수행한다. 따라서 분리막의 소재로 폴리에틸렌(PE)과 폴리프로필렌(PP)과 같은 고분자화합물(합성수지, 폴리머, polymer)이 널리 사용되는 것은 소재가 갖는 절연성, 내열성, 내충격성, 유연성, 기공 가공성, 셀 외벽(케이스, case)과의 조립 용이성, 경제성 등 여러 가지 면에서 우수하기 때문이다. 이에 대한 자세한 물성과 특징에 대해서는 뒤에서 자세히 설명한다. 현재 배터리 소형화를 위해 분리막을 얇고 안전하게 만들기 위한 연구개발도 계속 진행되고 있다.

전기자동차 배터리의 열폭주(Thermal runaway)

열폭주는 열이 통제불능으로 치솟으며 지속되는 상태를 말한다. 이런 열폭주는 도대체 어떤 원인과 메커니즘으로 일어나는 것일까? 리튬이온 배터리의 셀이 어떤 요인으로 인해 온도가 급상승하고 화재와 폭발로까지 이어지게 되는 것인가?

첫 번째, 일단 배터리 셀의 관점에서 살펴보면, 배터리 열폭주는 널리 쓰이는 리튬이온 배터리의 기초 단위인 셀(cell)이 내외부의 열적 요인이나 화학적 충돌로 인해 온도가 급상승하고 화재로 이어지는 현상이다.

'전기차 화재는 특히 더 위험하다'는 인식을 만드는 주요인이 되는 열폭주가 위험한 이유는 전기차 배터리는 여러 개의 배터리가 이어져 있고, 배터리 하나가 수많은 셀로 이루어져 있어 한 번 발생한 열폭주는 연쇄적 발화로 이어진다. 즉, 하나의 배터리(엄밀히 말하자면 배터리팩 또는 모듈)는 수많은 셀로 이뤄져 있기에, 단일 셀에서 한 번 발생한 열폭주는 주변 셀의 연쇄적 발화로 이어지며 화재가 걷잡을 수 없이 커지기 때문이다.

또한 이와 함께 요즘 전기차의 배터리 무게는 평균 450~500kg에 달한다. 일상에서 사용하는 소형 전자제품과 전자기기와 비교할 수 없을 정도의 커다란 크기와 무게, 밀도, 큰 에너지를 갖기 때문에 저장된 다량의 에너지가 대부분 소진될 때까지 불이 잘 꺼지지 않아 진화가 쉽지도 않고 오랜 시간이 걸린다. 따라서 2차전지 리튬이온 배터리의 화재는 일반 화재와는 달리 초기 진압조차 할 수 없으며, 인명피해로 이어질 가능성이 높다.

리튬이온 배터리는 일단 불이 붙으면 배터리 내부에서 연쇄화학반응을 일으켜 700~800도 이상, 심지어는 1,000도까지 치솟고, 배터리가 차량 밑바닥에 붙어있어 화재 시 접근도 어렵고, 화재가 커질 우려뿐 아니라 폭발 가능성도 크기 때문이다.

두 번째, 배터리의 열관리 측면에서 살펴보자.
배터리의 열관리가 잘 안됐을 때, 일정 온도 이상이 될 때 셀의 전해액이 기체화되어 셀 내부 압력이 증가하게 된다. 이때 발생하는 가연성 전해물질(전해액)이 기화되고 분출(누액)될 뿐만 아니라, 내부 압력의 증가로 인해 분리막에도 손상이 갈 확률이 크게 올라가게 된다.
여기서 내부 쇼트(short) 혹은 가연성 기체물질에 의해 착화(불이 붙음)되고, 이는 인접 배터리 셀들의 가열로 이어져 화재로 확산되며, 결국은 배터리팩 전체가 화재가 일어나게 된다.
화재가 일어나면 리튬이온은 물과 반응을 잘하므로, 불을 끄기 위해 물을 뿌리게 되면 불이 더욱 커지며, 리튬 전극들 자체가 다 소진될 때까지 기다릴 수밖에 없는 상황이 된다. 그래서 완전 진화까지는 장시간이 걸리는 이유이다.
그러면 열폭주의 원인은 무엇일까?
과충전 · 과방전, 가열, 충격 등 발생 원인은 아주 다양하고 다수이다.
전문기관 SNE리서치 보고서에 따르면 크게 제조결함, 과충전 · 과방전, 외부 가열, 외부 충격 등으로 구분된다.

① 과충전 : 일반적으로 전기차 배터리는 충전 시에 정해진 용량 이상으로 충전되지 않도록 설계되어 있다. 그러나 지속적인 과충전은 전기화학반응을 유발하여 배터리의 성능 저하를 일으켜 손상을 초래할 수 있다.
② BMS(배터리관리시스템, Battery Management System) 문제 : BMS 결함 혹은 보호장치 누락이다. 배터리를 제어하는 BMS가 제대로 동작하지 못해 과충전 · 과방전을 막지 못하고, 제어 실패로 셀이 가열되어 화재가 생기는 경우이다.
③ 외부 충격 : 많은 양의 에너지를 가지고 있는 배터리가 외부 충격으로 분리막에 손상이 오면 즉각적이지는 않지만, 그 손상으로 인한 파손(이를 '피로파괴'라 한다. 피로파괴에 의한 원인은 미세균열, 미세한 찢어짐 등의 미세손상으로 인한 큰 파손, 즉 손상으로 이어진다)이 생겨 서서히 화재로 이어질 수 있다.
④ 제조결함 : 제조 시 배터리에 혼입된 금속 이물질 등이 화학적 충돌을 막는 분리막을 손상시켜 양극과 음극의 경계가 무너져 열이 발생하고 화재가 발생할 수 있다. 이는 설치 작업자 부주의에 기인한다. 배터리 조립공정 과정에서 간혹 발생하는데, 배터리 자체가 물리적 충격에 의해 내부 분리막이 손상(소손)되어, 주행 현장에 나가 충 · 방전 사이클을 반복하는 경우, 내부쇼트(short, 단락 · 합선)로 열이 발생하게 되는 사례(case, 케이스)이다.
⑤ BSA(Battery System Assembly) : 전기에너지를 충 · 방전해 사용할 수 있는 리튬이온 배터리의 기본 단위인 배터리 셀(cell)을 뜻한다. BSA 시스템 불량으로 인한 결로나 누수현상이 발생하여 배터리 셀을 냉각시켜야 하는 냉각수가 제대로 돌지 않는다던가, 냉각수에 의해 셀들이 쇼트되는 경우이다.

그림 2.10은 분리막 속 기공(pore)을 통해 리튬이온(Li^+)이 이동하는 모습을 도식화한 것이다.

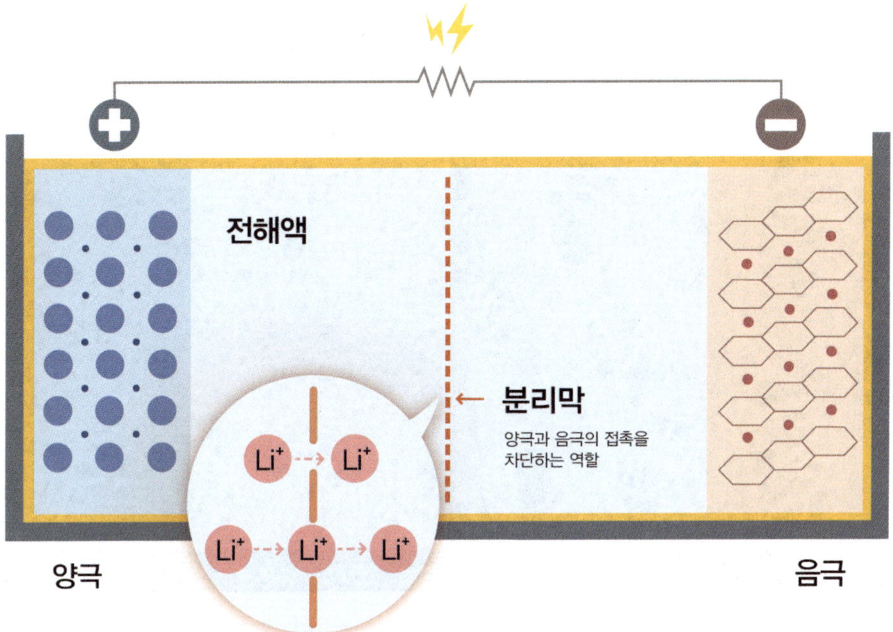

그림 2.10 분리막 속 기공을 통해 리튬이온이 이동하는 모습

② 분리막은 어떤 조건을 갖춰야 할까?

분리막은 다른 소재들과 달리 배터리의 안전성과 연관되어 있기 때문에 여러 필요 조건들이 갖추어져야 한다.

우선 분리막으로 사용되려면 전기화학적으로 안정적이어야 하고, 절연성이 뛰어나야 한다. 양극과 음극의 접촉을 차단해야 하는데, 분리막이 리튬이온이나 배터리 내부에 있는 다른 이온들과 반응해 버리면 안되기 때문이다.

또한 리튬이온이 원활하게 분리막 사이를 통과할 수 있도록 분리막 표면에 초미세 구멍(이를 기공, pore이라 한다)이 많아야 하며, 그 크기는 균일해야 한다. 구멍이 별로 없거나 들쭉날쭉하면 리튬이온이 이동하는데 어려움이 있어, 그만큼 충전시간이 더 걸리며 전기 발전량이 줄어든다. 그리고 배터리 온도가 일정 수준을 넘어섰을 때 분리막이 자체적으로 기공을 막아(shut-down) 리튬이온의 이동을 차단해 안전성을 확보할 수 있어야만 한다.

마지막으로, 배터리의 에너지밀도 향상을 위해서는 두께가 얇아야 더 많은 양의 활물질을 넣을 수 있고, 그러면서도 분리막의 기계적 강도가 우수해야 쉽게 손상되지 않고 배터리의 안전성까지 확보할 수 있기 때문이다. 이러한 이유로 분리막을 더 얇게 하면서도 기계적 강도와 내구성을 향상시키는 기술개발 및 특허 출원이 증가하고 있다. 사진 2.1은 전자현미경(SEM, Scanning Electron Microscope, 주사전자현미경)으로 본 분리막 조직의 확대 사진이다.

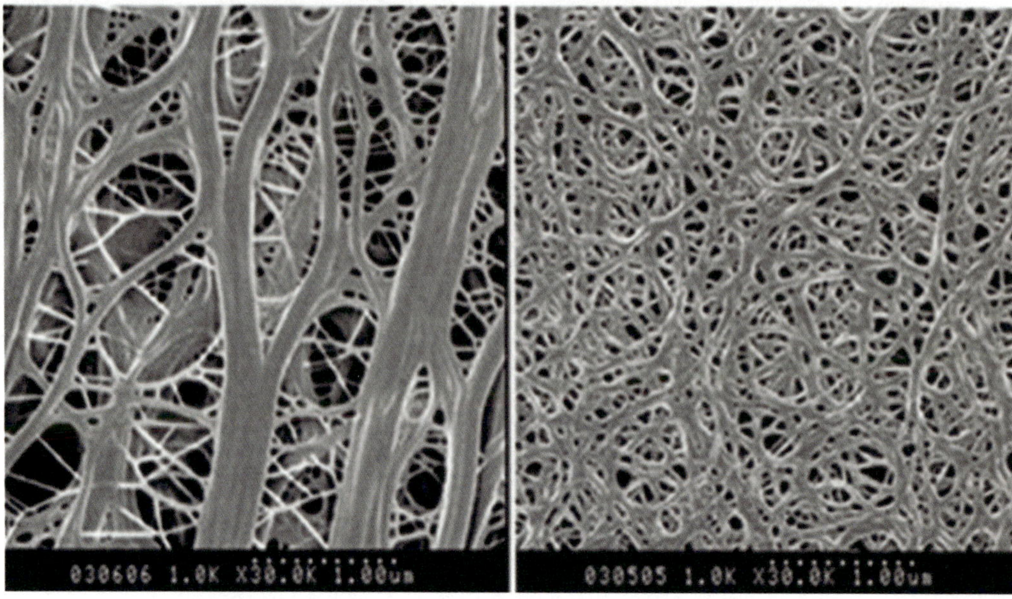

사진 2.1 전자현미경으로 살펴본 분리막 조직 구조

③ 코팅 기술을 통해 한 단계 진화하는 분리막

분리막의 소재로는 폴리올레핀(PO), 폴리에틸렌(PE), 폴리프로필렌(PP)과 같은 절연 특성이 뛰어난 고분자 소재, 즉 고분자화합물(합성수지, 폴리머, polymer)이 사용된다. 이 소재들을 연신(유연성을 갖는 잘 늘어나고 펴지는 성질)하여 미세한 기공을 만드는데 그 방식에 따라 건식과 습식으로 나눌 수 있다.

건식 제조는 단순히 기계적인 힘으로 필름 원단을 당겨 기공을 만드는 방식이고, 습식 제조는 필름에 여러 첨가제를 추가해 화학적인 방식으로 기공을 만드는 방식이다. 건식의 경우 제조공정은 간단하나 기공 사이즈가 불균일하고, 습식에 비해 기계적 강도도 약하다. 반면 습식의 경우는 제조공정이 복잡해 고가지만, 균일하게 기공의 사이즈를 만들 수 있다는 장점이 있다.

과거에는 분리막으로 필름 소재 하나만을 사용했지만, 최근에는 분리막의 성능을 강화하기 위해 다양한 소재와 방식으로 코팅하여 사용하고 있다.

예를 들면, 삼성SDI는 분리막 코팅 기술 내재화를 통해 차별화된 경쟁력을 확보하고 있다. 초고 내열성 분리막 개발을 통해 배터리 안전성을 확보하고 박막화 기술로 배터리 용량 증가와 배터리의 품질 확보를 위해 접착분리막을 개발하여 사용 중이다. 안전성과 품질을 동시에 확보하기 위한 고내열 접착분리막의 개발은 양산 완성 단계로 보다 성능과 품질이 고도화된 분리막의 배터리가 출시될 것이다. 사진 2.2는 삼성SDI의 롤(roll) 형태로 감긴 분리막의 현품을 보여준다.

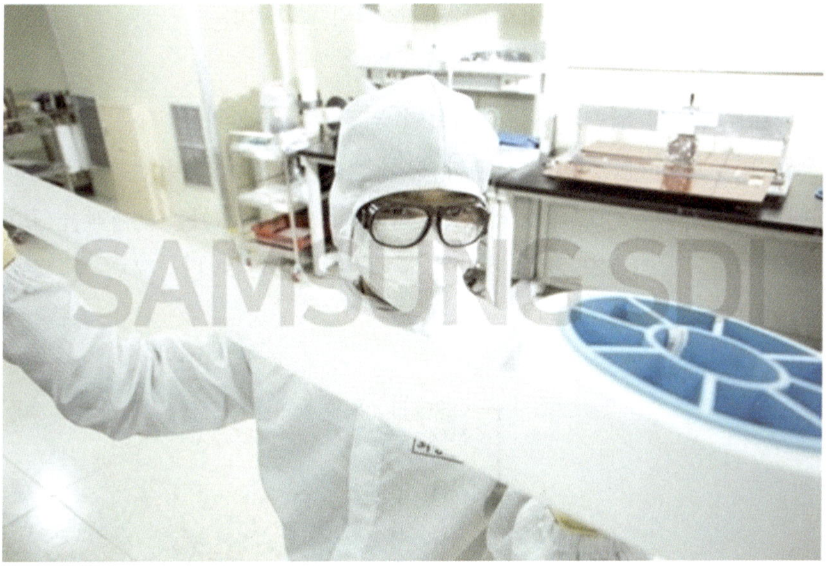

사진 2.2 삼성SDI의 분리막

(5) 전해액(Liquid electrolyte, 액체 전해질) – 이온만 이동시키는 '전해액'

앞서 양극과 음극을 설명할 때 리튬이온은 전해액을 통해 이동하고, 전자는 도선을 통해 이동한다고 했으며, 이온은 전해액으로 이동한다. 전자는 도선으로 이동하게 하는 것이 배터리에서 전기를 사용할 수 있는 가장 중요한 포인트(point, 핵심, 요점)이다. 만약 전자가 도선이 아니라 전해액을 통해 이동하게 되면 전기를 사용할 수 없는 것은 물론이고, 안전성까지 위협받게 된다.

전해액이 바로 그 역할을 수행하는 구성요소로, 양극과 음극 사이에서 리튬이온을 이동할 수 있도록 하는 매개체인 셈이다. 전해액은 리튬이온을 잘 이동시킬 수 있도록 이온전도도가 높은 물질이 주로 사용된다.

전해액은 염, 용매, 첨가제로 구성되어 있다. 염은 리튬이온이 지나갈 수 있는 이동 통로, 용매는 염을 용해시키기 위해 사용되는 유기 액체, 첨가제는 특정 목적을 위해 소량으로 첨가되는 물질이다. 이렇게 만들어진 전해액은 이온들만 전극으로 이동시키고, 전자는 통과하지 못하게 한다. 전해액의 종류에 따라 리튬이온의 움직임이 둔해지기도, 빨라지기도 하므로, 전해액은 까다로운 조건들을 만족해야만 사용가능하다.

전해질(電解質, electrolyte)은 수용액 상태에서 이온(ion)으로 쪼개져 전류가 흐르는 물질이다. 대표적인 전해질로는 염화나트륨, 황산, 염산, 수산화나트륨, 수산화칼륨, 질산나트륨 등이 있다. 염화나트륨은 고체 상태에서는 전류를 흘려보내지 않아 도체가 될 수 없지만,

수용액 상태에서는 전류를 흘려보내서 전해질이 될 수 있다.

강한 산과 염기나 가용성 염은 강한 전해질이 되고, 약한 산과 염기는 약한 전해질이 된다. 반대로 이온으로 나누어지지 않아서 전류가 통하지 않는 물질을 비전해질이라 한다. 그러나 최근 꿈의 배터리라 불리는 전고체 배터리(all solid state battery)는 전해액을 고체(즉, 고분자 소재, polymer)로 바꾼 획기적으로 안전성을 꾀하는 2차전지이다. 그림 2.11은 전해액의 원리 및 기능을 알기 쉽게 설명해준다.

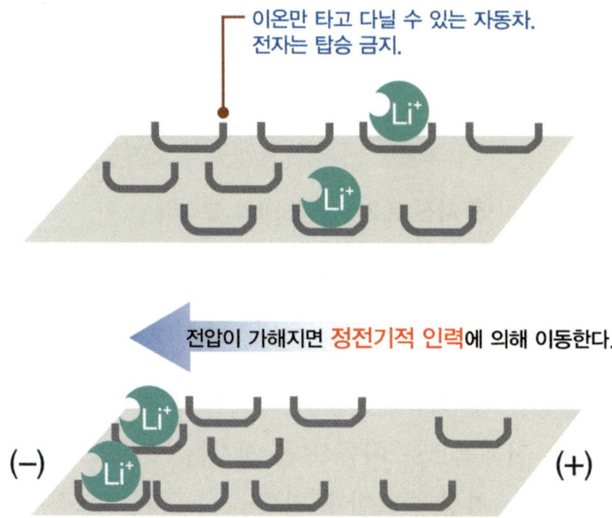

그림 2.11 전해액의 원리 및 기능

전해액(liquid electrolyte)의 주요 기능(역할)을 정리하면 다음과 같다.

① 분리막과 더불어 전자의 이동을 막는 안전장치이며, 리튬이온이 전극 사이를 오갈 수 있게 하는 매개체(매질) 역할을 한다.

② 이온의 이동을 촉진시켜 전도성을 높이는 촉매 역할을 한다.
   ㉠ 충전 : 양이온화된 리튬이온이 전해액을 통해 배터리 내부의 전체 균형을 맞춰주기 위해 (+)극에서 (-)극으로 이동
   ㉡ 방전 : 음이온화된 리튬이온이 전해액을 통해 배터리 내부의 전체 균형을 맞춰주기 위해 (-)극에서 (+)극으로 이동

③ 전해액은 전자에 대한 전도성이 없기 때문에 분리막과 함께 전자의 이동은 허용하지

않고, 전자는 도선을 통해 리튬이온만 전해액을 통해 흐르면서 배터리의 과반응에 의한 위험성을 낮추는 역할을 한다. 상대적으로 전자의 이동속도보다 느린 리튬이온의 이동을 빠르게 하는 촉매 역할로, 현재는 이러한 역할을 할 수 있는 최선의 방법으로 액체 전해질이 널리 사용된다. 그리고 안전성과 성능이 더 뛰어난 고체나 젤(gel) 형태 전해질에 대한 연구도 활발히 진행되고 있다.

(6) 2차전지 구성요소의 요약

지금까지 설명한 2차전지의 4가지 주요 구성요소(4대 요소)를 정리하면 다음과 같다. 이는 2차전지를 대표하는 리튬이온 배터리의 성능을 좌우하는 4대 구성요소이다.

• 양극재	• 음극재	• 분리막	• 전해질
- 양극재는 배터리의 성능에서 중요한 '용량'과 '전압'과 관련된 소재 - 리튬 비중이 높을수록 배터리 용량이 커지며, 배터리 전압은 양극의 전위차에 의해 결정	- 양극에서 나온 리튬이온의 저장 및 방출 - 많은 이온을 안정적으로 저장할 수 있는 흑연이 주로 사용 - 리튬이온을 저장하고 방출되는 과정이 반복될수록 흑연의 구조가 변화하며, 저장할 수 있는 이온의 양이 줄어들어 배터리 수명이 줄어들게 됨	- 양극과 음극 간의 접촉은 막고 이온은 이동이 가능해야 함 - 안전을 위해 높은 전기절연성과 열안정성이 요구됨 - 일정 이상의 온도에서는 자동으로 이온의 이동을 막는 기능도 갖춰야 함 - 분리막에는 폴리에틸렌(PE)과 폴리프로필렌(PP)이 널리 쓰임	- 리튬이온의 원활한 이동을 위해 이온전도도가 높은 물질 - 안전을 위해 전기화학적 안정성, 발화점이 높아야 함 - 현재로서는 이러한 역할을 할 수 있는 최선의 선택으로 액체 전해질이 널리 사용됨
↓	↓	↓	↓
- 최근에는 고성능 양극재의 수요가 늘면서 3원계 NCA(니켈·코발트·알루미늄), 사원계 NCMA(니켈·코발트·망간·알루미늄) 등 다양한 양극재가 개발됨	- 음극재 역시 용량이 크고 충전 속도를 빠르게 할 수 있는 실리콘 음극재 등 차세대 음극재 개발 진행 중	- 배터리 소형화를 위해 분리막을 얇게 만들기 위한 연구 진행 중	- 안전성과 성능이 더 뛰어난 고체나 젤 형태 전해질에 대한 연구도 활발히 진행 중

(7) 2차전지의 충전 및 방전

① 2차전지 충전 과정

2차전지 충전 과정은 그림 2.12와 같이 여러 단계를 거쳐 이뤄진다.

㉠ 방전 상태 : 리튬원자가 양극에 저장(리튬원자 = 리튬이온 + 전자)

㉡ 충전 시작 : 양극에 있던 리튬원자가 리튬양이온(Li^+)과 전자로 이온화(산화반응)

㉢ 전자는 연결된 배선을 따라 양극에서 음극으로 이동한다.

㉣ 리튬양이온은 전해액을 통해 음극으로 이동한다.

㉤ 음극으로 이동된 리튬양이온과 전자는 음극의 활물질인 흑연의 구조 속에 층층이 저장된다(환원반응).

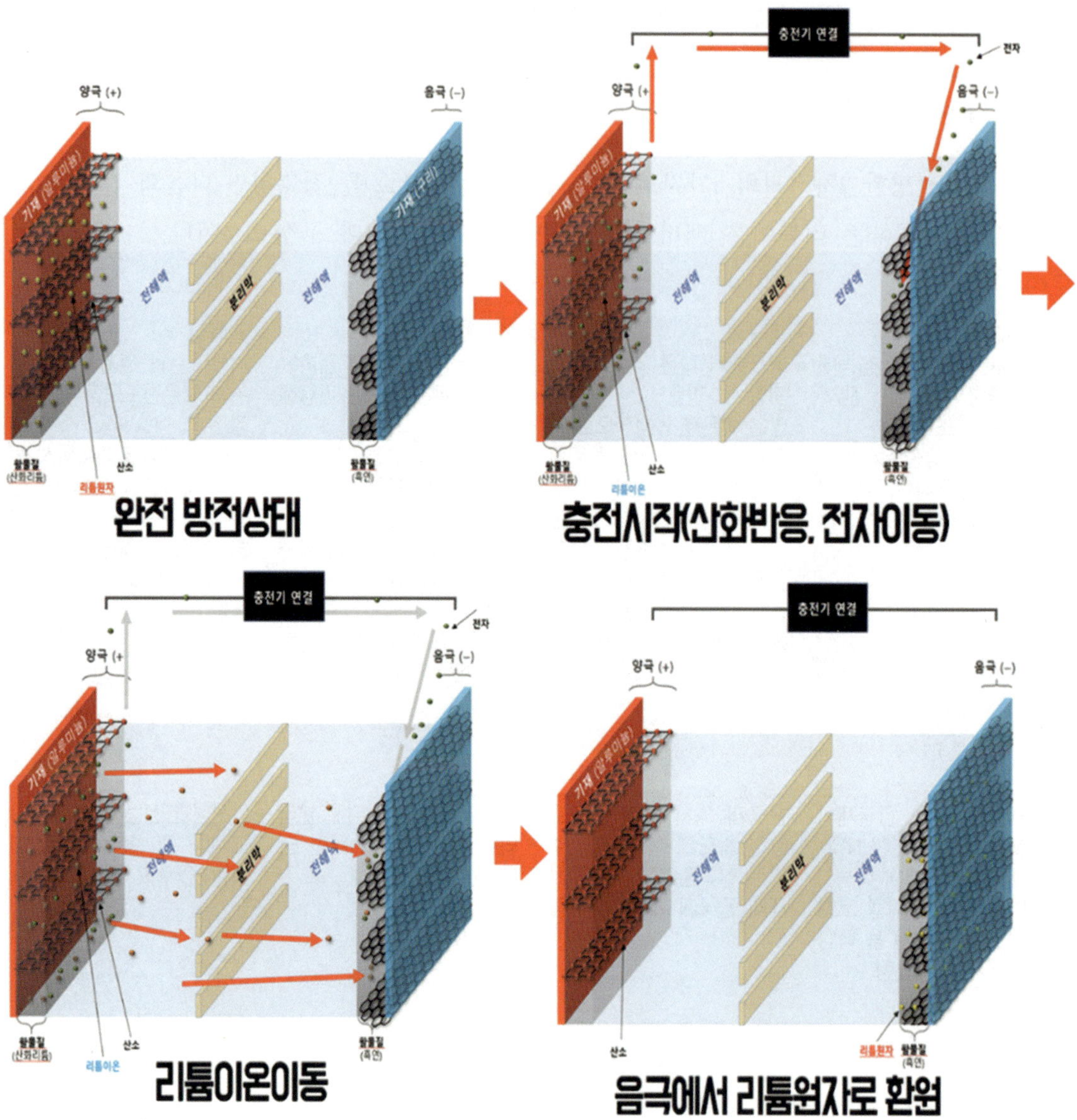

➔ **그림 2.12** 2차전지 충전 과정

② 2차전지 방전 과정

2차전지의 방전 과정도 앞에서 설명한 충전 과정과 같이 그림 2.13과 같이 여러 단계를 거쳐 이뤄진다.

㉠ 충전 상태 : 리튬원자는 음극에 저장

㉡ 방전 시작 : 리튬원자가 리튬양이온(Li^+)과 전자로 분리(산화반응) – 양극으로 이동

㉢ 전자는 연결된 배선을 따라 이동, 연결된 부하(전자기기 등)에 전기를 공급(자발적인 움직임)

㉣ 리튬양이온은 전해액을 통해 양극으로 이동한다.

㉤ 양극으로 이동된 리튬양이온과 전자가 만나 다시 리튬원자로 결합(환원반응)

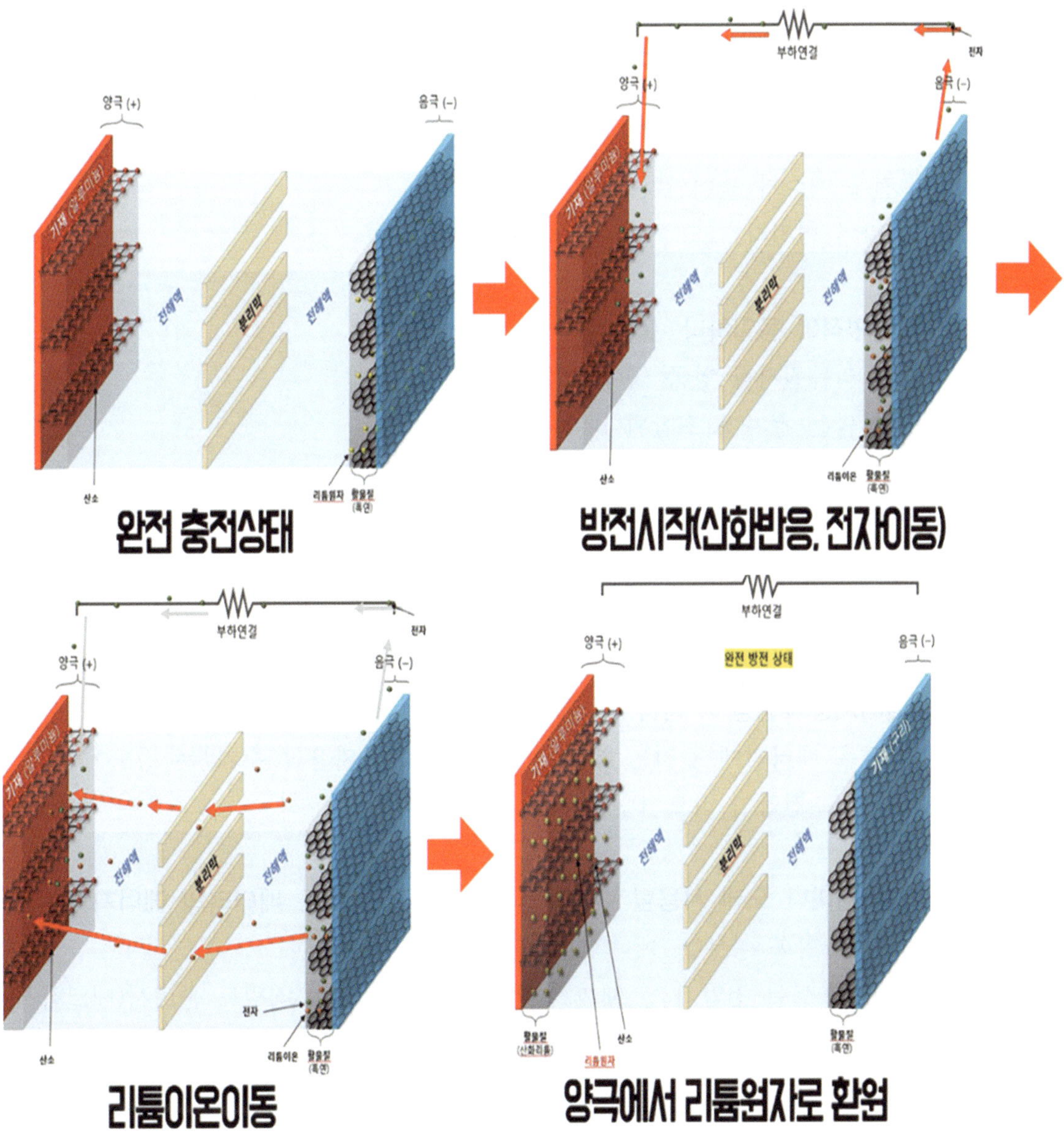

➔ 그림 2.13　2차전지 방전 과정

(8) 요점정리

① 배터리 양쪽 극의 면적이 동일

㉠ 리튬을 포함한 활물질의 개수도 늘릴 수 없다.

㉡ 전자를 내뱉을 수 있는 리튬원자 수도 늘릴 수 없다.

㉢ 전자 개수는 매한가지이다.

㉣ 전기용량은 늘어나지 않는다.

② 양쪽 극의 면적 커짐(= 배터리의 크기가 커짐)

㉠ 리튬을 포함한 활물질을 더 많이 넣을 수 있다.

㉡ 이는 전자를 내뱉을 수 있는 리튬원자 수가 늘어나는 것이다.

㉢ 이는 전자 개수가 늘어난다는 것이다.

㉣ 전기용량이 커진다.

③ 양쪽 극의 면적이 동일하나, 활물질의 부피를 줄인다면

㉠ 더 많은 리튬원자를 양쪽 극에 포함시킬 수 있다.

㉡ 이는 더 많은 전자가 포함된다는 것이다.

㉢ 이는 전기용량이 늘어난다는 의미이다.

④ 배터리 용량

㉠ 배터리가 가지고 있는 전자의 양 = 최대 방전 때까지 내뱉을 수 있는 전자의 수

⑤ 배터리 에너지량 = 용량 × 전압

㉠ 에너지량은 배터리에 걸리는 부하(전자기기 등)를 사용할 수 있는 정도이다.

㉡ 용량이 커도 전압이 작으면 에너지량은 작아진다.

⑥ 전자기기를 얼마나 오래 사용할 수 있느냐를 결정짓는 것은 배터리의 에너지량

㉠ 배터리의 소형화 여부는 '에너지밀도'가 결정한다.

㉡ 원하는 용량 또는 전압이 될 때까지 배터리를 병렬 또는 직렬로 붙여서(배열하여) 한 묶음으로 사용한다.

㉢ 성능이 개선된 리튬이온전지와 차세대 2차전지의 개발 진행중

보편적으로 쓰이는 2차전지인 리튬이온전지(배터리)의 성능을 개선하는 연구가 현재 진행

중이다. 대표적으로 양극에 쓰이는 금속산화물을 개선하는 것이다.

현재 리튬이온전지 양극재는 니켈, 코발트, 망간, 알루미늄을 섞은 금속산화물이 쓰인다. 각 성분이 조금씩 다르다면 각 재료의 함유량에 따라 성능이 달라지기 때문이다. 특히 충·방전을 많이 하면 전지 용량이 감소하는 현상과 리튬이온을 양극에 잘 붙들 수 있는 소재 조성과 구조를 개선하는 연구가 이뤄지고 있다.

또한 리튬이온전지를 대체할 리튬공기 전지 연구도 진행되고 있다. 리튬공기 전지는 공기 중 산소를 전극으로 쓰는 개념으로 양극 소재로 금속을 쓰는 리튬이온전지보다 가볍게 만들 수 있는 장점이 있지만, 전지를 사용하다 보면 활성산소가 생기면서 수명이 줄어든다.

양극과 음극 사이에서 양이온을 전달하는 전해질을 액체에서 고체로 대체하는 전고체전지도 차세대 2차전지로 거론되고 있다. 리튬이온전지와 달리 화재위험이 없고 안정장치 또한 필요없다는 것이 특징이다.

4) 전지(배터리) 구성 및 원리

2차전지의 구성요소는 크게 양극, 음극, 전해액, 분리막으로 구성된다. 그림 2.14는 2차전지 배터리 1개 의미의 단일 셀(cell) 구조 및 원리를 보여준다.

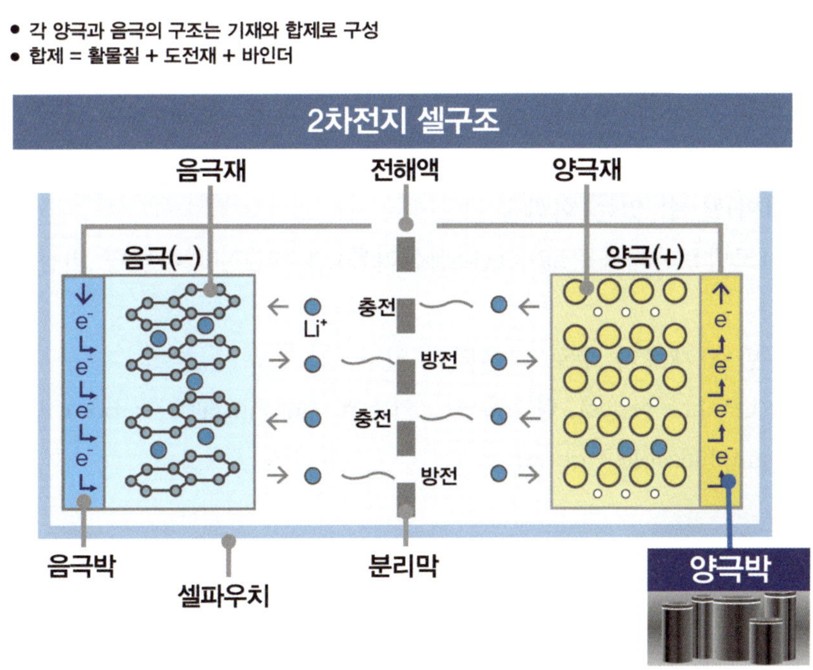

그림 2.14 2차전지 셀(cell) 구조 및 원리

① 양극
② 음극
③ 분리막
④ 전해액

(1) 리튬이온 2차전지의 구성요소

리튬이온 2차전지의 주요 구분과 구성요소는 표 2.1과 같다.

▶▶ 표 2.1 2차전지의 주요 구분과 구성요소

구분	주요 구성요소
양극 (Positive electrode)	활물질, 도전재, 결합제, 기재
음극 (Negative electrode)	활물질, 결합제, 기재
분리막 (Separator)	미세 다공성 폴리에틸렌 수지막(격리막)
전해액 (Organic electrolyte)	리튬염+유기용매 ($LiPF_6$, $LiBF_4$, $LiClO_4$ 등)+(EC, PC, DMC, DEC 등)
안전장치 (Safety devices)	Safety vent, PTC, CID, 보호회로

① **양극재료 :** 충전 시에 리튬이 언도핑(undoping, 도핑 해제)되고, 방전 시에는 도핑(doping, 불순물(dopant)을 추가, 첨가하여 전기적, 물리적 특성을 조절하거나 변화시키는 것을 의미)될 수 있는 화합물
예) $LiCoO_2$(코발트산리튬), $LiNiO_2$(니켈산리튬), $LiMn_2O_2$(스피넬형 리튬망간산화물)

② **음극재료 :** 탄소 재료가 주로 사용되고 있다.
예) 흑연계(graphite series), 탄소흑연(코크스계, graphitizable carbon), 난흑연화성탄소계(nongraphitizable carbon)

③ **전해액 :** 유기용매를 주체로 하는 비수전해액을 이용하고, 용매에는 리튬염을 용해해 이온 도전성을 부여하고 리튬과의 화학반응을 막기 위해 비프로톤성(非proton, 양성자를 받아들이거나, 반대로 양성자를 내주면서 음이온으로 되지 않는 성질) 극성을 가진 것이 사용된다.

④ **분리막 :** 양극과 음극 사이의 전자적 · 물리적 접촉을 방지하면서 이온을 통과시키는 스페이서(spacer, 양극 · 음극 · 분리막이 잘 밀착하게 도와주는 역할을 한다)로서 이용한다.

(2) 리튬이온 2차전지의 구조 및 구성

그림 2.15는 원통형 리튬이온 2차전지와 각형 리튬이온 2차전지의 구성도(조립단면도)이다. 리튬이온전지의 내부는 그림에서 보듯이 미세한 공극(기공, pore)을 가진 폴리에틸렌(PE, Polyethylene) 필름의 분리막이 시트(sheet) 형태의 양극과 음극 사이에 놓여있는 것을 나선형으로 감은 구조로 되어있다.

양극은 리튬코발트 산화 금속의 활물질을 리튬 공급원으로 사용하고, 전류 집전체인 알루미늄 포일(foil)로 구성되어 있다. 음극은 활물질로서 흑연화 탄소와 전류 집전체인 구리 포일(foil, 동박)로 구성되어 있다.

전해액은 $LiPF_6$가 용해된 유기용매이다. 또한 리튬이온 2차전지는 가혹한 조건하에서 내부압을 방출하기 위한 안전 벤트(safety vent, 안전한 배관 또는 구멍)가 있을 뿐만 아니라 PTC(Positive Temperature Coefficient) 소자가 있어 외부 단락에 의한 급격한 전류를 정상적인 방전 전류로 낮추어주는 역할을 한다.

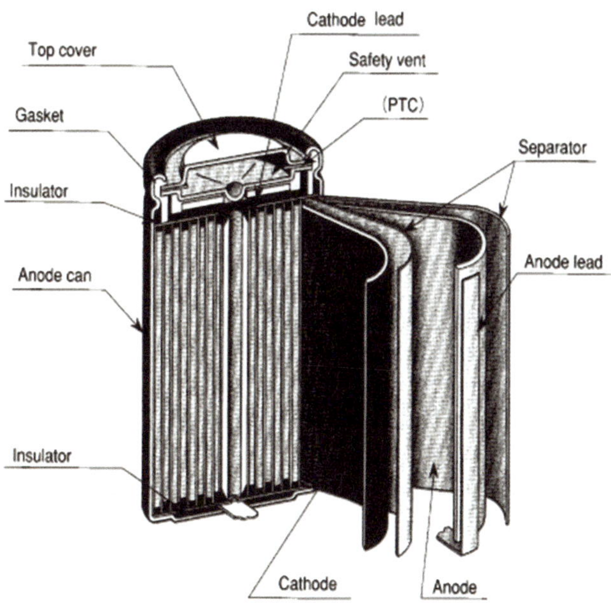

(a) 원통형(cylindrical type)

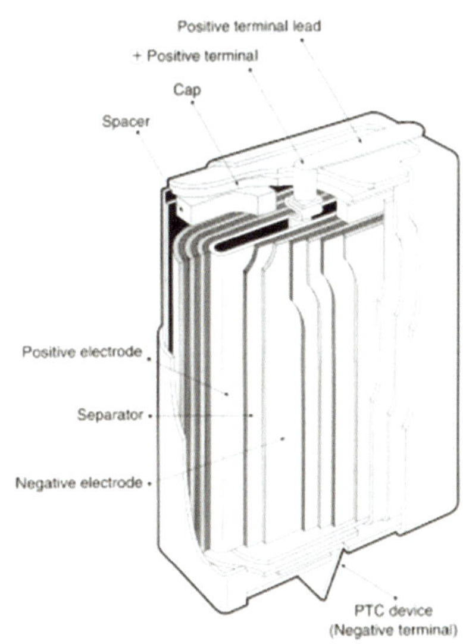

(b) 각형(prismatic type)

그림 2.15 원통형 리튬이온 및 각형 리튬이온 2차전지의 구성도(구조도)

집전체(集電體, current collector)

배터리 내부에 있는 약 10㎛ 두께의 얇은 막(박막재, 포일, foil) 형태로, 전지 양극재와 음극재의 전기화학반응에서의 생성 또는 필요한 전자(electron)가 원활하게 흐르는 통로 역할을 하는 소재이다. 즉, 충 · 방전 시 전자가 이동할 수 있도록 구성된 요소를 뜻한다.
리튬이온 배터리의 집전체 소재는 극판별로 다르다. 음극(용) 집전체는 탄소 전극의 작동 범위에서 전기화학적반응에 안정적이며 전기전도성이 좋은 구리(Cu) 포일을 주로 사용하며, 양극(용) 집전체에는 높은 전위에서도 전기화학적 반응이 안정적이고 전기전도성이 좋은 알루미늄(Al) 포일을 사용한다. 포일의 두께는 10㎛대로 머리카락보다 얇다.

그림 2.16은 리튬이온전지 구조에서의 음극 집전체(Cu 포일)와 양극 집전체(Al 포일)의 구성도이다.

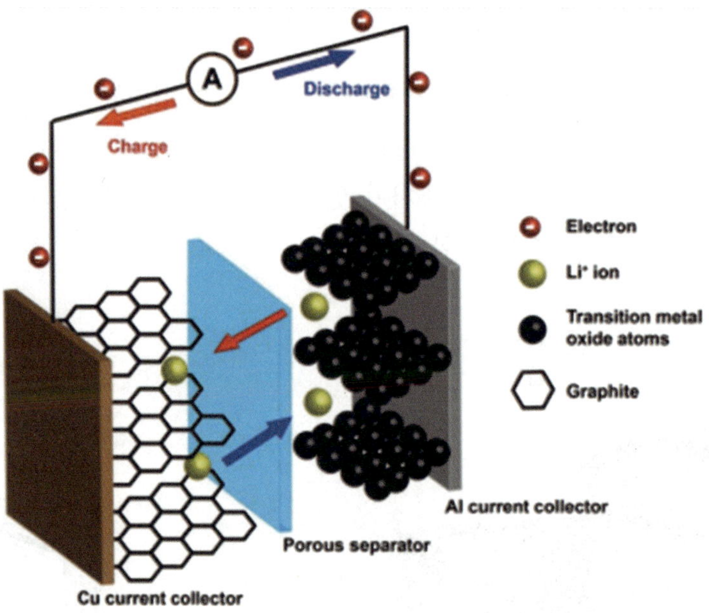

그림 2.16 리튬이온전지 구조에서의 음극 집전체(Cu 포일, 왼쪽)와 양극 집전체(Al 포일, 오른쪽)의 구성도

사진 2.3은 전해도금 공정으로 제조된 음극 집전체(Cu 포일, 동박)와 압연 공정으로 제조된 양극 집전체(Al 포일)의 실물이다.

(a) Cu 포일의 음극 집전체

(b) Al 포일의 양극 집전체

사진 2.3 Cu 포일의 음극 집전체와 Al 포일의 양극 집전체의 실물

(3) 양극

배터리의 성능과 원가에 가장 큰 영향을 미친다. 양극재는 집전체인 알루미늄에 활물질, 도전재, 바인더를 섞은 합제를 코팅한 후, 건조·압착하여 제작한다. 배터리 특성상 가장 중요한 것은 용량과 출력이다.

리튬이온 배터리의 용량과 출력 특성은 주로 양극이 결정짓는다. 리튬은 반응성이 커 자연 상태일 때는 리튬 원소로 있지 않고, 리튬(Li)과 산소(O)가 만난 리튬산화물(Li + O) 형태로 존재한다.

리튬산화물처럼 양극에서 배터리 전극 반응에 관여하는 물질을 '활물질'이라고 한다. 양극 활물질을 사용하느냐에 따라 저장되는 전자의 수가 달라지기 때문에 배터리 용량과 전압이 결정된다. 이때 금속 종류와 비율에 따라 서로 다른 특성을 가진다.

니켈(Ni)은 고용량 특성을, 망간(Mn), 코발트(Co)는 안전성을, 알루미늄(Al)은 출력 특성을 향상시키는 역할을 한다.

(4) 음극

전이금속산화물(transition metal oxide)을 양극 소재로, 탄소를 음극 소재로 사용한다.

초기의 리튬이온 2차전지는 음극 재료로서 리튬금속을 사용했으나, 충·방전이 반복됨에 따라 리튬금속의 이온화에 의한 용해, 석출현상이 일어나 전지 내부 단락을 초래해 안전성 문제로 상용화에 실패하였다.

1970년대부터 연구개발 끝에 리튬을 탄소 재료로 대체하여 전지의 안전 문제를 해결하면서 상품화되었다. 리튬이온 2차전지는 전지 내부공간의 최적화 및 설계로 인해 비약적으로 전지의 성능을 향상시켜 왔으나, 현재는 한계에 이르렀다. 기존의 방법에 더 의존할 수 없기 때문에 고용량화 및 고출력화 기술을 위해 음극 전극소재 개발에 집중하고 있다. 음극 활물질은 대부분 흑연이 사용된다.

흑연이 구조적 안정성, 낮은 화학 반응성, 많은 리튬이온 저장능력, 저렴한 가격 등 여러 좋은 조건을 갖추고 있다. 천연 흑연은 원가와 용량에서 강점을 가지고 있고, 인조 흑연은 조직이 안정적이며 수명이 길다는 장점이 있다.

(5) 분리막

분리막은 리튬이온 2차전지를 구성하는 주요 소재 중 하나이다. 2차전지에서 양극 활물질과 음극 활물질의 물리적 접촉을 막아 단락을 방지하며 이온이 오가는 통로 역할을 한다. 분리막은 다공성 폴리에틸렌(PE)이 상용화돼 있고, 제조공정에 따라 습식과 건식으로 나뉜다. 습식 분리막은 강도, 탄성, 두께, 기공 균일도 등 여러 부분에서 우수하고, 건식 분리막은 원가 경쟁력이 높다. 습식 분리막의 경우 건식 분리막에 비해 가격이 비싸지만, 박막화가 가능해 높은 에너지밀도 확보가 용이하여 고속 자동화 라인에는 강도가 우수한 습식 분리막이 적합하다. 일반적으로 전기자동차용 2차전지에 많이 사용한다.

반면 건식 분리막의 경우 제조 단가는 낮지만, 박막화가 어렵다. 높은 에너지밀도를 요구하지 않는 에너지저장장치(ESS, Energy Storage System)나 전기시내버스 등에 주로 사용한다. 리튬폴리머전지의 경우 다공성 고분자막 표면에 세라믹 입자층을 코팅한 강화 분리막을 사용하는데, 이는 고온에서도 분리막의 기계적 수축을 방지해 내구성과 내열성을 높여주기 때문이다.

(6) 전해액

전해액은 리튬이온 2차전지를 구성하는 주요 소재 중 하나이다. 2차전지의 양극 활물질과 음극 활물질 간에 리튬이온이 원활하게 이동할 수 있도록 도와주는 역할을 한다. 전해액은 리튬염, 용매, 첨가제로 구성된다.

리튬염은 음이온의 크기가 크고 이온전도도가 우수한 $LiPF_6$(6불화인산리튬)를 상업용 전해액의 표준으로 사용하고, $LiBF_4$(리튬테트라플루오로보레이트), $AsFAsFAsF_6$, $LiClO_4$(과염소산리튬), LiTFSi(리튬비스마이드), LiBOB(B전해질) 등도 사용된다.

유기용매는 유전율과 점도가 높은 고리형 카보네이트(EC, PC 등)를 기본 용매로 하고, 유전율과 점도가 낮은 사슬형 카보네이트(DMC, DEC, EMC 등)를 보조 용매로 혼합해 제조한다.

국내외 전해액 제조업체들은 전해질의 안정적인 확보와 저가격화, 고순도화를 적극적으로 추진하고 있다. 전해액 제조기술은 성숙 단계에 와 있기 때문에 양산하는 것 외에 저가격화의 길은 없다. 그러므로 전해액의 저가격화를 위해서는 고성능의 저가 첨가제 확보가 필요하며, 더불어 고기능화도 점점 더 중요한 해결과제로 대두되고 있는 상황이다.

또한 산업기기용이나 자동차용 중대형급 이상의 2차전지 수요가 급속히 증가 추세에 있기 때문에 2차전지의 안정성 향상과 저가격화 요구가 점차 커지고 있다. 이에 따라 전해액 첨가제의 고기능화, 저가격화의 필요성이 당연히 증가하고 있는 실정이다.

2019년 세계 리튬이온 2차전지용 전해액의 수요는 총 13만 5천톤이다. 2020년 2월 21일 전기자동차용 2차전지 시장조사업체 SNE리서치의 2020년 리튬이온 2차전지 전해액의 기술동향 및 시장전망 보고서에 따르면 2차전지 전해액의 시장 수요는 2019년부터 오는 2025년까지 연평균 성장률이 42%에 달할 전망이다. 수요가 높아짐에 따라 전해액 첨가제의 고기능화와 저가격화는 지속적인 기술개발과 공정혁신, 품질향상 등을 통해 최종 완성화가 시급하다.

CHAPTER 03

리튬이온 배터리 4대 구성요소의 상세 분석

여기서는 앞에서 계속 설명한 2차전지(배터리)를 구성하는 핵심 4대 구성요소(부품 · 소재)인 양극재, 음극재, 전해질, 분리막에 대해 보다 자세히 설명하고자 한다.

01 양극재 – 2차전지(배터리)의 양극재

1) 양극재란?

① 양극재란 2차전지 구성요소 중 35% 이상을 차지하는 핵심 소재를 말한다.
② 리튬의 공급원으로 배터리의 용량과 평균전압을 결정한다.
③ 전지 내 전기에너지를 저장 · 방출할 수 있도록 하는 역할을 수행하는 주원료이다.
④ 배터리의 성능과 수명을 결정하는 주요 요소이다.

리튬산화물($Li^{+}O$)처럼 양극에서 배터리 전극 반응에 관여하는 물질을 말한다. 양극 활물질로는 Ni(니켈), Mn(망간), Co(코발트), Al(알루미늄) 등을 꼽을 수 있다.

리튬산화물($Li^{+}O$)은 리튬(Li)과 산소(O)의 반응물로 리튬이온 배터리의 양극 활물질로 쓰인다. 리튬은 반응성이 크기 때문에 자연상태에 있을 때 리튬과 산소가 만나 리튬산화물 형태로 존재한다. 리튬산화물은 양극에서 배터리 전극 반응에 관여하는 물질이며 리튬산화물로 구성된 활물질에 소량의 도전재를 넣어 전도성을 높이고, 바인더를 넣어 이들이 잘 붙을 수 있게 도와주는 것이 '합제'인데, 작은 입자의 파우더 가루들이 섞여 있는 형태이다. 이 합제를 얇은 알루미늄 기재 양쪽에 발라 양극이 만들어진다. 따라서 어떠한 양극 활물질을 사용하느냐에 따라 저장되는 전자(e^-) 수가 달라지고 배터리 용량과 전압도 결정된다.

니켈은 고용량 특성, 망간과 코발트는 안전성, 알루미늄은 출력 특성을 향상시키는 역할을 한다. 양극재는 니켈, 망간, 코발트, 알루미늄 등을 적당한 비율로 섞어 만드는데, 3원계인 NCM, NCA 두 종류의 양극재가 시장을 주도하고 있다.

양극재의 특징을 정리하면 다음과 같다.

- 리튬이온 배터리에서 리튬이 들어가는 공간이다.
- 리튬은 전자를 잃고 양이온이 되려는 경향이 강하다. 따라서 양극소재(양극재)로 적합하다.
- 원소 상태의 리튬은 불안정하기 때문에 리튬과 산소를 결합한 리튬산화물 형태로 양극에 사용된다.
- 양극재는 배터리의 성능에서 중요한 '용량'과 '전압'과 관련된 소재이다.
- 양극재의 리튬 비중이 높을수록 배터리 용량도 커진다.

(1) 2차전지(배터리)의 양극재(양극 활물질)를 구성하는 금속 원소(성분)

배터리 성능과 특성을 결정짓는 양극재(양극 활물질)는 리튬과 금속 성분의 조합이다. 에너지밀도를 결정하는 니켈(Ni), 안정성을 높이는 코발트(Co)와 망간(Mn), 출력을 향상하는 알루미늄(Al)이 주로 사용되는 금속 원소이다. 따라서 금속 원소의 비율과 조합에 따라 양극재의 용량, 에너지밀도, 안정성, 수명, 가격경쟁력 등이 달라진다.

전기차로 설명하면, 용량은 주행거리, 에너지밀도는 전기차의 출력, 안정성은 배터리의 화재 등 사고를 제어하는 능력, 수명은 배터리 사용 기간에 영향을 미친다.

① 리튬산화물처럼 양극에서 배터리 전극 반응에 관여하는 물질을 말한다.
② 양극 활물질로는 Ni(니켈), Mn(망간), Co(코발트), Al(알루미늄) 등을 꼽을 수 있다.
③ 니켈은 고용량 특성, 망간과 코발트는 안전성, 알루미늄은 출력 특성을 향상시키는 역할을 한다.
④ 양극재는 니켈, 망간, 코발트, 알루미늄 등을 적당한 비율로 섞어 만드는데 NCM, NCA 두 종류의 양극재가 시장을 주도한다.

다음 그림 3.1은 양극재(양극 활물질)로 쓰이는 주요 금속 원소와 특성을 간결하게 정리한 것이다.

그림 3.1 양극재(양극 활물질)로 쓰이는 주요 금속 원소와 특성

(2) 2차전지(배터리)의 양극재(양극 활물질) 소재에 따른 특성

그림 3.2는 양극재(양극 활물질) 소재(주요 금속 원소)에 따른 2차전지(배터리)의 특성을 간결하게 비교하여 정리한 것이다.

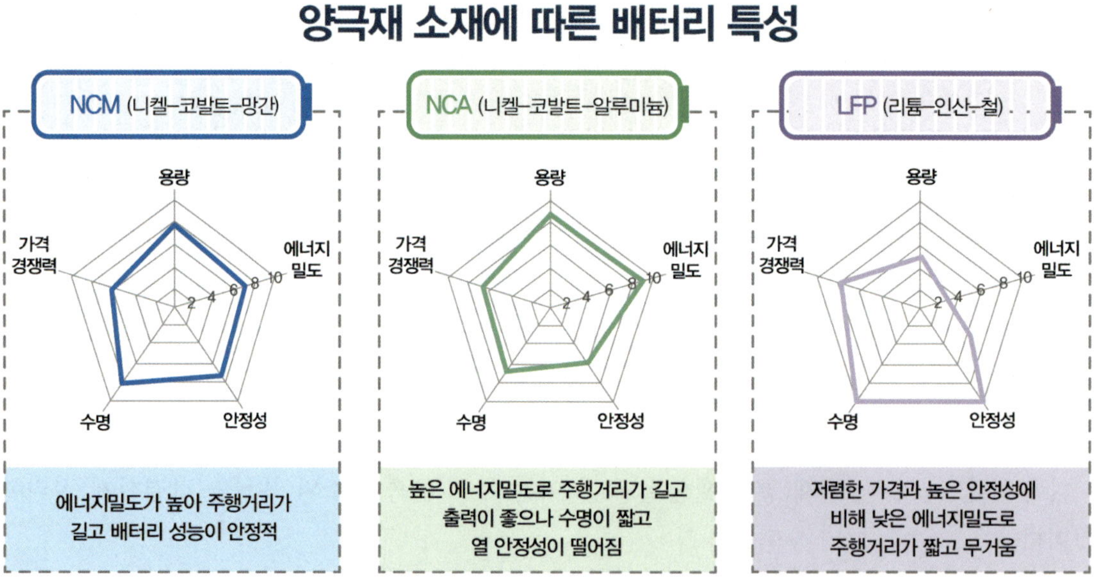

그림 3.2 양극재(양극 활물질) 소재에 따른 2차전지(배터리)의 특성 비교

- 3원계 배터리 : 양극재에 리튬코발트 산화물(LCO)을 기본으로 니켈과 다른 금속 원소를 추가해 총 3가지 금속 원소가 들어간 배터리를 의미한다.

(3) 2차전지(배터리)의 양극재(양극 활물질) 요점 및 개발 경쟁 추세

① 국내 전기차 배터리 사업자들은 NCM(니켈 · 코발트 · 망간), NCA(니켈 · 코발트 · 알루미늄) 두 종류의 3원계 배터리를 주력 제품으로 하고 있다.

② 주행거리와 출력이 우수한 NCM 양극재가 현재 전기차용 2차전지 중에서 가장 많이 사용된다.

③ 최근 원자재 가격 변동에 따라 값비싼 코발트(Co)의 함량을 줄이고, 니켈(Ni)의 함량을 60% 이상으로 높인 '하이니켈 배터리'가 개발되는 추세이다.

④ 니켈 비중을 높이면 동일한 크기의 배터리에 용량을 증대시켜, 전기차 주행거리를 확보할 수 있는 장점이 있다.

⑤ 니켈 함량이 높아질 때 안정성이 떨어지는 단점이 있어, 안정성을 높이기 위한 기술개발이 요구된다.

⑥ NCA의 경우 니켈, 코발트, 알루미늄의 구성 비율이 8:1:1로, 니켈 함량이 높고 알루미늄이 포함돼 타 소재에 비해 배터리밀도와 출력이 높다. 이러한 이유로 NCA는 원통형 배터리 등 소형전지에 주로 쓰인다.

⑦ CATL 등 중국계 배터리 제조사에서 주로 생산하는 LFP(리튬 · 인산 · 철)는 코발트와 니켈을 사용하지 않고, 철(Fe)을 사용한다. NCM 대비 약 30% 이상 저렴하며 안정성이 높은 반면, 에너지밀도가 낮아 주행거리가 짧고 출력이 낮은 단점이 있다. 이에 에너지밀도를 높여 주행거리를 확보하는데 집중해 기술완성도를 높이고 있다.

현재 대표적으로 사용되고 있는 3가지 양극재(양극소재, 양극 활물질)에 따른 배터리 특성을 비교하여 간략히 설명하면 다음과 같다.

① 소재에 따른 배터리 특성

㉠ NCM(니켈-코발트-망간)

에너지밀도가 높아 주행거리가 길고 배터리 성능이 안정적이다.

㉡ NCA(니켈-코발트-알루미늄)

높은 에너지밀도로 주행거리가 길고 출력이 좋으나, 수명이 짧고 열 안정성이 떨어진다.

㉢ LFP(리튬-인산-철)

저렴한 가격과 높은 안정성에 비해 낮은 에너지밀도로 주행거리가 짧고 출력이 낮다.

② 양극재에 따른 분류

㉠ 리튬코발트 산화물(LCO)

LCO는 전이 금속으로 코발트(Co)를 활용하는 가장 대표적인 리튬이온전지로 소형 전지 분야에선 계속해서 많이 사용되고 있는 소재이다. 제조공정이 쉽고, 오래전부터 개발된 물질인 만큼 다른 양극재에 비해 비교적 안정적인 편에 속하는 것이 장점이다. 그러나 주요 소재인 코발트의 높은 가격과 몇 가지 문제점으로 인해 이론상 용량을 모두 낼 수 없다는 점이 단점으로 꼽히고 있다.

㉡ 리튬망간 산화물(LMO)

LMO는 전이 금속으로 망간(Mn)을 사용하여 가격이 저렴하고 스피넬 구조라는 특유의 구조로 인해 출력은 높지만, 수명과 에너지밀도가 매우 열악하다는 한계로 그 용도가 계속 축소되고 있다. 리튬망간 산화물을 채택했던 일본 자동차 닛산 리프가 단기간 동안에 배터리의 성능 저하를 보여준 이유가 바로 이 때문이다.

㉢ 니켈-코발트 다원계(NCM, NCA, NCMA)

NCM, NCA, NCMA는 양극재로 리튬(Li)과 다종의 전이 금속(니켈, 코발트, 망간 등)으로 구성된 산화 화합물을 사용하는 배터리이다. 니켈(Ni)이 용량 특성을, 코발트(Co)가 수명 특성을, 망간(Mn)이 안정성을, 알루미늄(Al)은 출력 특성의 향상을 담당하고 있다.

㉣ 리튬인산철(LFP)

LFP($LiFePO_4$: 리튬인산철)를 사용한 배터리이다. 리튬인산철 배터리는 가격이 비싼 코발트(Co)와 니켈(Ni)을 사용하지 않기 때문에 비교적 저렴하다. 또한 일반 리튬이온전지보다 폭발이나 화재의 위험성이 낮으며, 충·방전 수명도 3,000회 이상으로 길다는 장점도 가지고 있다.

③ LFP(리튬 인산철) 배터리의 장단점

㉠ 리튬인산철(Li-$FePO_4$) 배터리란?

에너지를 저장했다가 반복적으로 사용할 수 있는 전기를 담을 수 있는 에너지 용기로 리튬 계열의 배터리를 사용하고 있다. 리튬 계열 배터리는 리튬이온, 리튬인산철, 리튬폴리머 세 종류가 있으며 이를 통칭하여 리튬 2차전지라고 한다.

리튬인산철($LiFePO_4$)은 다른 리튬이온전지(폴리머 포함) 등과 비교 시 발열성이 없어 가연성 또는 폭발 등을 일으키지 않음으로써 안전성이 탁월하다. 또한 직류측 입력 변동이 작아서 PCS(Power Conversion System, 전력변환장치, 전력을 배터리에 저장 또는 방출하기 위해 전기의 특성을 변환해 주는 시스템) 설계가 용이하고, ESS(Energy Storage System, 에너지저장장치, 저장이 어렵고 사용 후 없어져 버리는 에너지를 효율적으로 사용할 수 있도록 저장 · 관리하는 시스템) 절연전압도 낮출 수 있는 효과가 있으며, 온도 특성이 매우 좋아 자체 발열이 거의 없어서 주위 온도에 영향을 주지 않는다.

LFP를 기술적 관점에서 정의하자면, 기존 3원계(NCM)의 에너지밀도에 도달할 수 없는 배터리다. 같은 거리를 달리게 만들려면 LFP는 더 무겁다. 같은 무게로 만들면 LFP의 주행거리가 현저히 짧다는 것이 가장 단점이다.

ⓛ LFP(리튬인산철) 배터리의 장단점

- 장점
  - 안정성: LFP 배터리는 리튬이온 배터리보다 화재 위험이 낮고, 폭발 위험도 낮다.
  - 내구성: LFP 배터리는 리튬이온 배터리보다 수명이 길고, 충전과 방전의 반복에도 잘 견딘다.
  - 가격: LFP 배터리는 리튬이온 배터리보다 가격이 저렴하며, 제조 공정도 간단하다.
- 단점
  - 에너지밀도: LFP 배터리는 리튬이온 배터리보다 에너지밀도가 낮다. 또한 리튬이온 배터리보다 같은 부피에 저장할 수 있는 에너지밀도가 작아서 전력량도 적다.
  - 충전 속도: LFP 배터리는 리튬이온 배터리보다 충전 속도가 느리다. 또한 저온에서 전기 화학반응이 느려지기 때문에 출력이 저하되고, 충전시간이 길어지며 과충전되거나 과방전될 위험이 있다.

표 3.1은 LFP(리튬인산철) 배터리와 리튬이온, 리튬폴리머 3대 2차전지를 비교한 주요 항목과 내용이다.

표 3.1 3대 2차전지: 리튬이온, 리튬폴리머, 리튬인산철(LFP) 배터리의 비교

항목	리튬이온	리튬폴리머	리튬인산철
배터리 명칭	Li-Ion	Li-Polymer	Li-$FePO_4$
정격 전압[V]	3.7(3.8)	3.7(3.8)	3.2
만충 전압[V]	4.2(4.35)	4.2(4.35)	3.7
과충전 차단[V]	4.3(4.4)	4.35(4.4)	4.0

항목	리튬이온		리튬폴리머		리튬인산철	
저속 충전	0.2C		0.2C		0.2C	
고속 충전	1.0C		2.0C		2.0C	
사용수명(최대)	〈 1000		〈 4000		〈 4000	
안정성	다소 높음		보통		매우 높음	
사용 온도	-20~60℃		-20~60℃		-20~60℃	
장점	고밀도	-	고밀도	대용량	장수명	대용량
단점	폭발가능	소용량	연소가능	-	고가	품질

2) 양극재의 금속 성분과 결정 구조

(1) 2차전지(배터리)의 양극재

배터리 성능과 특성을 결정짓는 양극 활물질(양극재)은 리튬과 금속 성분의 조합으로 이루어져 있다. 주로 사용되는 금속 성분은 에너지밀도를 결정하는 니켈(Ni), 안정성을 높이는 코발트(Co)와 망간(Mn), 출력을 향상하는 알루미늄(Al)으로 어느 원소를 어떤 비율로 조합하느냐에 따라서 양극재의 용량 / 에너지밀도 / 안정성 / 수명 / 가격경쟁력 등이 달라진다.

전기차로 쉽게 설명하자면 용량은 주행거리, 에너지밀도는 전기차의 출력, 안정성은 배터리의 화재 등 사고를 제어하는 능력, 수명은 배터리 사용 기간에 큰 영향을 미친다. 이 만큼 2차전지에 있어 양극재의 기능과 역할은 아주 큰 영향을 미친다.

그림 3.3은 3원계 NCM(니켈-코발트-망간) 양극재의 형상과 결정 구조를 보여준다.

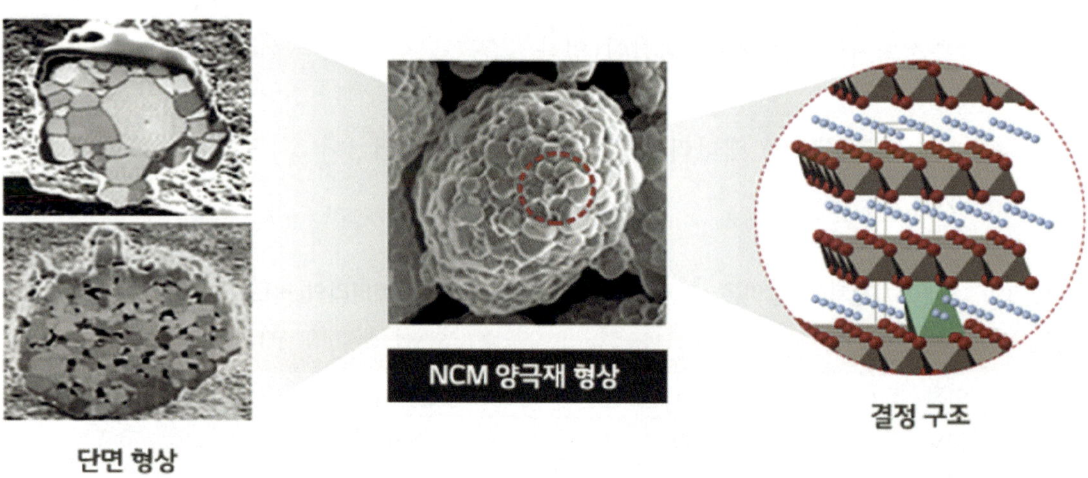

그림 3.3 3원계 NCM(니켈-코발트-망간) 양극재의 형상과 결정 구조

(2) 리튬이온 배터리 양극 소재(양극재, 양극 활물질)

① 리튬은 원소 상태에서 반응이 불안정하다.

② 리튬과 산소가 만나 생성된 리튬산화물을 양극으로 구성한다.

③ 양극은 배터리의 성능을 결정하는 물질이다.

④ 양극재료는 크게 LCO(리튬코발트산화물), LFP(리튬인산철산화물), LMO(리튬망간산화물), 3원계로 구분한다.

표 3.2는 양극재를 구성하는 양극재료의 종류와 특성, 용도, 결정 구조를 잘 나타낸다.

▶▶ 표 3.2 양극재료의 종류와 특성

분류	특성	용도	결정구조 및 입자형상
LCO ($LiCoO_2$)	• 긴 수명 • 높은 에너지밀도 • 코발트 가격 및 안정성 문제	소형 전자기기 (스마트폰, 태블릿등)	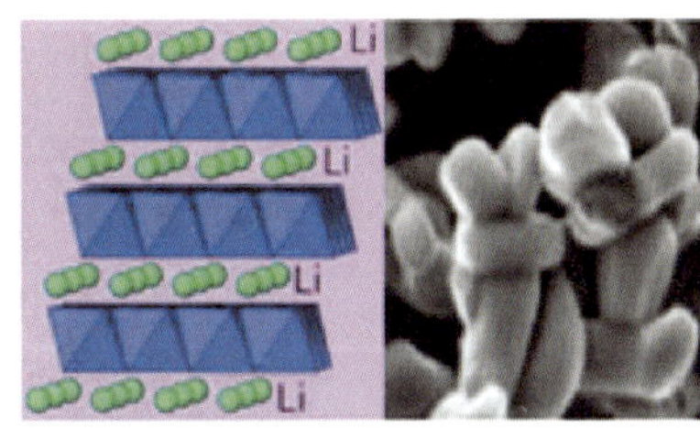 층상구조
NCM ($Li(Ni, Co, Mn)O_2$) NCA ($Li(Ni, Co, Al)O_2$)	• 높은 에너지밀도 • 고출력 적합 • 전기차용 확대중 • 층상구조	소형 및 중대형 기기 (스마트폰, 전기차, ESS 등)	
LFP ($LiFePO_4$)	• 낮은 가격 • 높은 안정성 • 성능 개선 필요	소형 및 중대형 기기 (스마트폰, 전기차 등)	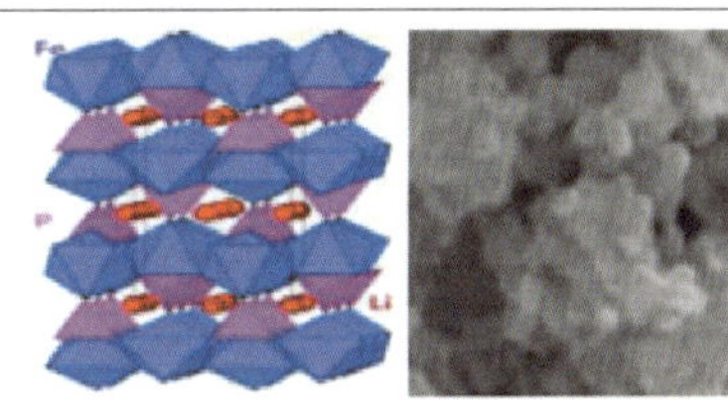 올리빈구조
LMO ($LiMn_2O_4$)	• 높은 충 · 방전 특성 • 낮은 가격 • 고온 작동 불안정	소형 및 중대형 기기 (전동공구, 전기차)	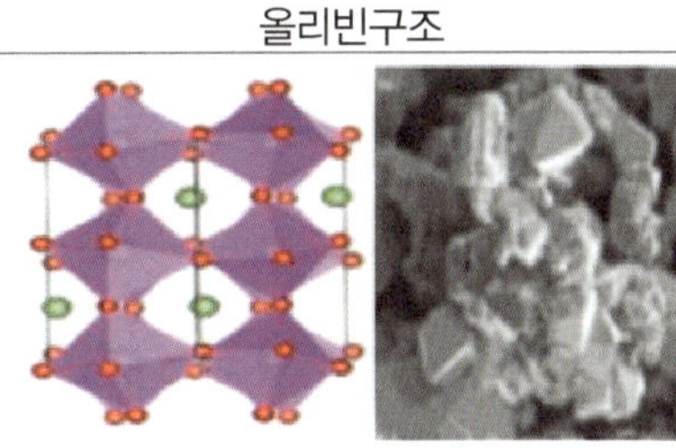 스피넬구조

① 리튬코발트 산화물(LCO, $LiCoO_2$)

리튬코발트 산화물(LCO, $LiCoO_2$)은 층상구조의 양극산화물로서 가장 먼저 사용된 물질이다.

㉠ 리튬코발트 산화물(화합물)로 화학식은 $LiCoO_2$

㉡ 양극재로서 층상구조의 리튬코발트 산화물이 사용된다.

ⓒ 1991년 일본 소니(Sony)가 최초로 상용화시킨 상업적 리튬이온 배터리

ⓔ 납축전지 또는 니켈 계열의 전지보다 성능이 우수하다.

ⓜ 코발트(Co)의 특성 때문에 고온 혹은 강한 충격에 폭발하거나 연소하는 문제점이 존재한다.

그림 3.4는 리튬코발트 산화물(LCO)의 화학식 구조($LiCoO_2$)이다.

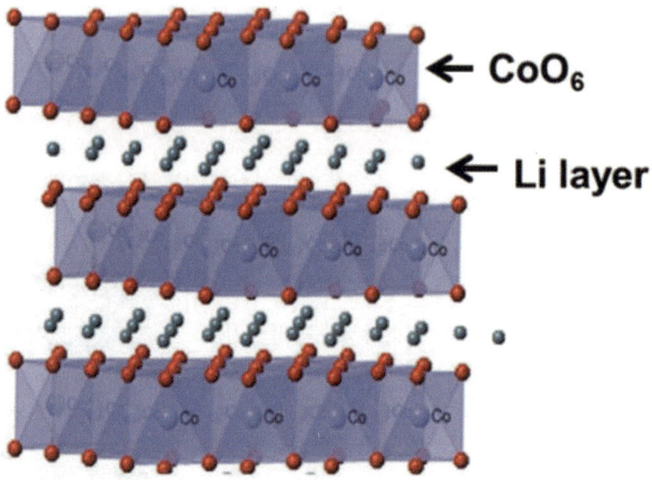

그림 3.4 리튬코발트 산화물(LCO)의 화학식 구조($LiCoO_2$)

사진 3.1은 리튬코발트 산화물(LCO, $LiCoO_2$) 가루이다.

사진 3.1 리튬코발트 산화물(LCO, $LiCoO_2$) 가루

② 3원계(NCM)

㉠ 리튬코발트 산화물(LCO)을 기반으로 다른 원소를 더한 양극재이다.

㉡ 리튬코발트 산화물(LCO)과 니켈(Ni)에 금속 원소를 더해 사용한다.

㉢ 니켈(Ni)은 배터리 에너지밀도, 코발트(Co), 망간(Mn)은 배터리의 안전성을 유지하는 역할을 한다.

㉣ 대표적인 3원계 배터리로는 NCM과 NCA가 있다.

㉤ 장점으로는 에너지밀도가 높으며, 출력이 좋고, 가볍다.

㉥ 단점으로는 열에 취약하고, 값이 비싸며, 충전 사이클이 짧다.

그림 3.5는 3원계 배터리의 구성 성분을 나타낸 것으로, 리튬코발트 산화물(LCO, $LiCoO_2$)을 기반(금속1)으로 하여 다른 금속 원소(금속2, 금속3 등)를 더한 것이다.

그림 3.5 리튬코발트 산화물(LCO)을 기반으로 한 3원계 배터리의 구성

그림 3.6은 2021년 전기차에 사용되는 배터리의 양극재 종류별 사용량의 비중을 나타낸 것이다.

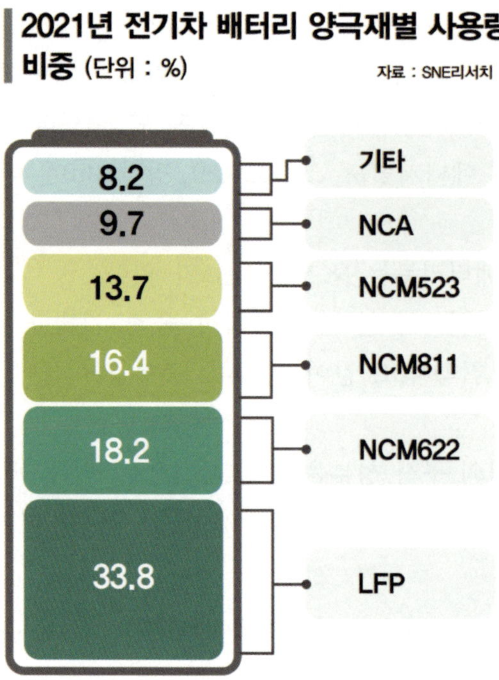

그림 3.6 2021년 전기차 배터리의 양극재별 사용량의 비중(%)

③ 층상구조

㉠ 리튬이온전지의 전반적인 성능은 구성하는 핵심 소재 부품들의 특성에 의존한다.

㉡ 전극 소재의 결정구조 또한 성능에 영향을 미친다.

㉢ 배터리 내에서 충전 또는 방전 중의 전하 이동체는 전극 소재에 저장되거나 방출된다.

㉣ 대표적인 전극 소재는 각각 리튬코발트 산화물(LCO, $LiCoO_2$)과 흑연으로 그림 3.7과 같이 층상형 결정구조이다.

㉤ 제조 단가에서 양극 소재가 차지하는 비중은 30% 이상이다.

㉥ 층상형 격자 자리에 위치한 리튬이온은 충전 중 탈리(脫離, 떨어져 나감)되며 불안정성이 증가한다.

㉦ 결론적으로 리튬이온들의 반복적인 삽입과 탈리에 의해 결정구조가 초기 상태를 유지 못하면서 용량이 감소한다.

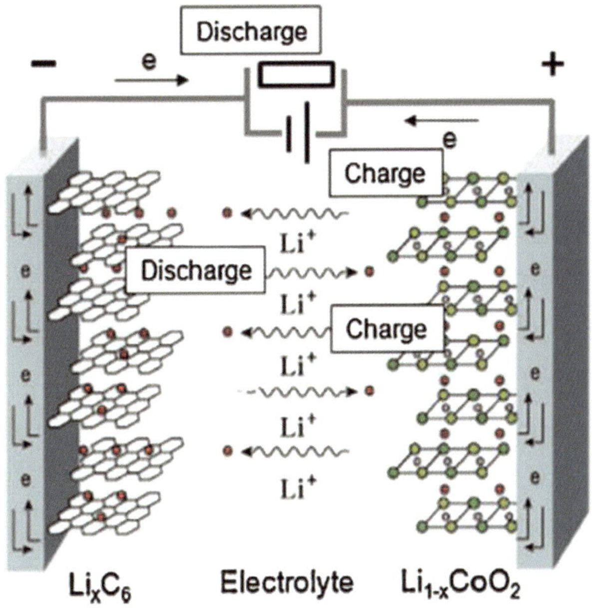

그림 3.7 리튬코발트 산화물(LCO, $LiCoO_2$)의 층상형 결정구조(층상구조)와 충·방전의 원리

(3) 양극재의 구분

- 양극재의 종류에 따라 전지의 전압에도 영향을 미친다.
- 전지의 전압은 양극과 음극의 전위차에 의해 결정된다.
- 양극재는 금속염의 구성에 따라 LCO, NCM, NCA, LMO, LFP 등으로 구분된다.
- 구조에 따라 층상구조, 스피넬구조, 올리빈구조 등으로 구분할 수 있다.

표 3.3은 양극재의 구조에 따른 분류와 특징이다.

표 3.3 양극재의 구조에 따른 분류와 특징

	LCO	NCM	NCA	LMO	LFP
구조	층상	층상	층상	스피넬	올리빈
전지 용량	145mAh/g	120mAh/g	160mAh/g	100mAh/g	150mAh/g
작동 전압	3.7V	3.6V	3.6V	4.0V	3.2V
난이도	쉬움	다소 어려움	어려움	다소 어려움	어려움

① 2차전지(배터리)의 양극재 구조

넓고 평평한 층간 사이에 많은 양의 리튬이온을 보관할 수 있는 층상구조는 LCO, NCM, NCA 3원합금 물질이 대표적이다. 이를 설명하면 다음과 같다.

㉠ LCO(리튬-코발트 산화물) : 양극재의 기본형으로 주로 스마트폰, 노트북 배터리 등 소형 IT제품 위주로 사용된다. 수명은 길지만 상대적으로 에너지밀도가 낮아 전기자동차용 배터리로는 부적합하다.

㉡ NCM(니켈-코발트-망간) : LCO에 니켈과 망간을 추가한 양극재이다. LCO 내 코발트 비중을 쪼개서 니켈, 코발트, 망간 등을 재구성한 양극재이다.
최근 니켈 함량을 높여 에너지 효율성이 좋은 NCM811 모델이 이슈가 되면서 주목받고 있다.

㉢ NCA(니켈-코발트-알루미늄) : 리튬, 니켈, 코발트, 알루미늄, 산소로 구성된 양극재이다. 에너지밀도가 높으나 안전성이 낮아 소형 배터리에 주로 사용한다.

(4) 양극재 제조공정

2차전지(배터리)용 양극재의 제조공정은 그림 3.8과 같은 순서로 진행된다.

① **전처리 :** 전구체와 리튬, 첨가제를 정량화하여 균일하게 혼합하는 공정
② **1차 소성 :** 산화작용으로 혼합물을 합성하는 공정(700 ~ 900℃)
③ **후처리 :** 분쇄 및 이물질을 제거하는 공정
④ **2차 소성 :** 반제품 코팅하여 2차 열처리하는 공정(300 ~ 400℃)

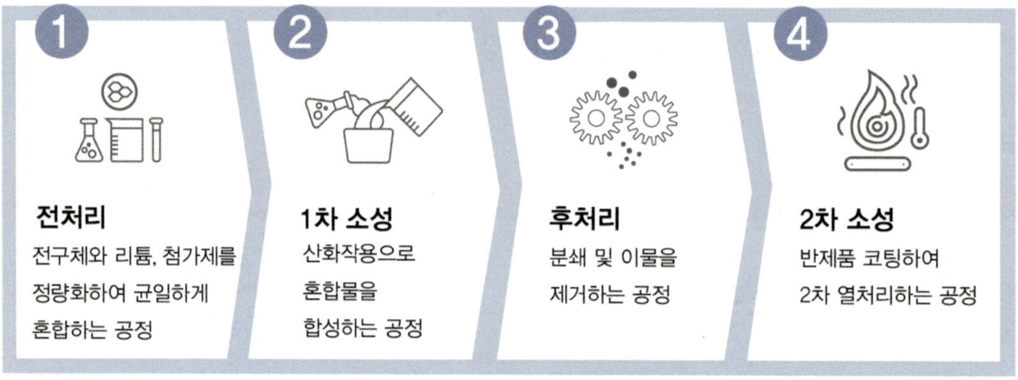

그림 3.8 양극재의 제조공정

전구체란?

어떤 화학반응을 통해 A라는 물질을 만들 때, 최종물질인 A가 되기 바로 이전 단계의 물질로서 배터리에서 전구체는 양극재의 원료가 되는 물질을 뜻한다.

02 음극재 - 2차전지(배터리)의 음극재

1) 음극재란?

음극은 양극에서 나온 리튬이온을 저장, 방출함으로써 전기를 발생시키는 역할을 한다. 충전시에는 음극에 리튬이온을 저장하고 있다가, 방전 시에는 리튬이온을 전해액을 통해 양극으로 이동시키게 하고, 리튬이온과 분리된 전자는 도선을 따라 이동하면서 전기가 발생한다.

음극재의 주요 역할을 정리하면 다음과 같다.

① 양극에서 나온 리튬이온을 저장 및 방출하며 외부 회로를 통해 전류가 흐르게 하는 역할을 한다.

② 배터리가 충전 상태일 때 리튬이온은 음극에 존재하는데, 이때 양극과 음극을 도선으로 이어주면 리튬이온은 전해질을 통해 양극으로 이동하고, 리튬이온과 분리된 전자는 도선을 따라 이동하며 전기를 발생시킨다.

③ 많은 이온을 안정적으로 저장할 수 있는 흑연(graphite, 그래파이트)이 주로 사용되고 있다.

④ 리튬이온을 저장하고 방출하는 과정이 반복될수록 흑연의 구조가 변화하며 저장할 수 있는 이온의 양이 줄어들게 되는데, 이로 인해 배터리 수명도 줄어들게 된다.

⑤ 용량이 크고 충전속도를 빠르게 할 수 있는 실리콘 음극재 등 차세대 음극재 개발이 현재 활발하게 진행되고 있다.

위와 같은 역할을 하기 위해 음극 활물질(음극재)은 다음과 같은 특징을 갖추고 있어야 한다.

① 원활한 이온전도율

② 리튬이온을 많이 저장할 수 있는 대용량과 큰 출력

③ 긴 수명

④ 구조적 안정성
⑤ 낮은 전자 화학반응성
⑥ 저렴한 가격

(1) 음극재의 중요성

리튬 배터리에서 양극재(양극 활물질)는 시대의 요구에 따라 다양하게 변화되어 왔다. 하지만 양극재에서 높은 에너지를 생성하더라도 이를 저장하는 장소인 음극재(음극 활물질)가 균형 있게 받쳐주지 않는다면 효율성이 떨어질 수밖에 없다. 특히 충전 시 음극재가 리튬이온을 더 잘 받아 들일 수 있어야 충전시간도 짧아질 수 있다. 다른 관점에서 보면 오히려 도심 내 전기차 사용자들의 더 큰 불만은 주행거리가 아니라 긴 충전시간일 수 있다. 현재 국내에서는 충전 공급 전력이 급속 충전기가 50kW급, 완속 충전기는 7kW급이 주를 이루고 있다. 일반적인 가정에서 전기차를 1시간 충전 시 주행거리는 약 40km에 불과하다.

1회 충전 시 최대 주행거리가 충분히 길지 않더라도 배터리 충전시간을 크게 단축시킨다면 자주 충전이 가능한 도심 지역 내에서 사용하는데 큰 불편함이 없을 것이다. 향후 배터리 업체들이 음극재 관련 기술개발에 적극적일 수밖에 없을 것으로 판단하는 이유이다.

(2) 음극재 소재 및 종류

음극재 소재로는 현재 많은 이온을 안정적으로 저장할 수 있는 흑연(graphite, 그래파이트)이 주로 사용되고 있다. 흑연을 비롯한 음극재 소재의 종류와 종류별 특징을 표 3.4에 나타냈다.

표 3.4 음극재 소재의 종류와 종류별 특징(출처: 하이트투자증권, 2020년)

	천연 흑연	인조 흑연	저결정탄소	실리콘 기반
구조 형상	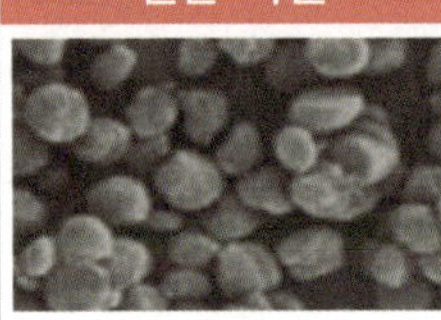	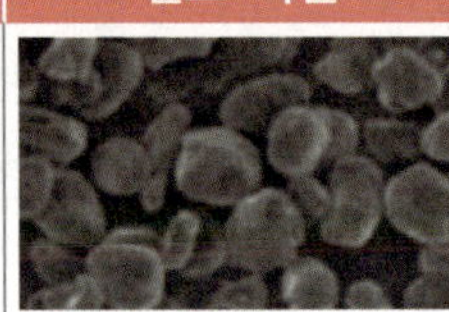		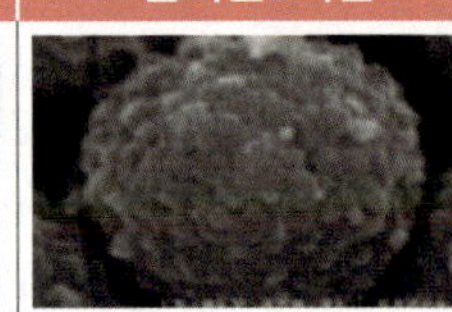
원료	천연 흑연	Pitch/Cokes	Pitch/Cokes, 열경화성 수지	SiOx, Si 탄소복합계
용량(mAh/g)	350~370	270~360	200~300	800~1,600
ICE	90~93%	92~95%	80~90%	73~87%
출력	하	중	상	중
수명	상	상	중	하
가격($/kg)	7~12	4~10	8~12	40~150
장점	고용량	고수명	고출력	고용량

① 음극재(음극 활물질)의 종류 및 특징(1)

2차전지(배터리)용 음극재(음극 활물질)의 종류 및 특징은 표 3.5와 같다.

▶▶ 표 3.5 리튬이온전지에 사용되는 음극재(음극 활물질)의 종류 및 특징

	천연 흑연	인조 흑연	금속계	저결정탄소
구조	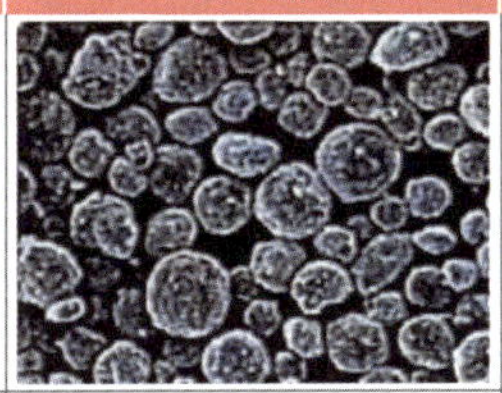	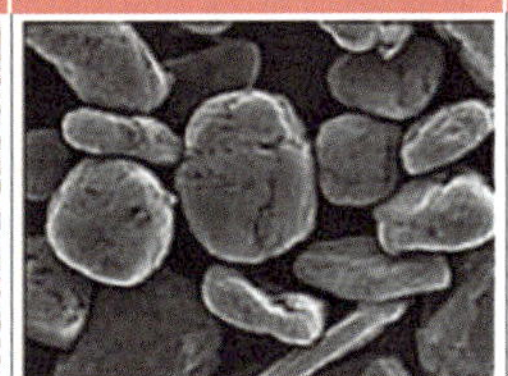		
원료	천연 흑연	Pitch/Cokes	SiOx, Si 탄소복합계	Pitch/Cokes, 열경화성 수지
용량 (mAh/g)	350~360	320~340	600~1,600	200~250
출력	하	중	중	상
수명	중	상	하	중
장점	고용량	고수명	고용량	고출력
제조사	포스코케미칼, 애경유화, BTR, Shanghai, Shanshan, Hitachi, Mitsubishi	포스코케미칼, Shanshan, Hitachi, Zichen	Shinetsu, OTC, BTR, 3M, Mitsui	Nippon Carbon, Mitsubishi, JFE Chemical

자료 : SNE Research, KDB산업은행, 키움증권

㉠ 천연 흑연 음극재

- 내부 층상구조의 발달로 리튬이온을 안정적으로 저장할 수 있는 음극재이다.
- 용량이 크고 가격경쟁력이 우수하다.

㉡ 인조 흑연 음극재

- 전기차 배터리 수명을 늘리고 충전시간을 단축시킬 수 있는 음극재이다.
- 구조 특성상 고속충전에 유리하다.
- 안정적이라 수명이 길다는 장점이 있다.
- 코크스(cokes, 골탄(骨炭) 또는 해탄(骸炭)으로 탄소 함량이 높고 불순물은 미량인 연료의 일종이다. 대개 석탄을 원료로 해서 만든다. 석탄에서 만들어진 코크스는 회색을 띠며 단단하고 다공성이다)를 형상 가공 후 고온으로 열처리하는 방식으로 생산한다.

㉢ 실리콘 음극재

- 흑연계 음극재보다 용량이 10배가량 높다.

- 급속 충전 설계도 용이하다.
- 실리콘 재료 자체의 전기전도도는 낮지만, 비용량이 높아 전극의 두께를 얇게 만들 수 있어 고출력의 전극을 설계할 수 있다.
- 현재는 흑연계 음극재에 4~5% 정도 첨가하는 수준이다.

㉣ 저팽창 천연 흑연 음극재

- 포스코케미칼이 독자 개발한 음극재이다.
- 천연 흑연 소재의 구조를 이방형에서 등방형으로 개선해 팽창률 25%, 급속 충전 성능이 15%가 향상된 차세대 소재이다.
- 인조 흑연 대비 제조원가는 낮아지고, 공정 중 발생하는 탄소배출량은 저감해 친환경성도 높아진다.

② 음극재(음극 활물질)의 종류 및 특징(2)

앞에서 설명한 음극재로 주로 사용하고 있는 흑연(graphite, 그래파이트)을 비롯한 탄소계 음극재 소재를 포함하여 차세대 음극재로 개발되고 있는 음극재를 표 3.6과 같이 나타냈다.

표 3.6 음극재의 종류

탄소계 음극재	리튬메탈 음극재	실리콘 음극재	리튬 티타늄 산화물
흑연은 초기 상용화 단계부터 현재까지 가장 많이 사용되는, 거의 모든 상용 리튬(Li-ion)전지에서 사용되고 있는 음극재이다. 저렴하면서 넓은 용량을 가지고 있으며 전기전도성, 이온전도성이 뛰어나며, 반응 전위 또한 낮다. 음극재에 사용되는 흑연은 천연 흑연과 인공 흑연으로 분류된다.	순수한 리튬을 그대로 음극으로 활용하는 방법이다. 낮은 전위와 흑연 음극재의 10배 수준의 이론적인 용량을 달성할 수 있다는 것이 장점이다. 문제는 리튬 덴드라이트(lithium dendrite) 현상이다. 리튬은 사실 흑연보다 먼저 음극재로 제시되었던 물질이지만 충·방전을 여러 차례 할 경우 리튬 필름 위로 뾰족하게 리튬이 쌓이는 현상이 발생한다. 이러한 바늘 같은 형태는 용량을 저하시키거나 양극과 만나 쇼트(short, 단락 또는 합선)를 일으킬 수가 있다.	실리콘을 음극재로 활용하는 방법이다. 용량이 리튬메탈 음극과 비견될 정도로 매우 크지만, 부피의 수축과 팽창이 매우 크다는 단점이 있다. 현재는 나노 와이어의 형태로 만들어 첨가제로 사용하는 방안이 상용화되고 있다.	음극에 기존의 흑연 대신 LTO(Lithium Titanium Oxide)를 이용한 배터리이다. 고출력 제품 설계가 가능하며, 충·방전 수명도 6,000~10,000회 이상으로 매우 길고, 안정성이 높아 폭발 및 화재 위험이 아예 없다는 장점을 가지고 있다. 그러나 낮은 용량과 높은 반응 전위로 인해 에너지밀도가 흑연보다 매우 낮다는 단점도 있다.

㉠ 리튬메탈(Lithium metal) 음극재

- 리튬메탈 음극재는 리튬을 활용한 음극재로 기존의 흑연계 음극재보다 배터리의 무게당 에너지밀도(출력)를 획기적으로 늘릴 수 있는 소재이다. 동박(Cu foil)에 리튬 금속을 도금해 제조하며, 에너지밀도가 기존 흑연계 음극재(350mAh/g) 대비 약 10배 수준인 3,860mAh/g에 달하는 고(高)용량 소재이다. 향후 전고체 배터리에도 적용이 가능한 차세대 음극재로 주목받고 있다.
- 리튬메탈은 순수 실리콘보다 용량이 조금 높은 3,840Wh(와트시, Wh는 1시간 동안 생산 또는 소비되는 전력량을 의미한다) 정도 된다. 그래서 현재 사용되고 흑연, 실리콘 음극재 대비 상당히 에너지밀도가 높은 음극재이다.
- 리튬메탈 배터리(전지)는 충·방전을 거듭함에 따라 리튬 표면에서 나무가지 모양의 뾰족한 돌기가 자라면서 분리막을 찢는 현상(리튬의 덴드라이트(dendrite) 현상)이 나타난다.
- 리튬메탈 배터리는 리튬 금속을 음극으로 사용하는 배터리이다. 리튬메탈(금속) 음극재는 현재까지 파악된 현존하는 음극 소재 중 가장 높은 에너지밀도를 보유하고 있다. 즉, 음극물질(음극소재, 음극재) 중 최상급의 에너지밀도를 갖고 있다.

표 3.7은 현재 전기차에 사용되고 있는 배터리와 향후 차세대 배터리의 특징을 분류하여 비교하고 있다.

▶▶ 표 3.7 현재 전기차용 배터리와 향후 차세대 배터리의 특징 비교

전기차 배터리 유형	양극재	음극재	분리막	전해질	특징
3원계 배터리	니켈, 코발트, 망간, 알루미늄	흑연, 실리콘	있음	액체	에너지밀도 높음, 긴 주행거리
인산철 배터리	철, 인	흑연, 실리콘	있음	액체	가격 저렴, 안전
4680 배터리	다양한 구성 가능	흑연, 실리콘	있음	액체	테슬라 개발 중
리튬메탈 배터리	다양한 구성 가능	리튬금속(메탈)	있음	반고체 또는 고체	차세대 배터리
전고체 배터리	다양한 구성 가능	다양한 구성 가능	없음	고체	차세대 배터리

자료 : 업계

덴드라이트(dendrite) 현상

리튬 덴드라이트(lithium dendrite) 현상은 리튬이온 배터리를 충전하는 과정에서 음극(전극) 표면에 리튬 결정이 맺히고 이것이 핵이 되어 사방으로 자라며 점점 쌓이는 현상을 뜻한다. 즉, 덴드라이트(dendrite · 수지상 결정)는 리튬 배터리의 충전 과정에서 음극 표면에 쌓이는 나뭇가지 모양의 뾰족한 결정체를 말한다. 이 리튬 결정체를 뾰족한 돌기 모양을 닮았다 하여, '수상돌기'를 뜻하는 '덴드라이트(dendrite)'라고 한다.

덴드라이트 현상은 전지 음극에 리튬이 나뭇가지처럼 자라는 것으로 리튬이온전지의 성능이 떨어지고 폭발하는 원인으로 지목되고 있다.

덴드라이트 현상은 리튬이온 배터리의 수명과 안전성을 떨어뜨리는 주요 원인으로 꼽히고 있는 것이다. 너무 크게 자라면 양극과 음극을 분리하는 전극 사이의 분리막을 뚫고 단락(short, 합선)을 일으킨다. 내부 단락이 일어난 전지는 기전력을 잃는다. 리튬 덴드라이트가 일어나면 내부 전기저항이 급격히 올라가 열이 발생하여 화재의 원인이 되기도 한다. 리튬이온 배터리가 상용화되기 전 배터리의 가장 큰 문제로 꼽혔었다.

덴드라이트 문제를 해결하기 위해 전고체 배터리 음극에 5마이크로미터(μm, 100만분의 1미터) 두께의 은-탄소 나노입자 복합층(Ag-C Nanocomposite Layer)을 적용한 석출형 리튬음극 기술이 있다.

ⓛ 리튬 티타늄 산화물(LTO) 음극재

- 리튬 티타늄 산화물(LTO : $Li_4Ti_5O_{12}$)은 리튬 티타네이트 배터리(Lithium Titanate Battery) 음극재의 핵심 구성요소이며, 화학적으로 합성된 백색 분말 형태로 제공된다. 리튬이온 배터리의 일종인 리튬 티타네이트 배터리는 사용 가능한 가장 빠른 충전 배터리 중 하나이며 양극, 음극 및 전해질로 구성된다.
- 리튬 티타늄 산화물(LTO : $Li_4Ti_5O_{12}$)은 구조 안전성을 바탕으로 뛰어난 수명 성능과 속도 특성을 동시에 가지고 있는 음극물질(음극소재, 음극재)로 현재 상용화된 흑연을 대체할 수 있는 배터리이다.
- 리튬이온 배터리의 일종으로 높은 안전성과 오랜 수명을 가지고 있어 전기자동차나 에너지저장시스템(ESS) 등에 널리 사용되고 있다.

리튬 티타늄 산화물(LTO) 음극재 배터리의 장단점은 다음과 같다.

- 장점
  - 안전성 : 리튬 티타늄(티탄산) 배터리는 안전성이 매우 높다. 고온이나 고압 상황(환경)에서도 폭발이나 화재가 발생하지 않는다.
  - 긴 수명 : 리튬 티타늄(티탄산) 배터리는 긴 수명을 가지고 있다. 평균적으로 2,000~ 3,000회의 충 · 방전 주기를 견딜 수 있다.

- 고속 충전 : 리튬 티타늄(티탄산) 배터리는 고속 충전이 가능하다. 충전시간이 짧아지므로 충전소에서의 대기 시간을 최소화할 수 있다.
- 넓은 작동 온도 범위 : 리튬 티타늄(티탄산) 배터리는 -20°C에서 60°C까지 넓은 온도 범위에서 작동이 가능하다.

• 단점
- 낮은 에너지밀도 : 리튬 티타늄(티탄산) 배터리는 에너지밀도가 낮다. 즉, 단위 부피나 무게당 저장 가능한 에너지가 적어서 비교적 큰 배터리 용량이 필요하다.
- 높은 가격 : 리튬 티타늄(티탄산) 배터리는 생산 비용이 높아서 다른 종류의 배터리에 비해 가격이 비싸다.
- 제조공정의 복잡성 : 리튬 티타늄(티탄산) 배터리는 제조공정이 다른 종류의 배터리에 비해 비교적 복잡하고 어려운 편이다. 이로 인해 생산성이 떨어진다.

2) 실리콘 음극재

(1) 실리콘 음극재란?

실리콘(silicone)은 높은 비용량을 가지나 충·방전 시에 불가피한 팽창을 동반한다. 부피 팽창은 치명적인 용량 저하의 원인이 되므로 이를 개선하기 위해 다양한 실리콘 나노 구조체가 개발되고 있다.

나노 구조체는 직경이 작아 분쇄가 적게 일어나는 경향이 있으며, 일반적인 나노 구조체는 나노 와이어, 나노튜브 및 속이 비거나 다공성의 구조를 가지는 입자들을 포함하며, 이러한 구조는 벌크(bulk) 입자에 비해 수명 특성이 좋으나 실리콘 나노 구조체의 단독적인 사용으로는 전지에 요구되는 성능을 충족시키기에 어려움이 있다. 또한 대부분의 양극 소재들은 용량이 적기 때문에 실리콘 음극의 용량을 충분히 발휘하지 못한다는 단점이 있다.

그러나 실리콘 음극재는 단위 무게당 용량이 흑연계 음극재보다 10배 가량 높다. 그림 3.9와 같이 실리콘 음극재의 특징과 장·단점으로 인해 현재 실리콘 음극재는 흑연계(천연·인조 흑연) 음극재에 4~5% 첨가하는 구조로 활용되고 있다. 소재 구조의 안정성을 높이는 기술개발을 통해 함량은 점차 높아질 것이나, 현재의 흑연계와 향후의 실리콘 음극재가 함께 음극을 구성하는 구조는 유지될 전망이다.

또한 다음 2가지와 같은 실리콘 음극재의 큰 장점이 있기에 차세대 음극재로 주목받고 있는 것이다.

① 전기차 주행거리를 혁신적으로 늘리고

② 충전시간도 단축할 수 있다.

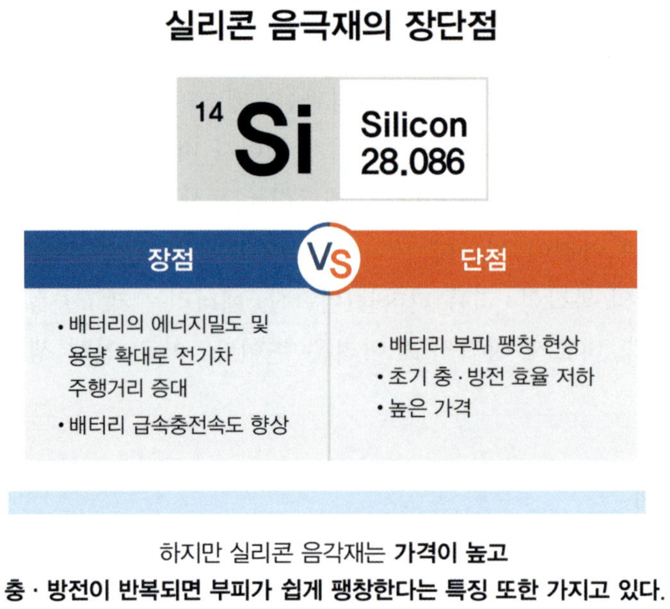

그림 3.9 실리콘 음극재의 특징과 장·단점

① SiOx / Carbon composite(탄소 복합재) 제조를 위한 전구체 제조 사례

개선 사례의 예를 들자면, 분무 공정을 통하여 C-Si@SiOx 나노 구조체를 합성함으로써 실리콘의 출력 및 수명 특성을 효과적으로 개선한다. 그러나 초기 비가역 특성에 따른 쿨롱 효율 저하가 발생하여 최종적으로 흑연과의 복합화를 통하여 초기 비가역 용량 문제를 개선하여 85% 이상의 초기 효율을 달성하고, 기존 흑연 대비 용량이 2배 이상 증가되면서 실제 산업체에 적용할 수 있는 전극이 제조되었다.

이와 같은 기술의 확보는 재생 가능한 에너지원의 이용으로 경제, 산업적인 효과를 가짐과 동시에 국내 리튬전지 음극 시장에 큰 발전을 불러올 것으로 예상된다.

그림 3.10과 같이 전기전도성을 향상시키기 위한 목적으로 전구체 용액에 덱스트린(dextrin, 덱스트린 또는 호정(糊精)은 녹말(전분)을 가수분해하여 얻어지는 저분자량의 탄수화물을 가리키는 용어)을 첨가하고, 수산화나트륨(NaOH)과 탄소나노튜브(CNT) · 그래핀(Graphene)을 첨가하여 Si@SiOx 복합체를 제조한다.

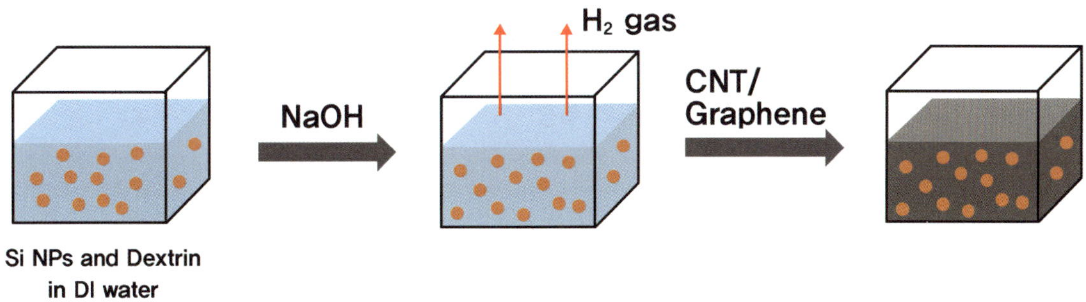

그림 3.10 Si@SiOx 복합체 제조방법의 모식도(출처 : 한국세라믹기술원)

CNT(Carbon nanotube, 탄소나노튜브)

말 그대로 탄소원자로 구성된 매우 작고 얇은 튜브(tube)처럼 생긴 물질이다. CNT는 원기둥 모양의 나노 구조를 지니는 탄소의 동소체로, 그래핀이라고 불리는 2차원 탄소시트(sheet)를 돌돌 말아서 만든 것과 같은 형상이다. 튜브 모양의 관을 구성하는 탄소원자는 6각형의 격자가 특징이다.

(2) 실리콘 카바이드계 음극재

실리콘 카바이드(Silicone carbide, SiC)는 탄화규소로, 실리콘(규소)과 탄소가 결합한 화합물이다. 실리콘 카바이드(탄화규소)의 특징은 다음과 같다.

① 화학적 특성

- 다이아몬드 구조의 결정
- 비중 : 3.12
- 융점 : 약 2,700℃
- 화학적 불활성(chemical inertness)으로 4가 원소끼리 강력한 화학결합을 이룬다.
- 무색 투명의 결정

② 기계적 특성

- 매우 높은 경도(hardness)
- 높은 열전도성(thermal conductivity)으로 뜨겁고 가혹한 환경에도 잘 견딘다.

③ 전기적 특성

- 누설전류가 작음
- 고전압에 강인함

실리콘 카바이드계 음극재의 종류와 각 특징은 표 3.8과 같다.

표 3.8 실리콘 카바이드계 음극재의 종류와 특징

	실리콘 카바이드계	실리콘/카본 복합체	실리콘 산화물계(SiOx)	실리콘 나노입자
성능 지표 우수 중간 열위	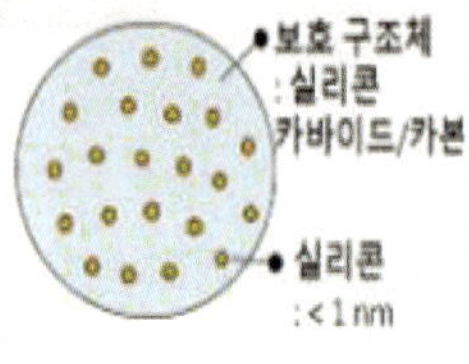	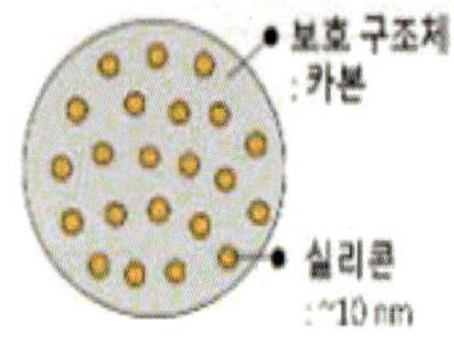	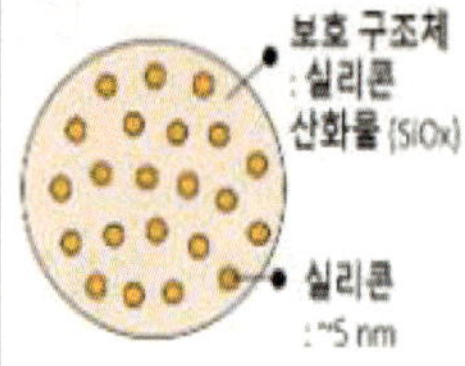	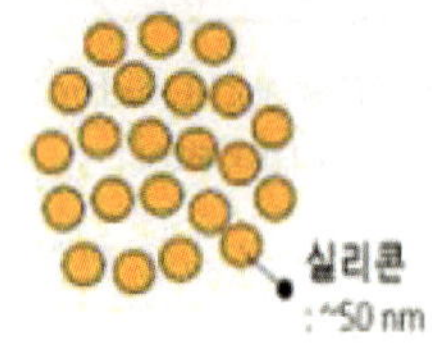
합성법	기상화학증착법	기계적 연마	열 플라즈마 분해	레이저 합성
용량	중간 1334mAh/g	중간 1456mAh/g	중간 1339mAh/g	우수 3300mAh/g
초기효율	우수 91.8%	중간 84.0%	중간 84.2%	열위 77.0%
수명/팽창	우수	열위	열위	중간
특징	• 실리콘 입도조절 용이 • 균일한 Si 분산 가능 • 간편한 공정(건식공정)	• 실리콘 입도조절 어려움 • 불균일한 Si 분포 • 복잡한 습식공정	• 낮은 전도도 • 값비싼 공정	• 상대적으로 큰 입자 크기 • 값비싼 공정 • 낮은 공정 용이성

(3) 복합 실리콘 음극 소재 개발을 위한 분무건조 공정

그림 3.11은 복합 실리콘 음극 소재 개발을 위한 분무건조 공정을 보여준다.

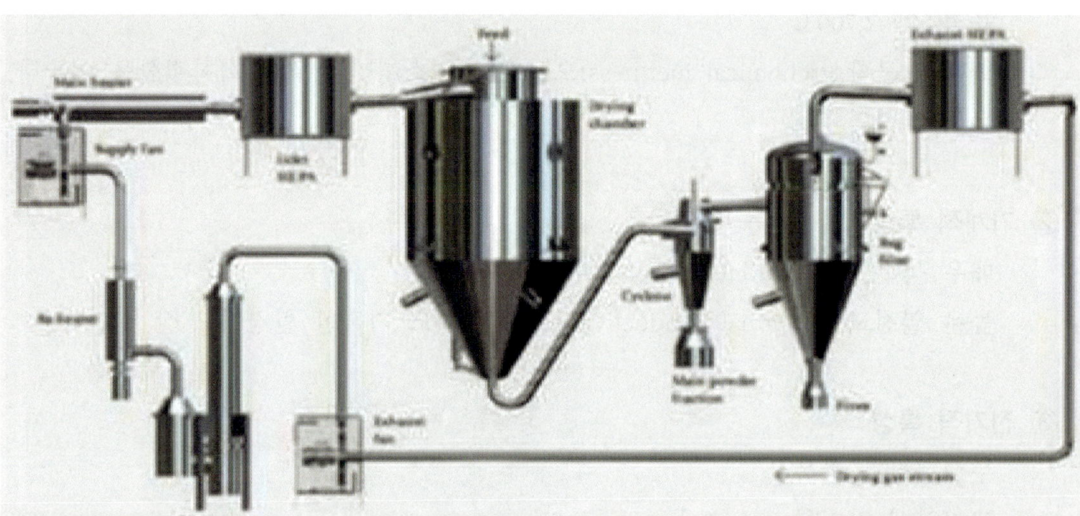

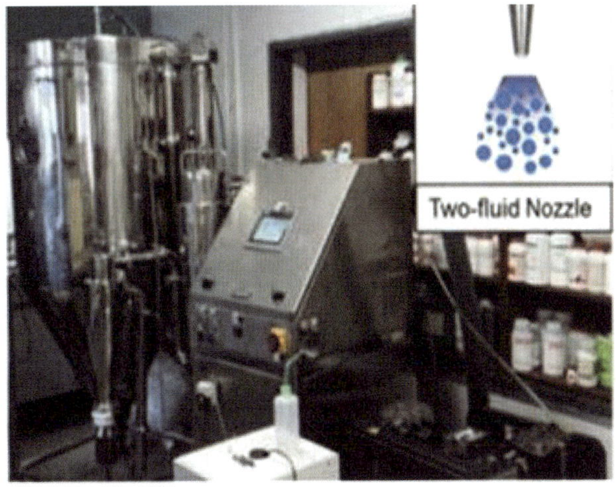

그림 3.11 실리콘 음극 분무건조 공정(출처: 한국세라믹기술원)

그림 3.12는 실리콘 입자를 재활용하는 공정(process, 절차 · 순서)을 나타낸다.

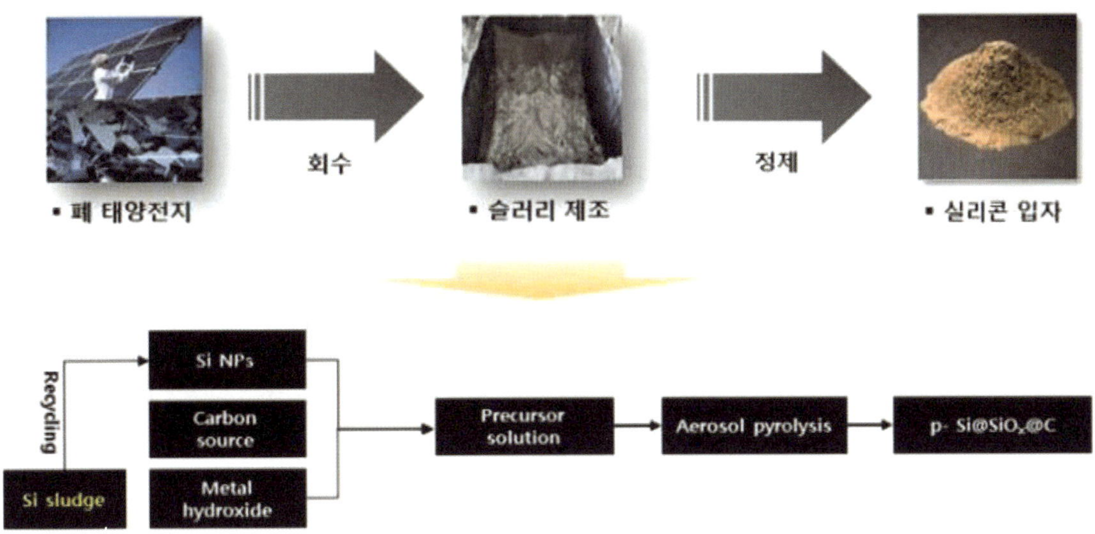

그림 3.12 실리콘 입자의 재활용 공정

3) 음극재 구조

(1) 리튬 2차전지의 음극 구조

현재 음극재는 규칙적인 층상(層狀, 층을 이룬 모양 또는 겹친 모양) 구조로 쌓여있는 흑연을 주로 사용하고 있으며, 크게 천연 흑연과 인조 흑연으로 나뉜다. 천연 흑연은 리튬이온을 보관할 수 있는 가장 안정적이면서 저렴한 재료였으나, 사용 중 팽창 문제로 구조적 안정성이 점차 떨어지자 이를 개선한 인조 흑연의 사용 비중이 점차 높아지는 상황이다.

인조 흑연은 3,000℃ 이상의 고온 열처리를 통해 만들어져 천연 흑연에 비해 결정성이 높고 구조가 더 균일해 안정성이 높다. 다만 석유계 피치(pitch, 석유 피치는 원유를 분리할 때 열 처리와 증류로 인한 잔류물)나 콜타르(coal tar, 석탄이나 코크스 등을 가열할 때 증류되어 나오는 물질을 가리킨다) 원료를 가공해 침상(針狀, 바늘처럼 가늘고 끝이 뾰족한 모양) 코크스(cokes)를 만들고, 침상 코크스를 분쇄한 뒤에 뭉쳐서 가열하는 등의 추가 제조공정으로 가격이 비싸다.

그림 3.13은 리튬 2차전지의 음극 구조(단면을 자른 형상)를 보여준다.

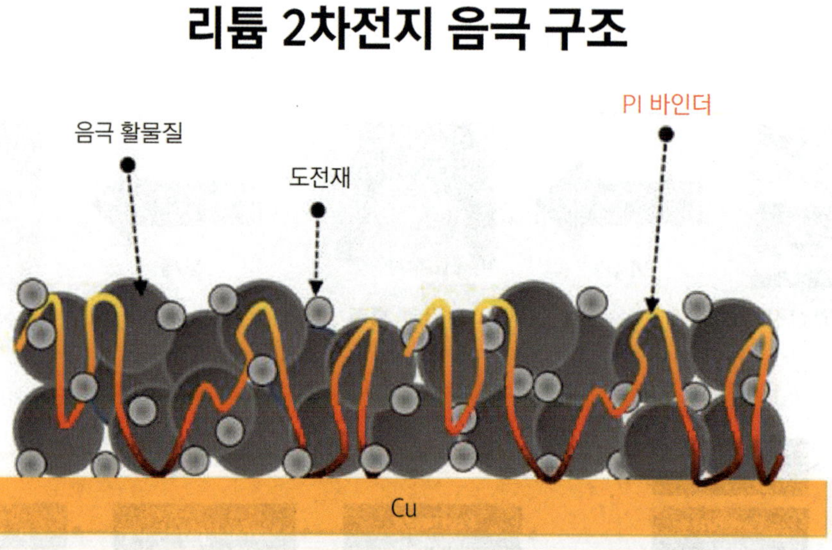

그림 3.13 리튬 2차전지의 음극 구조(단면을 자른 형상)

PI 바인더의 특징

- 폴리이미드(Polyimide, PI) 고분자 바인더(binder)이다.
- 폴리이미드는 기계적 물성, 내열성, 내화학성이 우수하고
- 뛰어난 접착력을 가져서 PI(Polyimide)를 사용했을 경우에는 전극 내의 균열은 줄어드나,
- 바인더와 집전체의 결착을 매우 강하게 해준다.

흑연(graphite)은 탄소원자 6개당 리튬이온 한 개가 저장되지만, 실리콘(silicone, 규소(organosilicone)와 산소 등이 화학결합으로 서로 연결된 폴리머)은 원자 4개당 리튬이온 15개가 저장되는 구조를 갖기 때문에 실리콘 기반 음극재의 단위 에너지 용량이 흑연보다 약 10배가량 높다. 결국 실리콘 음극재는 흑연계 음극재보다 고용량 · 고출력의 성능을 가지고 있어 전기차 배터리의 주행거리를 혁신적으로 늘리는 차세대 소재로 주목받고 있는 것이다.

그림 3.14는 현재 음극재(음극소재, 음극 활물질)로 주로 쓰이는 흑연(graphite)과 차세대 음극 소재로 주목받고 있는 실리콘 음극재와의 구조를 서로 비교한 것이다.

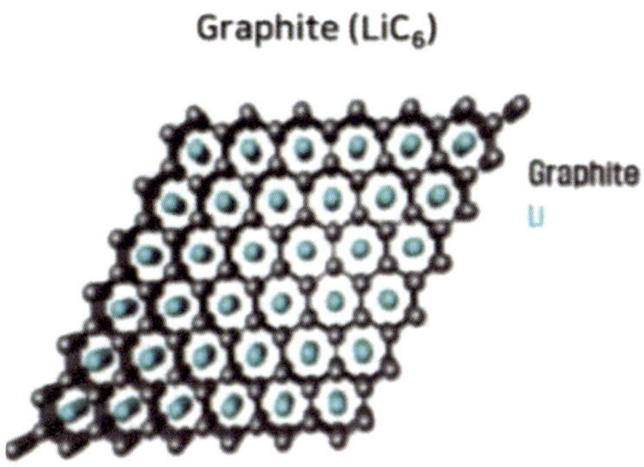

(a) 흑연 음극재(흑연은 탄소 6개당 리튬이온 1개를 저장)

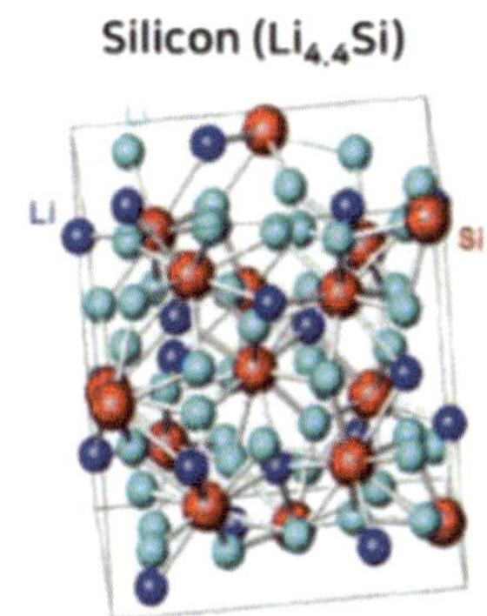

(b) 실리콘 음극재(실리콘은 실리콘 원자 1개당 리튬이온 4.4개를 저장)

그림 3.14 흑연과 실리콘 음극재의 구조 비교(출처: 하이투자증권)

(2) 리튬 2차전지의 음극 소재에 따른 배터리 특성의 비교

음극재의 주요 소재에 따른 천연 흑연, 인조 흑연, 실리콘 음극재 배터리의 특성은 그림 3.15와 같다.

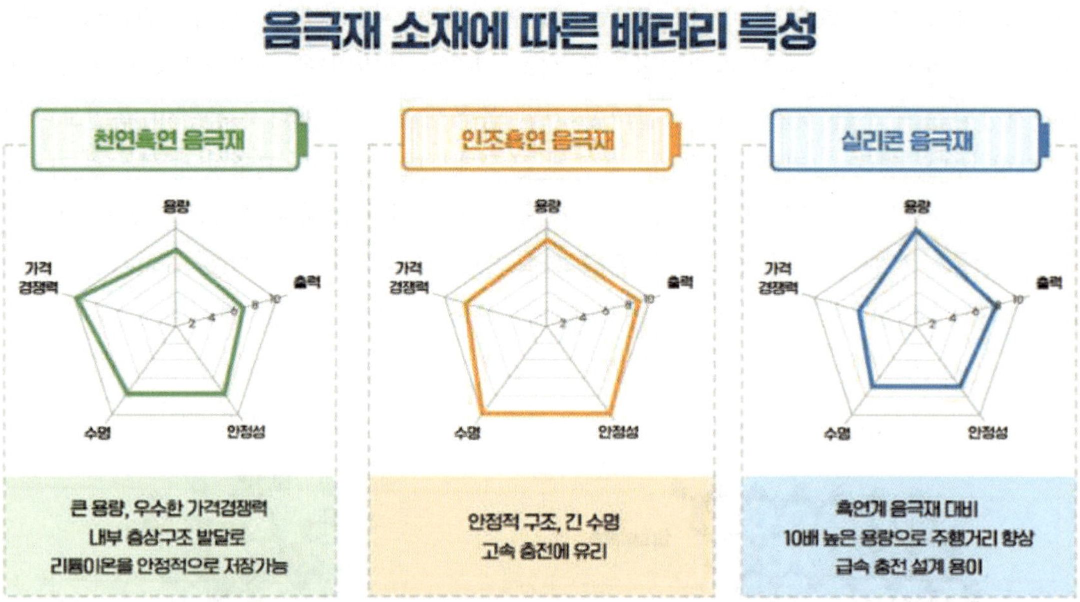

그림 3.15 음극재 소재에 따른 배터리 특성

03 분리막 - 2차전지(배터리)의 분리막

1) 분리막이란?

분리막이란 서로 다른 두 물질 사이에 존재하는 선택적 장애물로서 어떤 물질을 선택적으로 통과시키거나 배제시키는 역할을 하는 소재를 말한다. 이러한 정의에 의하면 분리막의 구조나 재료, 분리막을 통과하는 물질의 상태나 이동 원리 등의 제한은 없다. 그러나 전기자동차용 배터리에 쓰이는 분리막은 배터리의 안전을 위해서 다음과 같은 역할을 갖추어야만 한다.

- 분리막에는 미세한 구멍이 있어 리튬이온이 이동할 수 있도록 되어 있다.
- 양극과 음극의 물리적 접촉을 차단하는 역할을 한다.
- 안전을 위해 높은 전기절연성과 열 안정성이 요구된다. 또한 일정 이상의 온도에서는 자동으로 이온의 이동을 막는 기능도 갖춰야 한다.
- 현재 사용되는 소재로는 폴리에틸렌(PE), 폴리프로필렌(PP), 폴리올레핀(PO) 등과 같이 절연 특성이 뛰어난 고분자 소재를 사용하고 있다.

그림 3.16은 분리막의 역할(기능)을 보여주고 있다.

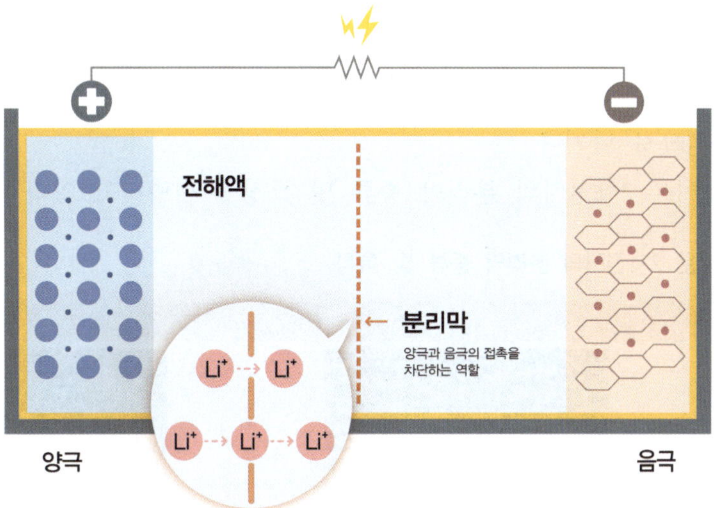

그림 3.16 분리막의 역할(기능)

리튬이온이 원활하게 분리막 사이를 통과할 수 있도록 분리막 표면에 구멍(기공, pore)이 많아야 하며, 크기는 균일해야 한다. 배터리의 온도가 일정 수준을 넘어섰을 때, 자체적으로 기공을 막아(shut-down) 리튬이온의 이동을 차단해 안전성을 확보할 수 있어야 한다.

두께가 얇을수록 더 많은 양의 활물질을 넣을 수 있어 배터리의 에너지밀도를 향상시킬 수 있으며, 동시에 분리막의 기계적 강도가 우수해야 쉽게 손상되지 않고 안전성 확보가 가능하다.

사진 3.2는 전자현미경(SEM)으로 확대하여 본 분리막의 조직 구조이다.

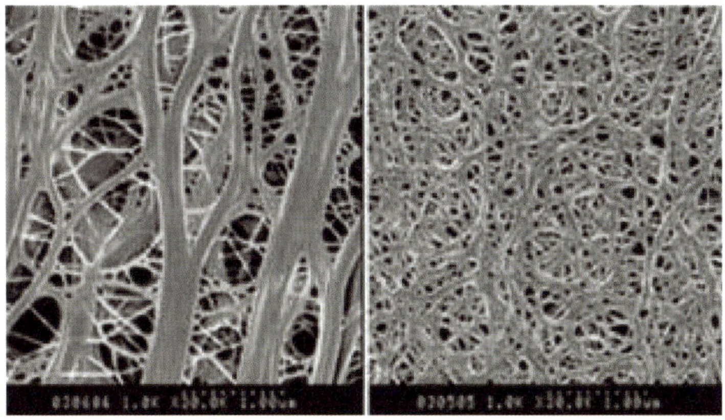

사진 3.2 전자현미경(SEM)으로 살펴본 분리막의 조직 구조

2) 분리막의 종류

분리막의 소재는 폴리에틸렌(PE), 폴리프로필렌(PP), 폴리올레핀(PO) 등 절연 특성이 뛰어난 고분자 소재가 사용되고 있으며, 이 소재들을 연신하여 미세한 기공을 만드는데 방식에 따라 건식과 습식으로 나뉜다.

표 3.9는 리튬이온 2차전지의 분리막 종류 및 특징을 설명하고 있다.

▶ 표 3.9 리튬이온 2차전지의 분리막 종류 및 특징

구분	건식막	습식막
구조	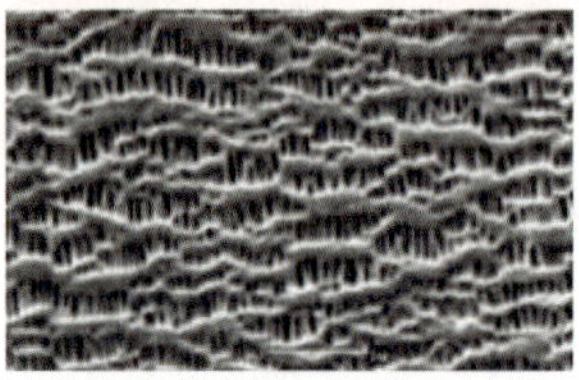	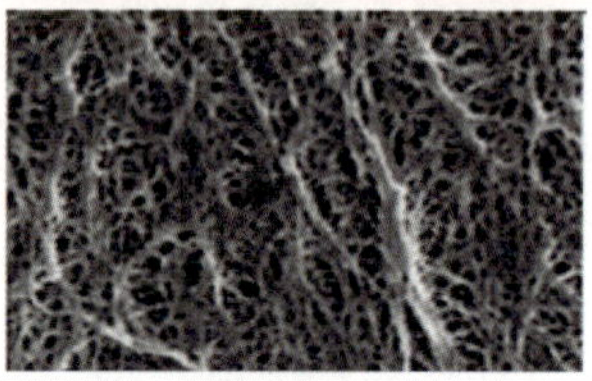
수지	폴리프로필렌, 폴리에틸렌	폴리에틸렌
두께	10~25㎛	10~25㎛
연신	일축(Uni-axial)	이축(Bi-axial)
제조사	씨에스텍, Polypore, Ube Industries	SK이노베이션, Asahi Kasei, Toray Tonen,Senior, SumitomoChemical

자료 : SNE Research, KDB산업은행, 키움증권

표 3.10은 리튬이온 2차전지 분리막의 3가지 종류(건식막, 습식막, 강화막)의 특징을 설명하고 있다.

▶ 표 3.10 리튬이온 2차전지의 분리막 종류 및 강화막의 특징

구분	건식막	습식막	강화막
구조	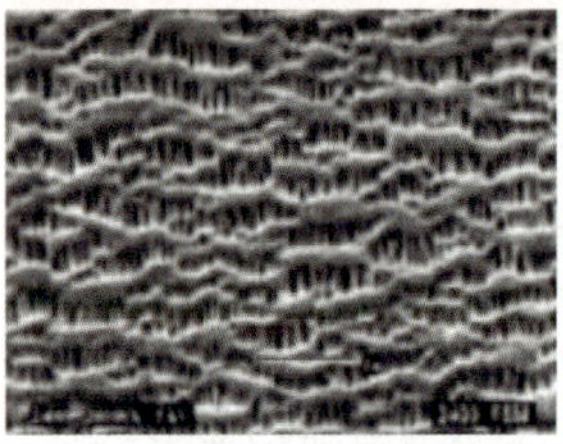	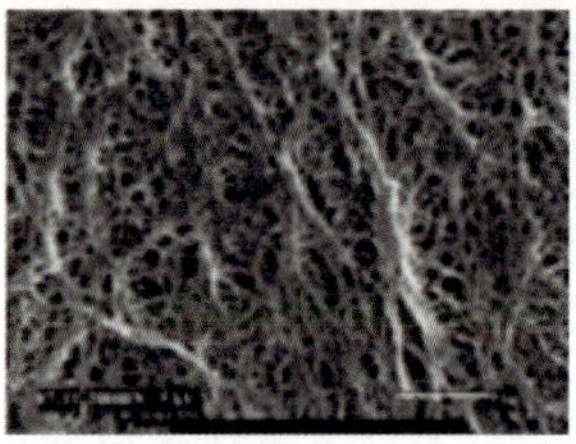	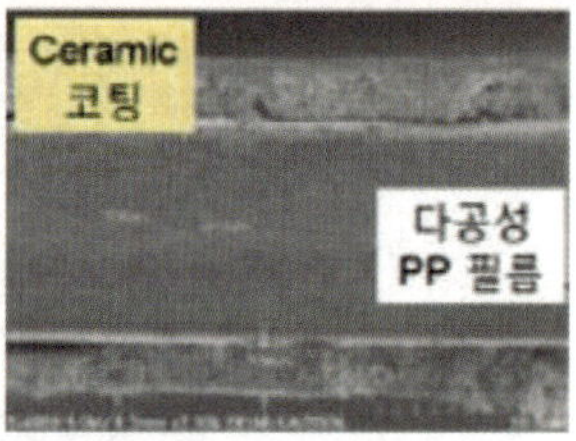
수지	폴리프로필렌, 폴리에틸렌	폴리에틸렌	폴리프로필렌, 폴리에틸렌
두께	10~25㎛	10~25㎛	15~25㎛
연신	일축(Uni-axial)	이축(Bi-axial)	-
가격	1.0 $/m²	1.3 $/m²	1.5 $/m²
국내업체	씨에스텍	SK이노베이션	LG화학
해외업체	Polypore, Ube Industries	Asahi Kasei,Toray Tonen	Evonik Degussa,Asahi Kasei

(1) 건식 및 습식 제조

건식 제조는 단순히 기계적인 힘으로 필름 원단을 당겨 기공을 만드는 방식이며, 습식 제조는 필름에 여러 첨가제를 추가해 화학적인 방식으로 기공을 만드는 방식이다.

건식은 제조공정이 간단하나 기공 사이즈가 불균일하고, 습식에 비해 기계적 강도가 약하다. 습식은 제조공정이 복잡해 고가지만 균일하게 기공의 사이즈를 만들 수 있다는 장점이 있다.

과거에는 분리막으로 필름 소재 하나만을 사용했지만, 최근에는 분리막의 성능을 강화하기 위해 다양한 소재와 방식으로 코팅하여 사용하고 있다.

사진 3.3은 건식 및 습식 제조공정에 따라 제작된 습식 분리막과 건식 분리막의 비교 현미경 사진이다.

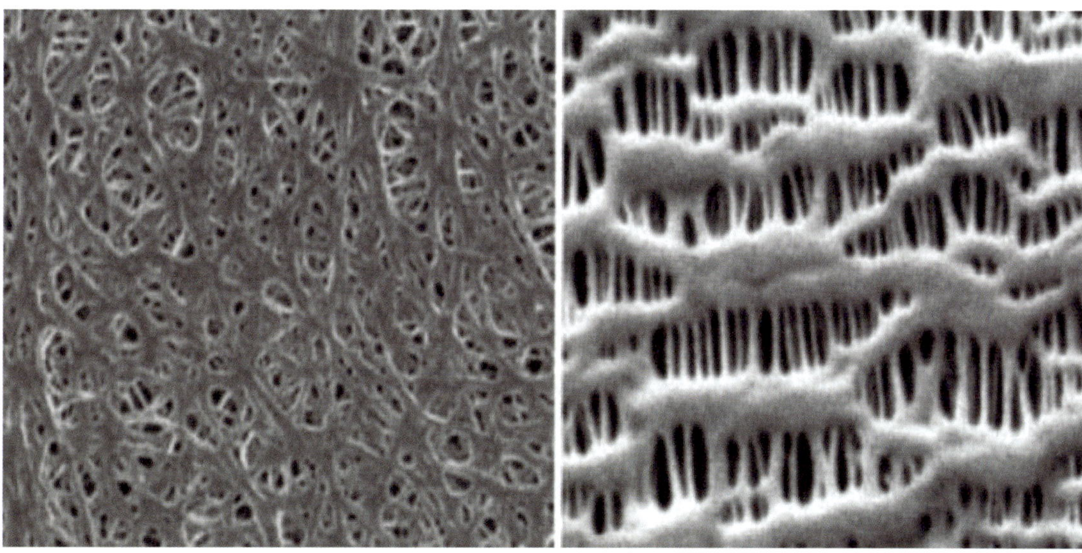

(a) 습식 분리막　　(b) 건식 분리막

사진 3.3 습식 분리막과 건식 분리막의 비교

① 습식

폴리에틸렌(PE), 폴리프로필렌(PP) 필름에 첨가제를 추가하여 화학적으로 기공을 만든다. 장점으로는 화학적 상(phase) 분리에 의해 구멍이 형성되어 기공의 크기가 균일하며, 박막화에 유리하다.

② 건식

폴리에틸렌(PE), 폴리프로필렌(PP) 필름을 기계적인 힘으로 원단을 당겨서 기공을 만든다. 장점으로는 폴리머가 결정구조를 유지하고 있어 열적 안정성이 우수하다. 하지만 기공의 크기가 균일하지 않고 박막화가 어렵다.

(2) 세라믹 코팅 분리막(CCS, Ceramic Coated Separator)

범용 리튬이온 분리막의 단면이나 양면에 혼합무기물층을 보강하여 성능이 뛰어난 분리막이다. 2011년 SK이노베이션이 자체 개발했고, 배터리의 안정성과 직결되는 내열성과 관통 성능을 크게 높여줄 수 있어 습식 분리막보다 부가가치가 높고, 세라믹 코팅 분리막 기술을 통해 분리막의 내구성도 크게 높였다.

① 기업 현황

LG화학은 분리막에 세라믹 코팅을 입혀 내열성을 강화시킨 안전성 강화 분리막(SRS, Safety Reinforced Separator)을 개발해 적용 중이다.

SK이노베이션은 분리막에 자체 개발한 혼합 무기물층을 보강시킨 세라믹 코팅 분리막(CCS)을 개발해 배터리업체에 공급하고 있다.

㉠ LG화학

강화막은 다공성 고분자막 표면에 세라믹 입자층을 형성해 생성한다.

고온에서도 분리막의 기계적 수축을 방지해 내구성과 내열성 및 기계적 특성 강화가 가능해 안정성이 증가된다.

LG화학은 자체 세라믹 강화 분리막 기술을 보유하고 있는데, 첨단재료를 제공하는 세계적 소재업체인 일본 도레이(Toray) 회사로부터 원소재(재료)를 조달해 외주 생산을 진행하고 있다.

사진 3.4는 분리막에 세라믹 코팅을 입혀 내열성을 강화시킨 안전성 강화 분리막(SRS, Safety Reinforced Separator)의 현미경 사진이다.

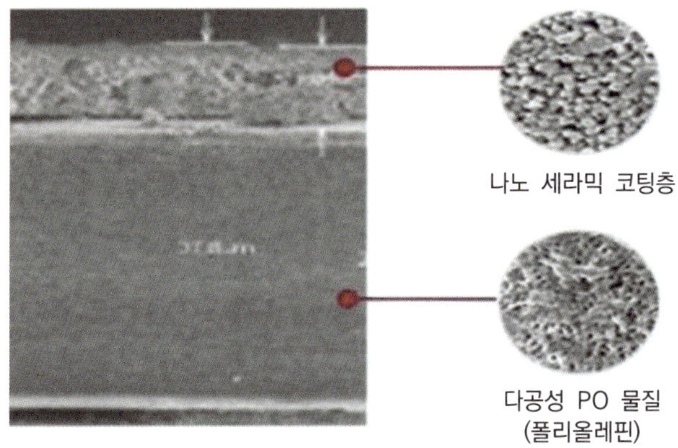

➲ **사진 3.4** LG화학의 안전성 강화 분리막(SRS, Safety Reinforced Separator)

㉡ SK이노베이션

분리막 면적의 약 70%까지 기공도를 확보하게 되면 리튬이온의 이동이 많아져 에너지 밀도는 올라가나 기계적인 물성은 약해진다.

이런 문제점을 극복하기 위해 전해액과 친화성을 갖는 세라믹 코팅(ceramic coating) 처리를 하고 있다. 세라믹 코팅 분리막(CCS, Ceramic Coated Separator) 기술을 통해 분리막의 내구성도 크게 높인다.

CCS 기술은 미세한 세라믹층(layer)을 분리막 위에 도포하는 기술이다. 대용량 배터리로부터 나오는 열에도 분리막이 변형되거나 수축되는 현상을 최대한 방지해 화재 위험을 낮춘다.

사진 3.5는 분리막에 자체 개발한 혼합 무기물층을 보강시킨 세라믹 코팅 처리한 분리막(CCS, Ceramic Coated Separator)을 현미경으로 찍은 구조이다.

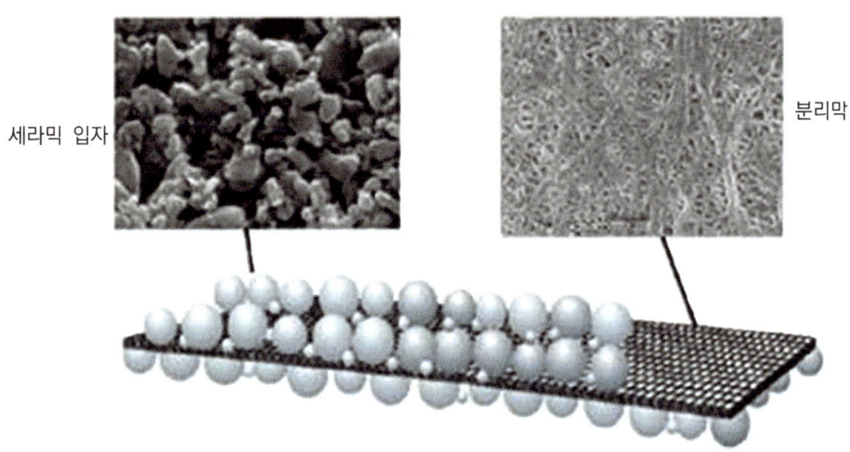

➲ **사진 3.5** 세라믹 코팅 처리한 분리막(CCS)의 구조

기존 분리막의 기초 소재인 폴리에틸렌(PE) 대비 고내열, 고강도 특성을 지닌 슈퍼엔지니어링 플라스틱(super engineering plastic)을 개발 중이며, 이는 세라믹 코팅이 없어도 두께와 무게는 감소하고 에너지밀도는 상승한다.

그림 3.17은 1세대 세라믹 코팅 분리막부터 4세대 슈퍼엔지니어링 플라스틱 소재 필름화까지의 기술개발 및 발전 단계를 보여주고 있다.

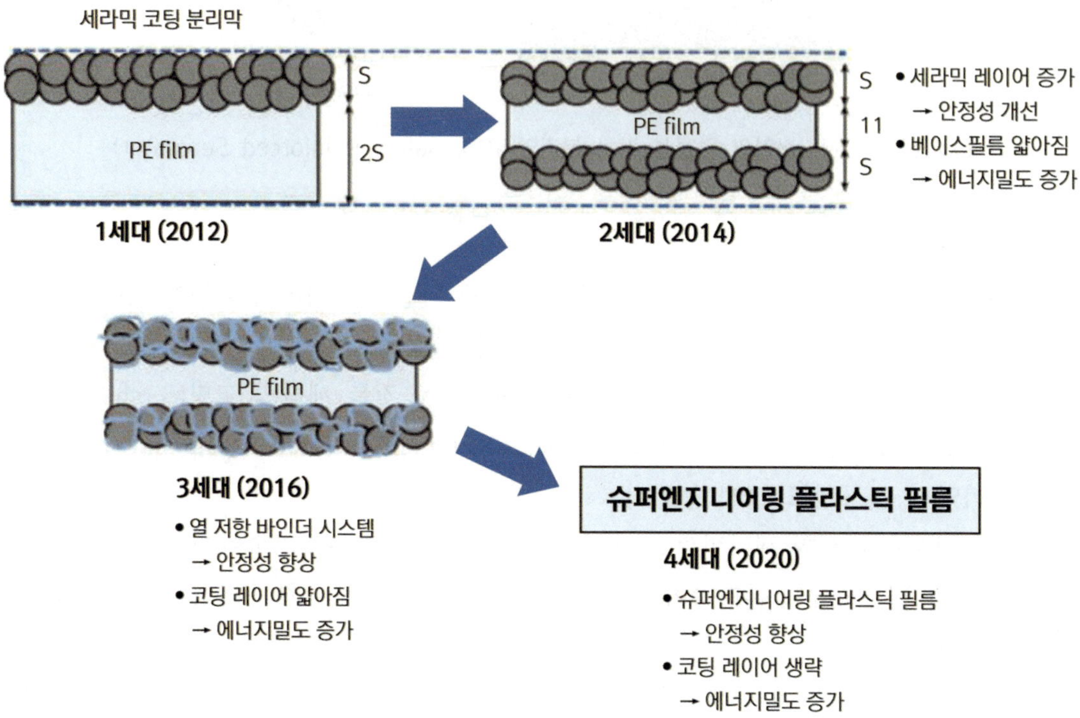

그림 3.17 분리막 기술발전의 단계

(3) 분리막(Separator) 조건

첫째, 높은 열 안정성과 전기절연성을 갖춰야 한다. 양극과 음극이 직접 만나게 되면 전기가 아닌 열에너지가 발생해 화재의 위험이 있기 때문이다. 그뿐만 아니라 배터리의 온도가 일정 수준 이상으로 올라가게 되면 분리막이 자체적으로 기공을 막아 리튬이온의 이동을 차단해 내부 쇼트(short, 합선)를 방지할 수 있어야 한다. 또 리튬이온을 포함해 배터리 내부의 다른 이온들과 반응하면 안 되기 때문에 절연성도 뛰어나야만 한다.

둘째, 기공의 크기가 균일하고 개수가 많아야 한다. 리튬이온 배터리는 리튬의 화학적 반응으로 전기를 생산하고, 리튬이온이 양극과 음극을 오가며 전류가 흐르게 되는 것이다. 즉, 리튬이온의 흐름이 원활하기 위해서는 통로가 되는 기공의 크기가 균일할수록, 그 개수가 많을수록 좋다.

셋째, 얇으면서도 튼튼해야만 한다. 분리막의 두께가 얇을수록 양극과 음극에 더 많은 재료를 넣어 배터리의 성능을 향상시킬 수 있다. 단, 이때 분리막이 충분한 물리적 강도를 가지고 있어야 외부의 물리적 충격에도 쉽게 손상되지 않고 제 역할을 다할 수 있기 때문이다.

사진 3.6은 롤(roll) 형태로 감긴 분리막 제품과 분리막을 확대해 보면 리튬이온이 통과·이동하는 기공(pore)이 균일하게 뚫려 있음을 확인할 수가 있다.

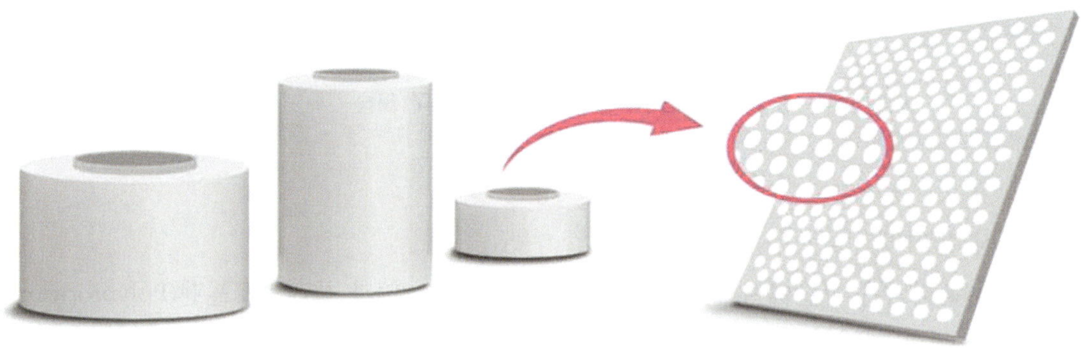

사진 3.6 분리막 제품과 확대한 분리막 기공의 이미지

① 분리막 소재

분리막으로 활용할 수 있는 고분자 소재는 한정적이다. 현재 사용되고 있는 소재는 주로 폴리에틸렌(Polyethylene, PE)과 폴리프로필렌(Polypropylene, PP)이 대부분이다. 이 소재로 기공(pore)을 어떻게 만드느냐에 따라 건식 분리막과 습식 분리막으로 나뉜다.

㉠ 건식 분리막

건식 분리막은 폴리에틸렌(PE), 폴리프로필렌(PP) 필름을 한 방향으로 잡아당기고 늘려서 기공을 만든다. 공정이 간단해 대량 생산할 수 있지만, 기공의 크기를 균일하게 만드는 것과 막을 얇게 만드는 것이 어렵다. 그렇기 때문에 ESS(Energy Storage System, 에너지저장장치), 전기 시내버스처럼 높은 에너지밀도가 필요 없는 영역에 주로 사용한다. 사진 3.7은 현미경으로 찍은 건식 분리막의 확대 모습이다.

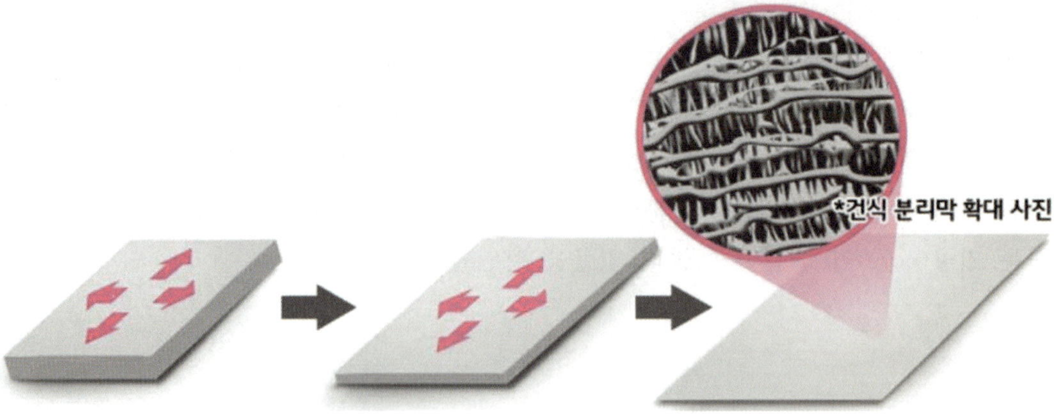

사진 3.7 건식 분리막의 확대 모습

㉡ 습식 분리막

습식 분리막은 고온에서 폴리에틸렌(Polyethylene, PE)과 폴리프로필렌(Polypropylene, PP) 분말에 파라핀 오일(oil, 기름)을 섞은 뒤 고온·고압으로 반죽 후 압출로 납작하게 뽑아내는 방식으로 만든 배터리 분리막이다. 압출된 폴리에틸렌(PE), 폴리프로필렌(PP) 시트(sheet)를 서서히 굳히면서 필름 틈에 채워져 있던 오일을 추출하면 기공이 생긴다.

필름 사이사이에 들어있는 오일(기름)을 뽑아내면 기름이 있던 부분에 리튬이온이 통과할 길목인 기공이 만들어지는 것이다. 한 방향으로만 늘리는 건식 분리막과 달리 습식 분리막은 길이와 폭을 모두 늘려 기공이 균일하다는 장점이 있다.

물론 습식 분리막은 건식 분리막에 비해 제조공정이 복잡하고 사용하는 소재도 많아 단가는 높지만, 균일하게 기공 사이즈를 만들고 박막화도 가능하다는 장점이 있어, 두께가 얇고 높은 에너지밀도를 확보할 수 있다. 그래서 휴대폰이나 노트북 등 소형 배터리와 전기차 배터리 등 고용량, 고출력 배터리에는 주로 습식 분리막을 사용한다. 사진 3.8은 현미경으로 찍은 습식 분리막의 확대 모습이다.

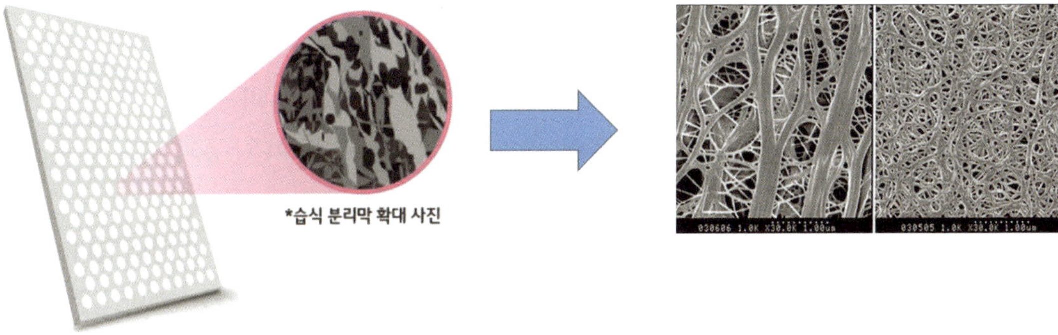

사진 3.8 습식 분리막의 확대 모습

분리막은 제조 방식에 따라 습식 분리막과 건식 분리막으로 구분된다. 습식 분리막은 제조공정이 복잡하고 필요로 하는 소재가 상대적으로 많다. 단가는 건식 분리막 대비 높지만, 박막화가 가능해 높은 에너지밀도 확보가 용이하다.

전기차 2차전지에 주로 사용한다. 습식 분리막은 첨가제를 추가해 화학적 방법으로 기공을 제조한다. 기공 크기를 균일하게 만들 수 있어 리튬이온이 더욱 용이하게 이동할 수 있을 뿐 아니라 기계적 강도가 더욱 강하다. 다만 제조공정이 복잡해 가격대가 더 높다.

습식 공정은 고가의 제조 방법이지만 일반적으로 더 강력하고 얇은 분리막을 생산한다. 폴리에틸렌(PE)은 일반적으로 사용되는 폴리머(polymer)로 다른 첨가제 왁스(wax)와 혼합되어 균질한 용액을 만들어 얇은 겔(gel, 영어 발음으로 '젤'이라고도 하며, 이는 콜로이드 용액이 젤리 모양으로 굳어진 것을 말한다)형 시트(sheet)로 압출한 후 어닐링(annealing, 서냉, 느리게 냉각)한다. 시트는 두 방향으로 신장되고 휘발성 용매에 노출되어 다공정 시트에서 첨가제 왁스를 제거한다.

이 방법을 사용하여 40~50%의 다공성을 달성할 수 있다. 이 방식은 초기 투자비용이 많고 유해물질이 발생한다는 단점이 있지만, 제작이 간편하고 기공이 균일하다는 장점이 있어 전기차 2차전지를 비롯한 휴대폰이나 노트북 등 소형 모바일용 배터리에도 많이 쓰인다.

㉢ 습식 분리막의 장 · 단점과 조건

- 장 · 단점
  - 고밀도 폴리에틸렌(HDPE)이 유전율이 높아 주로 사용된다.
  - 세계 분리막 시장에서 70% 이상 비중을 차지한다.

- 습식 분리막은 열유도 상(phase)분리에 의해 구멍(기공, pore)이 형성되어 구멍의 크기가 균일하다.
- 구멍(pore)이 불규칙적으로 분포하여서 기계적 강도가 높다.
- 구멍(pore)이 불규칙하게 분포하여 분리 특성은 좋으나, 이온 통과경로가 복잡하다(낮은 기공도 및 저출력).
- 용제에 의해서 폴리머의 결정구조가 불균질하여 열적 안정성이 떨어진다.
- 습식 분리막은 정량출력 및 장시간 배터리 성능을 유지해야 하는 스마트폰을 비롯한 IT기기 및 전자 · 전기기기에 유리하다.
- 초기 투자비용이 많고 유해물질이 발생한다.
- 제작이 간편하다.
- 건식 분리막에 비해 품질이 좋다.

• 조건

- 절연성이 좋아야 한다.
- 이온전도 시 저항을 최소화하기 위해 전해액과의 친화력이 높아야 한다.
- 이온의 흐름을 원활히 하기 위해서 다공성도 높고 얇아야 한다.
- 배터리의 에너지밀도에 영향이 가지 않기 위해 얇아야 한다.
- 안정성을 보장받기 위해서 일정 수준의 기계적 강도도 유지해야 한다.
- 전해액에 대한 화학적 안정성과 전기화학적인 안정성이 확보되어야 한다.
- 일정한 온도 이상이 될 때 폐쇄(shut-down, 차단)되어 이온의 이동을 차단할 수 있어야 한다(화학 조리개 기능).
- 열적 안정성이 높아야 한다.

㉣ 건식 분리막

건식 분리막은 폴리에틸렌(PE), 폴리프로필렌(PP)으로 만든 필름을 기계적인 힘으로 가로나 세로 방향으로 잡아당겨 기공을 만든 배터리 분리막이다. 건식 분리막은 습식 분리막과 달리 오일 추출이나 알루미나(Alumina, 알루미나는 '산화알루미늄'을 뜻하며, 세라믹 중에 서 가장 범용성이 있는 소재이다. 알루미나는 전기절연성이 높고, 내마모성, 화학적 안정성도 있으면서 비교적 저렴한 가격으로, 파인 세라믹의 대표적인 소재이다) 등의 코팅작업을 거치지 않는다. 건식 분리막은 제조공정이 비교적 간단해 단가가 낮지만 기공 크기를 균일하게 만들기 어렵고 박막화(얇게 만드는 것)가 어렵다는 단점이 있다.

건식 분리막은 높은 에너지밀도를 요구하지 않는 에너지저장장치(ESS)나 전기 시내버스 등에 주로 사용한다. 초기 리튬이온 배터리에 주로 쓰인 건식 분리막은 중국에선 리튬인산철(LFP) 배터리용으로 사용되고 있다. 중국 업체들이 리튬인산철 배터리 생산량을 늘리면 그만큼 건식 분리막이 차지하는 비중도 높아질 수밖에 없다.

ⓜ 건식 분리막의 장·단점과 조건

- 장단점
  - 초기 투자비용이 적고, 유해물질이 나오지 않아 친환경적이다.
  - 건식 분리막은 기계적인 인장(tensile, 引張 또는 伸張)으로 구멍을 형성하여 구멍이 일관성 있게 형성되어(기공분포가 직선적) 분리막을 통과하는 이온의 흐름이 빠르다.
  - 폴리머가 결정구조를 유지하고 있기 때문에 열적 안정성이 우수하다.
  - 구멍(기공, pore)의 형성이 기계적인 힘에 의해서 이루어지며, 이를 제어하기가 어렵다.
  - 건식 분리막은 고속출력 및 내열성능이 필요한 전기차(전기자동차)에 유리하다.
- 조건
  - 절연성이 좋아야 한다.
  - 이온전도 시 저항을 최소화하기 위해 전해액과의 친화력이 높아야 한다.
  - 이온의 흐름을 원활히 하기 위해서 다공성도 높고 얇아야 한다.
  - 배터리 에너지밀도에 영향이 가지 않기 위해 얇아야 한다.
  - 안정성을 보장받기 위해서 일정 수준의 기계적 강도도 유지해야 한다.
  - 전해액에 대한 화학적 안정성과 전기화학적인 안정성이 확보되어야 한다.
  - 일정한 온도 이상이 될 때 폐쇄(shut-down, 차단)이 되어 이온의 이동을 차단할 수 있어야 한다(화학 조리개 기능).
  - 열적 안정성이 높아야 한다.

② 분리막

ⓖ 분리막은 양극과 음극을 물리적으로 분리하는 안정적 요소이다.

ⓛ 전류가 흐르지 않는 문제와 화재 위험 방지를 위해 필요하다.

ⓓ 전해질 반응성이 없고, 이온 통과가 가능한 미세 가공 기술을 보유해야 한다.

ⓡ 대표적인 분리막 소재는 폴리에틸렌(Polyethylene, PE)과 폴리프로필렌(Polypropylene, PP)을 주로 사용한다.

ⓜ 공정에 따라 습식막, 건식막, 강화막으로 구분한다.

그림 3.18은 분리막의 역할을 나타내는 도식화이고, 표 3.11은 습식 분리막과 건식 분리막의 특징을 비교한 것이다.

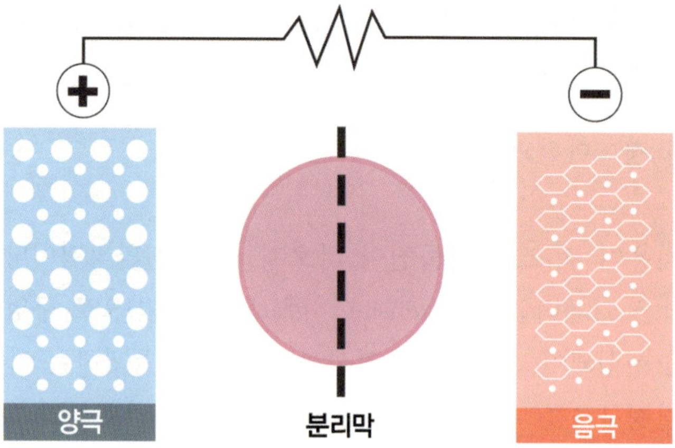

그림 3.18 분리막의 역할을 나타내는 도식도

▶ 표 3.11 습식 분리막과 건식 분리막의 특징 비교

구분	습식 분리막	건식 분리막
SEM 이미지	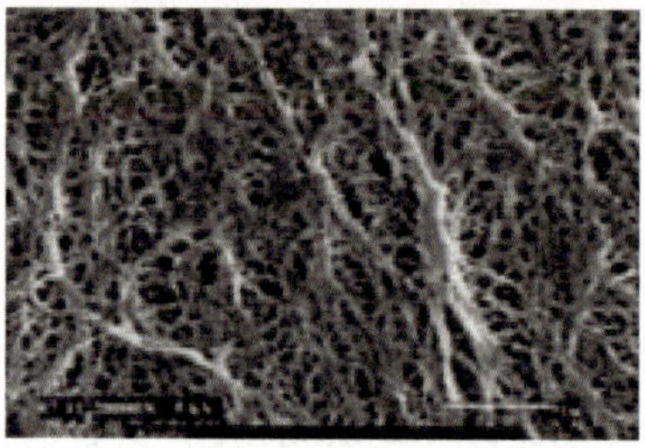	
Resin	PP, PE	PE
제조공정	MD(Machine Direction) 및 TD(Transverse Direction); 양축방향으로 연신(Stretching)	MD(Machine Direction); 단일방향으로 연신 (Stretching)
필름 특성	Isotropic	Anisotropic
두께	7~25㎛	12~40㎛
기공크기	Elliptical or Spherical, 0.24~0.34㎛	Slit-like or voids, 0.1~0.13㎛
기공도	40~50%	35~45%
적용분야	모바일, 승용EV	ESS, 대형EV(버스 등)

- 건식 분리막
  - 물리적 연신과 열처리 공정만으로 가공하는 방식
  - 초기 투자 비용이 적고 유해물질이 나오지 않아 친환경적
  - 균일한 기공을 내기 어려움
  - 에너지밀도가 낮기 때문에 중·대형 배터리에 많이 사용됨

- 습식 분리막
  - 고분자 폴리에틸렌(PE)을 원료로 사용
  - 압출과 화학처리를 통해 생성된 필름에 기공을 형성시켜 단층 필름 형태로 제작함
  - 고분자 소재와 왁스를 혼합하여 필름을 압출 후 용매를 사용해 다공성 구조를 형성함
  - 제작 비용이 비싸고 유해물질이 발생하는 단점
  - 균일한 다공성 구조를 가지기 때문에 에너지밀도가 높음

그림 3.19는 습식 분리막과 건식 분리막의 제조공정의 차이점을 비교해 보여준다.

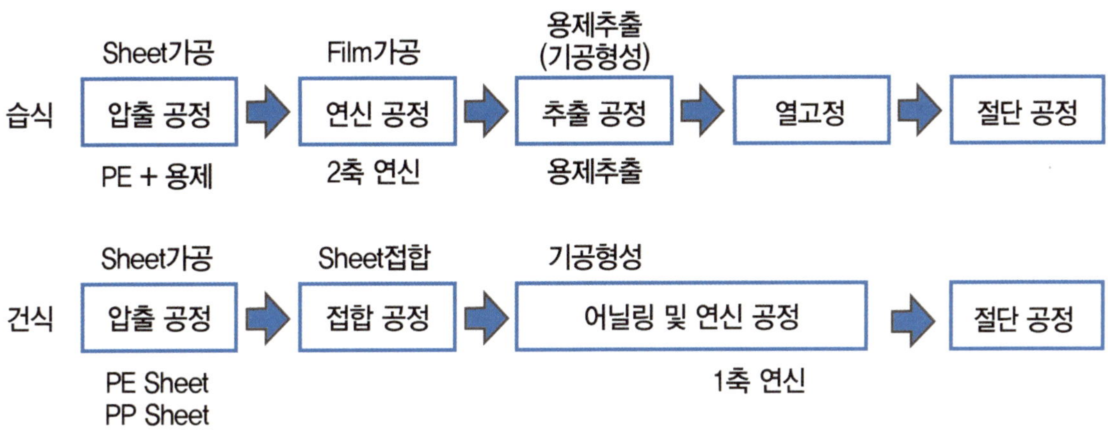

그림 3.19 습식 분리막과 건식 분리막의 제조공정

(4) 강화막

강화막은 다공성 고분자막 표면에 세라믹 입자층을 형성해 생성한다. 과거에는 분리막으로 필름 소재 하나만을 사용했지만, 최근에는 분리막의 성능을 강화하기 위해 다양한 소재와 방식으로 코팅(coating)하여 사용하고 있다.

① 기존 2차전지 시장이 IT 소형기기에서 전기자동차용 대용량 배터리로 시장이 전환되고 있어, 분리막의 성능을 강화하기 위해 필요하다.

② 기존 분리막의 열안정성 문제해결이 필요하다.

③ 폴리에틸렌(PE) 분리막의 경우 130℃에서 용융이 시작하고, 150℃에서는 완전 용융되어 붕괴한다.

④ 열적 특성이 우수한 폴리프로필렌(PP) 분리막을 사용한다.

⑤ 2차전지의 안정성을 확보하기 위해 세라믹 입자와 고분자 바인더(binder)를 코팅하여 사용한다.

⑥ 내구성과 내열성을 강화하고 다공성 소재로 배터리 내부 전기적 단락(short, 합선)을 감소시킨다.

사진 3.9는 기존 폴리올레핀(Polyolefin, PO) 분리막에 세라믹 코팅으로 강화막 층(layer)을 형성시킨 전자현미경(SEM) 모습이다.

사진 3.9 폴리올레핀(Polyolefin, PO) 분리막에 세라믹 코팅을 한 강화막

3) 분리막 특허기술의 동향 및 분석

2차전지 분리막 특허기술의 최신 동향을 살펴보면 다음과 같다.

① 분리막의 재료에 대한 특허가 증가하고 있다. 기존의 폴리프로필렌(PP) 분리막에서 나아가 폴리올레핀(PO) 분리막, 폴리이미드(Polyimide, PI) 분리막, 폴리비닐리덴 플루오라이드(Polyvinylidene fluoride, PVDF) 분리막 등 다양한 재료의 분리막에 대한 특허가 출원되고 있다.

② 분리막의 제조공정에 대한 특허가 증가하고 있다. 기존의 습식 공정에서 나아가 건식 공정, 에어로겔(aerogel 독일어 발음, 영어로 '에어로젤'은 고체 상태의 물질로 젤에서 액체 대신 기체로 채워져 있는 형태이다. 결과적으로 초저밀도와 같은 현저한 물성을 나타내며, 특히 단열 효과가 잘 알려져 있다) 공정, 멤브레인(membrane, 막) 공정 등 다양한 제조공정에 대한 특허가 출원되고 있다.

③ 분리막의 성능을 향상시키는 기술에 대한 특허가 증가하고 있다. 기존의 분리막은 리튬

이온의 전도도, 내열성, 내화학성, 내충격성 등이 낮은 단점이 있다. 이러한 단점을 보완하기 위해 리튬이온의 전도도를 향상시키는 기술, 내열성을 향상시키는 기술, 내화학성을 향상시키는 기술, 내충격성을 향상시키는 기술에 대한 특허가 출원되고 있는 것이다. 2차전지 분리막 특허기술은 2차전지의 성능과 안전성을 향상시키는 데 중요한 역할을 할 것으로 기대된다.

(1) 분리막 특허기술 분석 사례

① 분리막 특허기술 예 1

박형 배터리 분리막 및 방법(셀가드 엘엘씨)

배터리 분야에서는 보다 얇은 배터리 분리막, 보다 얇은 성능의 배터리 분리막, 특정 용도 또는 배터리에 최적화된 신규 또는 개선된 배터리 분리막, 최적화된 신규 또는 개선된 초박형 배터리 분리막, 최적화된 신규 또는 개선되어진 코팅된 배터리 분리막 등이 필요하다.

다음 그림은 분리막 특허기술의 대표도이다.

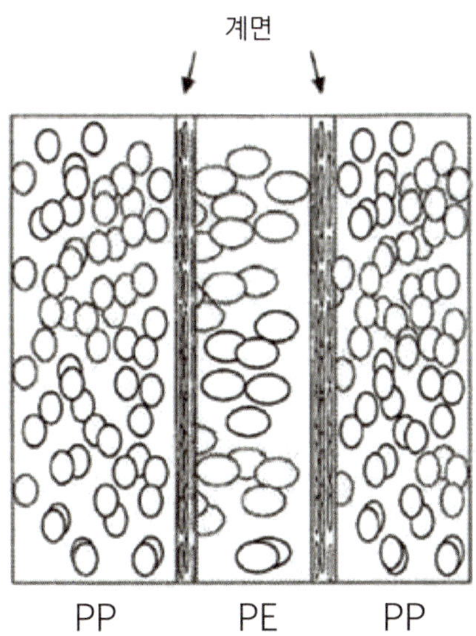

상이한 공극 크기를 갖는 3층 PP/PE/PP 분리막 멤브레인은
PP/PE 계면에 위치한 중간층 영역을 나타냄

청구항 1: 약 6㎛ 이하, 바람직하게는 약 5㎛ 이하, 더 바람직하게는 약 4㎛ 이하, 더욱더 바람직하게는 약 3㎛ 이하, 더욱더 바람직하게는 약 2㎛ 이하, 더욱더 바람직하게는 약 1.5㎛ 이하, 더욱더 바람직하게는 약 1㎛ 이하의 두께를 갖는 하나 이상의 셧다운(shut-down) 폴리에틸렌층을 갖는 셧다운(shut-down) 배터리 분리막.

대표도 3.1

(19) 대한민국특허청(KR)
(12) 공개특허공보(A)

(11) 공개번호 10-2015-0058316
(43) 공개일자 2015년05월28일

(51) 국제특허분류(Int. Cl.)
H01M 2/16 (2006.01) ***H01M 10/05*** (2010.01)
H01M 2/14 (2006.01) ***H01M 6/16*** (2006.01)
(52) CPC특허분류
H01M 2/1653 (2013.01)
H01M 10/05 (2013.01)
(21) 출원번호 **10-2015-7009437**
(22) 출원일자(국제) **2013년09월18일**
심사청구일자 **없음**
(85) 번역문제출일자 **2015년04월13일**
(86) 국제출원번호 **PCT/US2013/060321**
(87) 국제공개번호 **WO 2014/047126**
국제공개일자 **2014년03월27일**
(30) 우선권주장
61/703,320 2012년09월20일 미국(US)

(71) 출원인
셀가드 엘엘씨
미국 노스 캐롤라이나 28273 샬롯 사우스 레이크스 드라이브 13800
(72) 발명자
할모, 폴, 엠.
미국, 노스캐롤라이나 28037, 덴버, 윌로우 브룩 코트7263
장, 샤오민
미국, 노스캐롤라이나 28277, 샬럿, 험볼트 드라이브 12125
(뒷면에 계속)
(74) 대리인
특허법인다나

전체 청구항 수 : 총 17 항

(54) 발명의 명칭 **박형 배터리 분리막 및 방법**

(57) 요 약

적어도 선택된 양태, 목적 또는 실시양태에 따르면, 최적의 신규 또는 개선된 멤브레인, 배터리 분리막, 배터리 및/또는 시스템 및/또는 관련 제조 방법, 용도 및/또는 최적화가 제공된다. 적어도 선택된 실시양태에서, 본 발명은 수지상 성장을 방지하거나 수지상 성장으로 인한 내부 단락을 방지하거나 또는 이들 모두를 방지하는 신규

(뒷면에 계속)

대 표 도 - 도1

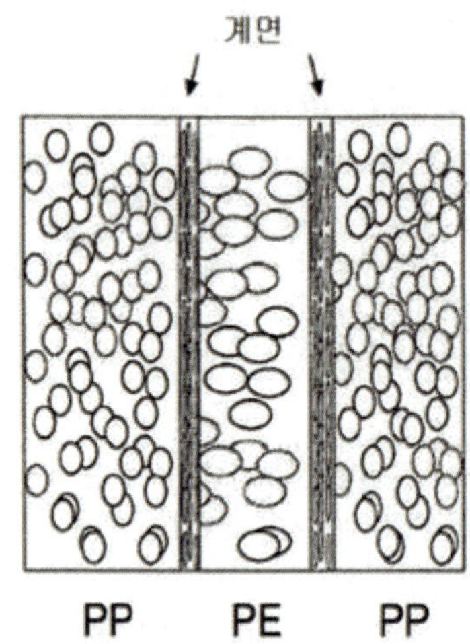

상이한 공극 크기를 갖는 3층 PP/PE/PP 분리막 멤브레인은
PP/PE 계면에 위치한 중간층 영역을 나타냄

출처 : https://patentimages.storage.googleapis.com/ea/f4/c0/097b06e108823c/KR20150058316A.pdf

대표도 3.2

② 분리막 특허기술 예 2

샌드위치형 2차전지용 분리막, 그의 제조방법 및 그를 포함하는 2차전지(한국과학기술연구원)

본 발명의 목적은 종래 기술의 문제점을 해결하기 위한 것으로 열적, 기계적으로 안정되고, 전해액 젖음 특성이 높으며, 리튬 덴드라이트의 생성을 억제하여 리튬/분리막 계면을 안정화 시키고, 종래의 분리막에 비해 두께와 무게를 유사한 수준으로 유지함으로써, 결과적으로 전기화학적 성능과 안정성을 향상시킬 수 있는 2차전지용 분리막 및 그의 제조방법을 제공하는데 있다.

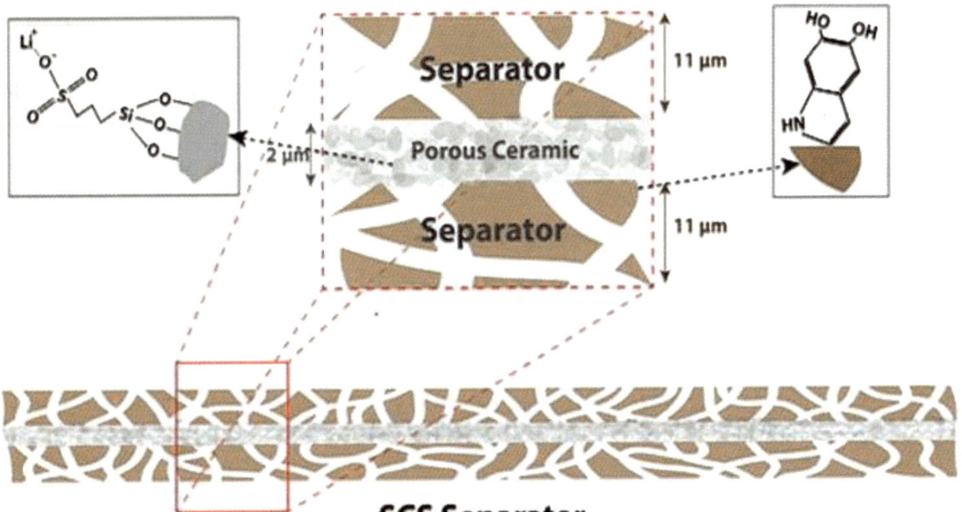

청구항 1: 제1 고분자 분리막; 상기 제1 고분자 분리막 상에 위치하는 다공성 세라믹층; 및 상기 다공성 세라믹층 상에 위치하는 제2 고분자 분리막을 포함하고, 상기 제1 및 제2 고분자 분리막은 표면에 폴리도파민층이 코팅되어 개질된 고분자 분리막이고, 상기 다공성 세라믹층은 표면이 리튬 말단 설폰화된 기능화 세라믹을 포함하는 것을 특징으로 하는 2차전지용 분리막.

대표도 3.3

(2) 분리막 소재

① PE(Polyethylene, 폴리에틸렌)

㉠ PE(폴리에틸렌)는 습식 분리막을 제작하는데 사용되는 대표적인 재료이다.

㉡ 2축(x-y축) 연신 공정에 의해 고분자 사슬이 일정한 방향으로 정렬되어 기계적 물성이 향상된다.

㉢ 분리막의 다공성 구조를 만들기 위해 연신과정이 필요하다.

㉣ 용매를 통한 오일 추출 공정을 통해 다공성 분리막이 형성된다.

㉤ PE(폴리에틸렌)는 소수성이며, 액체 전해질의 경우는 친수성이다.

ⓑ 습식(습하게 하기 위해서는, 젖음, wetting)을 위해 분리막 표면에 저온 플라즈마 처리 또는 코팅이 필요하다.

그림 3.20은 에틸렌(ethylene) 단량체(monomer)가 중합돼 만들어지는 고분자재료(polymer, 폴리머) 폴리에틸렌(PE)의 분자 결합구조이다.

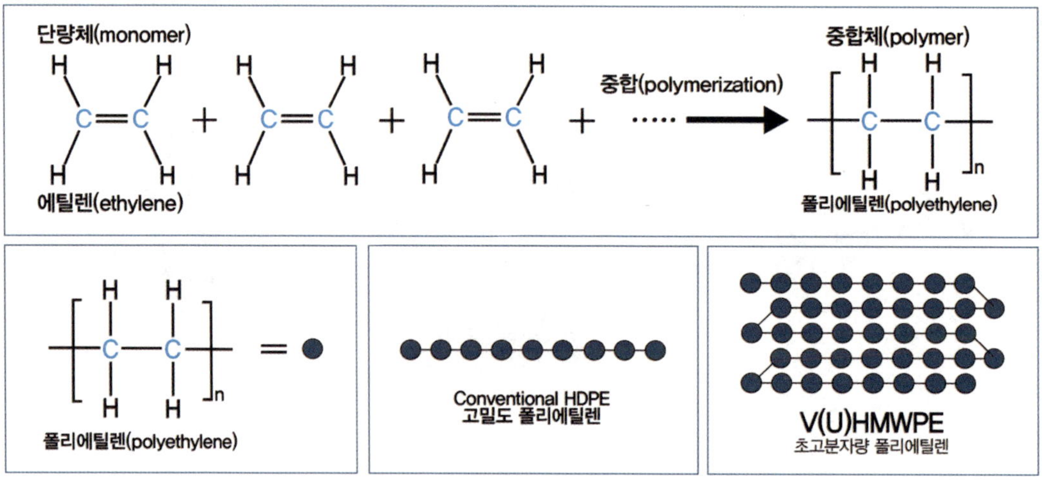

그림 3.20 폴리에틸렌(PE)의 결합구조

그림 3.21은 고분자재료(polymer, 폴리머) 폴리에틸렌(PE)을 활용한 대표적인 습식 분리막의 제조공정을 보여준다.

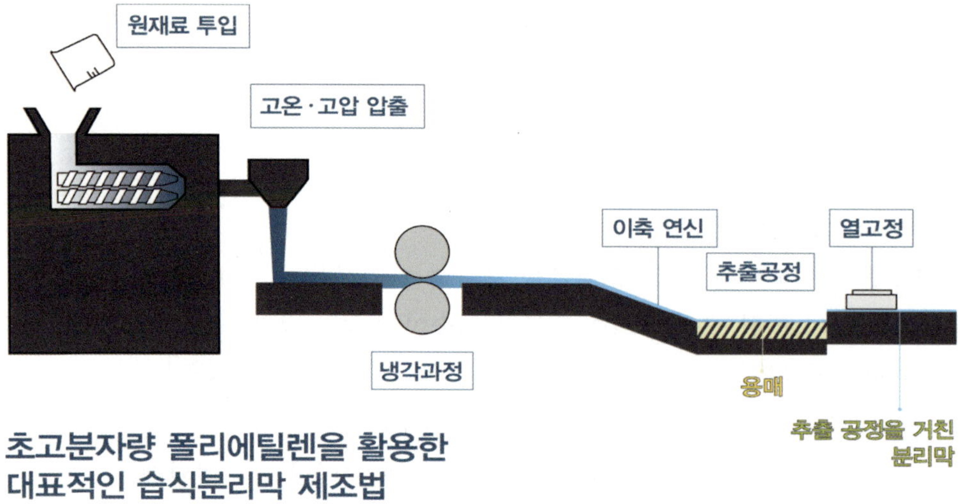

그림 3.21 폴리에틸렌(PE)을 활용한 습식 분리막의 제조공정

② PP(Polypropylene, 폴리프로필렌)

㉠ 낮은 밀도이다. 폴리프로필렌의 밀도는 0.895~0.92g/cm^3로, 밀도가 가장 낮은 범용 플라스틱이다.

㉡ 저온에서 높은 충격강도를 갖는다.

㉢ 내마모성이 높다.

㉣ 높은 이온전도도를 가지고 있다.

㉤ 배터리 내부온도 상승 시 다공성 기공(pore)들이 막혀 전류가 흐르지 못하게 한다.

㉥ 건식 분리막을 제작하는데 주로 사용되고 있다.

그림 3.22는 프로필렌(propylene) 단량체(monomer)가 중합돼 만들어지는 고분자재료(중합체: polymer, 폴리머) 폴리프로필렌(PP)의 분자 결합구조이다.

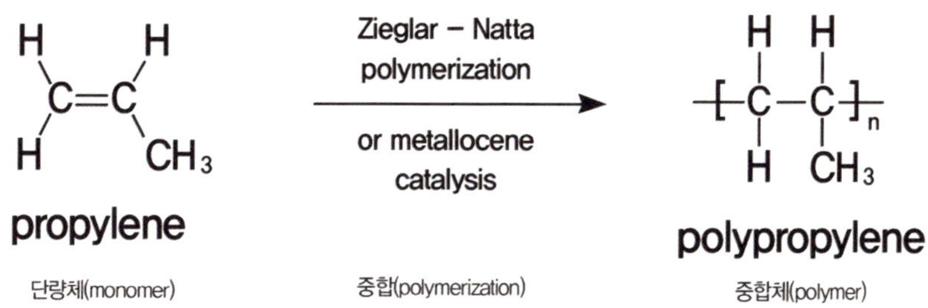

그림 3.22 폴리프로필렌(PP)의 결합구조

그림 3.23은 폴리프로필렌(PP)의 화학식과 결합구조를 보여준다.

결합구조의 특징은 단량체(monomer)들이 한 방향으로 연결되어 있는 규칙적인 배열 형태(isotactic)로 작은 부피에 많은 분자들이 적층될 수 있어 매우 높은 강도를 갖는다.

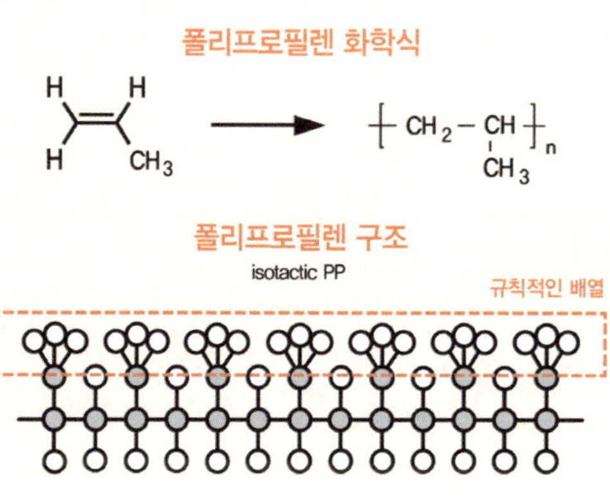

그림 3.23 폴리프로필렌(PP)의 화학식과 결합구조

그림 3.24는 폴리에틸렌(PE)과 폴리프로필렌(PP)의 화학식을 비교한 구성이고, 사진 3.10(a)는 폴리에틸렌(PE)의 원재료, (b)는 폴리프로필렌(PP)의 입자이다. 쌀알과 같은 모양으로, 색도 흰 유백색을 띠고 있다.

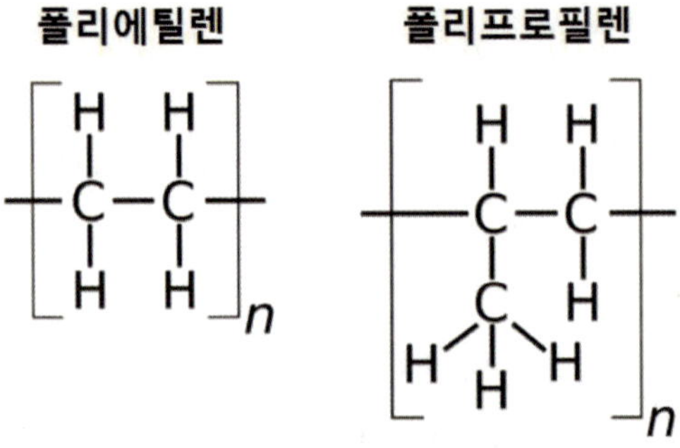

그림 3.24 폴리에틸렌(PE)과 폴리프로필렌(PP)의 화학식 비교

(a) 폴리에틸렌(PE) 입자

(b) 폴리프로필렌(PP) 입자

사진 3.10 폴리에틸렌(PE)과 폴리프로필렌(PP)의 원재료(입자) 비교

③ PO(Polyolefin, 폴리올레핀)

㉠ 올레핀의 중합으로 생기는 고분자 화합물의 유형을 의미한다.

㉡ 밀도에 따라 특성이 변하는 물질이다.

㉢ 밀도가 낮으면 탄성을 가지게 되며, 밀도가 높으면 가소성(可塑性, plasticity, 잠시 변형되거나 탄성을 일으키는 힘보다는 크고, 파손되거나 깨뜨리는 힘보다는 중간 정도의 힘을 가했을 때 그 형태가 영구히 변해버리는 성질)을 가진다.

㉣ 대표적으로 PE(Polyethylene, 폴리에틸렌)와 PP(Polypropylene, 폴리프로필렌)가 있다.

④ 분리막 시장

세계 분리막 시장은 전기자동차 배터리 시장을 중심으로 수요가 폭발적으로 늘어날 것으로 예상되고 있다. 전기차가 해결해야 할 과제 중 하나가 바로 주행거리다.

분리막이 얇아지면 양극재의 함량을 높일 수 있어 배터리 에너지밀도가 높아진다.

즉, 전기차를 충전했을 때 주행거리가 늘어나게 되는 것이다. 다만 너무 얇아지면 양극과 음극이 물리적으로 맞닿아 사고가 생길 수 있어 제조업체들은 얇으면서도 강한 분리막을 만들기 위해 끊임없이 연구개발을 하고 있다. 국내외에서 안전성과 성능을 대폭 강화시킨 분리막 기술이 개발되고 있는 만큼, 전기차 대중화 시대를 앞당겨줄 진일보한 분리막이 속속 등장할 것이다.

그림 3.25는 2차전지 분리막 시장의 건식 분리막과 습식 분리막 기술 동향 및 시장 전망을 비교한 그래프이다.

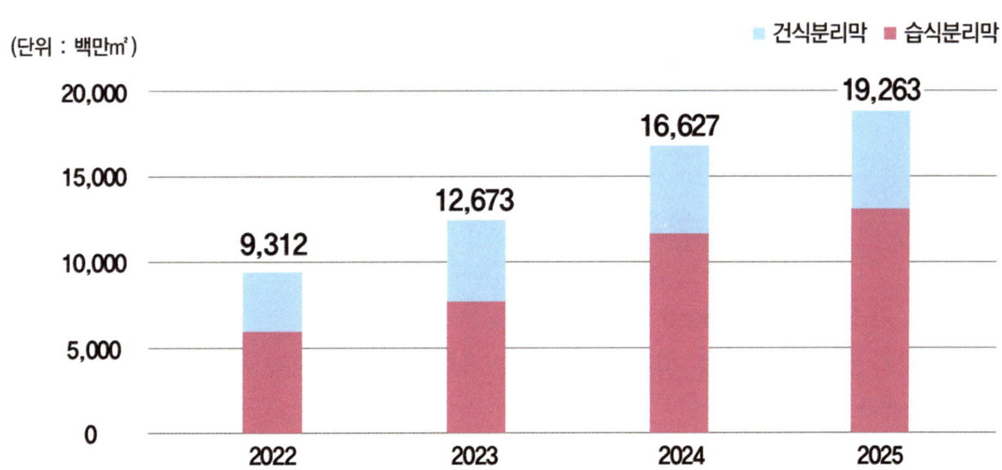

그림 3.25 2차전지 분리막 시장 기술 동향 및 시장 전망(출처: SNE리서치)

(3) 가스켓

① Cylindrical battery cell의 가스켓(Gasket)

가스켓(gasket)은 케이스와 분리기 사이의 틈을 밀봉하여 전해질이 누출되는 것을 방지하고, 양극과 음극이 서로 접촉하는 것을 방지하여 단락을 방지한다. 또한 배터리 내부의 압력을 제어한다.

가스켓은 실리콘(silicone)이나 고무가 일반적이고, 폴리프로필렌(PP) 또는 폴리에틸렌(PE)과 같이 밀봉력이 우수하고 화학물질에 내성이 있는 고분자 플라스틱 소재로 제작된다.

그림 3.26은 원통형 배터리 셀에서 가스켓이 조립된 구조를 보여준다.

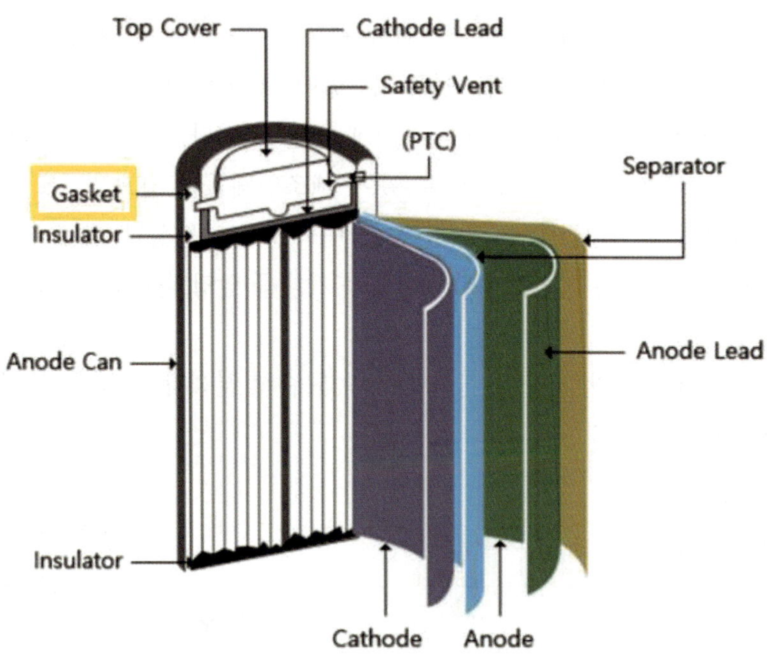

그림 3.26 가스켓 구조(단면)

② 전기차 가스켓(EV Gasket)

리튬이온 2차전지(배터리)를 실링(sealing)해 기밀을 유지함으로써 안전성을 확보하는 목적으로 사용한다.

전기차 배터리(EV, Electric Vehicle)는 차량 내부에 설치되므로 안전성이 확보되어야 하며, 배터리 내부는 화학적 물질이 첨가되어 있어 특수물질이 외부로 누출되는 것을 차단하기 위함이다.

사진 3.11은 전기차의 리튬이온 2차전지에 사용되는 가스켓 형태와 가스켓이 조립되는 배터리 케이스(case) 형태(구조 및 형상)를 보여준다.

(a) 가스켓

(b) 배터리 케이싱(casing)

사진 3.11 전기차 리튬이온 2차전지의 가스켓(gasket)과 배터리 케이싱(casing)

04 전해질(전해액) – 2차전지(배터리)의 전해질(Electrolyte)

1) 전해질 개요

리튬이온 2차전지에서 전해액의 중요성 및 구성을 살펴보면, 분리막의 원가 비중은 리튬이온 2차전지 재료비 중에서 비중이 약 4%로, 원가에서는 큰 비중을 차지하지는 않지만 성능 및 가격 면에서 꾸준한 개선이 요구되고 있는 상황이다.

리튬이온 2차전지의 전해질(electrolyte)은 리튬이온을 전달하는 매개체로 구성에 따라 액체 전해질, 고분자젤 전해질, 이온성 액체 전해질, 고체 고분자 전해질 등 다양하다. 액체 전해질이 사실상 현재 리튬이온 2차전지의 대표적인 전해질이며, 용매가 액체이기에 '전해액'으로도 통용되고 있다.

전해액은 리튬이온 배터리에서 액체 상태의 전해질로, 전해액은 양극과 음극 사이 리튬이온(Li^+)의 이동을 가능하게 하는 물질로 양극과 음극의 표면을 안정화시키며 배터리의 수명과 셀 특성을 향상시키는 등 배터리 4대 소재의 핵심적인 한 축을 담당하고 있다.

그림 3.27은 현재 가장 일반적으로 사용하고 있는 액체 전해질(전해액)의 성분 구성을 나타내고 있다.

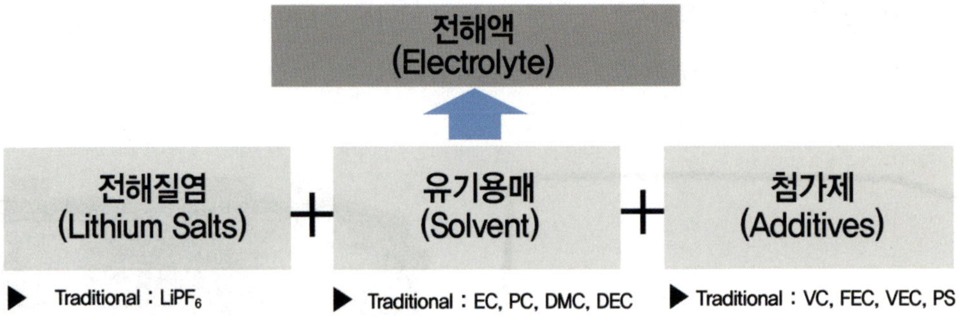

그림 3.27 액체 전해질(전해액)의 성분 구성

(1) 전해질의 역할

① 배터리 내부의 양극과 음극 사이에서 리튬이온이 원활하게 이동하도록 돕는 매개체이다.

② 전해질은 리튬이온의 원활한 이동을 위해 이온전도도가 높은 물질이어야 하며, 안전을 위해 전기화학적 안정성, 발화점이 높아야 한다. 또한 전자의 경우 출입을 막아 외부 도선으로만 이동하도록 만들어야 한다.

③ 현재 액체 전해질이 널리 사용되고 있다. 안전성과 성능이 더 뛰어난 고체나 젤 형태 전해질에 대한 연구도 활발히 진행 중이다.

그림 3.28은 액체 전해질인 전해액의 역할을 형상화한 이미지이다.

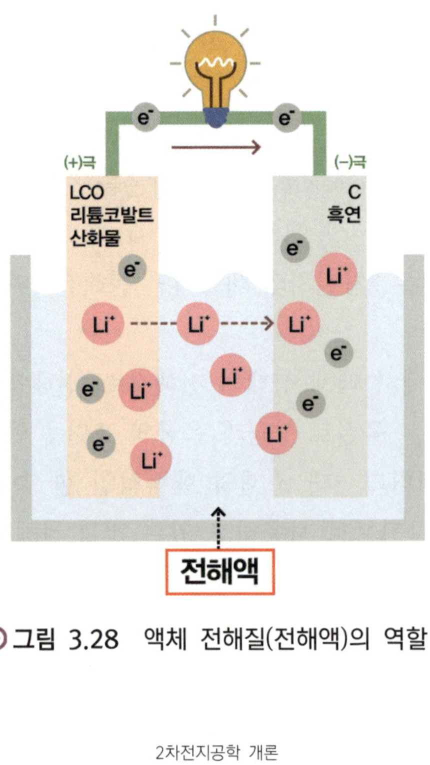

그림 3.28 액체 전해질(전해액)의 역할

(2) 전해질의 종류

전해질의 경우 높은 이온전도도와 전기화학적 안정성이 매우 중요하다.

현재 사용되고 있는 액체 전해질(전해액)은 전해질염(40%), 첨가제(30%), 유기용매(30%)로 구성된다.

전해질염(리튬염, Lithium salt)은 높은 이온전도도와 화학적 안정성이 중요하다. 소형 IT기기용으로 $LiPF_6$(6불화인산리튬)이 대표적이며, 전기차용에는 다양한 전해질을 추가로 혼합해 사용한다.

$LiPF_6$(6불화인산리튬)은 범용 전해질로 주로 많이 사용된다. 이는 주로 소형전지용 전해질로 이용된다. 단점으론 열적으로 불안정하고 수분과 반응하면 불화수소(HF)가 생성되어 배터리 성능 저하가 일어난다.

전기차용 중대형전지에는 LiFSI(F전해질), $LiPO_2F_2$(P전해질), LiDFOP(D전해질), LiBOB(B전해질) 등이 사용되고 있다.

표 3.12는 2차전지(배터리)의 전해질 종류 및 특징과 사용 용도를 설명한다.

▶ 표 3.12 2차전지(배터리)의 전해질 종류 및 특징

	소재	특징	배터리 제조사	적용 전기차
F전해질	LiFSI	• 방출용량 향상(고출력) • 안정성(내부식성) 향상 • 수명연장 • 저온에서 방전 억제	LGES, SDI, CATL, Panasonic	쉐보레, 현대차, 르노, 테슬라
P전해질	$LiPO_2F_2$	• 수명 및 출력 향상 • 충전시간 단축 • 고온 안정성 향상	LGES, SDI,CATL, SKI	BMW, 쉐보레
D전해질	LiDFOP	• 수명 및 출력 향상 • 충전시간 단축 • 고온 안정성 향상	SDI, SKI	기아, 벤츠
B전해질	LiBOB	• 상온 및 저온 출력 증대 • 순간 출력 향상	SDI, Panasonic	BMW

2) 전해질 구성요소

(1) 리튬염(Lithium salt)

① 리튬이온이 이동할 수 있는 통로이다.

② 기본적으로 용매에 쉽게 용해되거나 해리(解離, dissociation : 분자 및 소금 따위가 분리 또는 분열하여 보다 작은 분자나 이온이 생기는 과정)가 잘 돼야 하며 해리된 이온들이 잘 이동할 수 있어야 한다.

③ 보편적으로 적용되는 리튬염은 $LiPF_6$(리튬-인산-불소로 구성), 이온 이동, 용해도, 화학적 안정성이 다른 염에 비해 우수하다.

표 3.13은 리튬염의 종류 및 특성을 비교한 내용을 나타낸다.

표 3.13 리튬염의 종류 및 특성 비교

구분	$LiPF_6$	$LiBF_4$	$LiCF_3SO_3$	$Li(CF_3SO_2)_2N$	$LiClO_4$
용해도	◎	○	○	◎	◎
이온전도도	◎	○	△	◎	◎
저온 특성	○	△	△	○	○
고온 안정성	×	○	○	○	×
재료적합성 : Al	○	○	×	×	○
재료적합성 : Cu	○	○	○	○	○

(◎: 매우 좋음, ○:좋음, △:보통, ×:나쁨)

비고: 유기용매는 리튬염을 용해시키는 이온전도성, 점도, 비수소이온성(aprotic), 극성 등의 특성치 충족이필요하다.

(2) 유기용매(Organic solvent)

① 리튬염을 잘 용해시켜 리튬이 원활하게 이동할 수 있도록 돕는 역할을 한다.

② 리튬염에 대한 용해도가 커야 하며, 점도가 낮아야 한다.

③ 용매의 종류에 따라 다르나 높은 이온전도도 확보를 위해 염에 대한 용해도가 큰 환형 구조와 점도가 낮은 선형구조의 조합이 중요하다.

④ 리튬은 수분을 만나면 급격한 반응을 일으키기 때문에 낮은 화학 반응성을 갖춰야 한다.

그림 3.29는 유기용매의 종류 및 특성을 비교하여 나타낸다.

Cyclic Carbonate :

Ethylene Carbonate (EC)

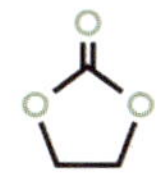

Propylene Carbonate (PC)

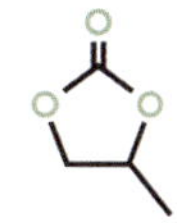

Dimethyl Carbonate (DMC)

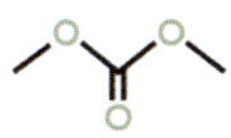

Ethyl methyl Carbonate (EMC)

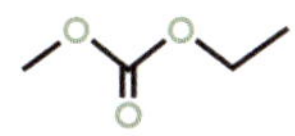

Diethyl Carbonate (DEC)

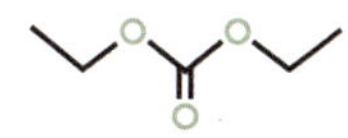

구분	용매	분자량 (MW)	융점 (T_m/℃)	비점 (T_b/℃)	점도(η)	유전율(ε)
기본 용매	EC	88	36.4	248	1.90	89.8
	PC	102	-48.8	242	2.53	64.9
보조 용매	DMC	90	4.6	91	0.59	3.1
	DEC	118	-74.3	126	0.75	2.8
	EMC	104	-53	110	0.65	3.0

비고: 유기용매는 리튬염을 용해시키는 이온전도성, 점도, 비수소이온성(aprotic), 극성 등의 특성치 충족이 필요하다.

그림 3.29 유기용매의 종류 및 특성 비교

(3) 전해액의 중요성 및 구성

유기용매(organic solvent)는 전해질을 쉽게 용해시키기 위해 유전율 상수 20 이상인 고(高) 유전율을 가져야 하며, 점도는 1cP(centipoise, 센티푸아즈) 이하 그리고 낮은 융점 등의 특성이 필요하다.

유전율이 높아지면 극성이 높아져 점도가 증가하고, 리튬이온의 빠른 이동을 방해한다. 고(高)유전율을 가지는 고리형 카보네이트(EC, PC)를 기본용매로 사용하고, 점도를 낮추는 사슬형 카보네이트(DMC, EMC, DEC)를 혼합해 사용하고 있다.

(4) 첨가제(Additive)

① 특정한 목적을 위해 소량으로 첨가되는 물질로 양극이나 음극 표면에 보호막을 형성하는 역할을 한다.

② 리튬이 양극과 음극 사이를 원활하게 이동할 수 있도록 도와주고, 배터리의 성능이 악화되는 것을 방지하는 핵심적인 역할을 수행한다.

③ 양극 보호 첨가제는 양극의 구조를 안정화시키거나 표면을 보호해 열화를 억제하면서 발열을 개선시키거나 과충전을 방지하는 역할이다.

④ 음극 보호 첨가제는 용매보다 먼저 분해되어 음극에 튼튼한 막을 형성해 수명 향상, 발열 감소, 배터리 용량 유지 등의 역할을 한다.

⑤ 전해액 용매에 잘 녹고 화학적으로 안정성이 있어야 한다.

그림 3.30은 주요 첨가제의 종류 및 특징적인 구조를 비교하여 보여주고 있다.

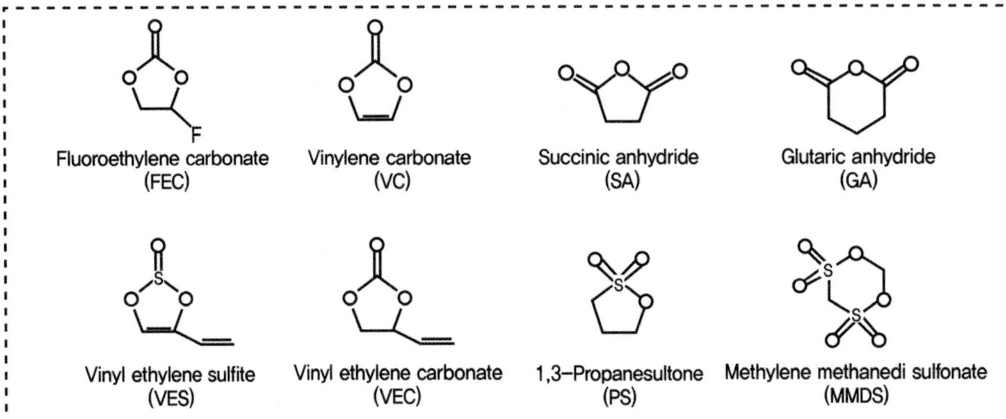

그림 3.30 주요 첨가제의 종류 및 구조

3) 전해질 요구특성

(1) 2차전지(배터리) 전해질의 기술적 요구특성

2차전지(배터리)에 사용되는 전해질에 있어 요구되는 기술적 요구특성은 이온전도도, 전극에 대한 안정성, 가용 온도범위, 안전성 등 다양하다. 이를 정리하면 다음과 같다.

① 이온전도도

전지의 고속 충·방전 시 리튬이온의 이동속도가 관건이다.

② 전극 안정성

전해질은 양극과의 산화반응, 음극과의 환원반응으로 전기화학적 안정성이 필수 고려사항이다.

③ 온도범위

사용 가능한 온도범위가 넓어야 전지의 사용환경의 자유도가 증가하며, 모바일(mobile)의 경우 통상 -20~60℃ 범위 내외이다.

④ 안전성

사용되는 유기용매(organic solvent)가 가연성이므로, 발화 및 인화의 요인으로 작용할 수 있기에 난연성·불연성이 강조되며 독성 안전도 중요하다.

⑤ 전해액 품질

전해액은 용매(solvent) 순도(99.99% 이상), 수분(20ppm 이하), 금속이온(5ppm 이하), 양성자성(protic), 용매량(100ppm 이하) 등 품질 유지가 필요하다.

(2) 전해질 특성

① 리튬이온은 양극에서 전해액을 통해 음극으로 이동한다.
② 전해질은 이온 수송을 위해 낮은 화학적 반응성과 높은 이온전도도가 요구된다.
③ 액체 전해질, 젤 고분자 전해질, 이온성 액체 전해질로 구분한다.
④ 높은 안전성 유기용매에 리튬염을 용해한 액체 전해질(전해액)이 대표적으로 사용된다.
⑤ 액체 전해질의 온도 제약의 단점을 보완하기 위해 고온 안전성이 뛰어난 고체 전해질로 교체하고자 하는 연구개발이 현재 급속히 진행되고 있다. 이는 꿈의 배터리라고 불리는 전고체 배터리(All solid state battery)와 연계되는 핵심요소이며 부품소재이다.

표 3.14는 전고체 배터리와 관련된 핵심요소기술(CTE, Critical Technology Element)을 단계적으로 나열한 것이다.

▶▶ **표 3.14** 전고체 배터리 관련 핵심요소기술(CTE, Critical Technology Element)

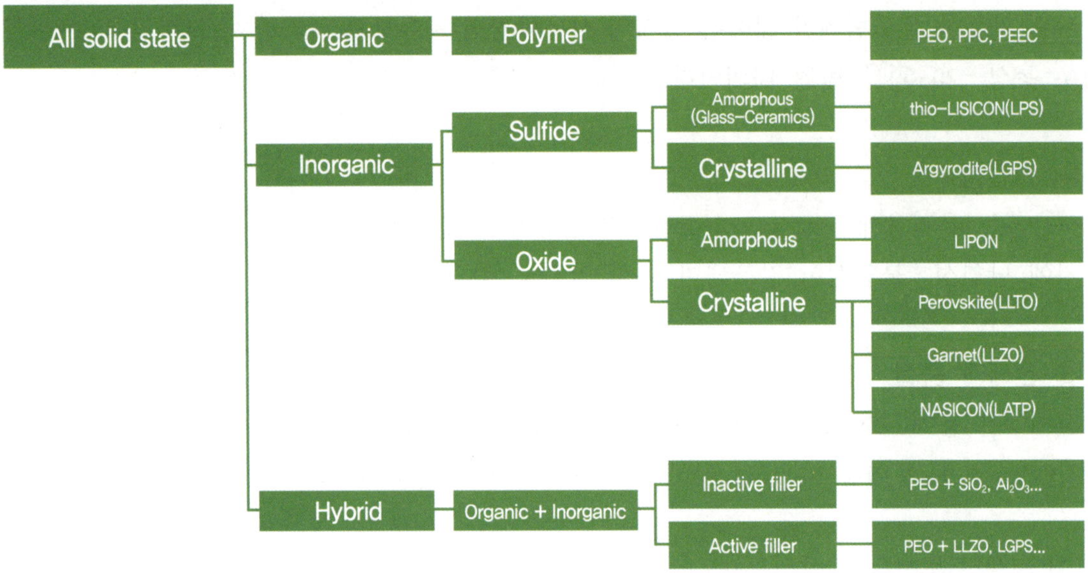

① 유기 고체 전해질

㉠ 고분자 매트릭스(polymer matrix, Polymer Matrix Composites, 매트릭스 수지(폴리머 복합재료)는 내부에 구성된 각각의 섬유들로부터 복합재에 가해진 하중을 분산시키고 마모나 충격으로부터 섬유의 파손을 방지한다. 높은 강도와 강성, 복잡한 형상의 쉬운 성형성, 우수한 내환경성은 재료의 낮은 밀도와 함께 하여 복합재(composites)를 수많은 응용 분야에서 금속에 비해 우수한 성질을 갖고 있다) 내에서 해리되어 리튬이온전도가 된다.

㉡ 상온 혹은 그 이하에서 이온전도도가 높아야 한다.

㉢ 높은 기계적 강도를 가져야 한다.

㉣ 적절한 전하 수송수(數, 個數, 개수)를 가져야 한다.

㉤ 열적, 전기화학적 안정성이 좋고 전극과의 친화력이 있어야 한다.

표 3.15는 유기 고체 전해질의 종류와 특징을 비교하여 설명하고 있다.

▶▶ 표 3.15 유기 고체 전해질의 종류와 특징 비교

Polymer host(Matrix)	Repeating unit	Ionic conductivity(Scm^{-1})
poly(ethylene oxide)	$-(CH_2CH_2O)_n-$	2.6×10^{-4}
poly(vinylidene fluoride)	$-(CH_2-CF_2)_n-$	4.5×10^{-3}
poly(vinylidene fluoride-hexafluoro propylene)	$-[(CH_2-CF_2)-(CF_2-CF-(CF_3))]_n-$	4.3×10^{-3}
poly(methyl methacrylate)	$-(CH_2C(-CH_3)(-COOCH_3))_n-$	7.3×10^{-6}
poly(vinyl chloride)	$-(CH_2-CHCl)_n-$	2.83×10^{-6}
poly(vinyl alcohol)	$-(CH_2-CH(-OH))_n-$	4.75×10^{-2}
poly(acrylic acid)	$-(CH_2-CH(-COOH))_n-$	2.15×10^{-4}
poly(acrylonitrile)	$-(CH_2-CH(-CN))_n-$	5.7×10^{-4}
poly(ethyl methacrylate)	$-(CH_2-C(-CH_3)(-COOCH_2CH_3))_n-$	1.17×10^{-4}
poly(경-caprolactone)	$-(O-(CH_2)_5-CO)_n-$	3.8×10^{-5}

② PEO(Polyethylene oxide, 폴리에틸렌 옥사이드)

㉠ 친수성으로 생체적합성 폴리에테르(Polyether) 화합물이며, 폴리에틸렌 글리콜(Polyethylene glycol)이라고도 한다.

㉡ 1975년 영국의 라이트(P.V. Wright) 등에 의하여 발표된 고분자이다(영국 폴리머 저널-논문 : 폴리(에틸렌 옥사이드) 이온 복합체의 전기전도도).

㉢ 전해질 제작을 위해 리튬염을 녹여서 제작한다.

㉣ 화학적, 전기화학적 안정성이 높고, 고용량의 리튬금속 전극 사용이 가능하다.

㉤ PEO계 고분자 전해질의 경우 결정질 구정과 비정질이 혼합된 이중 상계(two-phase system)이다.

㉥ 상온에서 낮은 이온전도도를 가지는 것이 단점이다.

그림 3.31은 PEO(Polyethylene oxide)와 금속염인 과염소산 리튬(Lithium perchlorate), $LiClO_4$를 블렌딩(blending, 혼합)하고 자외선으로 가교시킴으로써 이온전도 특성을 좋게 하는 고체 전해질을 만드는 분자 구조를 보여준다.

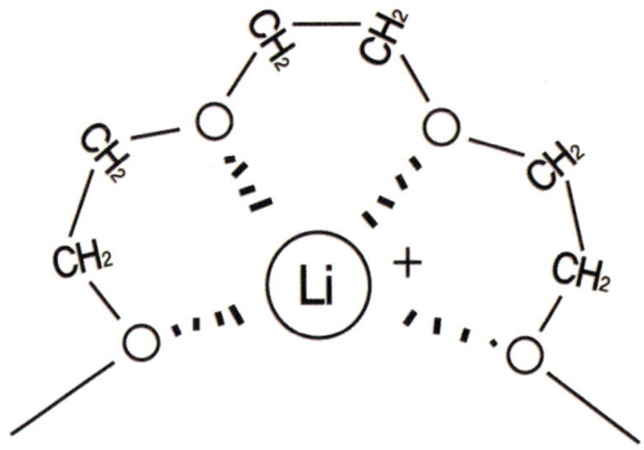

그림 3.31 PEO(Polyethylene oxide)와 과염소산 리튬($LiClO_4$)의 혼합

사진 3.12는 프랑스 볼로레(Bollore) 회사가 생산하는 전기차 볼로레 블루카(Bollore blue car)이다. 여기에 사용하는 LMP(리튬망간인산염) 배터리는 PEO 기반의 고분자 전해질을 사용한다. 양극으로는 리튬인산철(LFP)을, 음극은 리튬메탈을 사용하고 있다.

사진 3.12 LMP 배터리를 사용하는 볼로레 블루카

③ PMMA(Polymethyl methacrylate, 폴리메틸 메타크릴레이트)

㉠ 투명 무색의 비결정 열가소성 플라스틱으로 강성이 있는 아크릴수지(acrylic resin, acryl)의 일종이다.

㉡ 내마모성과 자외선 내성이 좋다.

㉢ 생체친화성이 우수하다.

㉣ PEO계의 상온에서 이온전도도가 낮은 문제를 개선하기 위한 방법으로 블렌딩 (blending, 혼합) 방법에 사용하고 있다.

㉤ PMMA와 섞어 사용함에 따라 결정 영역을 줄이고 이온전도도가 증가하는 연구 결과가 있다.

학술자료 'Li 이온 포함하는 PEO/PMMA 고분자 전해질의 제조 및 전기화학적 거동' 인용(한국화학공학회)

HAN, A., et al. Preparation and electrochemical behaviors of polymer electrolyte based on PEO/PMMA containing Li ion. Korean Chemical Engineering Research, 2009, 47.4: 476–480.

그림 3.32는 PMMA(Polymethyl methacrylate, 폴리메틸 메타크릴레이트)의 분자식 구조와 물성을 나타낸다.

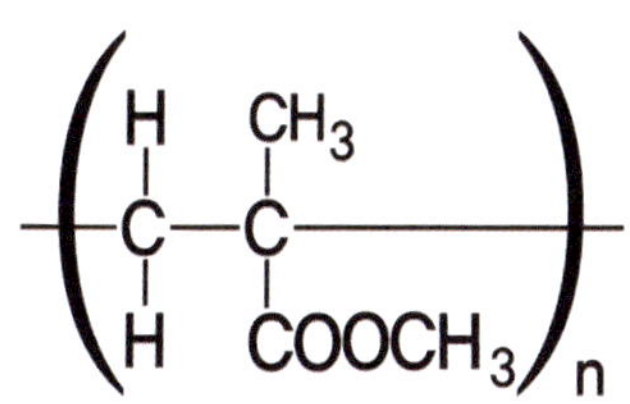

Polymethyl methacrylate : PMMA

녹는점	160℃
화학식	$C_5O_2H_8$
밀도	1.18g/cm

그림 3.32 PMMA 분자식 구조와 물성

④ PEEK(Polyether ether ketone, 폴리에테르 에테르 케톤)

㉠ 준결정성 열가소성 수지로서 슈퍼엔지니어링 플라스틱의 한 종류

㉡ 250℃까지 사용 가능

㉢ 내화학성, 윤활 특성, 내열성, 전기적 성질, 작업성, 고온내수성, 내방사성이 우수

㉣ 미국의 다국적 화학회사 듀폰(DuPont)에서 제작하는 불소계 PEMFC, DMFC 전해질 나피온(Nafion)을 대체 가능한 물질이다.

㉤ PEMFC, DMFC 전해질은 고가이며, 100℃ 이상의 온도에서 특성이 현저히 저하된다.

그림 3.33은 재료화학 저널에 실린 일본 하마다 타카시(Takashi Hamada) 외 저자의 학술논문 '다양한 가습 조건에서 높은 전도도 및 기계적 물성을 갖는 고결정성 Poly(ether ether ketone, PEEK)계 그래프트형 고분자 전해질막'을 인용한 자료로, PEEK 기반 그래프트형(graft type) 고분자 전해질막은 전도도와 기계적 물성간의 상충관계 모순(trade-off)을 해결한 내용이다.

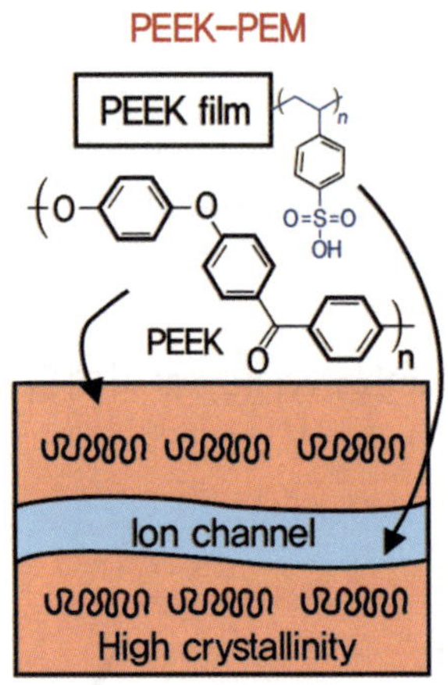

Hamada, Takashi, et al. "Poly(ether ether ketone)(PEEK) based graft-type polymer electrolyte membranes having high crystallinity for high conducting and mechanical properties under various humidified conditions."Journal of Materials ChemistryA 3.42 (2015): 20983-20991.

그림 3.33 하마다 타카시 외 학술논문 '다양한 가습 조건에서 높은 전도도 및 기계적 물성을 갖는 고결정성 PEEK 고분자 전해질막'의 특성

(3) 배터리팩용 플라스틱(폴리머, Polymer) 소재

배터리팩(battery pack)으로 사용하는 플라스틱 케이스(case, casing 또는 housing) 소재는 주로 폴리아미드(Polyamide) 및 폴리프로필렌(Polypropylene) 성분을 함유하는 기재(matrix)에 유리섬유 및 탄소섬유를 보강하는 복합재질을 이용하여 압축성형 공정에 의해 주로 제작된다.

폴리페닐렌 옥사이드(Polyphenylene oxide, PPO)계, 폴리아미드(Polyamide, PA)계, 폴리부틸렌 테레프탈레이트(Polybutylene terephthalate, PBT)계 소재군을 갖고 있다.

내열성이 뛰어나 전기차 배터리팩 커버(cover)에 적용하면 긴 시간 열을 차단한다. 또한 온도 변화에도 형태를 유지하는 치수 안정성도 우수하다. 테스트 결과 1,000도(℃)에서도 400초 이상 열폭주에 의한 화염 전파를 방지했다. 일반 난연 플라스틱 대비 45배 이상 뛰어난 성능이다.

4) 리튬이온 배터리

(1) 리튬이온 배터리의 작동원리

리튬이온 2차전지(배터리)의 작동원리는 그림 3.34와 같다.

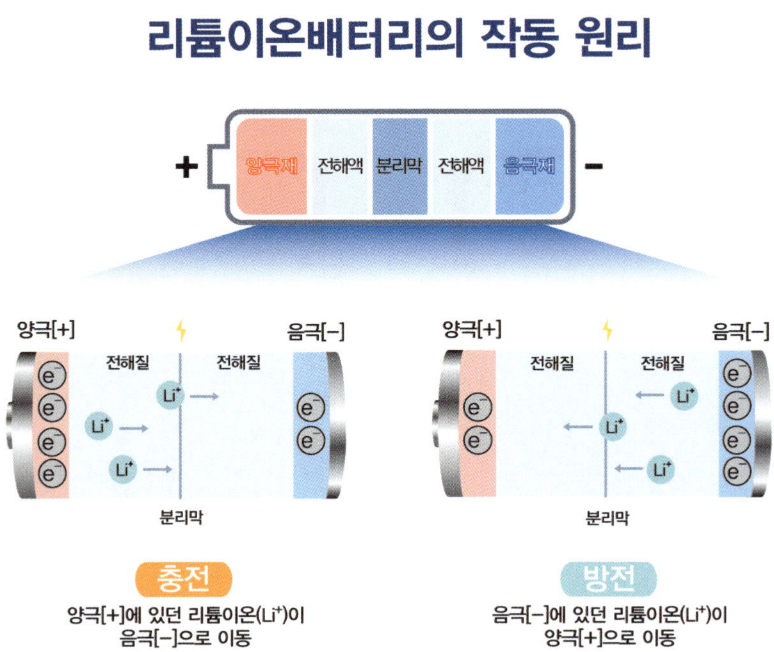

그림 3.34 리튬이온 2차전지(배터리)의 작동원리

리튬이온 배터리는 양극(+)과 음극(-) 물질의 '산화환원반응'으로 화학에너지를 전기에너지로 변환시키는 일종의 장치이다.

산화환원과정에서 리튬이온과 분리된 전자(e-)가 도선을 따라 음극과 양극 사이를 오갈 때 전기를 발생시킨다. 리튬이온 배터리는 리튬이온에서 분리된 전자가 양극(+)에서 음극(-)으로 이동하면 충전되고, 음극에서 양극으로 이동하면 방전되는 원리이다.

① 리튬이온 배터리는 리튬이온이 양극재와 음극재 사이를 이동하는 화학적 반응을 통해 전기를 만들어낸다.

② 양극의 리튬이온이 음극으로 이동하며 배터리가 충전되고, 음극의 리튬이온이 양극으로 돌아가며 에너지를 방출해 방전된다.

③ 양극과 음극 사이에서 리튬이온의 이동통로 역할을 해주는 전해질과 양극과 음극이 서로 닿지 않게 해주는 분리막이 필요하다.

④ 리튬이온 배터리의 4가지 구성요소는 양극재, 음극재, 전해질, 분리막을 의미한다.

리튬이온 2차전지(배터리)의 충 · 방전의 원리는 그림 3.35와 같다.

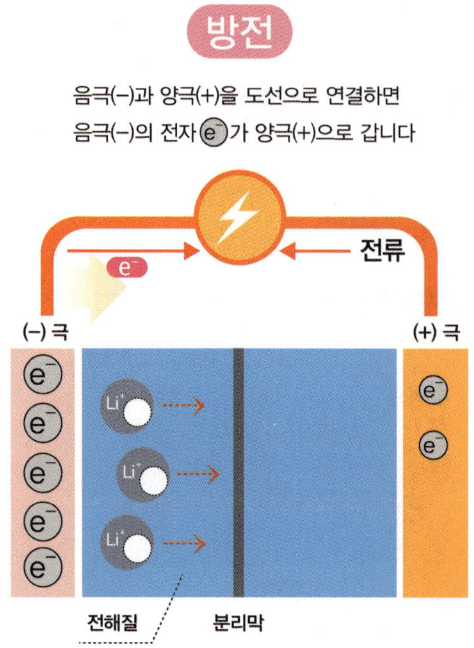

그림 3.35 리튬이온 2차전지(배터리)의 충·방전 원리(1)

리튬이온 배터리(LIB, Li-ion battery)의 충 · 방전의 원리를 다시 보여주면 그림 3.36과 같다.

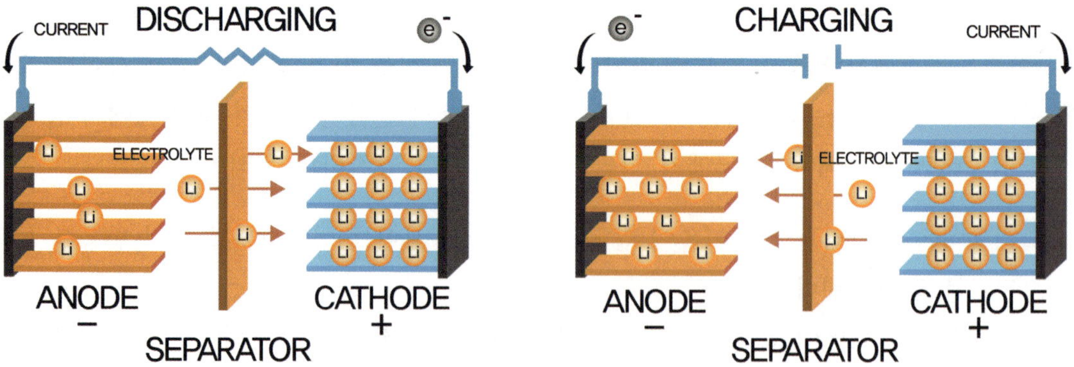

그림 3.36 리튬이온 2차전지(배터리)의 충전 및 방전 원리(2)

5) 리튬이온 배터리의 기능분석(Function Analysis)

(1) 리튬이온 2차전지(Li - ion 배터리) 모듈의 기능분석도

리튬이온 2차전지(Li-ion 배터리) 모듈의 기능을 분석하기 위해 기능분석도(Function analysis diagram)가 필요하며, 기능분석도를 그림 3.37과 같이 간단하게 정리해 도식화할 수 있다.

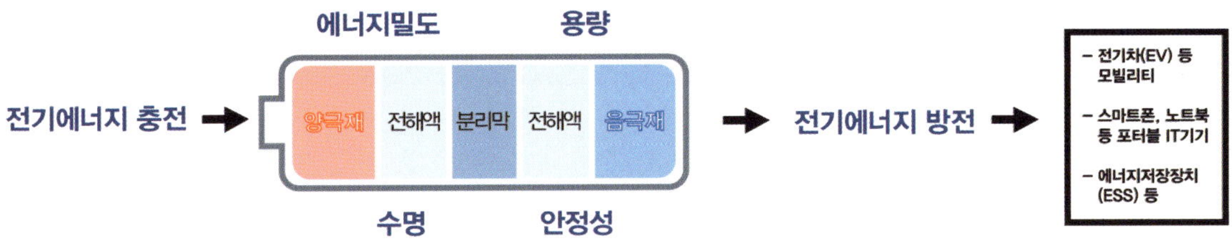

그림 3.37 리튬이온 2차전지(Li-ion 배터리) 모듈의 기능분석도(function analysis diagram)

① 배터리 핵심 기능(function)은 전기에너지의 충전과 방전이다.
② 배터리 성능을 결정하는 주요 인자는 저장 에너지밀도, 용량과 수명 및 안정성이다.
③ 주요 인자의 효율을 향상시키기 위해 양극재, 음극재, 전해액, 분리막의 개선이 필요하고 고도화가 진행 중이다.

(2) 리튬이온 2차전지(Li - ion 배터리) 모듈의 기능분석도를 위한 상세 역할 세부분석

① 양극재

- 양극재는 배터리의 성능에서 중요한 '용량'과 '전압'과 관련된 소재
- 리튬 비중이 높을수록 배터리 용량이 커지며, 배터리 전압은 양극의 전위차에 의해 결정

⬇

- 최근에는 고성능 양극재의 수요가 늘면서 NCA(니켈 · 코발트 · 알루미늄), NCMA(니켈 · 코발트 · 망간 · 알루미늄) 등 다양한 양극재가 개발

② 음극재

- 양극에서 나온 리튬이온을 저장 및 방출
- 많은 이온을 안정적으로 저장할 수 있는 흑연이 주로 사용
- 리튬이온을 저장하고 방출되는 과정이 반복될수록 흑연의 구조가 변화하며 저장할 수 있는 이온의 양이 줄어들어 배터리 수명이 줄어들게 됨

↓

- 음극재 역시 용량이 크고 충전 속도를 빠르게 할 수 있는 실리콘 음극재 등 차세대 음극재 개발 진행 중

③ 분리막

- 양극과 음극 간의 접촉은 막고 이온은 이동이 가능해야 함
- 안전을 위해 높은 전기절연성과 열안정성이 요구됨
- 일정 이상의 온도에서는 자동으로 이온의 이동을 막는 기능도 갖춰야 함
- 분리막에는 폴리에틸렌(PE)과 폴리프로필렌(PP)이 널리 쓰임

↓

- 배터리 소형화를 위해 분리막을 얇게 만들기 위한 연구 및 기술개발이 진행 중

④ 전해질

- 리튬이온의 원활한 이동을 위해 이온전도도가 높은 물질
- 안전을 위해 전기화학적 안정성, 발화점이 높아야 함
- 현재로서는 이러한 역할을 할 수 있는 최선의 선택으로 액체 전해질이 널리 사용

↓

- 안전성과 성능이 더 뛰어난 고체나 젤 형태 전해질에 대한 연구 및 기술개발도 활발히 진행 중

(3) 리튬이온 2차전지(Li - ion 배터리) 모듈의 기능분석도를 위한 장·단점 분석

① 리튬이온 배터리(LiB, Li-ion battery) 장점

㉠ 높은 에너지밀도 : 리튬이온 배터리는 다른 많은 유형의 배터리보다 에너지밀도가 높기 때문에 같은 공간에 더 많은 에너지 저장이 가능하며 크기와 두께를 작고 얇게 만들 수 있어, 스마트폰 및 노트북과 같은 휴대용 전자기기에 사용이 이상적이다. 사용하지 않을 때에도 자가 방전이 일어나는 정도가 작아 활용도가 매우 크다.

㉡ 긴 주기수명 : 리튬이온 배터리는 심각한 성능 저하 없이 많은 충전 및 방전 주기를 거칠수 있고, 성능이 오랫동안 지속 유지된다.

㉢ 빠른 충전 : 리튬이온 배터리는 다른 많은 유형의 배터리보다 빨리 충전할 수 있으며, 이동 중이거나 장치를 빠르게 충전해야 하는 시기에 아주 편리하다.

㉣ 경량 : 리튬이온 배터리는 상대적으로 가볍고 휴대하기에 최적이다.

② 리튬이온 배터리(LiB, Li-ion battery) 단점

㉠ 안전문제 : 리튬이온 배터리는 과열 및 발화의 위험이 있어 안전상 문제를 고려해 항공사 및 기타 운송업체에서 기내 반입을 제한하고 있다. 또한 다른 전지에 비해 안정성이 떨어지는 편이라 과방전 시 용량 감소가 매우 크고, 과충전 시에는 매우 불안정해져서 내부 전극에서 쇼트(short, 단락)가 나거나 충격을 가하면 폭발할 수 있다.

㉡ 비용 : 리튬이온 배터리는 가격이 비싸다.

㉢ 폐기 : 리튬이온 배터리는 독성 화학물질이 포함되어 환경에 유해하여 더이상 필요하지 않은 리튬이온 배터리를 적절하게 재활용하는 것이 중요하다.

리튬이온 2차전지(Li-ion 배터리) 모듈의 기능분석도를 위한 장 · 단점을 간략히 요약하면 표 3.16과 같다.

▶▶ 표 3.16 리튬이온 배터리 장단점 비교

	리튬이온 배터리
장점	상온에서 효율이 뛰어남 출력이 좋고 높은 전압(고전압)을 냄
단점	충격과 고온, 고압에 취약 화재 가능성이 있음 기술 개선이 한계에 다다름

(4) 리튬이온 2차전지(Li - ion 배터리, LIB) 모듈의 기능분석도를 위한 전망 분석

① 양극재, 음극재, 전해액, 분리막 등 리튬이온 배터리 4대 소재 시장은 전체 배터리 시장의 70%를 차지하고 있다. 이 중 양극재는 4대 소재 시장의 60% 이상을 점유하고 있어 중요도가 증가하고 있는데, 이는 양극재 비용에 리튬, 코발트, 니켈 등 원자재 메탈(metal, 금속) 가격이 반영되기 때문이다.

그림 3.38은 리튬이온 2차전지(Li-ion 배터리, LIB)에 있어 4대 소재 시장의 예상 전망 금액(US dollar)의 추정치이다.

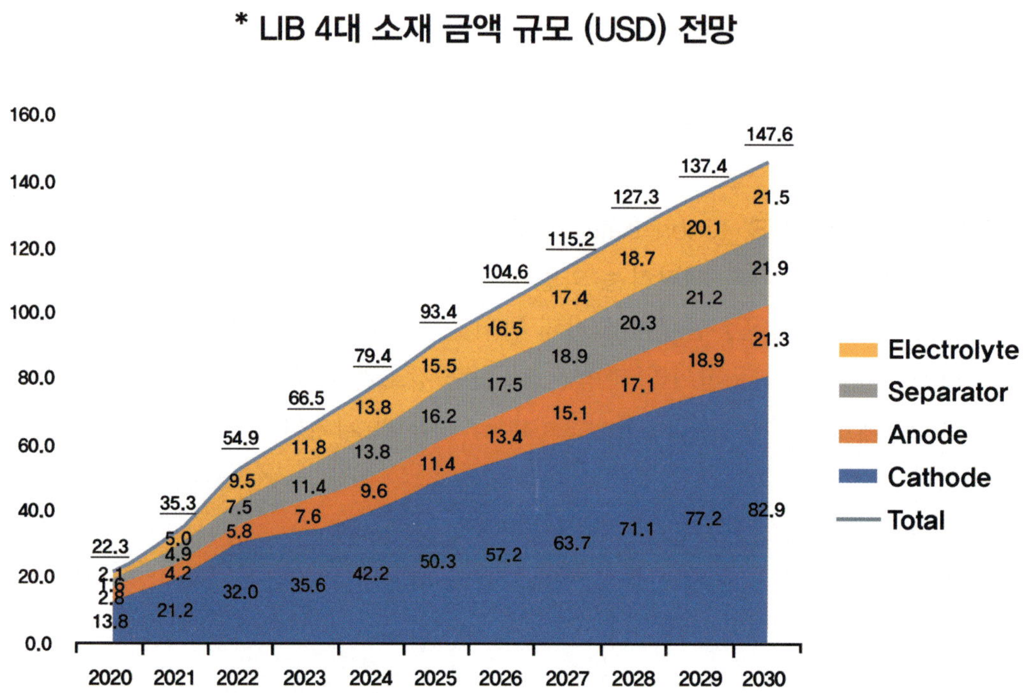

그림 3.38 리튬이온 2차전지(LIB)의 4대 소재 예상금액(US dollar) 전망

② 리튬이온 배터리(LIB) 전망

양극재는 3원계에서 한국의 에코프로(EcoPro), 벨기에 유미코아(Umicore), 중국 XTC, 한국의 LG화학, 중국 론바이(Ronbay) 순으로 출하량이 많았으며, LFP에서는 중국의 유능(Yuneng), 다이나노닉(Dynanonic), 궈시안(Guoxuan), BTR, 로팔(Lopal) 등이 출하량 1~5위를 차지했다.

음극재는 중국 주요 공급사인 BTR, 즈천(Zichen), 샨샨(Shanshan), 카이진(Kaijin)을 중심으로 성장하고 있다. 기존 상위권 업체인 일본계 히타치(Hitachi)와 미쓰비시(Mitsubishi)가 글로벌 시장점유율에서 다소 주춤하고 있으며, 한국의 포스코케미칼의 약진이 지속되고 있다.

전해액 시장은 중국의 텐츠(Tinci), 캡켐(Capchem), 궈타이화룽(Guotai-Huarong)과 샨샨(ShanShan), BYD, 일본의 MU아이오닉(MU Ionic-solution), 센트럴글래스(CentralGlass), 한국의 엔켐, 솔브레인 등이 톱10을 형성하고 있다.

분리막 시장은 중국의 상해에너지(SEMCORP)가 생산능력 1위로 중국 CATL, BYD 등 메이저 배터리사에 공급하면서 강세를 보이고 있다.

과거 기존 분리막 시장은 아사히카세이(Asahi Kasei), 도레이(Toray), SK아이이테크놀로지(SKIET) 3사의 경쟁 구도였지만, 현재는 중국의 상해에너지(SEMCORP), 시니어(Senior), 시노마(Sinoma) 등이 급성장하고 있다.

그림 3.39는 리튬이온 배터리(LiB)의 4대 소재에 있어 세계 시장을 주도하고 있는 주요 3개국(한국, 일본, 중국)을 비롯한 기타 국가의 2022년 생산 점유율을 비교한 내용이다.

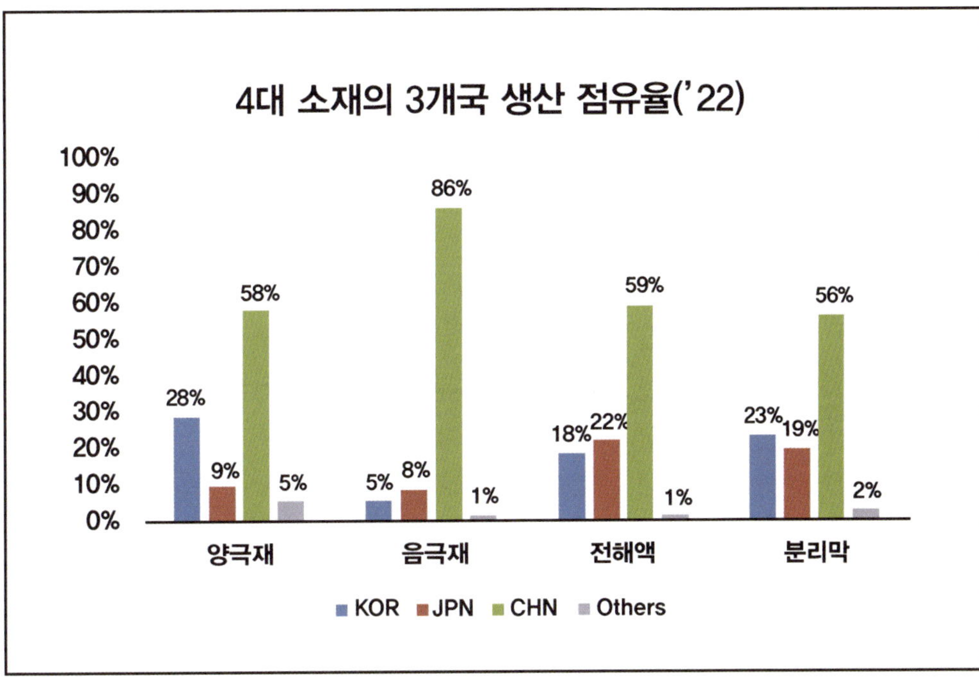

그림 3.39 리튬이온 배터리(LiB) 4대 소재의 주요 3개국(한국, 일본, 중국)의 2022년 생산 점유율 비교

2차전지 시장

세계 2차전지 시장 규모는 2020년 489억 7,000만 달러에서 2027년 1,083억 6,000만 달러로 2021년부터 2027년까지 연평균 11.1% 성장할 것으로 예상된다. 전기자동차(EV), 휴대용 전자기기 및 에너지저장시스템(ESS)에 대한 수요 증가는 2차전지 시장의 성장을 주도하고 있다.

2차전지 시장의 원동력

2차전지 시장의 주요 동인 중 하나는 전기자동차에 대한 수요 증가이다.

전기자동차(EV, Electric Vehicle) 시장의 성장은 온실가스 배출 감소의 필요성과 충전 인프라의 가용성 증가에 의해 주도된다. 향후 10년 동안 전기자동차에 대한 수요가 크게 증가할 것으로 예상되며, 이는 2차전지에 대한 수요를 이끌게 될 것이다.

전기자동차 수요 증가는 2차전지 시장에 가장 큰 영향을 미치고 있다. 전기자동차 수요는 전기자동차의 주 전원으로 사용되는 2차전지 수요를 견인하는 선순환 고리를 만들고 있다. 온실가스 배출 감소에 대한 요구 증가와 충전 인프라의 가용성 증가에 힘입어 전기자동차 시장이 성장하고, 이는 다시 2차전지 시장의 성장으로 이어질 것이다.

전기자동차 시장의 2차전지 수요는 전지의 효율을 높이고 원가를 낮추는 새로운 전지 기술 개발도 주도한다. 새로운 전지 기술의 개발은 2차전지 시장의 성장을 견인할 것으로 예상되며, 이는 전지의 효율성을 높이는 기술의 고도화와 원가 하락으로 이어질 것이다.

③ 2차전지 기술의 발전

신기술개발은 2차전지 시장에 큰 영향을 미치고 있다. 기술의 진보는 2차전지의 효율을 높이고 원가를 낮추어 시장 성장을 이끌고 있다. 신기술의 발전으로 2차전지의 성능과 안전성도 향상되어 다양한 응용 분야에 적용되고 있다.

2차전지 시장의 핵심기술 발전 중 하나는 전고체(All solid-state) 전지의 개발이다.

전고체 배터리(All solid-state battery)는 기존 리튬이온 배터리에 비해 더 높은 에너지밀도, 향상된 안전성, 더 긴 수명 등 몇 가지 장점을 제공한다.

2차전지 시장의 또 다른 핵심기술 발전은 급속 충전기술의 발전이다. 급속 충전기술은 2차전지를 보다 빠르게 충전할 수 있도록 하며, 다양한 애플리케이션(application) 분야에서 채택이 증가하고 있다.

2차전지 시장의 성장 전망은 신기술개발과 에너지저장 솔루션에 대한 수요 증가로 인해 긍정적이다. 전기자동차, 휴대용 전자기기 및 에너지저장시스템(ESS, 에너지저장장치)과 같은 다양한 애플리케이션 분야에서 2차전지의 채택이 증가함에 따라 시장의 성장이 주도되고 있다.

④ 2차전지 시장의 향후 도전과제

㉠ 고비용 : 2차전지 시장이 직면한 주요 과제 중 하나는 전지의 고비용이다. 이로 인해 고객의 접근성이 떨어지고, 특정 애플리케이션(application)에서 채택이 제한되고 있다. 배터리의 높은 비용은 높은 경제적 비용과 관련된 고가 제조공정의 결과 때문이다.

㉡ 복구 및 폐기 : 2차전지 시장의 또 다른 과제는 재활용과 폐기 문제에 있다. 2차전지에는

납이나 리튬과 같은 유해 물질이 포함되어 있어, 적절하게 폐기하지 않으면 해로울 수 있다. 2차전지의 재활용 및 폐기는 복잡하고 비용이 많이 드는 공정으로 시장 성장에 걸림돌이 되고 있다.

㉢ 1차전지와의 경쟁 : 2차전지(secondary battery) 시장은 저렴하고 사용하기 쉬운 1차전지(primary battery)와의 경쟁도 치러야 한다.
1차전지는 재충전 능력보다는 일회용 배터리의 비용과 편의성을 더 중요시하는 애플리케이션 분야에서 널리 사용된다.

2차전지 시장은 전기자동차, 휴대용 전자기기 및 에너지저장시스템(ESS)에 대한 수요 증가로 인해 향후 수년 동안 상당한 성장을 경험할 것으로 예상된다. 기술의 발전, 정부 인센티브 및 휴대용 전자기기에 대한 수요 증가는 시장 성장을 주도하는 요인 중 일부이다. 그러나 높은 배터리 비용과 재활용 및 폐기와 관련된 문제는 2차전지 시장의 성장에서 해결해야 할 도전 과제이다.

이러한 어려움에도 불구하고 2차전지 시장의 미래는 밝아 보이며, 향후 10년 동안 상당한 성장을 경험할 것으로 예상된다. 전기자동차, 휴대용 전자기기 및 에너지저장시스템(ESS)에 대한 수요 증가는 2차전지에 대한 수요를 견인할 것이며, 기술의 지속적인 진보와 원가 감소로 이어질 것이다.

그림 3.40은 글로벌 순수 전기자동차 판매량 및 여기에 공급되는 리튬이온 2차전지(배터리, LIB)의 수급 전망(시장규모)을 나타낸 그림이다. 계속해서 성장하는 추세를 명확히 보여주고 있다.

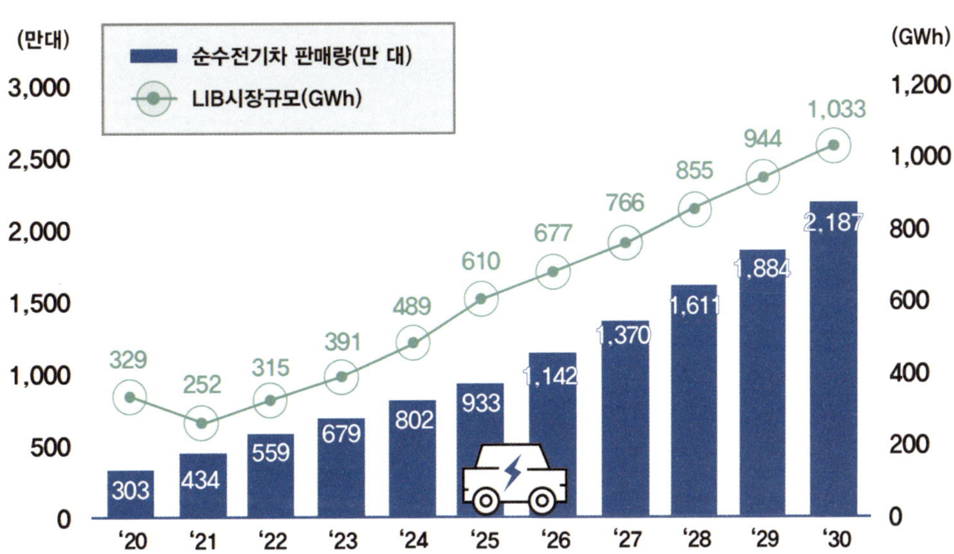

그림 3.40 글로벌 순수 전기자동차 판매량 및 리튬이온 2차전지(배터리, LIB)의 수급 전망(시장규모)

(5) 리튬이온 2차전지(Li - ion 배터리, LIB) 모듈의 기능분석도를 위한 요약

① Li-ion 배터리 셀

배터리 셀(battery cell)은 전기에너지를 충전, 방전해 사용할 수 있는 리튬이온 배터리의 기본 단위이다. 양극, 음극, 분리막, 전해액을 원통형 또는 사각형(각형)의 알루미늄 케이스에 넣어 만든다.

배터리의 기본이 되는 셀(cell)은 전기자동차(전기차) 내 제한된 공간에서 최대한의 성능을 발휘할 수 있도록 단위 부피당 높은 용량을 지녀야 하고, 일반 모바일 기기용 배터리에 비해 훨씬 긴 수명이 필요하다. 또한 주행 중에 전달되는 충격을 견디고, 저온 및 고온에서도 높은 신뢰성과 안정성을 가져야 한다. 배터리 셀의 특성이 전기자동차의 전반적인 성능에 중심적 역할을 하며 셀(cell)은 각형, 원통형, 폴리머 등 여러 형태가 있다.

표 3.17은 배터리 셀(battery cell)부터 시작해 성능과 크기를 키운 스케일업(scale-up) 단계, 즉 생산단계이고, 그림 3.41은 이에 대한 실제 현품(제품)의 예를 보여주고 있다.

표 3.17 배터리의 생산단계

생산단계	1	배터리 셀(cell) 생산	배터리 셀을 외부 충격과 열, 진동 등으로부터 보호하기 위해 일정한 프레임에 넣은 배터리 조립체
	2	배터리 모듈(module)생산	리튬이온 배터리의 기본 단위 생산된 소재를 사각알루미늄 케이스에 넣어 셀 제작
	3	배터리팩(pack) 생산	전기차에 장착되는 배터리 시스템의 최종 형태, 배터리 모듈을 모아 각종 처리작업을 거쳐 팩형태로 조립

그림 3.41 배터리 생산단계의 각 제품(출처: 삼성SDI)

② Li-ion 배터리 셀 원리

리튬이온 배터리는 그림 3.42와 같이 리튬이온에서 분리된 전자가 양극에서 음극으로 이동하면 충전(음극에서 환원이 일어나 에너지를 저장)된다.

반대로 음극에서 양극으로 이동하면 방전(양극에서 환원이 일어나 에너지 방출)되는 원리이다.

그림 3.42 Li-ion 배터리 셀의 충·방전 원리

그림 3.43은 미국 특허등록(등록번호 US 5,460,904)을 받은 발명의 명칭 '전해질 활성화 가능한 리튬이온 충전용 배터리 셀(ELECTROLYTE ACTIVATABLE LITHIUM-ION RECHARGEABLE BATTERY CELL)'을 인용한 특허 분석의 사례이다.

US005460904A

United States Patent [19]

Gozdz et al.

[11] **Patent Number: 5,460,904**

[45] **Date of Patent: Oct. 24, 1995**

[54] **ELECTROLYTE ACTIVATABLE LITHIUM-ION RECHARGEABLE BATTERY CELL**

[75] Inventors: **Antoni S. Gozdz**, Tinton Falls; **Jean-Marie Tarascon**, Martinsville; **Paul C. Warren**, Far Hills, all of N.J.

[73] Assignee: **Bell Communications Research, Inc.**, Livingston, N.J.

[21] Appl. No.: **160,018**

[22] Filed: **Nov. 30, 1993**

Related U.S. Application Data

[63] Continuation-in-part of Ser. No. 110,262, Aug. 23, 1993, Pat. No. 5,418,091, which is a continuation-in-part of Ser. No. 26,904, Mar. 5, 1994, Pat. No. 5,296,318.

[51] **Int. Cl.**^{6} **H01M 6/18**; H01M 2/16

[52] **U.S. Cl.** **429/192**; 429/162; 429/185; 429/217; 429/254

[58] **Field of Search** 429/254, 162, 429/127, 192, 185, 217

[56] **References Cited**

U.S. PATENT DOCUMENTS

4,699,857	10/1987	Giovannoni et al.	429/204
4,714,665	12/1987	Siegel et al. .	
4,818,643	4/1989	Cook et al.	429/188
4,925,751	5/1990	Shackle et al.	429/191
4,925,752	5/1990	Fauteux et al.	429/191
4,990,413	2/1991	Lee et al.	429/191
5,219,680	6/1993	Fauteux	429/192
5,246,796	9/1993	Nagamine et al.	429/194

FOREIGN PATENT DOCUMENTS

1459681	12/1976	United Kingdom	H01M 6/16

Primary Examiner—John S. Maples
Attorney, Agent, or Firm—Leonard Charles Suchyta; Lionel N. White

[57] **ABSTRACT**

Li-ion rechargeable battery cell electrode and electrolyte/separator elements formulated as layers of plasticized polymeric matrix compositions are laminated to form a unitary battery cell structure. The structure may be stored indefinitely, since it is essentially devoid of electrolyte solution which typically comprises a moisture-sensitive lithium salt. Prior to the battery's being put into service, the plasticizer of the polymeric composition is removed by leaching with a selective solvent and is replaced with a lithium salt electrolyte solution by simple imbibition. The battery thus activated may then be charged and recharged in the usual manner.

32 Claims, 9 Drawing Sheets

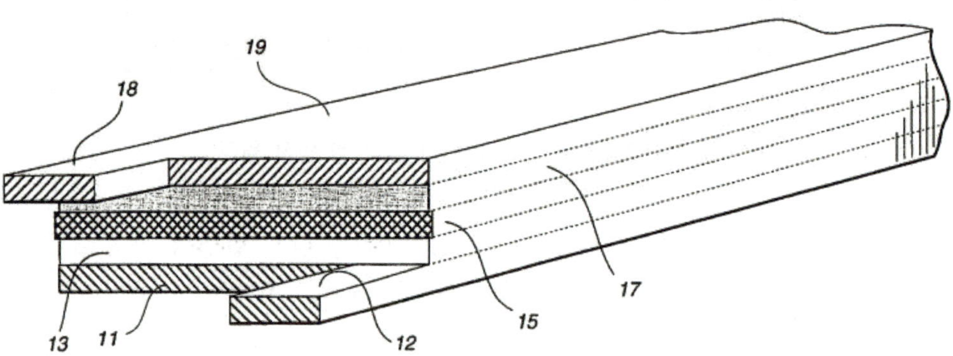

그림 3.43 특허 분석의 사례-리튬이온 충전용 배터리 셀

③ 양극

㉠ 양극은 리튬이 들어가는 공간이다.

- 리튬은 원소 상태에서 반응이 불안정해 리튬산화물을 만들어 양극에 사용한다.
- 활물질 : 리튬산화물처럼 양극에 실제 배터리의 전극 반응에 관여하는 물질

- 도전재: 리튬산화물의 전도성을 높이기 위해 사용
- 바인더: 알루미늄 기재에 활물질과 도전재의 접착 역할

㉡ 양극재

- 용량과 전압의 값을 결정(활물질)
- NCM: 니켈, 코발트, 망간
- NCA: 니켈, 코발트, 알루미늄
- NCMA: 니켈, 코발트, 망간, 알루미늄

㉢ 금속의 역할

- 니켈(Ni): 배터리 용량
- 코발트(Co), 망간(Mn): 배터리 안정성
- 알루미늄(Al): 출력 향상

그림 3.44는 활물질, 도전재, 바인더를 모형화한 모식도(模式圖, 도식적(圖式的)으로 정리 · 배열한 그림)이다.

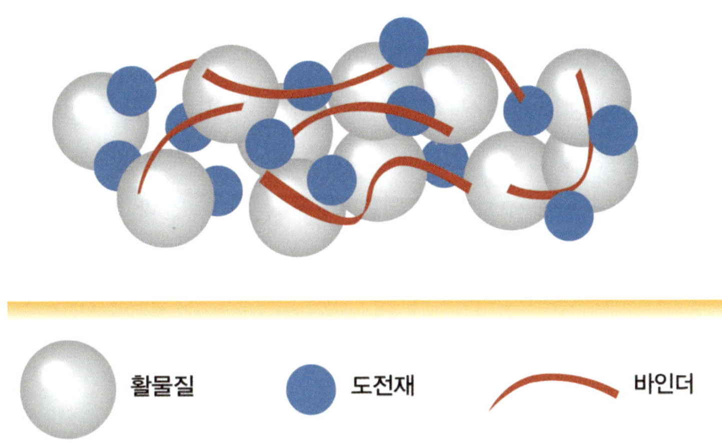

그림 3.44 활물질, 도전재, 바인더를 모형화한 모식도(模式圖)

양극재는 리튬이온 배터리의 용량과 전압을 결정한다.
양극 활물질은 리튬이온 물질로 LCO(리튬 · 코발트산화물), LMO(리튬 · 망간산화물), NCM(니켈 · 코발트 · 망간), NCA(니켈 · 코발트 · 알루미늄), LFP(리튬 · 인산철) 등 여러 종류가 있다.
도전재는 양극재의 전도성을 증가시켜 주는 역할을 하며, 바인더(binder)는 알루미늄 기재에 활물질과 도전재가 정착할 수 있도록 도와주는 접착 역할을 하는 것이다.

그림 3.45는 활물질, 도전재, 바인더가 합쳐진 합제와 알루미늄 기재가 결합된 단면 구조를 보여준다.

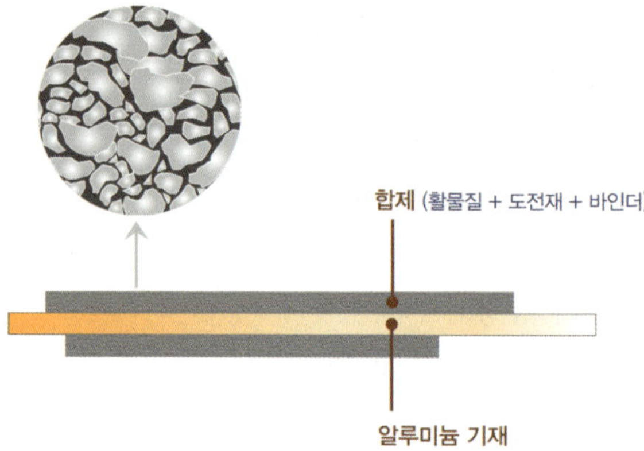

그림 3.45 활물질, 도전재, 바인더가 합쳐진 합제와 알루미늄 기재가 결합된 단면 구조

음극재는 배터리 방전 시 양극에서 이동해 온 리튬이온을 저장 및 방출하여 전기에너지를 발생한다. 음극 활물질에는 리튬이온의 이동(충 · 방전)에 안정적인 흑연이 주로 사용되고 있으며, 최근에는 에너지밀도를 더 높일 수 있는 실리콘이 주목을 받고 있다. 도전재는 음극재 전도성을 증가시켜 주는 역할을 하며, 바인더(binder)는 구리 기재에 활물질과 도전재가 정착할 수 있도록 도와주는 접착 역할을 하는 것이다.
그림 3.46은 음극 활물질로 주로 사용되는 흑연(천연 흑연과 인조 흑연) 그리고 기술개발 중인 실리콘 등을 나타낸 간략도이다.

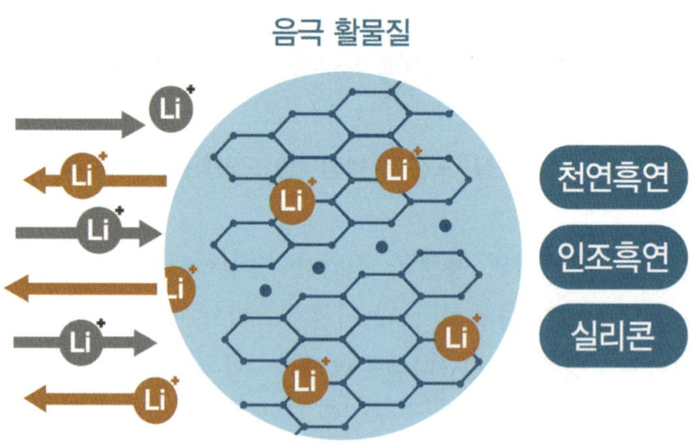

그림 3.46 음극 활물질

㉣ 주요 양극 활물질 종류별 구조 및 특성

표 3.18은 주요 양극 활물질 종류별 구조 및 특성을 비교하여 나타낸 것이다.

▶ 표 3.18 주요 양극 활물질 종류별 구조 및 특성 비교

구분	LCO	NCM	NCA	LMO	LFP
분자식	$LiCoO_2$	$Li(Ni, Co, Mn)O_2$	$Li(Ni, Co, Al)O_2$	$LiMn_2O_4$	$LiFePO_4$
구조	층상구조 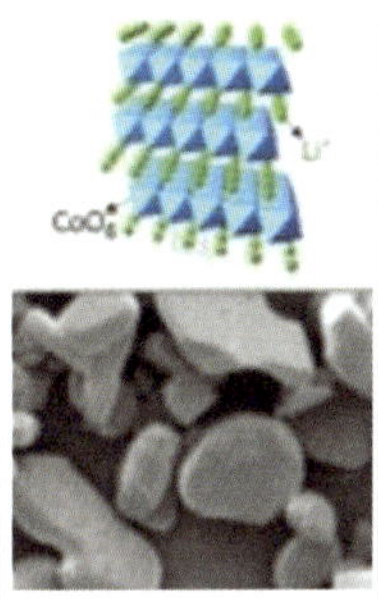	층상구조 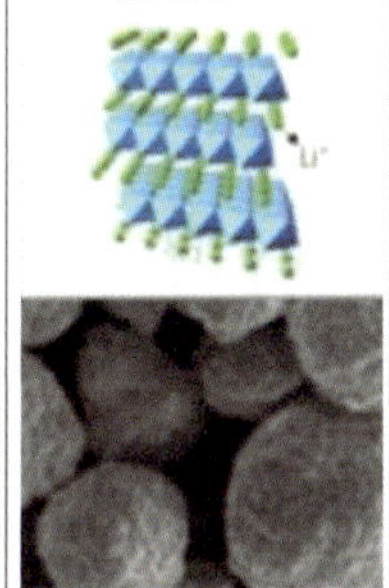	층상구조 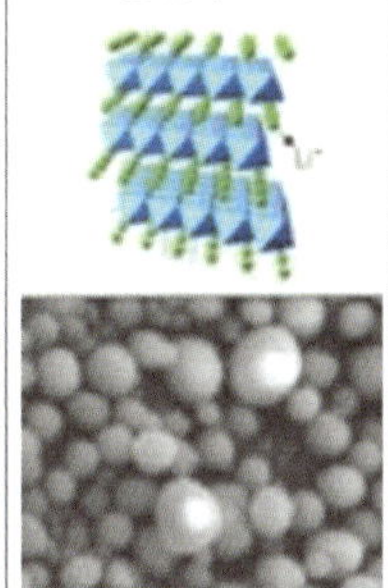	스피넬구조 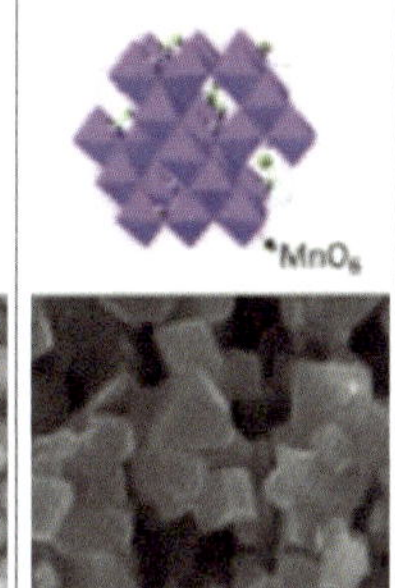	올리빈구조 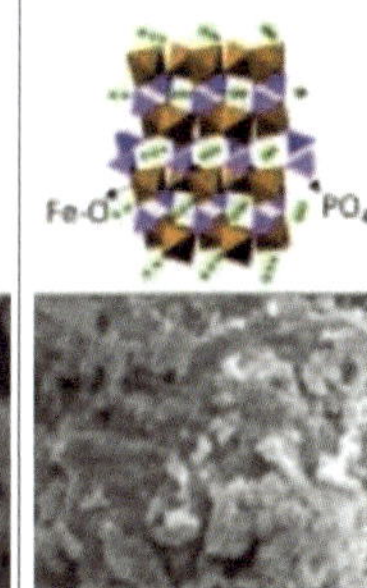
에너지 용량	145mAh/g	140~220mAh/g	180~220mAh/g	100mAh/g	150mAh/g
동작 전압	3.8V	3.7V	3.7V	4.0V	3.2V
안정성	높음	다소 높음	낮음	높음	매우 높음
수명	높음	중간	높음	낮음	높음
난이도	쉬움	다소 어려움	어려움	다소 어려움	어려움
용도	소형	소형, 중대형	소형, 중대형	중대형	중대형
제조사	엘앤에프, 코스모신소재, Shanshan, Umicore, Nichia	엘앤에프, 에코프로비엠, 코스모신소재, 포스코케미칼, Umicore, Nichia	에코프로비엠, Sumitomo, Toda, Nichia	포스코케미칼, Nichia, BYD	한화케미칼, Shanshan, BYD, A123

④ 음극

㉠ 음극

- 충전 시 양극으로부터 이동된 이온화된 리튬이온과 전자를 저장하는 공간이다.
  - 음극도 양극과 동일한 구성을 가지고 있다. 다만 음극 활물질로 리튬산화물이 아닌 흑연을 사용한다.
- 흑연은 탄소가 결합된 형태인데, 이 탄소 6개당 1개의 리튬 원자를 저장할 수 있다.
  - 흑연이 아닌 다른 물질을 음극 활물질로 사용하여 더 많은 리튬이온을 저장할 수 있다면 배터리의 용량을 증가시킬 수 있게 된다.

ⓛ 음극재

음극재는 양극에서 나온 리튬이온을 저장 및 방출하며 외부 회로를 통해 전류가 흐르게 하는 역할을 한다. 배터리가 충전 상태일 때 리튬이온은 음극에 존재하는데, 이때 양극과 음극을 도선으로 이어주면 리튬이온은 전해질을 통해 양극으로 이동하고, 리튬이온과 분리된 전자는 도선을 따라 이동하며 전기를 발생시킨다. 리튬이온이 일을 하며 만든 전기라고 생각할 수 있겠다.

음극재는 많은 이온을 안정적으로 저장할 수 있는 흑연이 주로 사용된다. 하지만 리튬이온을 저장하고 방출되는 과정이 반복될수록 흑연의 구조가 변화하며 저장할 수 있는 이온의 양이 줄어들게 되는데, 이로 인해 배터리 수명이 줄어들게 된다. 음극재 역시 용량이 크고 충전 속도를 빠르게 할 수 있는 실리콘 음극재 등 차세대 음극재 개발이 현재 활발하게 진행되고 있다.

음극 역시 양극처럼 음극 기재에 음극 활물질이 입혀진 형태로 이루어져 있다. 음극 활물질은 양극에서 나온 리튬이온을 가역적으로 흡수 및 방출하면서 외부 회로를 통해 전류를 흐르게 하는 역할을 수행한다.

배터리가 충전 상태일 때 리튬이온은 양극이 아닌 음극에 존재하는데, 이때 양극과 음극을 도선으로 이어주면(방전) 리튬이온은 자연스럽게 전해액을 통해 다시 양극으로 이동하게 되고, 리튬이온과 분리된 전자(e⁻)는 도선을 따라 이동하면서 전기를 발생한다.

음극은 구리 기재 위에 활물질, 도전재, 바인더가 입혀지는데, 음극에는 대부분 안정적인 구조를 지닌 흑연(graphite)이 사용된다.

흑연은 음극 활물질이 지녀야 할 많은 조건들인 구조적 안정성, 낮은 전자 화학 반응성, 리튬이온을 많이 저장할 수 있는 조건, 가격 등을 갖춘 재료로 꼽히고 있다. 그림 3.47은 조밀육방격자(Hexagonal Close Packed lattice, HCP)와 유사한 구조를 갖는 흑연의 결정구조이다.

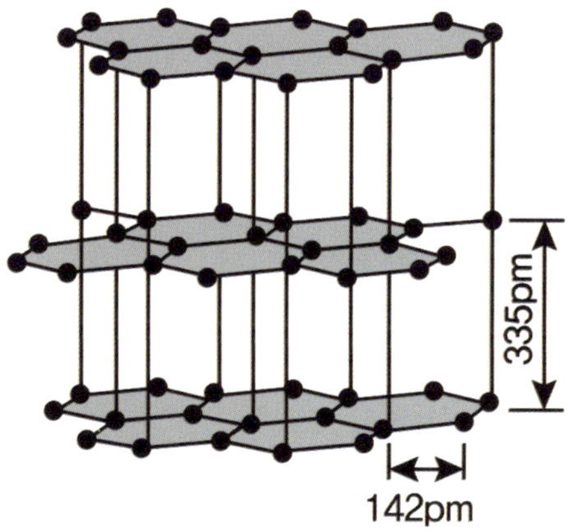

그림 3.47 흑연의 결정구조(HCP, 조밀육방격자)

ⓒ 리튬이온 배터리 음극 소재(음극재)

- 음극은 양극에서 오는 리튬이온을 흡수 및 방출하여 전류가 흐르는 역할 수행
- 낮은 전자 화학 반응성, 구조적 안정성, 낮은 가격을 가지는 흑연이 주로 사용
- 흑연의 구조적 특성을 통해 리튬이온이 저장되며, 해당 과정을 통해 흑연의 부피 변화를 유도
- 부피 변화는 구조 변형을 초래하며, 이는 수명 감소 요인으로 작용
- 비경질 탄소계는 구조가 불안정하여 수명이 짧으나, 반면에 이온 출입 속도가 높음
- 실리콘(Si)은 에너지밀도가 높아 차세대 음극 소재로 주목됨

표 3.19는 음극 소재의 종류 및 특징, 조직 구조를 나타낸다.

표 3.19 음극 소재의 종류 및 특징, 조직 구조

분류	특성	용량	구조
흑연계 (인조 흑연 및 천연 흑연)	• 높은 안정성 • 높은 수명 • 가격 문제로 천연 및 인조 흑연 혼합사용 추세	인조 흑연 : 280~360mAh/g 천연 흑연 : 360~370mAh/g	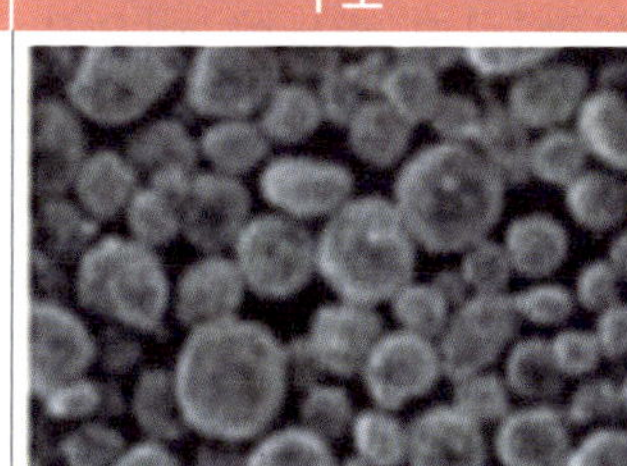

분류	특성	용량	구조
비경질 탄소계	• 높은 출력 • 짧은 수명 • 고속 방전에 유리한 특성	235~350mAh/g	
금속(실리콘, 주석 등)	• 낮은 안정성 • 짧은 수명 • 고용량 배터리에 적합	700~1,000mAh/g	

⑤ 전해액

전해액은 배터리 내부의 양극과 음극 사이에서 리튬이온만 이동하도록 돕는 매개체로, 리튬이온의 이동을 촉진시켜 전도성을 높이는 매개체의 역할도 한다. 또한 전자의 경우 외부 도선으로만 이동하도록 유도시키는 역할을 한다. 한편으로는 안전을 위해 전기화학적 안정성, 발화점이 높아야 한다.

전해질은 배터리 내부의 양극과 음극 사이에서 리튬이온이 원활하게 이동하도록 돕는 매개체이다. 전해질은 리튬이온의 원활한 이동을 위해 이온전도도가 높은 물질이어야 하며, 안전을 위해 전기화학적 안정성, 발화점이 높아야 한다. 또한 전자의 경우 출입을 막아 외부 도선으로만 이동하도록 만들어야 한다.

현재로서는 이러한 역할을 할 수 있는 최선의 선택으로 액체 전해질이 널리 사용되고 있는데, 안전성과 성능이 더 뛰어난 고체나 젤 형태 전해질에 대한 연구도 활발히 진행되고 있다.

앞서 양극과 음극을 설명할 때 리튬이온은 전해액을 통해 이동하고, 전자는 도선을 통해 이동한다고 했는데, 이온은 전해액으로 이동하고, 전자는 도선으로 이동하게 하는 것이 배터리에서 전기를 사용할 수 있는 가장 중요한 포인트(point, 핵심)이다.

만약 전자가 도선이 아니라 전해액을 통해 이동하게 되면 전기를 사용할 수 없는 것은 물론이고, 안전성까지 위협받게 된다.

전해액이 바로 그 역할을 수행하는 구성요소인데, 양극과 음극 사이에서 리튬이온만을 이동할 수 있도록 하는 매개체인 셈이다. 전해액은 리튬이온을 잘 이동시킬 수 있도록 이온전도도가 높은 물질이 주로 사용된다.

전해액은 염, 용매, 첨가제로 구성되어 있는데, 염은 리튬이온이 지나갈 수 있는 이동 통로, 용매는 염을 용해시키기 위해 사용되는 유기 액체, 첨가제는 특정 목적을 위해 소량으로 첨가되는 물질이다.

이렇게 만들어진 전해액은 이온들만 전극으로 이동시키고, 전자는 통과하지 못하게 하는데, 전해액의 종류에 따라 리튬이온의 움직임이 둔해지기도 하고 빨라지기도 한다. 그래서 전해액은 까다로운 조건들을 만족해야만 사용이 가능하다.

그림 3.48은 전해액의 역할을 비유를 통해 쉽게 설명한 것이다.

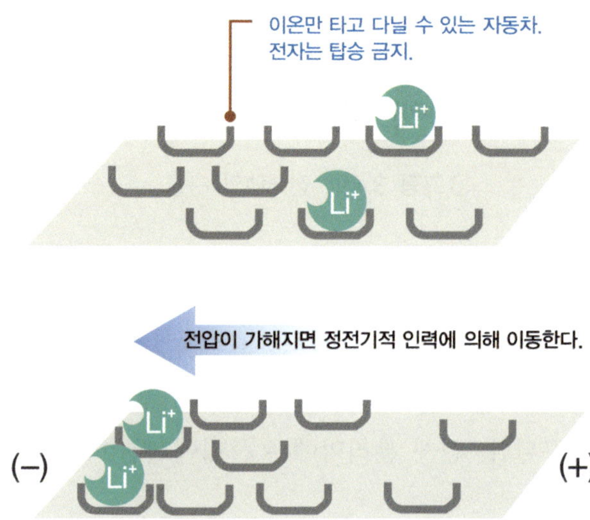

그림 3.48 전해액의 역할

전해액은 양극과 음극 사이 리튬(Li^+)이온의 이동을 가능하게 하는 물질이다.

리튬염은 리튬이온이 이동할 수 있는 통로의 역할을 수행한다. 그렇기 때문에 기본적으로 용매에 쉽게 용해되거나 해리(解離, dissociation: 화합물이 이온으로 분리되는 현상)가 잘 돼야 하며, 이렇게 해리된 이온들이 잘 이동할 수 있어야 한다. $LiPF_6$(리튬 · 인산 · 불소)이 대표적인 리튬염의 한 종류이다.

유기용매는 리튬염을 잘 용해시켜 리튬이 원활하게 이동할 수 있도록 해준다. 이온 화합물을 잘 분리시킬 수 있도록 리튬염에 대한 용해도가 커야 하며, 리튬의 이동이 원활하도록 점도가 낮아야 한다.

첨가제는 소량으로 첨가되는 물질로써 양극이나 음극 표면에 보호막을 형성하는 역할을 하며, 리튬이 양극과 음극 사이를 원활하게 이동할 수 있도록 도와주고 배터리의 성능이 악화되는 것을 방지하는 핵심적인 역할을 한다.

그림 3.49는 전해액의 구성을 나타낸다.

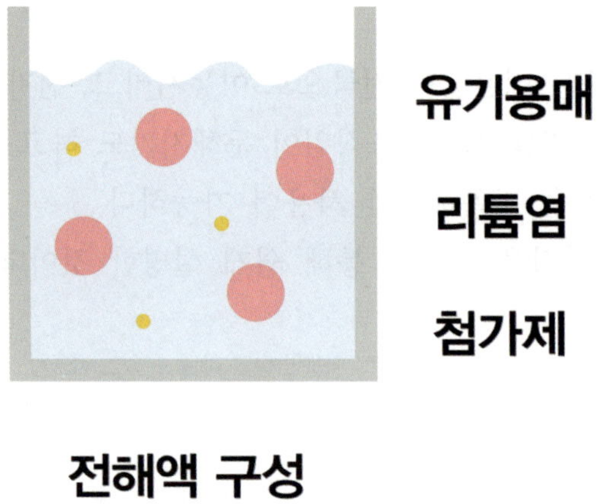

그림 3.49 전해액의 구성

⑥ 분리막

양극과 음극 사이를 분리해주는 역할과 양극과 음극의 물리적인 접촉을 차단하는 역할을 한다. 미세한 구멍이 있어 리튬이온이 이동할 수 있다. 분리막은 안전을 위해 높은 전기절연성과 열안전성이 요구된다. 현재 분리막에는 폴리에텔렌(PE)과 폴리프로필렌(PP)이 많이 사용된다.

워라밸(Work and Life Balance의 줄임말로, 일과 삶의 균형을 뜻한다)을 위해 집에서의 휴식과 회사에서의 일은 확실히 분리해야 하듯, 분리막은 양극과 음극의 물리적 접촉을 차단하는 역할을 한다. 분리막에는 미세한 구멍(기공, pore)이 있어 리튬이온이 이동할 수 있도록 되어 있는데,

양극과 음극 간의 접촉은 막고 이온은 이동이 가능해야 하는 것이다.

분리막은 안전을 위해 높은 전기절연성과 열안정성이 요구되며, 일정 이상의 온도에서는 자동으로 이온의 이동을 막는 기능도 갖춰야 한다. 현재 분리막에는 폴리에틸렌(PE)과 폴리프로필렌(PP)이 널리 쓰이고 있는데, 배터리 소형화를 위해 분리막을 얇게 만들기 위한 연구 또한 이뤄지고 있다.

양극과 음극이 배터리의 기본 성능을 결정한다면 전해액과 분리막은 배터리의 안전성을 결정짓는 구성요소라고 할 수 있다.

분리막은 양극과 음극이 서로 섞이지 않도록 물리적으로 막아주는 역할을 담당하고 있으며, 전자가 전해액을 통해 직접 흐르지 않도록 하고, 내부의 미세한 구멍을 통해 원하는 이온만 이동할 수 있게 만든다. 즉, 물리적인 조건과 전기화학적인 조건을 모두 충족시킬 수 있어야 한다. 현재 상용화된 분리막으로는 폴리에틸렌(PE), 폴리프로필렌(PP)과 같은 합성수지(폴리머, polymer)가 있다.

앞으로도 세계적으로 배터리 성능 발전을 위해 신소재의 고도화를 위해 기존 소재의 성능 향상과 핵심기술에 대한 지속적인 연구개발 노력이 계속되고 있다. 리튬이온 배터리의 고용량·고효율 혁신으로 우리 삶의 풍요를 가져올 미래 배터리 산업을 이끌어 나가는 신기술 및 신개발도 지속될 것이다.

㉠ 분리막의 역할

분리막의 소재로는 폴리올레핀(PO), 폴리프로필렌(PP) 등과 같이 절연 특성이 뛰어난 고분자 소재가 사용되고 있다.

- 배터리 내부에서 양극과 음극이 접촉하지 않도록 분리하고 있다.
- 보이지 않는 매우 미세한 기공(pore, 공기 구멍)을 가지고 있어, 그 구멍을 통해 리튬이온이 양극과 음극 사이를 이동할 수 있도록 하는 역할을 하고 있다.
- 배터리 내부 온도가 일정 수준 이상 올라가게 되면, 분리막 표면에 위치한 기공들이 막혀 리튬이온의 이동을 차단해 내부적으로 쇼트(short, 합선) 발생을 방지한다.
- 분리막은 높은 기계적 강도를 지니고 있어 강한 힘을 받을 때 배터리 내부에서 발생하는 부산물이나 이물질들을 막아 안전성을 확보하는 역할을 한다.
- 폴리에틸렌(PE), 폴리프로필렌(PP) 수지 등에 세라믹 등을 코팅하여 만들어진 다공성 막으로 리튬(Li)이온은 통과할 수 있고 전자는 이동할 수 없게 한다.

그림 3.50은 분리막의 역할(기능)을 나타낸 도식도이다.

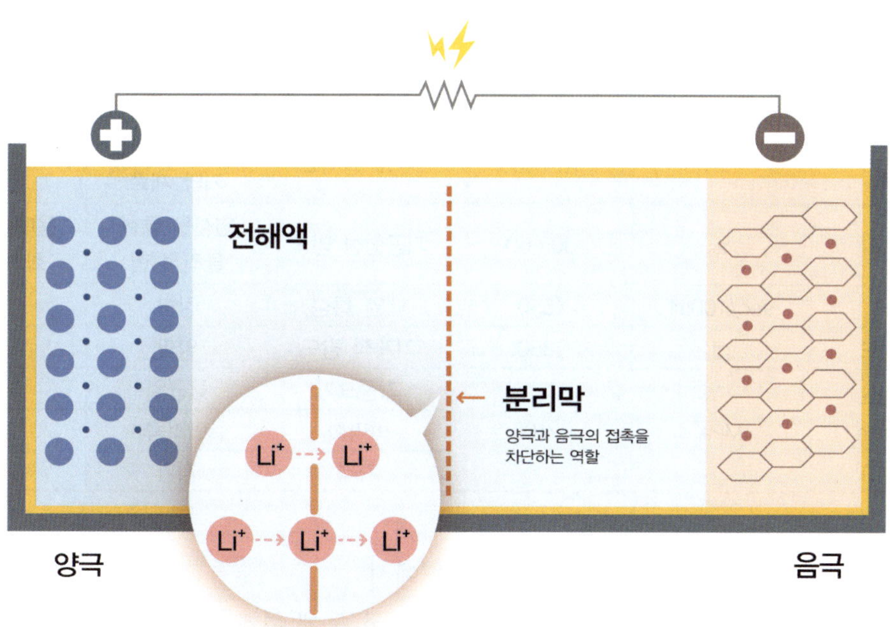

그림 3.50 분리막의 역할(기능)

ⓛ 분리막 구조 및 특성

그림 3.51과 표 3.20은 분리막의 구성과 특성을 나타낸 것이다.

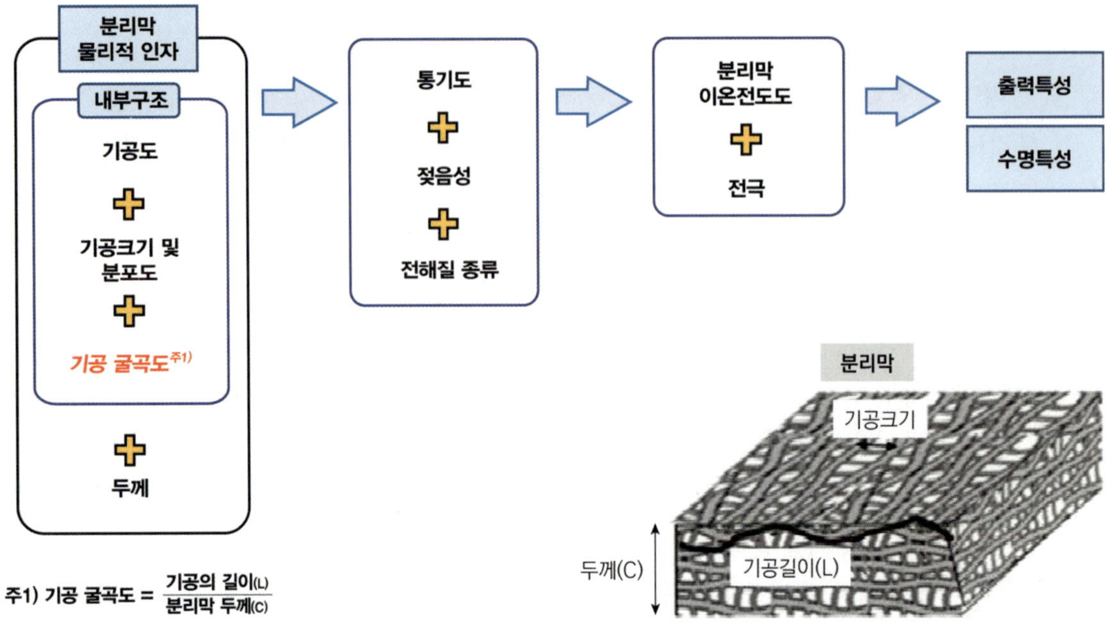

그림 3.51 분리막 구성(분리막의 물리적 인자 및 전기화학적 특성의 상관관계)

▶ 표 3.20 분리막 특성

구분	단위	내용	구분	건식	습식
두께	㎛	10~25	필름 단면 구조	2~3층	단층
기공크기	nm	10~500	주요 원재료	PP, PE, 기타 재료	PE, 용제, 기타 첨가제
기공도	%	30~60	기공형성 방식	연신을 통한 물리적 힘	용매를 이용한 화학적 추출
통기도	sec/100ml	〈650	내열 특성	강함	약함
뚫림강도	gf	〉350	기계적 강도	약함	강함
인장강도 (machine direction)	MPa	~100	기공크기	불균일	균일
			박막화	어려움	쉬움
			가격	저가	고가

ⓒ 리튬이온배터리(LIB) 분리막의 특허기술 예시

다음 그림 3.52에서 예시하는 특허는 미국, 한국 등에 특허 등록된 발명의 명칭 "엠보싱된 미소공성 막 배터리 분리기 재료 그리고 그의 제작 방법 및 용도(EMBOSSED

MICROPOROUS MEMBRANEBATTERY SEPARATORMATERIALS ANDMETHODS OFMANUFACTURE ANDUSE THEREOF)"의 인용이다.

분리막 특허기술

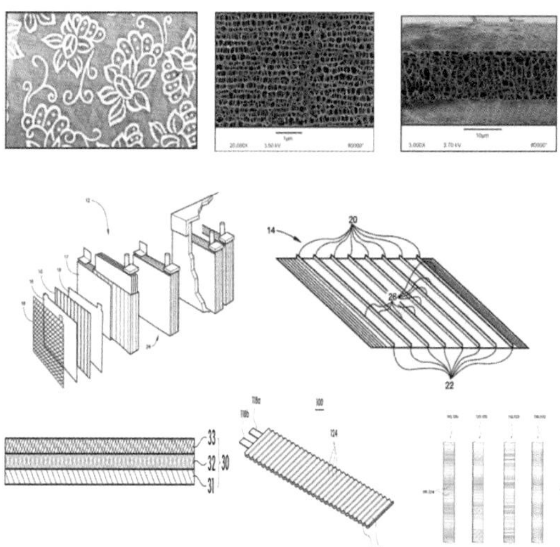

특허 내용

엠보싱된 미소공성 막들뿐만 아니라 엠보싱된 미소공성 막들을 포함하는 물품들(예를 들어, 배터리 분리기들, 재료들, 텍스타일들, 복합물들 및 적층물들)이 기재된다. 또한 엠보싱된 미소공성 막들을 만드는 방법들 및 또는 사용 방법들이 제공된다.

배터리의 수명을 연장하기 위한 배터리 분리막은 분리막 및 전도층을 포함한다. 상기 전도층은 상기 분리막 상에 배치되어 있다. 상기 전도층은 상기 배터리의 양극과 접촉하도록 형성되며 상기 양극으로 흘러들어가는 전류와 상기 양극으로부터 흘러나오는 전류에 대해 새로운 길을 제공한다.

본 발명은 플렉서블 배터리용 분리막에 관한 것으로서, 지지체층, 상기 지지체층의 일면 또는 양면에 적층된 내열성 고분자 섬유웹층, 및 상기 내열성 고분자 섬유웹층의 상단면에 적층되고, 플렉서블 배터리의 벤딩에 따른 조립체와 분리막의 유격을 방지하는 팽윤성 고분자 섬유웹층을 포함한다.

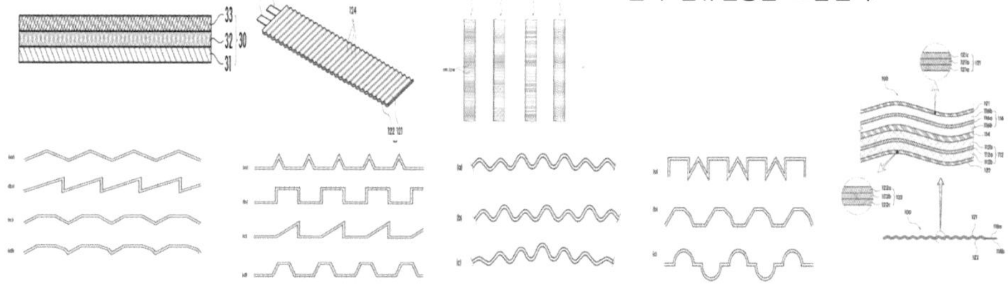

➲ 그림 3.52 분리막 관련특허의 예시

㉣ 현재 상용화된 분리막

분리막이란 앞에서 설명한 것처럼 양극과 음극을 분리해주고, 그 사이에서 이온이 원활하게 움직이게 해주는 막을 말한다. 이 분리막에는 여러 가지 요구 조건들이 있다.

현재 상용화된 분리막 재료 - 폴리올레핀(Polyolefin) 계열

- 장점
  - 가격
  - 적절한 기계적 특성
- 단점
  - 녹는점(135~165°C)
  - 전해액에 대한 낮은 친화성
  - 고전압 산화 가능성

㉤ LAGP 복합분리막 코팅

LAGP($Li_{1.5}Al_{0.5}Ge_{1.5}(PO_4)_3$)는 리튬이온과 세라믹의 합성체로 이온전도도가 높은 물질이다. 리튬이온 배터리에서 전극으로 이용되던 물질이다. 이 LAGP 입자의 분사를 통해 폴리프로필렌(PP)에 얇게 코팅해 기존 분리막의 단점인 열적 · 화학적 안정성, 젖음성, 기계적 강도 강화를 제시한다.

AL-PP 분리막(수산화 알루미늄을 코팅한 폴리프로필렌 분리막)과 비교했을 때 LAGP-PP 분리막은 이온 확산 채널을 통해 확산하는 AL-PP 분리막과는 다르게 LAGP 입자를 통한 확산으로 인해 더 높은 이온전도성을 보여준다(출처 : Asymmetrically coated LAGP/PP/PVDF-HFP composite separator film and its effect on the improvement of NCM battery performance (rsc.org)).

표면과 단면의 구조

이렇게 제조된 LAGP-PP 분리막(리튬이온과 세라믹의 합성체를 폴리프로필렌에 얇게 코팅한 폴리프로필렌 분리막)을, 일반 폴리프로필렌 분리막(PP 분리막)과 그리고 수산화 알루미늄을 코팅한 폴리프로필렌 분리막(AL-PP 분리막)과 비교해 보도록 한다.

사진 3.13은 FESEM(Field Emission-Scanning Electron Microscope, 전계방사형-주사전자현미경)으로 찍은 사진이다. 위에서부터 차례대로 LAGP, 알루미늄, 일반 폴리프로필렌 분리막이고 왼쪽은 표면을 보여주며, 오른쪽은 단면 모습을 보여주는 사진이다.

일반 폴리프로필렌 분리막은 두께가 대략 20μm이고, 코팅층은 둘 다 5μm이다. 일단 아무 코팅이 없는 폴리프로필렌(PP)의 경우 다공성 구조를 관찰할 수 있다. 다른 두 물질과 다르게 아무런 코팅이 없기에 두께가 가장 얇아 이온전도도는 가장 높다. 하지만 열적 안정성, 산화 가능성, 소수성 등 보완이 필요한 여러 성질 개선이 필요했다. 이를 보완하기 위해 무기 입자 코팅을 고안해낸 것이다.

첫 번째로, AL-PP는 수산화 알루미늄을 폴리프로필렌 분리막에 코팅한 것이다

두 번째로, LAGP는 앞의 과정을 통해 폴리프로필렌에 LAGP 입자를 코팅한 것이다.

이 두 가지 복합 분리막의 표면을 보면 AL-PP 분리막이 LAGP-PP 분리막에 비해 표면 입자 크기가 작은 것을 알 수 있다.

입자의 크기가 클수록 기공(pore)이 작아져서 이온이 확산되는 통로가 줄어드는 경우가 일반적이다.

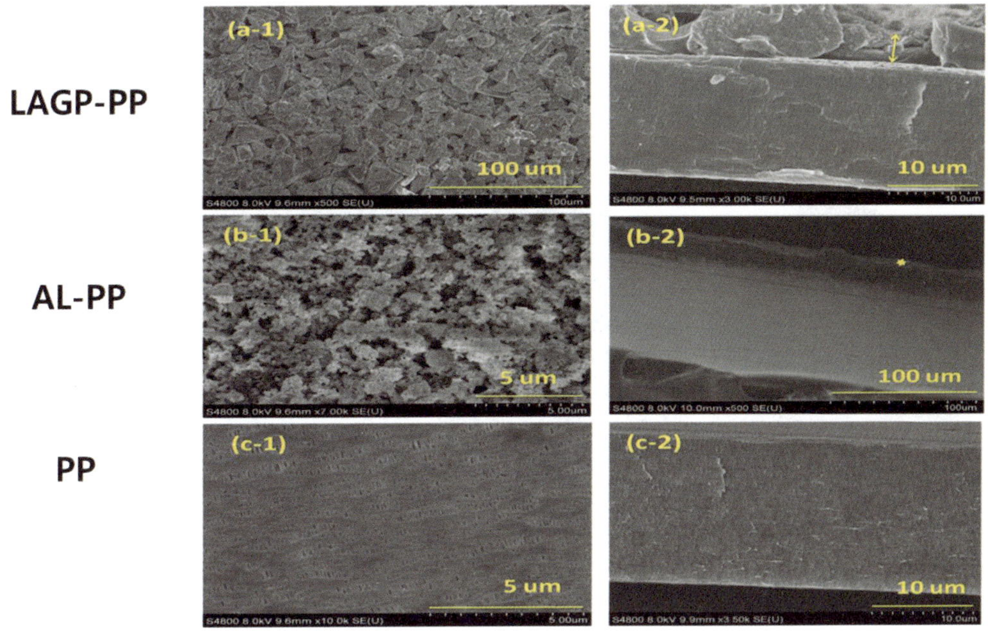

(a) 표면 모습　　　　(b) 단면 모습

사진 3.13 LAGP-PP, AL-PP, 일반 PP 분리막의 비교

기존 물질과의 비교

사진 3.14는 LAGP-PP 분리막(리튬이온과 세라믹의 합성체를 폴리프로필렌에 얇게 코팅한 폴리프로필렌 분리막)을 일반적으로 사용되고(상용) 있는 폴리프로필렌 분리막(PP 분리막)과 여러 가지 특성(열적 안정성, 전해액과의 친화성, 전해액 젖음성 등)을 비교한 자료이다.

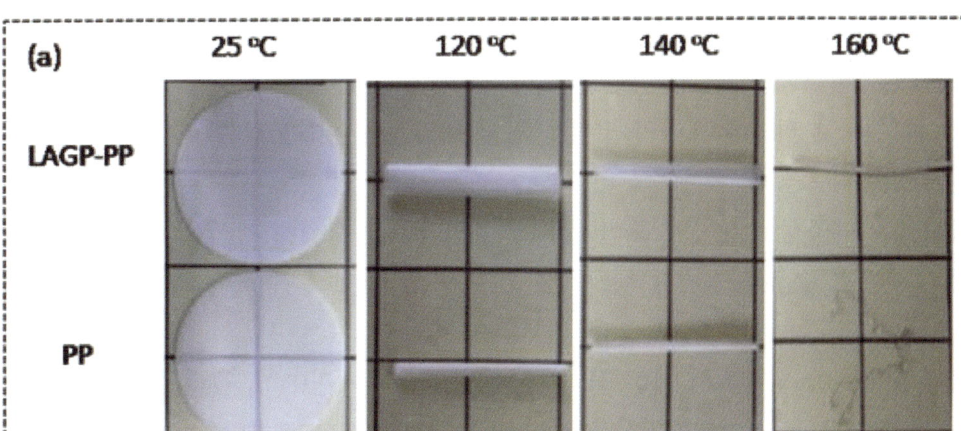

(a) 열적 안정성 비교

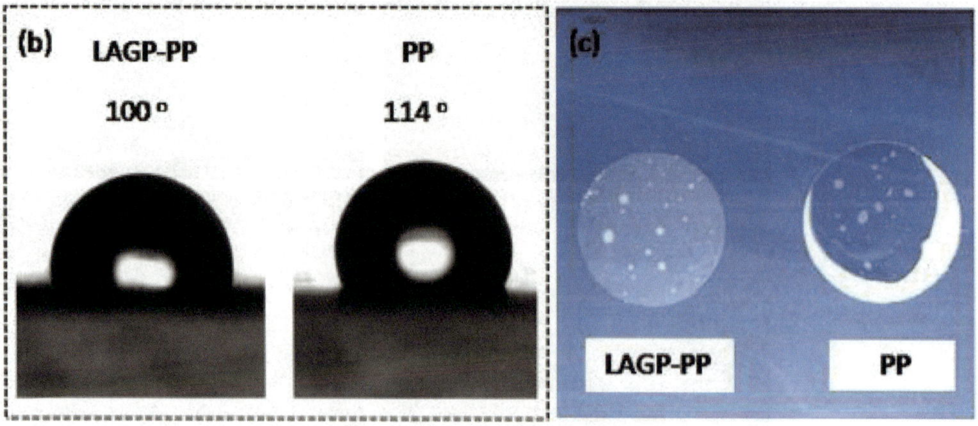

(b) 전해액과의 친화성 비교　　　　　　　(c) 전해액 젖음성 비교

사진 3.14 LAGP-PP와 일반 PP 분리막의 특성 비교

• 정리

앞에서 설명한 내용을 정리하여 요약하면 표 3.21과 같다.

표 3.21 상용 PP 분리막과 LAGP-PP 분리막의 특성 비교

	상용 PP 분리막	LAGP-PP분리막
열적 안정성	low	high
젖음성	low	high
산화 저항성	low	high
이온전도도	high	low

ⓑ 복합체 분리막

LG화학 세라믹 코팅복합 분리막

LG화학에서 분리막에 세라믹 코팅을 입혀 내열성을 강화시킨 안전성 강화 분리막(SRS)을 개발했다.

강화막은 다공성 고분자막 표면에 세라믹 입자층을 형성해 생성한다. 고온에서도 분리막의 기계적 수축을 방지해 내구성과 내열성 및 기계적 특성 강화가 가능해 안정성이 증가된다.

사진 3.15는 LG화학에서 기존 폴리올레핀계 폴리올레핀(PO), 폴리프로필렌(PP) 분리막에 세라믹 코팅을 입혀 내열성을 강화시킨 안전성 강화 분리막(SRS)의 전자현미경으로 촬영한 단면 모습이다.

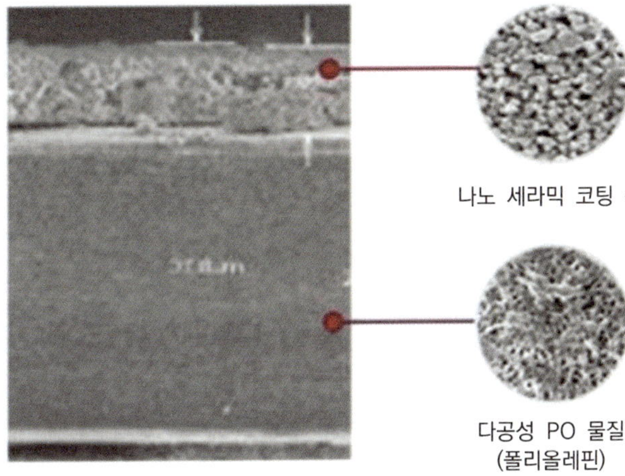

사진 3.15 LG화학의 안전성 강화 분리막(SRS) 제품의 전자현미경 단면 모습

SK이노베이션 세라믹 코팅 복합 분리막

SK이노베이션은 분리막에 자체 개발한 혼합 무기물 층을 보강시킨 세라믹 코팅 분리막(CCS)을 개발했다.

- 분리막은 다공성, 내열성, 내공성, 절연성, 얇은 두께, 우수한 강도 등의 특징이 요구된다.
- 분리막 면적의 약 70%까지 기공도를 확보하게 되면 이온의 이동이 많아져 에너지밀도는 올라가게 되지만 기계적인 물성이 약해진다. 이를 극복하기 위해 전해액과 친화성을 갖는 세라믹 코팅 처리를 했다.
- 또한 기존 분리막 기초 소재인 폴리에틸렌(PE) 대비 고내열, 고강도 특성을 가지는 슈퍼엔지니어링(super engineering) 플라스틱도 개발 중이다.

이의 특징은 세라믹 코팅 없이 두께와 무게는 감소하고 에너지밀도는 상승한다는 것이다. 사진 3.16은 SK이노베이션에서 개발한 세라믹 코팅 분리막(CCS)의 전자현미경으로 촬영한 표면 모습이고, 그림 3.53은 1세대 폴리에틸렌에 적용한 세라믹 코팅 분리막(PE film)부터 4세대 슈퍼엔지니어링(super engineering) 플라스틱 활용 초박막 필름(film)까지의 기술개발 단계를 보여준다.

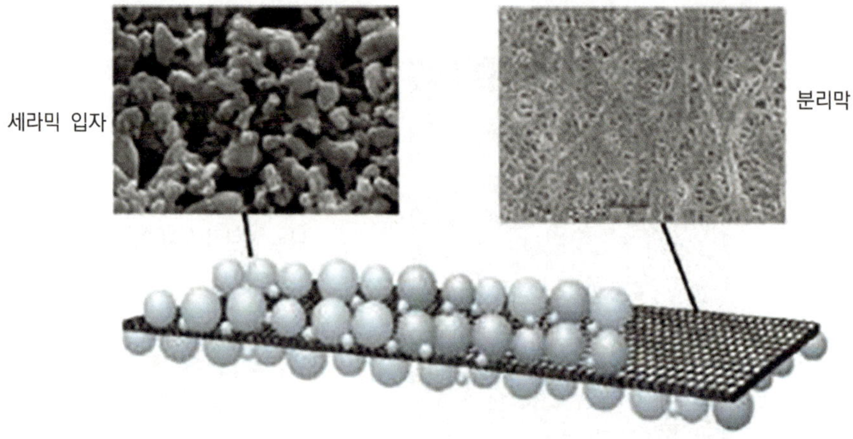

사진 3.16 SK이노베이션의 세라믹 코팅 분리막(CCS) 표면 모습

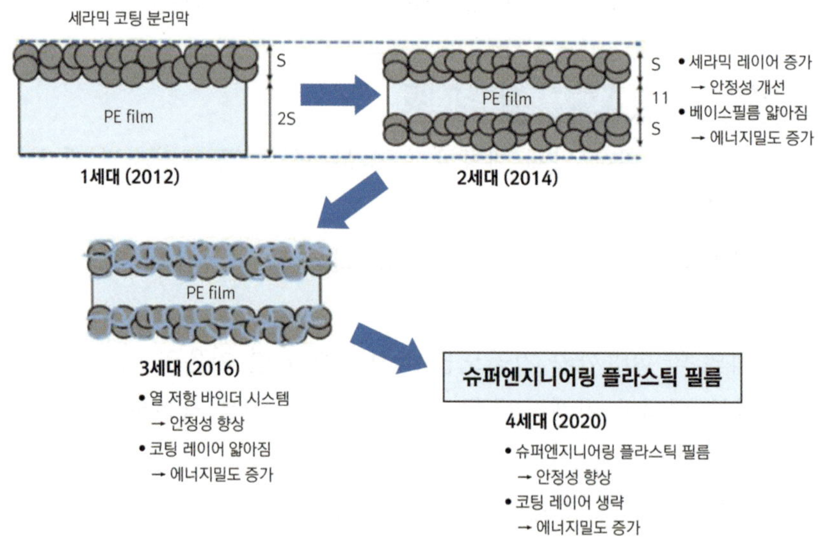

그림 3.53 1세대 세라믹 코팅 분리막(PE film)부터 4세대 슈퍼엔지니어링(super engineering) 플라스틱 활용 필름(film)까지의 기술개발 단계

⑦ 리튬이온전지에 사용되는 가스켓(Gasket)

리튬이온전지에 사용되는 가스켓 재료는 내전해액성, 압축영구 줄음률, 비오염성, 저온성이 요구된다. EPDM(Ethylene Diene Monomer), NBR(Nitrile Butadiene Rubber), FKM(Fluoro elastomers)에 카본블랙 및 실리카계 충전제의 함량을 조정하여 혼합물(compound, 화합물)을 만든다.

표 3.22는 이렇게 배합된 혼합물(compound)을 리튬이온전지의 작동환경을 고려하여 고무 재료의 물리적 · 화학적 특성에 대해 검토한 논문의 예시이다.

▶▶ **표 3.22** 고무재료의 물리적·화학적 특성 - 논문의 물성 데이터 예시

Table 1. Formulations of Compounds on EPDM

	E1	E2	E3	E4	E5
KEP 2320	100	100	100	100	100
ZnO	5	5	5	5	5
DCP	5	5	5	5	5
SRF	-	10	30	-	-
Nyad #400	-	-	-	10	30

Table 2. Formulations of Compounds on NBR

	A1	A2	A3	A4	A5
DN407	100	100	100	100	100
ZnO	5	5	5	5	5
Sulfur/TT/CZ			1.5/2/2		
SRF	-	10	30	-	-
Nyad #400	-	-	-	10	30

Table 3. Formulations of Compounds on FKM

	A1	A2	A 3	A 4	A 5
E60C	100	100	100	100	100
MgO	3	3	3	3	3
Rhenofit CF	6	6	6	6	6
SRF	-	10	30	-	-
Nyad #400	-	-	-	10	30

Table 4. Formulations of Compounds on EPDM

	E1	E2	E3	E4	E5
Hardness	53	56	64	56	60
Tensile strength(kgf/cm^2)	16	40	82	19	24
Elongation(%)	215	212	194	224	232

Table 5. Formulations of Compounds on NBR

	A1	A2	A3	A4	A5
Hardness	53	55	64	53	57
Tensile strength(kgf/cm^2)	32	43	96	32	35
Elongation(%)	270	251	258	271	299

Table 6. Formulations of Compounds on FKM

	F1	F2	F3	F4	F5
Hardness	60	70	91	66	74
Tensile strength(kgf/cm^2)	111	155	182	109	138
Elongation(%)	261	219	152	220	188

〈비고〉 재료기초물성: Table 4~6과 같이 충전제를 투입하지 않은 E1, A1, F1이 50~60도의 경도를 나타내는 반면, 카본블랙을 투입 시 경도 및 인장강도가 급격히 증가됨.
실리카계 충전제인 Nyad#400은 SRF에 비해 소폭 상승, 입자경이 작은 SRF가 Nyad#400보다 보강 효과가 우수함.

○ 물리적·화학적 영향

충전제의 함유량을 조정한 혼합물(compound)에 대해 리튬이온전지의 전해액 평가를 위해 80℃의 PC(Propylene carbonate, 프로필렌 카보네이트)를 침적하여 각 70hr, 250hr, 500hr, 750hr, 1000hr(hour, 시간) 후의 경도 및 체적 변화율을 살펴본 결과 EPDM의 경우 NBR 및 FKM에 비해 전해액에 대한 경도변화 및 체적 변화가 없으나 NBR과 FKM은 팽윤현상이 발생한다.
리튬이온전지의 고무실링(sealing)은 원료 고무의 영향을 가장 크게 받고 있으며 EPDM이 리튬이온전지에서 요구하는 특성을 모두 만족하는 것으로 나타났다.
카본 및 실리카계 충전제의 투입을 통하여 전해액에 대한 체적 변화가 감소하는 것을 확인할 수 있으며, 카본블랙 충전제가 압축 영구 줄음율 등의 특성이 우수했다.
또한 모든 고무에 충전제를 투입하여도 절연효과가 우수하게 나타나 충전제에 의한 영향은 검증이 어려우며, 리튬이온전지의 고무실링 부품은 EPDM에 카본블랙이 충전된 고무배합이 적절함을 알 수 있다.

05 분리막 소재

1) 고분자 재료(Plastic, 플라스틱)

(1) 고분자 재료

① 고분자(高分子) 재료의 정의

플라스틱(plastic)이란 "고분자 물질을 주원료로 하여 인공적으로 유용한 형상으로 만든 고체이다. 고분자 재료, 중합체(polymer, 폴리머), 합성수지(synthetic resin)라고도 한다. 단, 섬유, 고무, 도료, 접착제 등은 제외한다"라고 정의하고 있다.

고분자 재료로 알려져 있는 플라스틱은 분자량이 10,000개 이상이 되는 것으로, 대체로 간단한 구조의 원자 집단(단량체, monomer, 고분자를 만드는 '단위분자'이다)이 열이나 압력 또는 촉매 등의 작용으로 다수 결합하여 생긴 중합체(重合體)이다. 의미 그대로 많은 분자들(高分子, high polymer)로 구성되어 있다.

분자의 구성은 고분자 재료의 기본적인 성질을 결정한다. 고분자는 모노머(monomer)라는 비교적 간단한 단위로부터 화학적인 중합공정을 통해 만들어지는 폴리머(중합체, polymer)이다. 산업용, 생활용품 등 상업적으로 사용되는 대부분의 고분자 재료는 가소성(可塑性, plasticity) 등과 같은 특수한 기능을 부여할 목적으로 가소제, 안정제, 충전제 및 다른 첨가제와 함께 사용한다. 가소성이란 어떤 고체에 잠시 변형되거나 탄성을 일으키는 힘보다는 크고, 파손되거나 깨뜨리는 힘보다는 작은 중간 정도의 힘을 가했을 때 그 형태가 영구히 변해 버리는 성질이다. 고체는 이 가소성 때문에 힘을 가해도 파열되지 않고 영구적인 변형을 하는데, 이를 소성변형이라고 한다. 고분자 재료인 수지는 열가소성과 열경화성 수지로 구분하며, 일반적으로 널리 사용되는 열가소성 수지는 다시 결정성, 비결정성, 액정 고분자 재료로 분류된다.

② 고분자 재료의 분자구조, 결합방법 및 제조

고분자는 분자 간의 상호작용이나 중합과정을 통하여 분자나 모노머(monomer)가 연속된 사슬 형태의 구조를 갖는 집합체, 즉 중합체이다. 모노머(단량체)는 고분자 재료를 형성하는 기초단위인 단위분자이다. 분자는 탄소(C) 원자와 다른 원소들 간의 공유결합으로 연결되어 있다. 탄소는 주로 수소(H), 질소(N), 산소(O), 불소(F), 실리콘(Si), 황(S), 염소(Cl) 등과 연결을 이룬다. 그림 3.54와 같이 가장 단순한 형태의 모노머는 에틸렌(ethylene)이다.

고분자를 합성하는 방법 중 하나는 단위분자를 계속 연결시켜 주어 분자량을 늘려가는 것이다. 열과 압력이 가해지는 상태에서 촉매에 의하여 단위분자가 연속·중복해서 결합하게 된다. 안정된 상태에서는 에틸렌의 탄소원자가 이중결합을 유지하지만 중합과정에서는 풀어져 다른 에틸렌과 결합한다. 이처럼 이웃한 분자 또는 단량체(모노머, monomer)가 아주 많이 결합한 결과로서 분자량이 10,000개 이상이 되는 고분자 재료가 생성된다. 이 과정을 중합(重合, polymerization)이라고 하며, 고분자의 종류에 따라 여러 가지 중합방법이 사용된다.

그림 3.55는 에틸렌(ethylene)이 중합돼 만들어진 중합체 폴리에틸렌(Polyethylene)의 분자 구조이다.

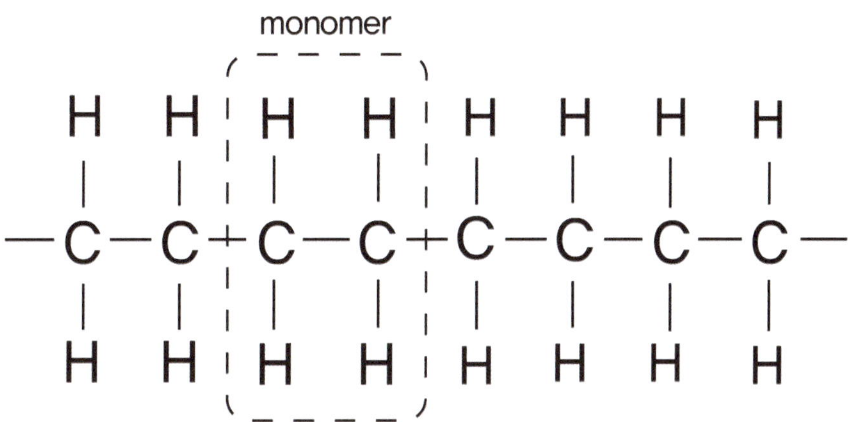

그림 3.54 중합(polymerization)을 통한 고분자 재료인 폴리에틸렌(Polyethylene)의 형성

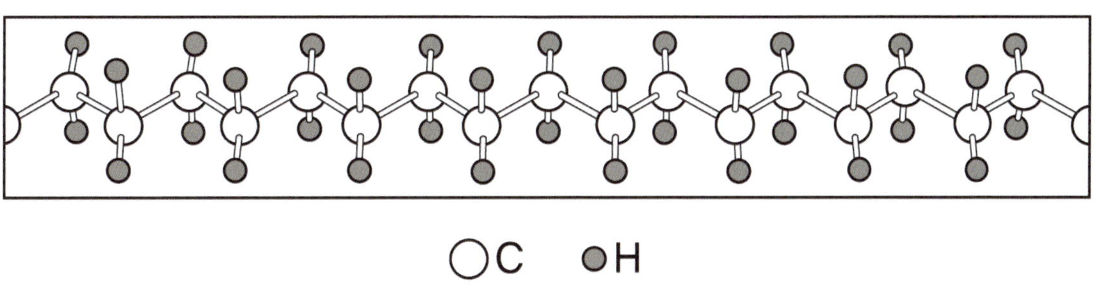

그림 3.55 폴리에틸렌(Polyethylene)의 지그재그식 등뼈모양(zigzag backbone)의 분자 구조

그림 3.56과 같이 에틸렌 모노머의 수소 한 개를 염소(Cl)로 치환하면 염화비닐(vinyl chloride)이 되고, 이를 중합하면 PVC(Polyvinyl chloride, 폴리염화비닐)가 만들어진다. 그림 3.57과 같이 4개의 수소 모두를 불소(F)로 치환시킨 모노머를 중합하면 불소수지(PTFE, Polytetrafluoroethylene, 폴리테트라플루오로에틸렌), 즉 테플론(teflon)을 제조할 수 있다. 이 테플론은 미국 듀폰(DuPont)사에서 개발해 판매하는 불소수지이다. 불소수지는 내열성과

전기 절연성 등이 뛰어나 자동차 부품과 같은 기계나 전기 분야에 널리 쓰이는 엔지니어링 플라스틱(engineering plastic)의 하나이다.

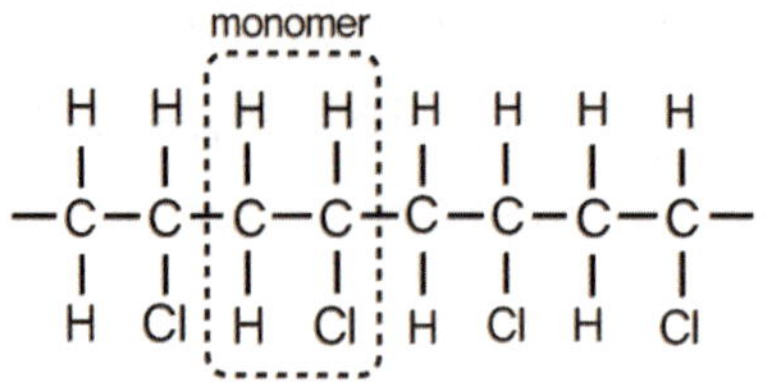

(a) 다양한 폴리머의 모노머와 사슬 구조(폴리염화비닐)

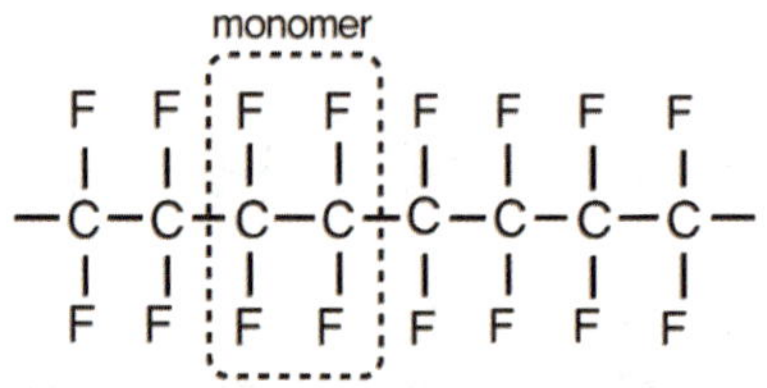

(b) 다양한 폴리머의 모노머와 사슬 구조(PTFE(테플론, teflon))

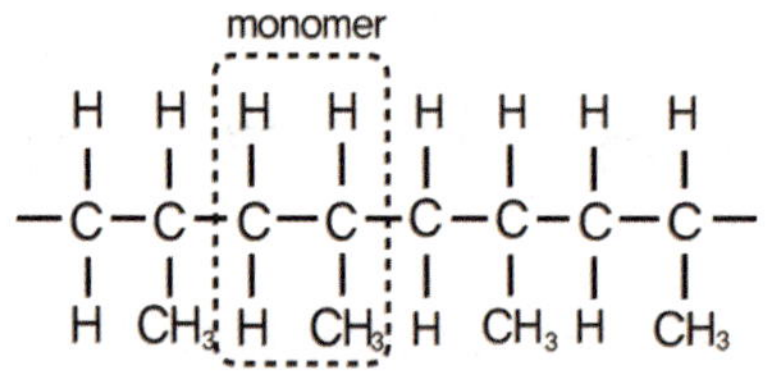

(c) 다양한 폴리머의 모노머와 사슬 구조(폴리프로필렌)

그림 3.56 다양한 폴리머의 모노머와 사슬 구조

그림 3.56과 같이 3개의 탄소(C)에 6개의 수소(H)가 공유결합(분자식은 C_3H_6)된 모노머인 프로필렌(propylene)을 중합하면 고분자 재료인 중합체 PP(폴리프로필렌, Polypropylene)를 제조할 수 있다.

고분자는 같은 성질의 모노머를 계속 결합시키거나 서로 다른 모노머를 일정 단위나 교대로 연속해서 결합시키는 중합 방법으로 다양한 성질을 갖는 고분자 재료를 만드는 것이다.

③ 고분자 재료의 결합구조

그림 3.57과 같이 고분자 사슬(chain, 체인)은 비교적 느슨한 결합(선형결합)의 직선모양 선형구조와 교차점에서 화학적으로 강하게 결합(가교결합, 교차결합)된 그물구조가 있다. 가지를 가진 선형 분자사슬은 열에 의하여 쉽게 결합이 해제되었다가 냉각되면서 고화(固化, solidification)가 이루어져 액체가 고체 상태로 변화하게 된다.

열가소성 수지는 가열과 냉각을 통하여 액체에서 고체로의 물리적인 상변화를 반복적으로 보여 주며, 원하는 형태로 형상화할 수 있어 산업용·공업용으로 널리 사용된다. 반복적인 상변화는 제품을 재사용할 수 있는 리사이클링(recycling, 재활용)이 가능하다. 그러나 반복되는 열과 전단에 의한 응력은 분자결합을 영구히 해제하여 재료의 분자량을 감소시키는 원인이 된다. 분자량의 감소는 재료의 물리적, 기계적 성질을 후퇴시키는 열화현상(劣化, degradation, 재료의 물성이나 성능이 시간이 지남에 따라 저하되는 현상)이 발생되기 때문에 반복 사용에 있어 횟수가 제한된다.

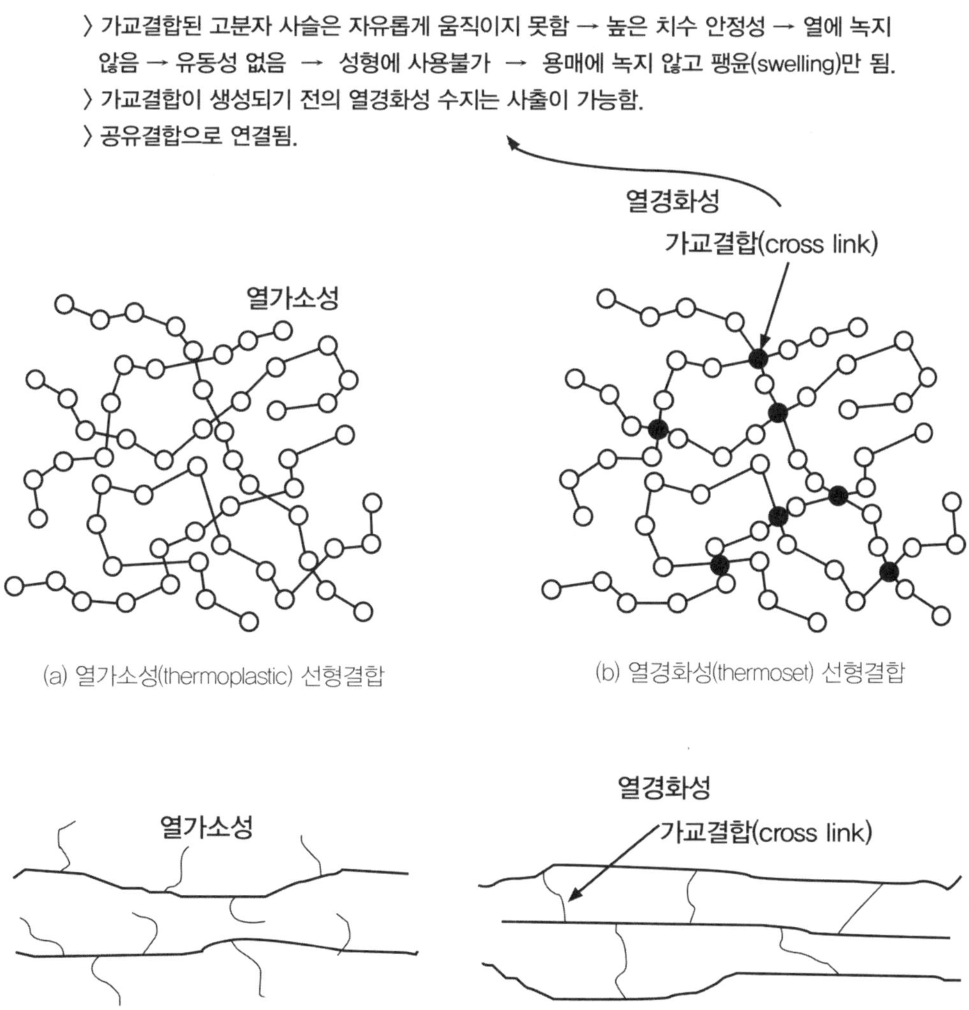

(a) 열가소성(thermoplastic) 선형결합 (b) 열경화성(thermoset) 선형결합

(c) 열가소성 가지결합 (d) 열경화성 가교결합

그림 3.57 열가소성과 열경화성 수지의 분자사슬 구조

그림 3.58과 같이 열경화성 수지는 일정한 온도에 도달하면 화학적 반응을 수반하여 3차원 가교결합(cross linking, 교차결합)을 이루게 된다.

열가소성 수지의 분자사슬(molecular chain)이 직선이나 직선에 가지(branch)를 갖는 단순한 결합인데 반하여, 열경화성 수지는 3차원 그물구조(network structure, 망상구조, 망목구조)를 가지고 있으며 그물의 연결부는 강하게 결합되어 있다.

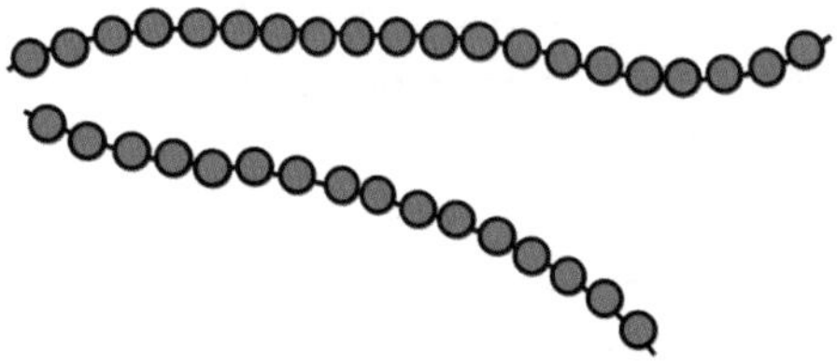

(a) 열경화성 3차원 직선사슬(three dimensional linear chain) 분자구조

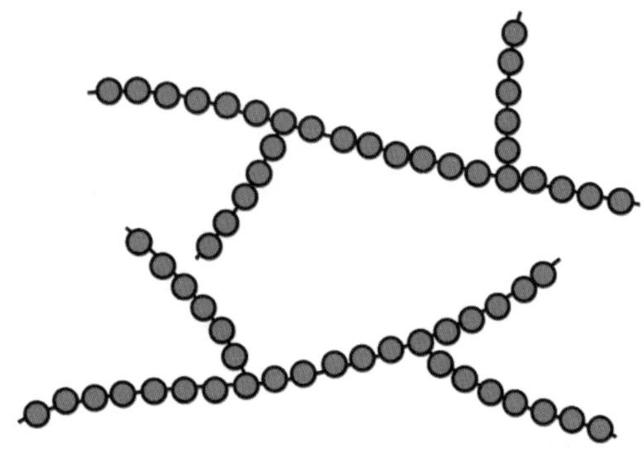

(b) 열경화성 3차원 가지사슬(three dimensional branched chain) 분자구조

(c) 열경화성 3차원 가교사슬(three dimensional crosslinked chain) 분자구조

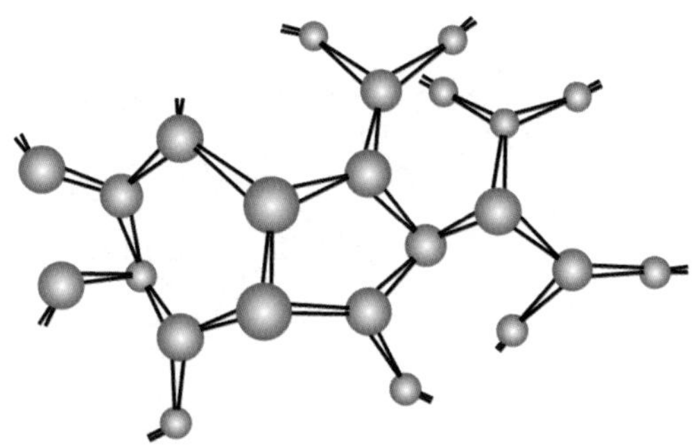

(d) 열경화성 3차원 그물사슬(three dimensional network chain) 분자구조

그림 3.58 열경화성 수지의 3차원 분자사슬(molecular chain) 구조

④ 사출성형용 고분자재료

사출성형(injection molding)이란 설계도면에 의한 원하는 제품이나 상품을 생산하기 위하여 우선 생산공정에서 수지를 가열해서유동상태(유동체)로 만들고 이재료를 닫혀진 금형(金型, die, 규격이 동일한 제품인 표준품을 대량 생산하기 위해 금속재료를 사용해 만든 '틀'로 금속제 주형(metal mold, permanent mold, die)이라고 한다)의 공동부(cavity)에 압력을 주어

(가압) 주입하여 금형(die) 내에서 고화(solidification)시킨 후 제품 모양을 갖춘 성형품(moldedpart)을 만드는 방법을 일컫는다. 스마트폰 등 IT 제품, 자동차, 전장, 가전, 전기전자 제품은 물론 각종 산업기계, 생활용품 등을 표준화하여 대량생산으로 만드는 데 활용된다.

(2) 열가소성 플라스틱과 열경화성 플라스틱

플라스틱을 구분하면 기본적인 성질에 따라 열가소성 플라스틱(thermoplastic)과 열경화성 플라스틱(thermosetting plastic) 2종으로 나누어진다.

① 열가소성 플라스틱

상온(常溫, 일정한 온도를 뜻하며 대개 20±5℃를 의미하며 실온과 같은 뜻으로 쓰이기도 한다)에서는 고체이지만 열을 가하면 녹아서 연화하여 유동체로 되고, 냉각되면 굳어져서 고체가 된다. 이 상태에서 다시 가열하면 앞의 과정을 반복할 수 있는 성질을 가진 플라스틱이다. 열가소성 플라스틱은 전체 고분자 재료로 만든 제품의 70% 이상을 차지한다. 성형(forming)이 쉽고, 재사용이 가능하여 재활용이 되며, 용도에 적합한 다양한 성질을 가지고 있다. 열가소성 플라스틱은 일반적으로 기능, 성능, 용도에 따라 범용 플라스틱(general purpose plastic)과 엔지니어링 플라스틱(engineering plastic)으로 분류할 수 있다.

② 범용 플라스틱(General purpose plastic, Commodity polymer)과 엔지니어링 플라스틱(Engineering plastic)

플라스틱은 가공성이 좋고, 녹이 슬지 않으며 가볍고 강인하고 전기부도체(電氣不導體)이며, 생산성이 우수하며(대량생산이 가능), 가격이 싸다는 점에서 기존의 금속 재료에 대체해서 또는 그것을 능가하는 기능성 재료로 아주 폭넓게 사용하게 되었다.

현재 급속한 과학기술의 발전과 재료·소재기술의 발전은 그 중심에 플라스틱과 관련 재료가 있기에 가능하다. 새로운 첨단 산업분야와 사용자의 요구에 대응하여 사용 용도에 따른 기능성이 세분화됨과 고도화되고 동시에 광범위한 용도에 적합한 재료로서 중요성이 날로 커지게 되어 재료·소재에 있어서 확고한 위치를 차지하기에 이르렀다.

석유를 원료로 하여 싼값으로 얻어지는 폴리스티렌(PS), 폴리프로필렌(PP), 폴리에틸렌(PE), 폴리염화비닐(PVC) 등을 범용 플라스틱이라 하며, 보다 내열성, 고강도, 내구성, 내충격성, 내식성, 치수정밀도가 좋은 재료가 요구되는 것은 당연하다.

결국은 금속재료의 우수한 점과 플라스틱 특유의 장점을 함께 가진 재료의 개발을 최상의 목표로 하고 있다. 이와 같은 플라스틱의 고성능화·고기능화는 원료, 제조공정, 생산량 등에서 자연히 원가구조의 상승으로 가격이 비싸게 되어 가성비(가격 대비 성능)와 연계되므로 성능과 가격의 균형이 사용자, 특히 제품설계자에 있어서 중요한 재료비(material cost) 구성에 있어서 해결해야 할 숙제로 남게 된다.

현재 일반적으로 범용 플라스틱은 가격도 싸고 성형이 용이한 것으로 정의되고 있으며, 엔지니어링 플라스틱(ENPLA, '엔플라'라고 약칭한다)은 산업용 기계부품에 적합한 고성능의 플라스틱으로 정의되며, 플라스틱 재료의 역사적 추세로 보아 범용 플라스틱에 비해 보다 '금속과 같은 물성치를 갖는 재료'로 생각해도 좋다.

이를 간략하게 정의하면 다음과 같다.

㉠ 범용 플라스틱(General purpose plastic)

가격도 싸고 성형이 용이한 것으로 다음의 예와 같은 플라스틱이다.

- ABS, PS, PE, PP, SAN, PMMA 등

㉡ 엔지니어링 플라스틱(Engineering Plastic)

기계부품에 적합한 고성능의 플라스틱으로 내열성, 탄성이 좋고, 기계적 강도 등의 특성을 향상시켜(고강도) 금속을 대체할 수 있도록 개발하여 주로 공업용도(산업용도)에 사용되며, 내열성 100℃ 이상, 인장강도 500kgf/cm^2 이상의 플라스틱을 말한다.

- PC, PA(Nylon), POM, PBT, PET(이상을 5대 엔지니어링 플라스틱이라 한다), PPE, PPS 등

금속이나 열경화성 수지의 대체 소재로 개발된 엔지니어링 플라스틱은 범용 플라스틱에 비해 투명성, 내열성, 내마모성 및 기계적 특성이 우수하여 전기, 전자, 자동차, 항공기 및 기계부품 등에 사용되는 고기능성 수지이다.

특히 최근에는 유리섬유나 탄소섬유 등을 합금(alloy)하여 금속의 특성에 한층 근접한 형태의 소재로 발전해 나가고 있다.

(3) 범용(일반) 엔지니어링 플라스틱(엔플라, ENPLA, Engineering Plastic)과 특수(슈퍼) 엔지니어링 플라스틱(엔플라)

나일론(PA, Nylon), 폴리아세탈(POM), 폴리카보네이트(PC), 폴리에틸렌테레프탈레이트(PET), 폴리부틸렌테레프탈레이트(PBT)를 5대 엔지니어링 플라스틱(ENPLA)이라고 한다. 생산량도 많고 용도도 광범위하게 사용되고 있다. 엔지니어링 플라스틱은 그 물성, 가공성, 보급도를 고려하여 그림 3.59와 같이 분류되고 있다. 사출성형용으로 널리 사용되고 있는 플라스틱은 30종 이상이다. 이 많은 플라스틱 중에서 그 성질, 가격 등을 이해하고 제품에 적용해야 할 것이다.

플라스틱(polymer, 수지)은 대량생산이 우수하고(양산성), 아주 가벼워서(경량성), 소형이

가능하며(소형화), 전기가 안 통하고(전기절연성), 녹슬거나 부식되지 않은 성질(내식성) 등 다른 소재보다 우수한 성질을 가지고 있어 기존에 사용되는 소재의 대체는 물론, 아주 다양하고 많은 새로운 용도로 개발되어 현재는 범용 및 첨단 소재로 그 사용범위를 넓혀가고 있다. 적용 분야는 일용잡화품 · 생활용품에서부터 첨단 정보통신제품, 자동차, 2차전지를 비롯한 배터리, 전기전자 분야, 반도체, 기계전장부품, 가전제품, 화학장치, 드론(drone, 무인비행기) 및 첨단산업인 항공우주산업 분야에 이르기까지 폭넓게 활용되고 있으며, 그 종류도 용도에 따라 아주 다양하다.

기본적인 성질과 기능 또는 사용하는 용도에 따라 여러 가지 방법으로 분류된다. 용도에 따라서는 범용플라스틱(general purpose plastic, commodity polymer)과 엔지니어링 플라스틱(engineering polymer)으로 나뉜다. 엔지니어링 플라스틱은 그림 3.59와 같이 엔지니어링 플라스틱(1그룹)과 슈퍼엔지니어링 플라스틱(2그룹)으로 나뉜다.

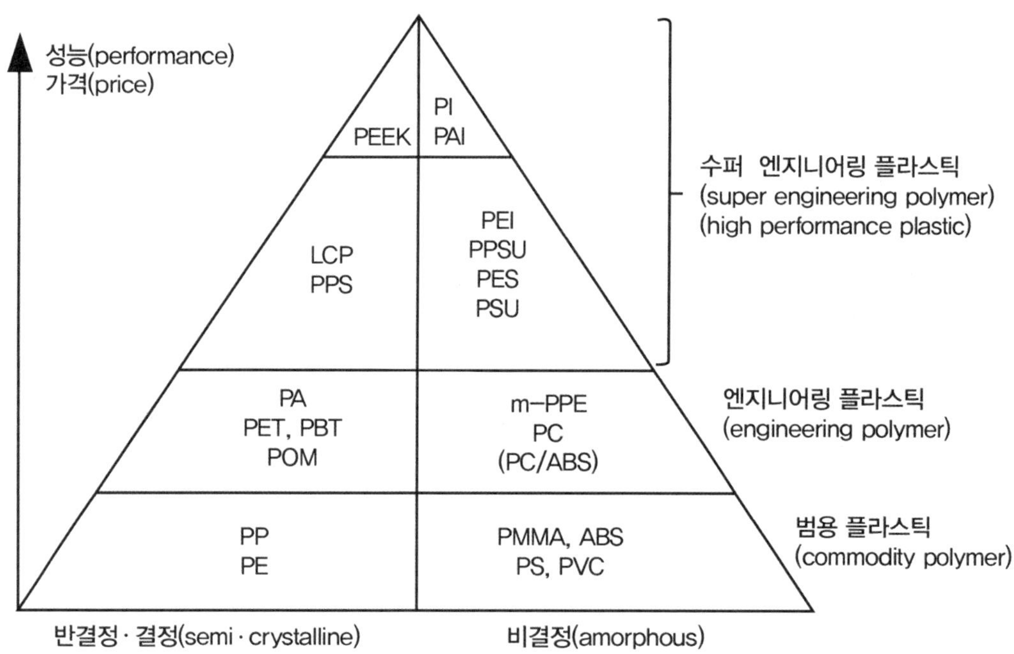

그림 3.59 플라스틱의 분류와 종류

① 결정성(Crystalline) 플라스틱과 비결정성(Amorphous) 플라스틱

열가소성 수지는 결정성(crystalline) 수지와 비결정성(amorphous) 수지로 구분된다. 분자가 임의로 배열되어 있는 비결정성 수지와 분자의 일부가 규칙적으로 정렬되어 주변에 강한 결합이 생기는 결정성 수지는 각각의 분자구조로 인하여 전혀 다른 특성을 보여준다.

반결정성(semi-crystalline)은 비결정성(amorphous) 수지보다 고화(固化, solidification)가

되었을 때 수축률이 비교적 더 크게 나타난다. 결정성 수지의 경우 고화되면서 결정구조에 변화가 생긴다. 이 과정에서 비결정성 수지보다 더 많이 수축한다.

열가소성 플라스틱은 고체일 때 고분자의 배열에 따라 그림 3.60과 같이 연쇄상의 고분자가 다수 모여 규칙적으로 다발로 묶인 상태의 배열된 결정성(結晶性)과 고분자의 배열에 규칙성이 없는 비결정성(非結晶性) 2가지로 분류하고 있다. 결정 부분이 많아지면 밀도가 높고 강한 성질을 지니게 된다.

결정성 플라스틱에는 PE, PP, PA, POM, PBT 등이 있으며, 비결정 플라스틱으로는 ABS, PS, SAN, PC, PMMA 등이 있다. 사출성형 시 결정성 플라스틱과 비결정성 플라스틱의 차이는 결정성 플라스틱은 금형 속에서 냉각고화(固化)하는 과정에서 융해열에 상당하는 양의 결정화열을 내므로 냉각을 충분히 해야만 한다. 또한 비교적 저온으로 사출한 경우에는 성형수축률도 크고 흐름 방향에 의한 수축차도 크게 생긴다.

결정화 속도와 수축률 관계는 사출 후 서냉(徐冷)되면 고온으로 유지되는 시간이 길기 때문에 결정화가 진행되면서 수축은 커지며, 급냉하면 결정화가 진행하기 전에 고화(固化)되기 때문에 수축은 작아진다.

(a) 비결정성 (b) 배열 안된 결정성 (c) 배열된 결정성

그림 3.60 결정화 모형도

그림 3.61은 열가소성 플라스틱에서 고결정 구역과 비결정 구역이 혼합되어 공존하는, 즉 반결정성 플라스틱의 결정화 모형도이다.

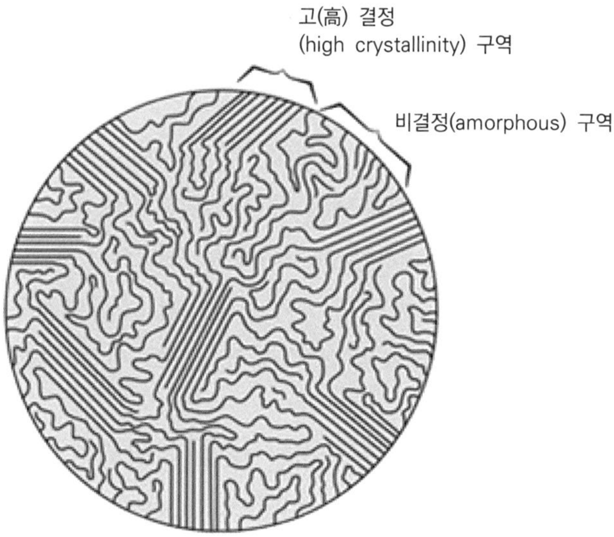

➲ 그림 3.61 열가소성 플라스틱의 고결정 및 비결정 구역의 공존하는 반결정성 폴리머(fringed-micelle model)

그림 3.62는 열가소성 플라스틱에서 용융(melt) 상태와 고화(solidification)된 상태의 분자 구조의 개략적인 비교를 보여주고 있다.

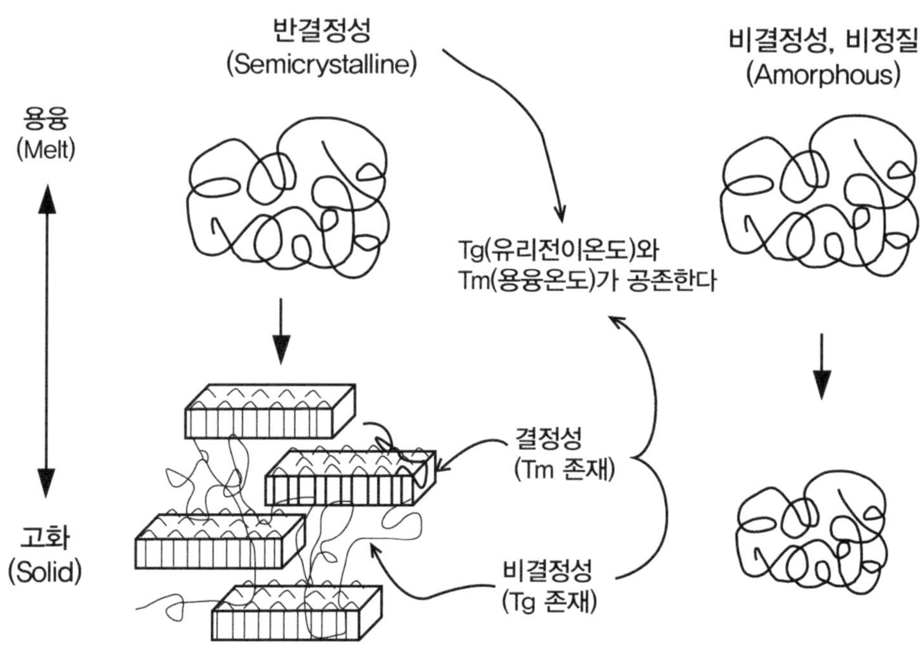

➲ 그림 3.62 용융(melt) 상태와 고화(solid)된 상태의 분자구조의 개략적 비교

② 슈퍼(특수) 엔지니어링 플라스틱(Super engineering plastic)

산업이 첨단화, 고도화됨에 따라 고분자 재료 · 소재에 있어서도 내열성, 내화학성, 내충격성, 경량성, 난연성, 고강도 등의 고기능을 요구하는 분야가 계속 증가하고 있다.

특히 자동차, 전장(電裝), 전기전자 부품의 소형화, 경량화 및 고성능화 추세에 따라 내열성, 내충격성, 내화학성, 기계적 고강도의 특성을 지닌 재료 · 소재가 요구되고 있다. 이러한 시장의 수요 및 요구에 따라 세계적으로 기존 엔지니어링 플라스틱의 성능을 뛰어넘는 고기능성을 지닌 고분자 소재의 개발이 활발하게 진행되고 있으며, 그중에서도 내열성, 내화학성, 난연성 및 기계적 물성에서 우수한 특성을 갖는 고분자 소재로서 슈퍼엔지니어링 플라스틱에 대한 수요가 커지게 되었다.

1970~80년대 슈퍼엔지니어링 플라스틱은 뛰어난 내열성, 내화학성, 내마모성 및 기계적 물성을 가진 최적의 소재이기는 하지만, 가격이 비싼(고가) 문제와 수요를 충당하기에는 생산능력이 부족한 실정이었다. 그러나 1990년대 접어들면서 고가의 슈퍼엔지니어링 플라스틱에 대한 수요가 증가함에 따라 시장 규모 및 생산능력이 해마다 증가하였다. 현재 세계적인 기업들은 더욱 고기능화된 새로운 슈퍼엔지니어링 플라스틱 종류를 경쟁적으로 선보이고 있다. 그중 가장 대표적인 PPS, LCP, PI, PEEK, Sulfone계를 중심으로 한 '5대 슈퍼엔지니어링 플라스틱'이 그 대표적인 소재이다.

- 슈퍼(특수) 엔지니어링 플라스틱 : PEEK, PSU, PI
- 특수 목적의 플라스틱 : COP, PPA, LCP

③ 열경화성 플라스틱

가열하면 한때는 용융되어 유동체로 되지만 더 가열하면 점차 화학변화를 일으켜 경화(硬化)하거나 연소하는 성질을 가지고 있는 플라스틱이다. 일단 고체화된 것은 가열해도 다시는 유동체로 되지 않는다.

- 페놀(phenol), 요소(urea), 멜라민(melamine) 등

④ 열가소성 플라스틱과 열경화성 플라스틱의 일반적 성질

열가소성 플라스틱과 열경화성 플라스틱(수지)의 일반적 성질을 표 3.23에 나타냈다.

▶▶ 표 3.23 열가소성과 열경화성 플라스틱의 일반적인 성질

구분	열가소성 플라스틱	열경화성 플라스틱
열에 대한 반응 특성	직선 또는 가지 분자구조 분자들간의 화학결합 없음 재사용 가능(자유로운 상변화)	가교 및 그물 분자구조 분자들간의 화학결합 재사용 불가
일반적인 물성	쉬운 가공공정 복잡한 설계에 적합	기계적 강도 우수 치수 안정성 우수 열과 수분에 대한 높은 저항성

(4) 플라스틱의 일반적 장·단점

① 장점

㉠ 가공이 용이하고 생산성이 높다.

㉡ 가볍고 튼튼하다.

㉢ 전기, 열에 대해 절연성이 좋다.

㉣ 착색(着色)이 자유롭고 아름답다.

㉤ 여러 가지 화학약품에 잘 견딘다(내산(耐酸), 내알칼리성이 있다).

② 단점

㉠ 고온에서 사용하기 어렵다.

㉡ 기계적 강도가 부족하다.

㉢ 온도변화에 의해 치수변화가 크다.

㉣ 내후성(耐候性)에 한계가 있다.

㉤ 흠이 생기기 쉽고 더러워지기 쉽다.

㉥ 연소성이 있다.

이 장점과 단점은 모든 플라스틱에 해당하는 것은 아니다. 예를 들어, 장점 중에서 전기절연성은 특수용도에서는 결점으로 되어, 이 점을 해결하기 위한 전도성 플라스틱도 있으며, 결점으로 열거된 온도에 의한 치수변화를 개선한 플라스틱과 연소하기 쉬운 점을 개선한 난연성 플라스틱도 있다.

(5) 열가소성 플라스틱

열가소성 플라스틱은 전체 고분자 제품의 70% 이상을 차지한다. 성형과 재사용(재활용)이 쉽고 다양한 성질을 가지고 있다.

범용 플라스틱은 그 사용량은 많지만, 내열성, 기계적 강도가 금속에 비해 취약하기 때문에 소재로서의 사용영역에는 한계가 있다. 따라서 이러한 특성을 향상시켜 적극적으로 금속을 대체할 수 있도록 개발한 플라스틱이 있으며, 이 소재를 엔지니어링 플라스틱이라고 부르고 있다. 최근에는 급속한 산업발전으로 엔지니어링 플라스틱의 사용 분야가 넓어지면서 수요가 크게 확장되고 있으며, 새로운 플라스틱들이 개발, 시판됨에 따라 산업계에서 크게 주목을 받고 있다. 엔지니어링 플라스틱의 시장 상황을 살펴보면 5대 엔지니어링 플라스틱(PA, POM, PC, PBT, PET)을 중심으로 안정적으로 크게 성장을 하고 있다.

① **범용 플라스틱(Commodity polymer) :** PS, PP, HDPE, LDPE, PVC, ABS, PMMA
② **엔지니어링 플라스틱(Engineering polymer) :** PC, POM, PA, MPPO, PBT, PET
③ **슈퍼(특수) 엔지니어링 플라스틱 :** PEEK, PSU, PI
④ **특수 목적의 플라스틱 :** COP, PPA, LCP

(6) 사출용 플라스틱 소재의 선택 - 사용 용도 및 그에 적합한 물성에 따른

많은 플라스틱이 사출성형용으로 사용되고 있으나, 범용 플라스틱으로서는 폴리스티렌(Polystyrene), 내충격성 폴리스티렌(HIPS), 폴리에틸렌(Polyethylene), 폴리프로필렌(Polypropylene)과 ABS 등이 있다.

범용 플라스틱은 사출성형이 용이하며 가격도 저렴하기 때문에 어떤 특별한 물성(物性)이 요구되지 않는 용도로 사용되며, 현재 사출성형품의 70% 이상이 범용 플라스틱 제품으로써 일용잡화 및 공업부품의 재료로 쓰이고 있다.

폴리스티렌과 내충격성 폴리스티렌에서의 치수정밀도는 플라스틱의 표준값을 나타낼 수 있으므로 사출성형용 플라스틱 재료 중 가장 우수한 재료 중의 하나이지만, 일반용 폴리스티렌은 취약하고, 내충격성 폴리스티렌은 투명성이 없으며, 최고 사용온도는 90℃ 이하이고 내유성(耐油性)이 부족하다.

고밀도 폴리에틸렌(HDPE, High Density Polyethylene)과 폴리프로필렌은 가볍고 튼튼하고 성형이 용이하며, 100℃ 이상에서도 잘 견디지만, 성형수축률이 커서 정밀도를 필요로 하는 제품의 제조에는 곤란하다. 또한 접착제에 의한 접착이 거의 불가능하여 견고한 인쇄, 도장은 하기가 힘들어 공업부품 외에 외관을 필요로 하는 제품에는 사용하기가 어렵다.

ABS(Acrylonitrile Butadiene Styrene)는 조성(組成)의 변화에 따라 고강성(高剛性), 중충격

성, 고충격성(高衝擊性), 내열성, 초내열성, 투명한 여러 종류가 있으며 공업용 부품뿐만 아니라 범용 플라스틱으로 널리 사용되고 있다. 그러나 내후성(耐候性)이 부족하여 실외용으로는 부적격하다.

2차전지의 분리막(separator)에 사용되는 재질의 물성에 있어 특징을 정리하면 다음과 같은 주요 특성을 갖는다. 또한 친환경적으로 인체에도 무해하다는 것이다.

① 내열성을 필요로 하는 용도

열가소성 플라스틱은 당연히 그 연화온도(softening point : 플라스틱에 일정 하중을 가하고 규정의 온도로 가열할 때 변형을 시작하는 온도) 이상으로는 사용될 수 없다. 범용 플라스틱 중 내열성이 제일 높은 것은 PP이고, 연화점이 120～130℃이다. 일반적으로 내열성의 판정에는 하중에 의한 변형온도가 적용되나 이것은 18.5kgf/cm^2 혹은 4.6kgf/cm^{2}의 하중하에서 규정의 변형을 생기게 하는 온도인 것에 주의할 필요가 있다.

즉, 하중이 작은 또는 하중이 거의 없는 용도에는 하중변형온도 이상으로 사용이 가능하다. 예를 들면, 나일론 6(Nylon 6)은 18.5kgf/cm^2 하중하에서의 하중변형온도는 55～75℃이나, 하중이 작으면 120℃까지도 충분히 사용할 수 있다.

또한 고밀도 PE(HDPE, High Density Polyethylene)도 18.5kgf/cm^2 하중에서는 43～52℃, 4.6kgf/cm^2 하중에서는 60～82℃의 하중온도를 표시하나, 100℃ 이상에도 하중이 걸리지 않는 용도에는 충분히 사용할 수 있다. 한편, 하중변형온도가 충분하여도 그 온도에서 연속 사용하면 열열화(熱劣化, degradation ; 물리적인 영구변형)의 염려가 있는 것은 PP의 예가 있으며, 크리프(creep, 소재에 일정한 하중이 가해진 상태에서 시간의 경과에 따라 소재의 변형이 계속되는 현상)에서도 주의해야 한다.

변성 PPE(Noryl, Polyphenylene Ether(폴리페닐렌 에테르))가 사용된다. 특히 고온을 요하는 경우에는 PBT(Polybutylene Terephthalate, 폴리부틸렌테레프탈레이트), PPS(Polyphenylene Sulfide, 폴리페닐렌설파이드), Nylon 6, Nylon 66 등이 사용된다. 내열성 열가소성 플라스틱에 유리(glass) 섬유 20～30%를 혼입한 FRTP(Fiber glass Reinforced Thermo Plastics, 유리섬유강화 열가소성 수지)는 원래의 플라스틱보다 강성이 높기 때문에 당연히 하중변형온도가 상승한다.

열경화성 플라스틱은 가열에 의해 연화하지 않으므로 내열용도로 사용되나, 사용하는 충전제(filler) 종류에 따라 내열성이 다르다. 예를 들면, 페놀(Phenol) 수지는 120℃에서 260℃의 폭으로 변화한다.

㉠ 좀 더 열에 강하게 한다

앞에서 플라스틱의 온도를 올리면 어떻게 되는가에 대하여 용융까지 설명하였다. 여기서는 고온으로 한 경우에 관하여 설명하기로 한다.

용융상태에서 동시에 온도를 올리면 그림 3.63과 같이 재료의 분해가 시작된다. 분해가 시작되는 온도를 열분해 온도라 한다. 플라스틱은 유기물이기 때문에 금속과 세라믹 정도로 고온에서는 견딜 수 없다(표 3.24 참조). 통상 플라스틱의 열분해 온도는 300~400℃ 전후로 생각된다. 열분해에서는 고분자의 긴 사슬이 랜덤(random, 불규칙한 임의로)으로 절단되어 가는 것이 일반적이다. 또 공기 중 산소에 따라 분해가 촉진되고 산소가 적은 만큼 고온까지 분해되지 않는 것을 알 수 있다.

아크릴 수지는 무색 투명으로 단단하고 깨끗한 플라스틱이나 열분해에서는 랜덤한 절단과 함께 폴리머의 끝에서 점점 모노머의 형태로 떨어져 가고 별도의 분해도 일어난다. 이 분해는 패스너(fastener, 지퍼(zipper))를 여는 것과 유사하기에 지퍼형 분해라 불리우나 눈에 띄는 것은 중합의 역으로 있기 때문에 해중합(解重合)이라고도 칭한다. 아크릴 수지의 경우 온도가 높아지면 점점 분해가 격해지고 400℃ 부근에서 타버린다. 따라서 시판되는 아크릴 수지는 해중합하지 않는 별도의 모노머를 미량 공중합(共重合)하여 그것을 방지하는 것과 동시에 제품에 따라서 열분해를 방지하는 약제를 첨가한다. 한편, 플라스틱의 구조에서 열분해 온도를 높인 것도 존재한다. 내열성 고분자의 대표적인 것으로서는 열분해 온도가 500℃ 이상의 폴리이미드(Polyimide)를 열거할 수 있다. 전기절연성도 뛰어나기 때문에 전자회로의 절연재료에 사용되고 있다.

반면에 녹이는 용제가 없고 고온에서도 용융되지 않는 점에서 가공이 어렵고 많은 경우는 폴리이미드(Polyimide)가 되기 직전의 것을 성형하여 놓고, 그 후에 300~500℃로 열처리하여 폴리이미드로 하는 방법을 택한다.

폴리머(Polymer)

폴리머(polymer)를 고온으로 하면 분자가 랜덤하게 절단되고 분해한다.
폴리이미드(Polyimide)는 내열성이 뛰어나고, 500℃ 이상에서 분해한다.

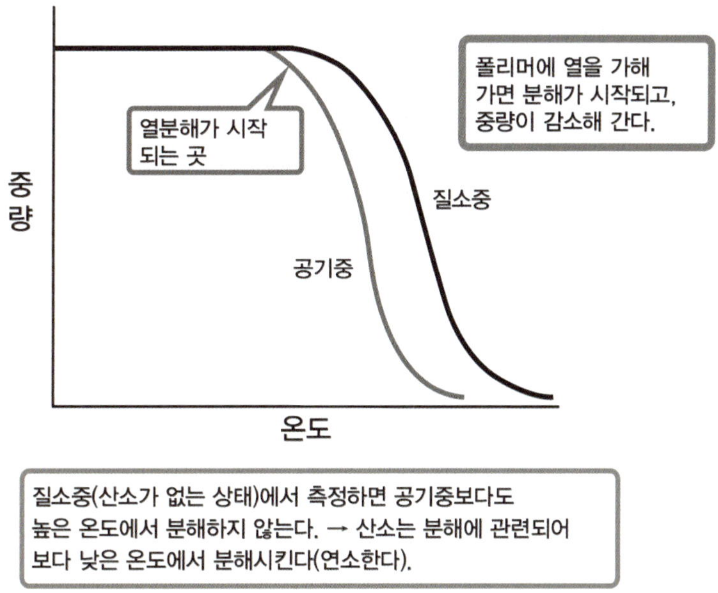

그림 3.63 열에 의한 폴리머의 분해

표 3.24 수지의 내열성(질소 중에서 측정한 수치)

수지	5% 중량 감소온도(℃)
폴리염화비닐	270
폴리아세탈	300
폴리스티렌	380
폴리프로필렌	420
저밀도 폴리에틸렌(LDPE)	430
에폭시 수지	340
테플론	530

② 난연성을 필요로하는 용도

열가소성 플라스틱 중에는 그대로 불연성의 소재는 불소수지(fluorocarbon resin, 탄화플루오로 수지) 이외는 없다. 그러나 불을 갖다 대면 연소하지만 불을 떼면 붙은 불이 스스로 꺼지는 자기소화성(自己消化性) 플라스틱은 여러 종류가 많이 생산되고 있다.

미국 UL 94 규격의 94HB, V-0, V-1, V-2에 합격한 시판되고 있는 플라스틱으로는 PE, ABS, PS, PP, SAN, PC, 변성 PPE, PA, PBT, PMMA, 페놀(phenol), 멜라민(melamine), 에폭시(epoxy) 등이 있다.

앞에서 언급한 플라스틱은 모두 유기 혹은 무기 화합물의 난연제를 첨가하거나 공중합(共

重合, copolymerization)한 것이다. 따라서 난연성 플라스틱의 물성은 원래의 플라스틱보다 차이가 있음을 주의해야 한다. 즉, 물리적 성질에 있어서도 강도, 내충격성이 낮아지는 것도 많고, 내열성도 하락되는 경우도 있다.

③ 유연성과 탄성을 필요로 하는 용도

본 용도에는 열가소성 엘라스토머(elastomer, 주원료는 고분자 물질로 상온에서 고무상 탄성을 가지고 있는 고체)가 사용된다. '엘라스토머'라는 합성수지는 플라스틱처럼 가공하기 쉽고, 고무처럼 탄성이 뛰어나 자동차 소재부터 전선 케이블 피복재, 운동화 충격흡수용 밑창, 기능성 필름 등에 고루 쓰인다.

폴리에틸렌(PE, Polyethylene)과 같은 일반 범용 제품 대비 10% 이상 비싼 고부가가치 제품이다. 특히 최근 자동차 업계에서 연비 향상을 위해 경량화 경쟁에 나서면서 자동차 범퍼에 강철 대신 엘라스토머를 쓰는 경우가 늘고 있다.

유연성 용도로는 연질 PVC(Polyvinyl Chloride, 폴리염화비닐)가 사용된다. 그러나 열가소성 엘라스토머(elastomer)에는 폴리스티렌(Polystyrene)계, 폴리올레핀(Polyolefine)계, 폴리우레탄(Polyurethane)계, 폴리에스테르(Polyester)계, 나일론(Nylon)계, 그 밖의 것이 있으나, 모두 고무에 비해 응력, 탄성은 약간 떨어지는 것은 피할 수 없다. 열가소성 엘라스토머(elastomer)도 그 성질은 폭넓게 변화하므로 용도에 따라 선택을 검토해야 한다.

④ 하중을 받는 용도

플라스틱은 탄성물질이므로 고온에서 사용하는 경우를 제외하고는 탄성한계 내에서 그 성질이 변화하지 않는다. 금속의 경우 하중을 걸면 변형하나, 하중을 제거하면 원래 상태로 되돌아오고 하중의 크기에 따라 변형량은 정해진다. 이에 대해 플라스틱은 하중을 걸면 변형을 일으키나 그 변형량은 시간에 따라 증대하고, 하중이 크게 되면 장시간 경과 후 파괴되고 만다. 또한 하중을 제거하여도 변형의 회복은 늦고 완전히 원형으로 되돌아오지 않는다. 이것을 크리프(creep) 현상이라 한다. 크리프 특성은 인장강도, 신율, 하중변형온도 등의 단시간 시험결과로는 알 수 없고 크리프 시험에 의해서만 나타난다.

또한 크리프(creep) 특성은 온도 의존성이 매우 크므로 동일 플라스틱에서도, 예를 들면 ABS는 등급(grade)마다 크리프(creep) 특성을 달리 한다. 따라서 하중을 받는 용도에 대한 재료의 선정은 단순히 인장강도만이 요인(factor)이 될 수 없고 크리프(creep) 강도, 탄성계수(modulus) 등을 고려해야 한다. 따라서 내크리프(耐creep)성이 우수한 열적, 기계적 특성을 갖는지 확인해야만 한다.

⑤ 치수정밀성과 강성을 필요로 하는 용도

열가소성 플라스틱 사출성형품의 결점 중의 하나는 치수정밀성이 나오기 어렵고 강성이 부족한 것이다. 열가소성 플라스틱의 사출성형에는 성형수축률이 2/1,000에서 30/1,000 범위의 여러 가지 수지가 있으며, 같은 재료라도 수지의 흐름 방향에 따라 변동한다. 따라서 성형수축률이 큰 결정성 플라스틱은 비결정성 플라스틱에 비해 훨씬 정밀성 제품을 얻기 어렵다. 이들의 결점을 보완한 것이 유리(glass) 섬유강화 열가소성 플라스틱(FRTP, Fiber Reinforced Thermo-Plastics, 섬유강화 열가소성 플라스틱)이다.

FRTP로서 시판되고 있는 것으로는 PS, SAN, ABS, PC, PP, PA, POM, PBT, 변성 PPE(Noryl) 등이 있으며, 거의 모든 플라스틱에 이른다. 특히 열경화성 플라스틱에 있어서 BMC(Bulk Molding Compound : 가늘게 자른 유리(glass)섬유를 충전한 퍼티(putty)상의 불포화 폴리에스테르(Polyester) 수지)는 성형수축률이 0이며 강성도 크다.

⑥ 내약품성을 필요로 하는 용도

일반적으로 열가소성 플라스틱은 강산(强酸), 강알칼리를 함유해 산, 알칼리 및 염기성에 침식되는 일은 거의 없다. 그러나 농질산에 견디는 플라스틱은 불소수지 외는 없다. 또한 일부 플라스틱 중에는 산, 알칼리에 약한 것도 있다. 예를 들면, PA(Polyamide, 폴리아미드), POM(Polyoxymethylene, 폴리옥시메틸렌 또는 아세탈(Acetal))은 약산에 분해되고, PC(Polycarbonate, 폴리카보네이트), PBT(Polybutylene Terephthalate, 폴리부틸렌 테레프탈레이트)는 약알칼리에 분해된다.

내용제성은 플라스틱에 따라 현저히 다르므로 표기하기는 곤란하다. 즉, 거의 모든 용제에 녹지 않는 PE(폴리에틸렌, Polyethylene), PP(폴리프로필렌, Polypropylene)가 있으며, 비교적 넓은 범위에서 용제에 녹지 않는 PS(Polystyrene, 폴리스티렌)가 있다. 플라스틱에는 응력균열(stress cracking)이 발생되는 성질을 가지고 있다. 예를 들면, PE에 응력을 걸고 세제용액에 담그면 PE 자체의 외관적으로는 변하지 않지만 갈라지는 수가 있다. 이 성질은 PC의 경우 4염화탄소 또는 휘발유에서 일어난다.

따라서 플라스틱의 내용제성의 판정에 있어서는 단순히 그 플라스틱과 접촉하는 용제에 용해 혹은 팽창 유무만 아니고, 응력균열(stress cracking)이 발생하는가 하지 않는가도 유의해야 한다.

표 3.25는 주요 플라스틱의 내약품성 자료이다.

▶▶ **표 3.25** 주요 플라스틱의 내약품성(耐藥品性)

	물	약산	강산	약 알칼리	강 알칼리	알코올	에스테르	케톤	에테르	4염화 탄소	벤젠	가솔린	광유
PS	+	+	0~+	+	+	0~+	-	-	-	-	-	-	0
내충격성 PP	+	+	-~0	+	0	0	-	-	-	-	-	-	0
SAN	+	+	0	+	0	+	-	-	+	-	-~0	+	+
ABS	+	+	-~0	+	0	+	-	-	-	-	-~0	0~+	+
LDPE	+	+	0	+	+	0	0	0	0	-	-~0	0~+	+
HDPE	+	+	0	+	+	0~+	0	0	0	-~0	0	0~+	+
PP	+	+	0	+	+	+	0	0	0	-	0	0~+	+
PMMA	+	+	0	+	+	0	-	-	-	-	-	0	+
PA	+	-~0	-	+	-	+	+	+	+	0	+	+	+
POM	+	+	-	+	-	+	+	+	+	0	0~+	+	+
*CAB	+	+	-	-	-	0	-	-	-	-	-	-~0	0
PVC	+	0	-~0	+	+	-	-	-	-	-	-	-	0~+
PC	+	+	0	-	-	0	-	-	-	-	-	-	+

*CAB(Cellulose Acetate Butyrate)

(+ : 사용 가능, 0: 조건에 따라 사용가능, -: 사용 불가)

(7) PE(Polyethylene)와 PP(Polypropylene)

① PE(폴리에틸렌, Polyethylene)

㉠ 성질

PE는 대표적인 결정성 플라스틱이다. PE는 그 결정화도에 의해 약간의 성질을 달리하나, 모두 반투명이며 강인하고 전기적 성질, 내약품성, 내한성이 우수하다. 반면, 상온에서는 완전히 용제에는 녹지 않아 접착제에 의한 접착 및 인쇄는 성형품에 표면처리를 하지 않는 한 견고하게 부착시킬 수 없다. PE의 사출성형 특성은 매우 양호하고 성형도 용이하다. 그러나 수축률이 크고, 흐름방향에 의해 성형수축률의 차이가 커서 정밀 치수는 얻기 힘들며, 제품 중앙에 다이렉트 게이트(direct gate) 또는 핀 포인트 게이트(pin point gate)로 성형하면 성형품에 비틀림이 생기고 더욱이 게이트(gate) 부근이 갈라질 수 있다. 또한 PE는 계면활성제라든가 약품류에 의한 응력균열(stress cracking, 파괴강도보다 작은 응력에 의해 성형품의 표면 혹은 내부에 생기는 균열)에 주의해야 한다. PE는 제조공정에 의해 저밀도 PE(LDPE, 밀도 0.925 이하), 중밀도 PE(MDPE, 밀도 0.926~0.940) 및 고밀도 PE(HDPE, 밀도 0.941 이상)의 3종류로 나누어진다.

㉡ 용도

PE(Polyethylene : 폴리에틸렌)는 에틸렌(ethylene) 중합에 의해 만들어진 결정성의 열가소성 수지이며, 그 특성에 따라 LDPE(Low Density Polyethylene : 저밀도 폴리에틸렌)와 HDPE(High Density Polyethylene : 고밀도 폴리에틸렌)으로 구분된다. 통상 LDPE는 고중압법에 의해, HDPE는 저중압법에 의해 제조된다. LDPE는 영국 CI사에서 고압 라디칼 중합에 의해 개발되어 제2차 세계대전 중 미국에서 상용화되었으며, HDPE는 이탈리아 몬테카티니 에디슨사에 의해 치클러 촉매의 방법으로 공업화되었다. 또한 미국의 필립스사는 산화크롬계 촉매에 의한 중압법을 개발하였다.
저밀도 PE(LDPE)는 유연성이 있기 때문에 농업용 필름, 부엌용품, 물통, 완구, 화장품 포장재, 약품 뚜껑, 비닐장갑, 용기의 뚜껑 등의 유연성을 필요로 하는 용도에 널리 사용되며, 고밀도 PE(HDPE)는 강인성이 있으므로 쇼핑백, 종량제 백, 하수관 파이프, 일용잡화, 식기, 약품통, 용기, 컨테이너 등 일용품에서 공업용품에 걸쳐 널리 사용된다. 특히 PE는 무해하므로 식품 관련 용기로도 적합하다.

② PP(폴리프로필렌, Polypropylene)

㉠ 성질

PP는 반투명으로 강인하고 가벼우며 내열성(결정융점 160～168℃)이 있는 결정성 플라스틱이다. 그러나 PE와 같이 성형수축률이 크고 상온에서는 용제에 녹지 않는다. 호모폴리머(homopolymer, 단독중합체)는 저온에서 취약한 결점이 있으며, 코폴리머(copolymer, 공중합체)는 그 결점이 약간 개선된 것이지만 0℃ 이하의 저온에서는 역시 취약하다. PP는 동(Cu)과 접촉하면 취약화되는 성질이 있어 황동 재질의 인서트(insert)를 사용할 경우에는 동해방지(銅害防止)가 된 품종을 사용해야 한다.
PP의 특이한 장점으로는 굴곡피로에 견디는 강한 성질을 가지고 있는 것이다. 이것은 다른 플라스틱에 비해 우수하여 성형품 일체형으로 힌지(hinge)를 만들 수가 있다(뚜껑, 몸체 및 힌지를 일체형으로 성형시켜 뚜껑을 여닫을 수 있게 한 케이스(case)류에 사용). PP의 사출성형성은 매우 우수하나 성형수축률이 크며, 사출성형품이 휘거나 비틀리기 쉽고 치수가 정밀한 성형품은 얻기 힘들다. PP는 물리적 성질이 PE보다 뛰어나지만, 대기 중에 노출된 상태에서 빛이나 열에 산화 및 열화하는 결점이 있어 안정제를 필요로 한다.

㉡ 용도

PP는 100℃에 견디며 강하고 미려해서 주방용품, 세면기, 쓰레기통, 의자, 가정용품인 정수기 하우징(housing), 바가지 등 소형에서 대형의 일용품, 컨테이너, 오토바이 및 전동킥보드의 하우징 등 공업용품에 이르기까지 널리 사용된다.

CHAPTER 04

리튬이온 2차전지 배터리 모듈 기능 분석

01 전기자동차 리튬이온(Li-ion) 배터리 기능 분석도

전기차를 동작(작동)시키는 주요 부분에 대한 기능분석을 하면 그림 4.1과 같다.

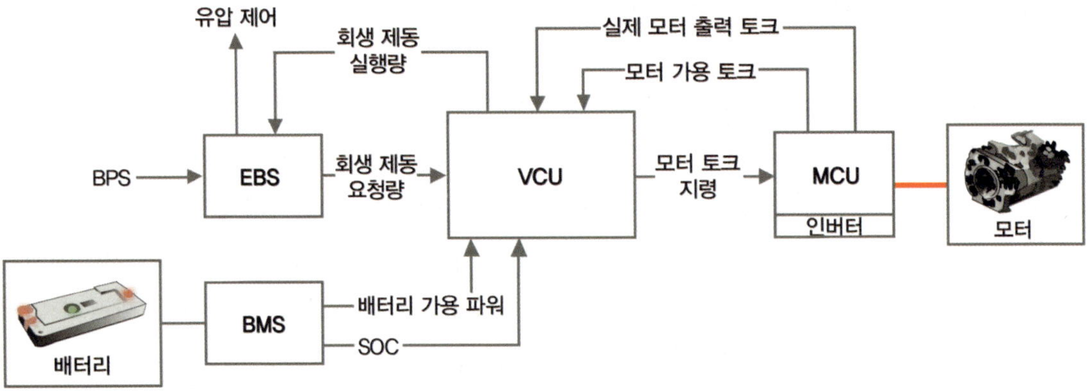

그림 4.1 전기차를 동작(작동)시키는 주요 부분에 대한 기능분석도

① **BMS:** Battery Management System의 약자로 배터리를 제어하는 시스템

② **VCU:** Vehicle Control Unit의 약자로 차량 제어 유닛이라는 뜻이다. 자동차의 모든 파워트레인(power train, 동력을 생성하고 바퀴를 움직이게 하는 모든 구성요소로 여기에는 엔진, 트랜스미션, 차동장치, 구동축 등이 포함된다) 타입을 대상으로 하여 중앙 전기·전자의 구성요소로 차량을 제어하는 두뇌 역할을 한다.

③ **MCU:** Motor Control Unit의 약자로 전기·전자를 제어하는 핵심 역할을 한다. 차량에서 각 부품에 적용되어 제어, 판단, 진단 등을 수행하여 전기차를 구동시키거나 충전하는 역할을 한다.

④ **SOC:** State of Charge의 약자로 배터리 충전상태를 의미하는 용어이다.

⑤ **PWM:** Pulse Width Modulation의 약자로 펄스폭 변조, 모터 사각파의 폭을 제어한다(전압 제어).

1) 리튬이온(Li-ion) 배터리의 문제점 분석

(1) 리튬이온 배터리 문제점 (1)

리튬이온(Li-ion) 배터리의 문제점을 분석하면 다음과 같다.

① 리튬이온 배터리는 다른 전지에 비해 안정성이 떨어지는 편이다.

- 과방전 시 용량 감소가 매우 크다.
- 과충전 시에는 매우 불안정해져서 내부 전극에서 쇼트(short, 합선)가 나거나 (축)전지에 충격을 주면 폭발할 수 있다. 즉, 리튬이온 배터리는 폭발 위험이라는 치명적인 단점이 있다.

② 리튬이온 배터리의 자원 한정 문제

- 리튬이온 배터리의 핵심 소재인 리튬(Li), 코발트(Co) 등은 희귀금속(희토류)으로 자원이 한정적이다. 그래서 고가이다.

③ 리튬이온 배터리의 환경문제

- 리튬을 채굴하는 과정에서 엄청난 양의 물이 필요하다.
- 코발트를 채굴하는 과정에서 유해 부산물이 발생하고, 제련 단계에서는 대기오염 물질이 발생한다.
- 다 쓰고 버려지는 폐배터리에서 급성 독성 및 수생 환경에 유해한 물질이 발생하여 환경 문제로 크게 대두되고 있다.

(2) 리튬이온 배터리 문제점 (2) - 열폭주 화재

리튬이온 배터리는 폭발 위험이라는 치명적인 단점이 있다.

① **장점 :** 리튬이온 배터리는 크기와 두께를 작고 가늘게 만들 수 있으며, 고밀도로 에너지를 저장할 수 있고, 고전압까지 가능하다는 장점이 있다. 에너지밀도가 높아 방위산업(방산)이나 자동화 시스템, 항공산업 분야에서도 점점 사용 빈도가 증가하는 추세이다.

② **단점:** 다른 전지에 비해 안정성이 떨어지는 편이라 과방전 시 용량 감소가 매우 크고, 과충전 시에는 매우 불안정해져서 내부 전극에서 쇼트가 나거나 축전지에 충격을 주면 폭발할 수 있다. 즉, 리튬이온 배터리는 폭발 위험이라는 치명적인 단점이 있다.

그림 4.2는 리튬이온 배터리의 열폭주가 일어나는 순서(단계)이고, 사진 4.1은 열폭주 시 열의 흐름을 시뮬레이션(simulation, 모의실험)한 것이다.

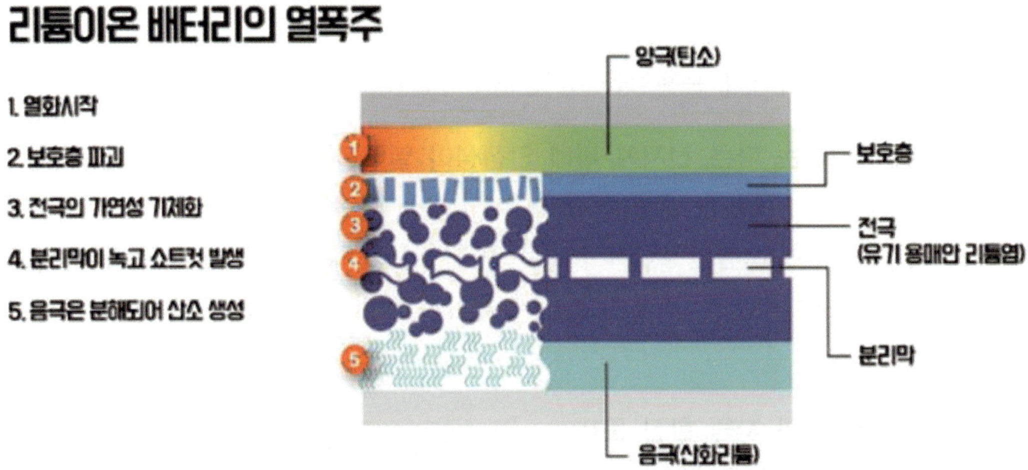

그림 4.2 리튬이온 배터리 열폭주 현상의 순서(단계)

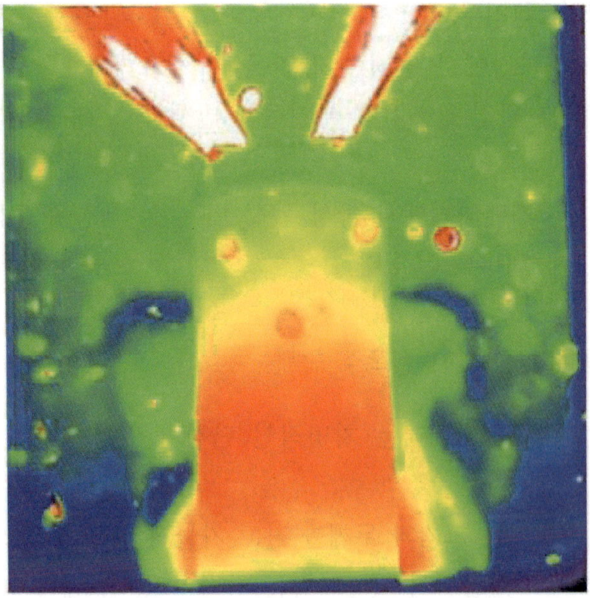

사진 4.1 열폭주 시 열흐름 시뮬레이션

(3) 리튬이온 배터리의 장·단점

리튬이온 배터리의 장점과 단점을 분석하여 그림 4.3과 같이 요약 정리했다.

그림 4.3 리튬이온 배터리의 장점과 단점

02 리튬이온(Li - ion) 배터리 개선 방안

1) 리튬을 대체 가능한 소재를 적용한 배터리 개발

(1) 리튬을 대체 가능한 나트륨

소금(주성분이 염화나트륨(NaCl)) 또는 나트륨(Na)은 리튬과 같은 알칼리 계열의 원소로 매우 유사한 화학적 성질을 가지고 있다. 기존 리튬이온 배터리와 다르게 자원이 한정적이지 않고 환경적 영향이 전혀 없다. 특징을 정리하면 다음과 같다.

① 지구에서 가장 풍부한 물질인 바닷물에 소금 형태로 막대한 양의 나트륨이 존재한다.
② 바닷물에 녹아 있는 나트륨을 전지로 활용하는 연구가 진행되고 있으며, 그중 해수전지는 자연 바닷물을 전지의 양극물질로 활용한다.

③ 해수전지는 나트륨이온이 함침되어 있는 액체를 양극물질로 사용하는 전지이다.

④ 해수전지의 구동 원리는 리튬이온전지와 비슷하다. 충전 시 양극인 바닷물 속의 나트륨이온과 전자가 각각 음극으로 이동하고, 방전 시 자발적으로 나트륨이온과 전자가 각각 바닷물로 이동하게 된다.

그림 4.4는 기존 리튬이온전지와 이를 대체하는 연구가 활발한 해수전지의 원리를 비교해 보여주는 도식도이다.

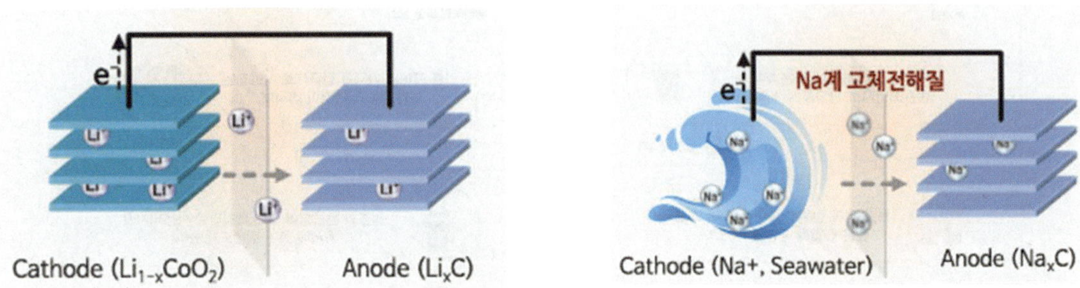

(a) 리튬이온전지 (b) 해수전지

그림 4.4 기존 리튬이온전지와 해수전지의 원리 비교

(2) 리튬이온 배터리의 대안

표 4.1은 기존에 사용하는 리튬이온전지의 특징 그리고 장단점을 요약 · 정리한 것이며, 표 4.2와 4.3은 리튬이온전지를 대체하기 위하여 현재 개발중인 리튬이온 대안의 양극재 배터리인 나트륨이온 배터리와 칼륨이온 배터리이다.

표 4.1 리튬이온전지의 특징 및 장단점

	장점	단점
리튬이온 배터리	현재 가장 널리 활용되는 배터리. 만들 수 있는 전압이 높고, 에너지밀도가 크다. 이온 이동속도도 빨라 배터리 성능이 높다.	리튬과 코발트,니켈 등 비싸고 귀한 소재 사용. 화재 위험성

▶▶ 표 4.2 나트륨이온전지의 특징 및 장단점

	장점	단점
나트륨이온 배터리	안전하고 가격이 저렴하며, 자원량이 풍부해 대용량 배터리에 적합	전극 소재 및 기타 기술개발 진행 중

▶▶ 표 4.3 칼륨이온전지의 특징 및 장단점

	장점	단점
칼륨이온 배터리	전압이 높고 에너지밀도가 클 것으로 기대	화재 위험성, 전극 소재 등기초 연구 중

(3) 현재 진행되고 있는 개발안

① WIB(Water-in-Battery, 워터인 배터리) 시스템

WIB(Water-in-Battery, 워터 인 배터리) 시스템은 방화물질을 녹인 용액 속에서 배터리를 작동시키는 개념을 구현한 것이다. 정상 작동 시에는 배터리의 열을 낮춰 수명을 향상시키고, 배터리가 열폭주를 일으키면 표면의 방화물질이 침투해 산소와 열을 차단하면서 화재를 조기 차단하는 원리이다.

'배터리는 물속에서 사용할 수 없다'는 상식을 뒤집어 배터리 화재를 차단하는 기술개발이 시작된 것이다. 특수 방화물질이 포함된 물속에서 작동하는 '워터 인 배터리 시스템'의 개념을 보여주는 도식도는 그림 4.5와 같다. 울산과학기술원(UNIST) 연구팀이 개발한 WIB 시스템이 적용된 시제품의 입체도로 주요 구성요소와 조립 구조를 나타내고 있다.

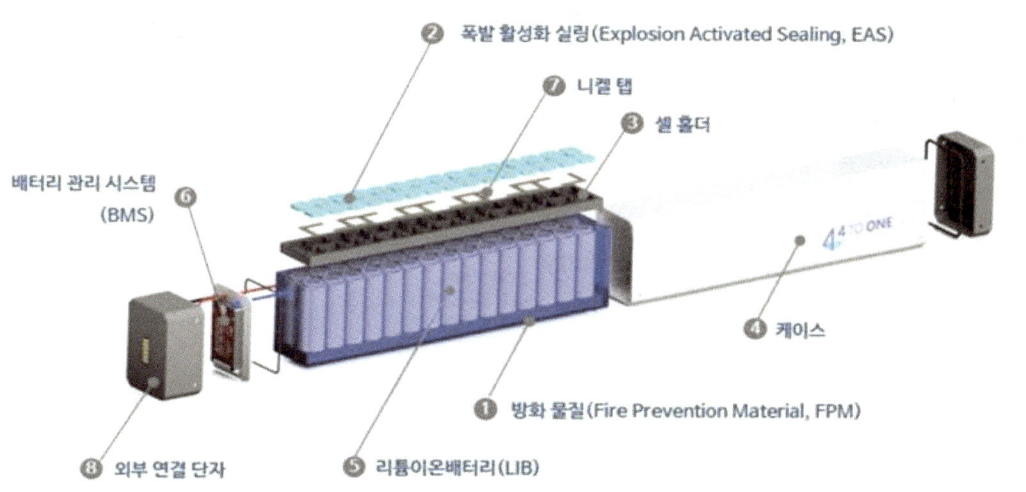

연구진이 디자인한 WIB 시스템이 적용된 시제품 모식도 | 사진: 김영식 교수 연구팀 제공

➲ 그림 4.5 WIB(Water-in-Battery, 워터 인 배터리) 시스템의 도식도(개념도)

특수 방화물질이 포함된 물속에서 작동하는 WIB 시스템은 평소에는 배터리의 열을 낮춰 수명을 높이고, 배터리가 열폭주를 일으키면 표면의 방화물질이 침투해 산소와 열을 차단하면서 화재를 조기 차단한다.

그림 4.6(a)는 WIB 구성요소를 보여주는 조립단면도이고, 그림 4.6(b)는 WIB 시스템의 화재 차단 원리를 설명해 준다.

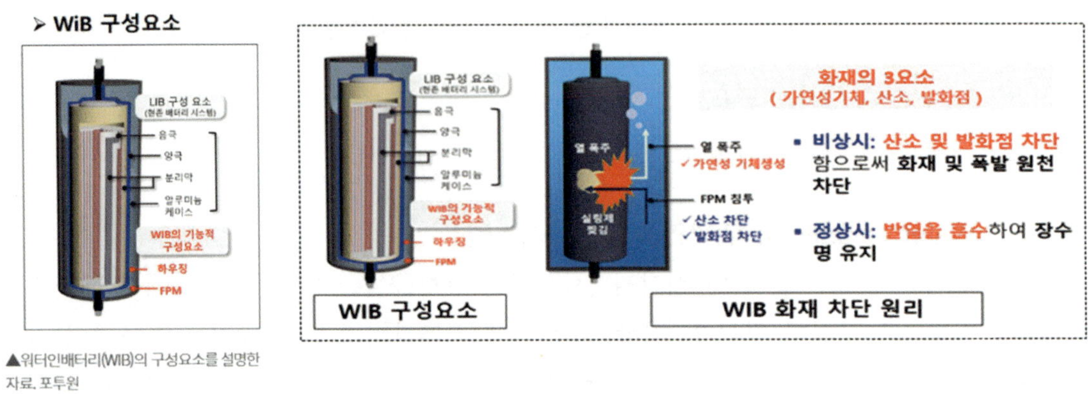

(a) WIB 구성요소 (b) WIB 시스템의 화재 차단 원리

➲ 그림 4.6 WIB(Water-in-Battery) 원리(출처: UNIST)

② 현재 진행되고 있는 다양한 기타 개발안

그림 4.7은 분리막에 있어 개발 방향과 개발안(내용)을 단계적으로 보여준다.

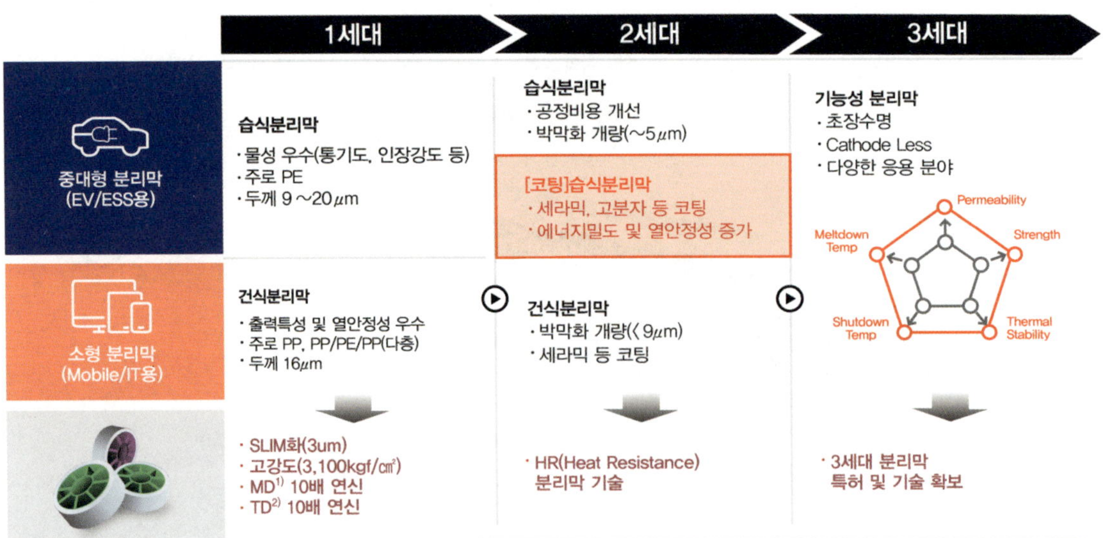

주1) MD(Machine Direction : 기계 방향)
주2) TD(Transverse Direction : 기계직각 방향)

➲ 그림 4.7 분리막의 개발 방향과 개발안

그림 4.8(a)는 전기차의 배터리 교환 스테이션(station)이고, 그림 (b)는 배터리 교환 스테이션(station)에서 배터리 교환의 개념을 보여주는 도식도이다.

(a) 전기차의 배터리 교환 스테이션(station)

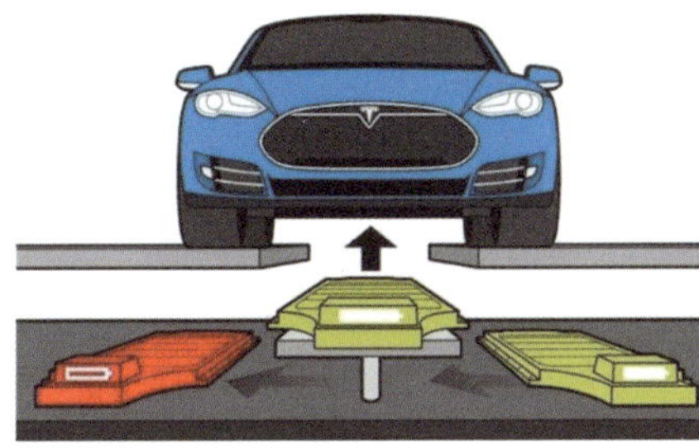

(b) 배터리 교환 개념도

그림 4.8 전기차의 배터리 교환 스테이션(station)과 배터리 교환 개념도

③ 배터리 품질 및 신뢰성 향상를 위한 분석방법의 개선

리튬이온 배터리 산업 공급망의 초기 및 중간 생산단계에서 원료와 제품의 품질을 관리하기 위해서는 양극과 음극재료, 전해액 및 기타 원료를 테스트하기 위한 기기 분석법이 요구된다.

리튬이온 배터리 화학은 매우 중요하며, 최종 제품의 만족스러운 품질을 보장하기 위해서는 이러한 유형의 시료에 대한 정확하고 신뢰할 수 있는 분석이 매우 중요하다. 이는 조화롭게 작동하는 하드웨어와 소프트웨어 기능의 적절한 균형을 필요로 하는 것이다.

그림 4.9는 분석방법의 개선을 위해 알아야 하는 리튬이온 배터리의 원리이다.

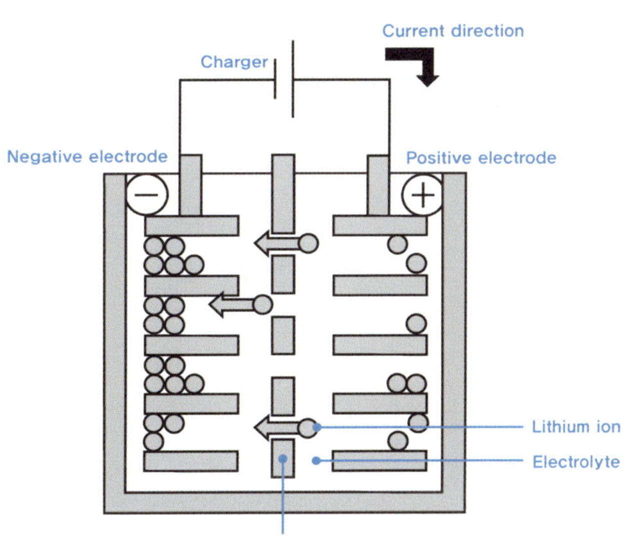

그림 4.9 리튬이온 배터리의 원리

(4) 전기자동차 전체 기능분석도

그림 4.10은 전기자동차의 주요 구성요소와 동작(작동) 시스템에 대한 체계도이다.

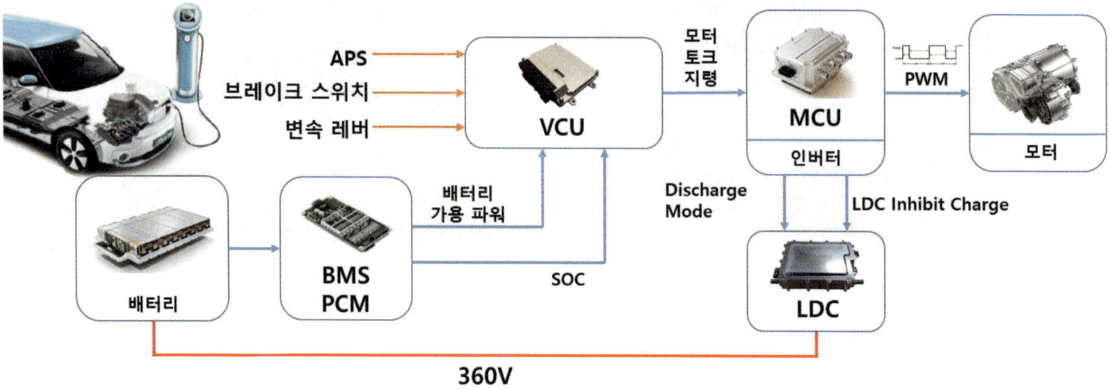

그림 4.10 전기자동차의 주요 구성요소와 동작(작동) 시스템

① BMS와 PCS의 기능

㉠ BMS(Battery Management System)

배터리를 오래 사용하기 위해서 그리고 배터리를 충전이나 방전에 의한 폭발을 방지하기 위해, 배터리의 온도, 충전용량, 충전 횟수 등의 여러 상태를 관리하는 시스템이다.

- 역할
  - 배터리 셀 관리
  - 충전 상태 예측
  - 출력 제한
  - 상태 진단
  - 냉각 제어

그림 4.11은 BMS의 기능에 관련된 제어 항목과 내용을 보여준다.

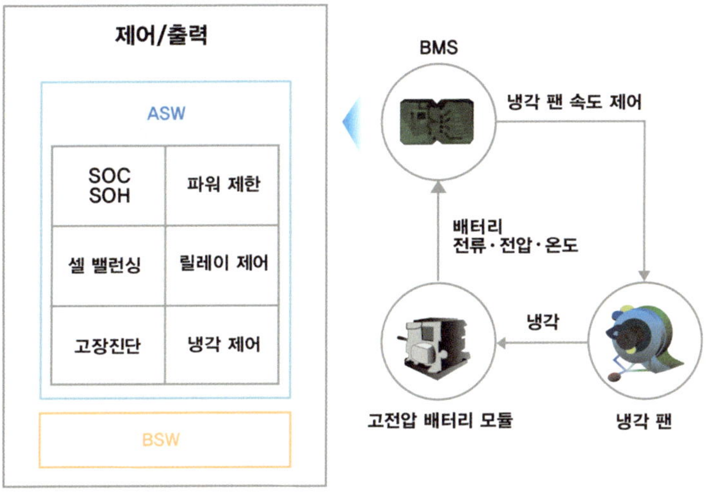

그림 4.11 BMS의 기능 - 제어 항목과 내용

㉡ PCS(Power Conversion System)

전력을 배터리에 저장 또는 방출하기 위해 전기의 특성을 변환해 주는 시스템이다. 저장해둔 전력을 원하는 때에 공급받기 위해서 PCS를 통해 최종 사용자가 원하는 에너지 형태로 다시 변환시키는 장치이다.

- 역할
  - 감시 · 제어
  - 계통 보호
  - 독립 운전
  - 변환

그림 4.12는 에너지저장장치(ESS, Energy Storage System)에 있어, PCS의 기능을 보여준다.

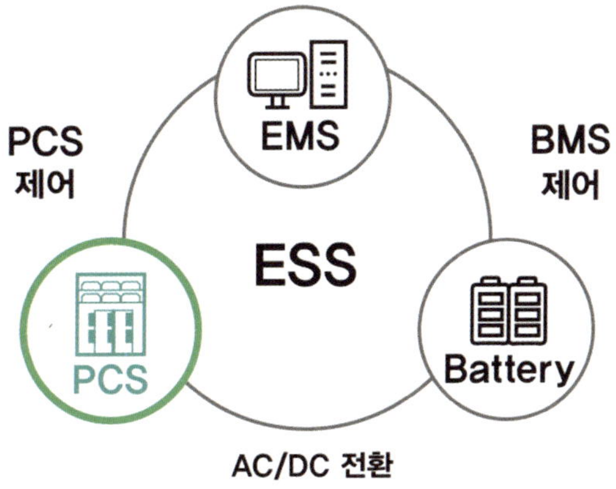

그림 4.12 ESS에서의 PCS 기능

03 기능 분석 및 기능 분석도 사례연구 - 리튬이온 배터리

1) 기능분석

(1) 리튬이온 배터리의 기능분석도 예시

그림 4.13과 4.14는 리튬이온 배터리의 기능분석도의 예시를 작성하여 보여주고 있다.

① 리튬이온 배터리 기능분석도(1)

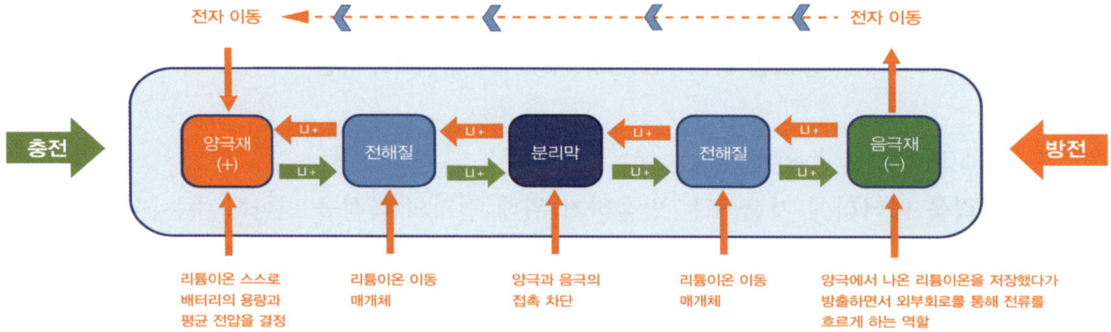

그림 4.13 리튬이온 배터리의 기능분석도 예시(1)

② 리튬이온 배터리 기능분석도(2)

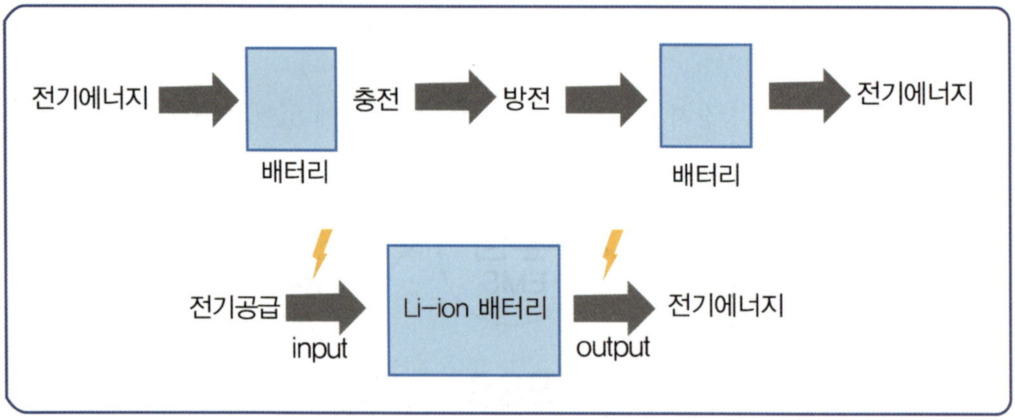

그림 4.14 리튬이온 배터리의 기능분석도 예시(2)

그림 4.15는 리튬이온 배터리와 BMS, PCS를 활용한 AC(교류전기) 충전에서 DC(직류전기) 방전까지의 순서와 기능을 분석한 기능분석도의 예시를 작성하여 보여주고 있다.

③ 리튬이온 배터리 기능분석도(3)

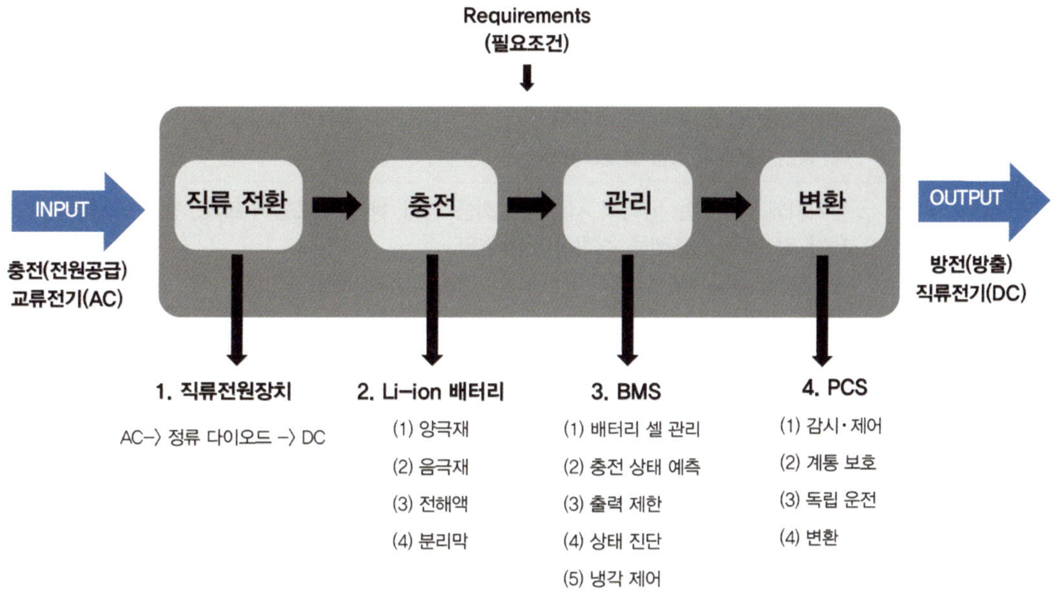

그림 4.15 리튬이온 배터리의 기능분석도 예시(3)

(2) 리튬이온 배터리팩의 기능분석 예시

전기차 배터리 구성을 살펴보면 리튬이온 배터리팩은 그림 4.16과 같은 3가지 주요 부품(요소)으로 구성되며, 표 4.4와 같이 각 역할에 대한 정의를 나타내고 있다.

① 배터리팩의 기능분석(1)

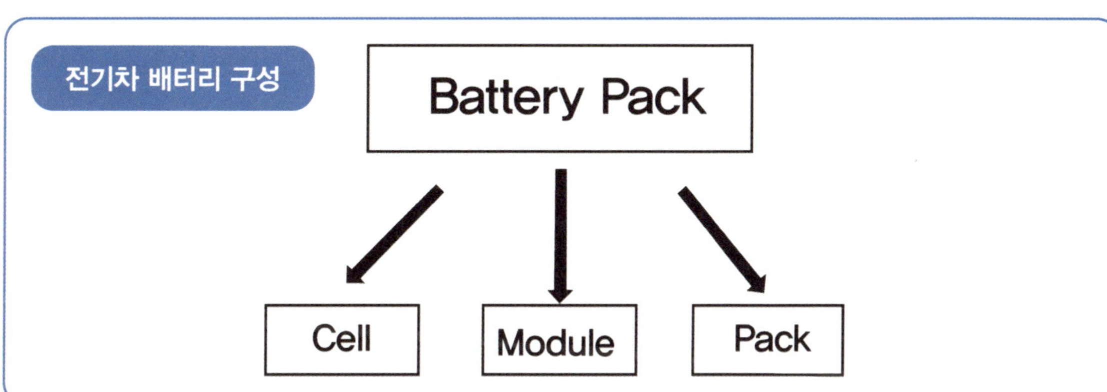

그림 4.16 배터리팩의 기능분석(1) - 배터리팩의 주요 부품(요소)

▶▶ **표 4.4** 배터리 셀, 모듈, 팩의 역할에 대한 정의

구분	정의
배터리 셀 (cell)	전기에너지를 충전, 방전해 사용할 수 있는 리튬이온 배터리의 기본 단위. 양극, 음극, 분리막, 전해액을 사각형의 알루미늄 케이스에 넣어 만듦.
배터리 모듈 (module)	배터리 셀(cell)을 외부 충격과 열, 진동 등으로부터 보호하기 위해 일정한 개수로 묶어 프레임에 넣은 배터리 조립체(assembly)
배터리팩(pack)	전기차에 장착되는 배터리 시스템의 최종 형태. 배터리 모듈에 BMS, 냉각시스템 등 각종 제어 및 보호 시스템을 창작하여 완성됨. 예) BMW i3의 배터리팩은 8개 모듈(모듈당 12개 셀)이 들어감.

② 배터리팩의 기능분석(2)

그림 4.17과 4.18은 Cell - Module - Pack 조립공정을 세분하여 나타낸 것이다. 가장 기본이 되는 셀(cell)의 구성으로부터 유닛 수준인 셀과 셀 간의 조립(cell-to-cell)부터 모듈과 모듈 간의 조립(module-to-module)까지의 주요 내용을 보여주고 있다.

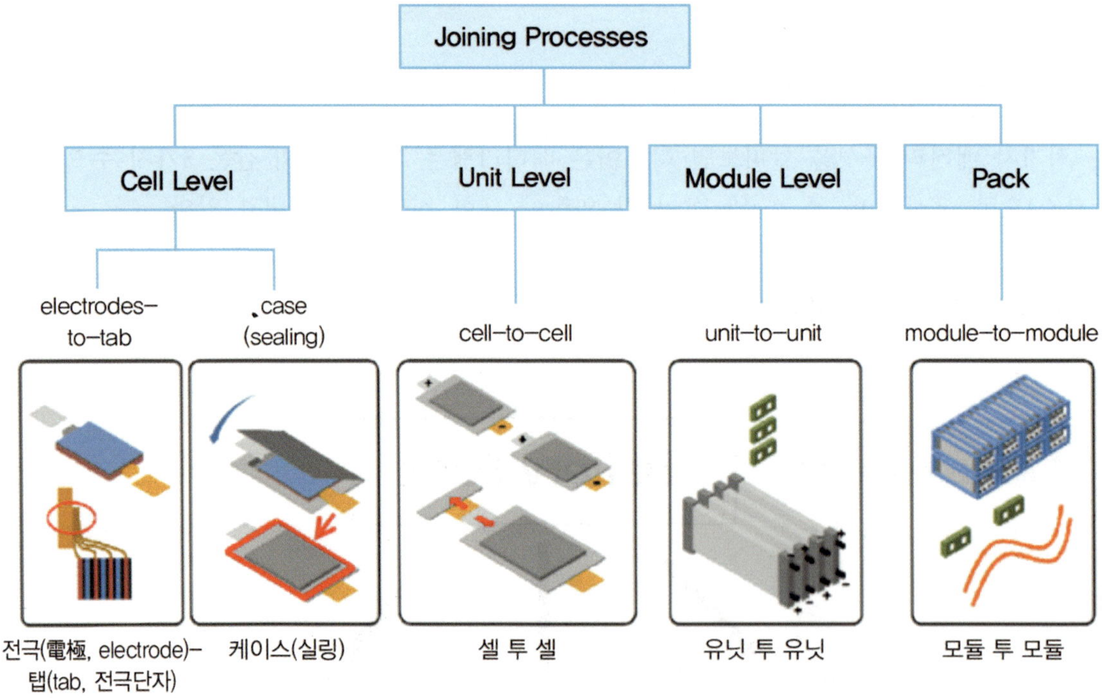

그림 4.17 배터리팩의 기능분석(2) - 셀부터 모듈까지의 결합(조립) 과정

③ 배터리팩의 기능분석(3)

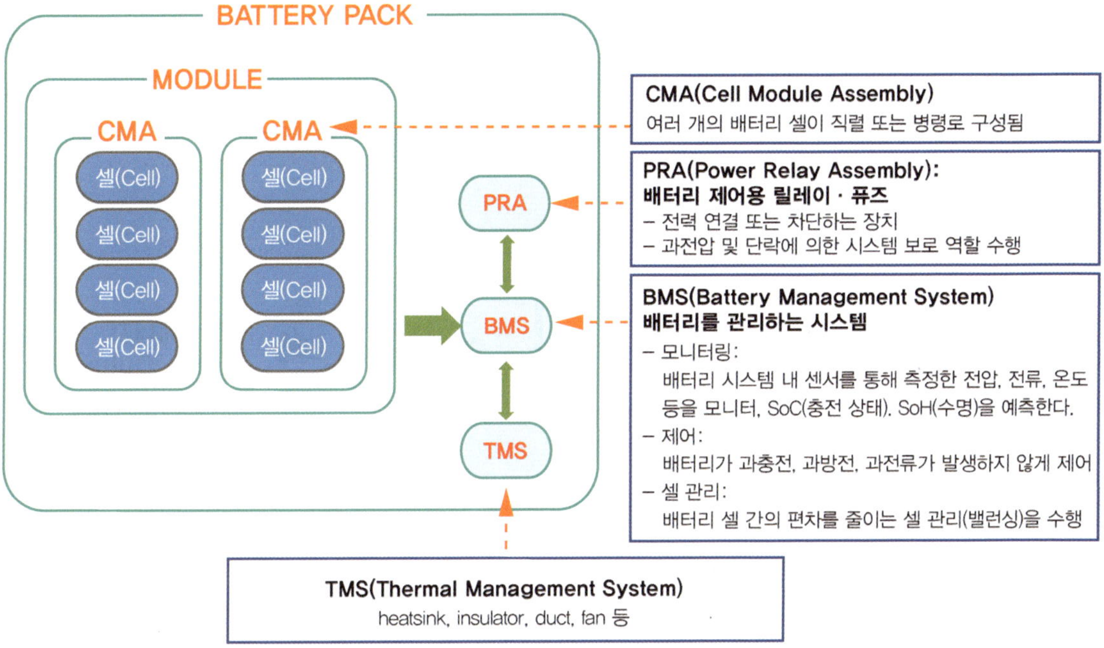

그림 4.18 배터리팩의 기능분석(3)

(3) 기능분석도 사례연구(Case Study)

① 리튬이온(Li-ion) 배터리 기능분석(Function analysis)

그림 4.19와 같이 가장 기본 단계로 블랙박스를 구성하는 것이다. 리튬이온(Li-ion) 배터리의 역할을 분명히 정의한다.

배터리는 화학에너지로부터 전기에너지를 만든다. 이렇게 만든 전기에너지를 축전하면서(충전) 필요한 곳(시스템, 기기, 부품 등)으로 전기에너지를 공급하는(방전) 핵심 역할을 블랙박스(Black box)를 통해 지속적으로 수행한다.

그림 4.19는 리튬이온 배터리의 기능을 블랙박스로 도식화한 예이다. 이때 블랙박스 안에는 예시한 바와 같이 '전기에너지'를 '충전'과 '방전'으로 구분해 직류 전기에너지를 사용하기 위한 다양한 기능들이 내포되어 있을 것이다. 어떤 입력이 주어졌을 때 요구하는 출력으로 변화시키기 위해서는 여러 기능들이 수행된다. 이러한 기능들은 순차적으로 진행되며, 각각의 기능 수행에는 추가적인 입력이 필요한 경우도 있고, 부가적인 출력이 발생하는 경우도 있다.

요구하는 출력으로 변화시키는 기능들을 세부적으로 분류하고 각각의 기능 수행에 필요한 추가적인 입력과 출력을 표현하는 것이 필요하다.

기능들을 표현할 때는 '~하기 또는 ~한다'와 같이 배터리 제품 또는 배터리 시스템이 수행해야 하는 기능을 동사로서 서술하는 것이 유용하며, 각 기능들의 연관성에 대해서는 화살표를 이용하여 표현하는 것이 이해하기 쉬우며 시각적으로 효과적이다. 부가적인 입력, 출력에 대해서는 선의 모양이나 굵기, 색깔 등을 달리하여 표현할 수도 있다.

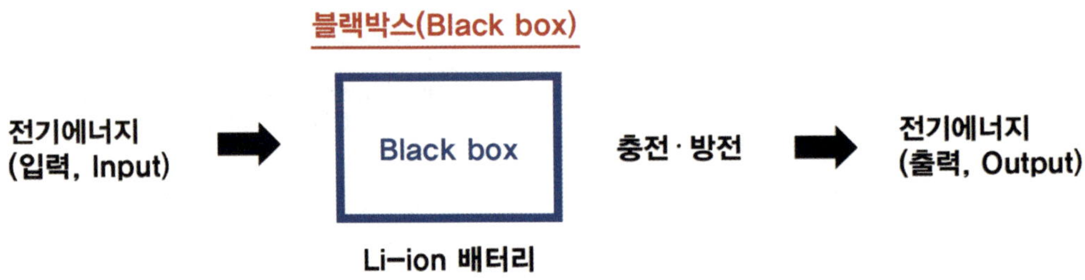

그림 4.19 Li-ion 배터리의 블랙박스 구성

기본 단계로 1번 블랙박스를 구성한 후 충·방전 원리와 순차적으로 수행되는 작동(sequence, 시퀀스, 연속적인 동작)을 더욱 구체적인 기능분석을 위해 2차 블랙박스를 그림 4.20과 같이 구성한다. 이는 단계적(순차적, 시퀀셜하게)으로 이루어지는 역할(기능)에 대해서 기능분석으로 체계화시키는 것으로, 그 핵심 역할을 블랙박스(Black box)를 통해 분석하고 지속적으로 수행하는 것이다.

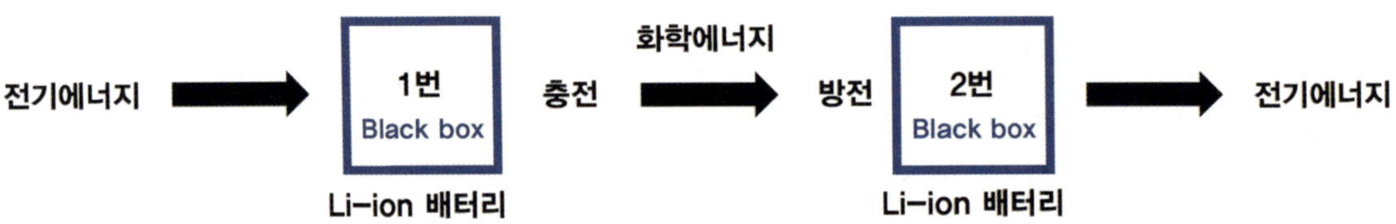

그림 4.20 Li-ion 배터리의 블랙박스(1번과 2번) 구성

② 세부적인 기능 수행

'전기에너지'를 '충전과 방전원리와 동작'과 출력되는 '전기에너지' 용도로 구분하기 위하여 필수적으로 필요한 기능을 검토하면 다음과 같다. 이는 기능 달성을 위한 수단과 방법을 발상해 리튬이온 배터리가 충·방전을 통해 사용 목적에 적합한 전기에너지를 지속적으로 공급하는 기능을 수행하는 데 있어 필수적인 세부기능을 분류한 후, 각각의 세부기능을 수행하는데 필요한 수단과 방법을 발상하는 것으로 표 4.5의 예시와 같이 나타낸다.

▶▶ 표 4.5 리튬이온 배터리의 세부적인 기능분석

필수적인 기능	기능 달성을 위한 수단
리튬을 저장한다.	양극재를 구성한다.
리튬이온 배터리를 충전한다.	전기를 공급한다.
전자가 이동한다.	전자가 이동할 케이블을 구성한다.
리튬이온이 이동한다.	전해액 및 분리막을 구성한다.
리튬이온과 전자를 저장한다.	음극재를 구성한다.
전기를 공급한다.	전자를 이동시킨다.
리튬이온이 이동한다.	전해액 및 분리막을 구성한다.
리튬을 저장한다.	양극재를 구성한다.

③ 기능분석도(Function analysis diagram) 작성

㉠ 배터리 셀

여기서는 앞에서 도출된 필수적인 세부기능과 세부기능 달성을 위한 수단과 방법을 다음 그림 4.21과 같이 블록 다이어그램(block diagram, 블록선도) 형태의 기능분석도로 표현하여 기능 상호 간의 연관성을 파악하고 검토하여, 기능구현을 구체화하기 위한 도식화된 기능분석도를 작성한다. 그림 4.21은 배터리 셀에 대한 기능분석도 예시이다.

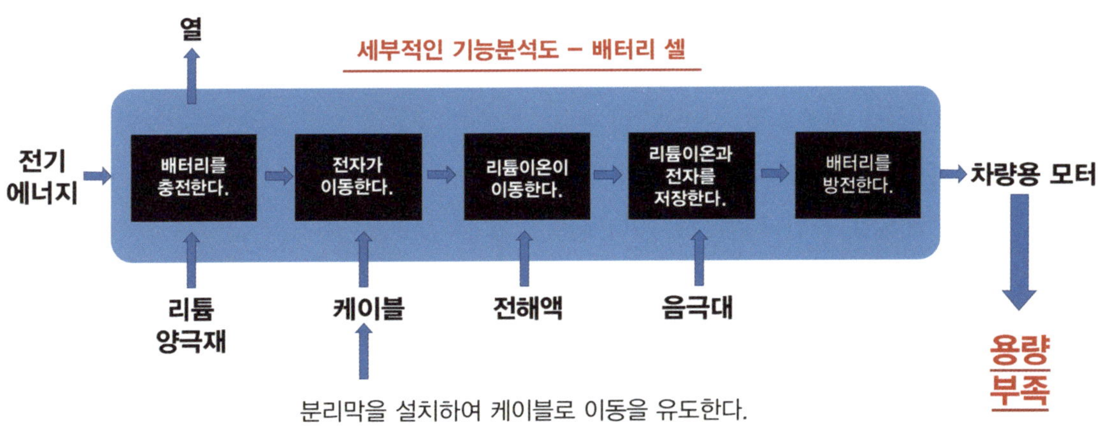

그림 4.21 세부적인 기능분석도 – 배터리 셀

㉡ 배터리팩

그림 4.22는 차량용 배터리팩에 대한 세부적인 기능분석도의 예시를 보여준다.

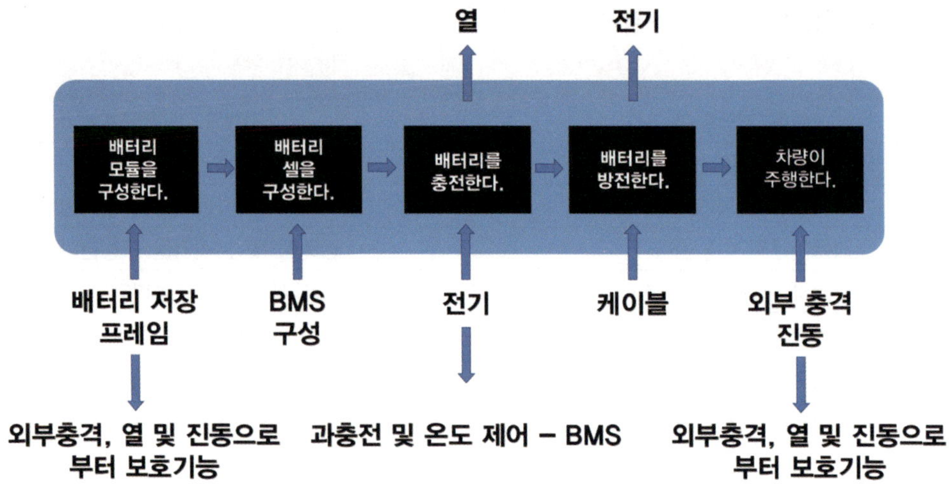

그림 4.22 세부적인 기능분석도 – 배터리팩

④ 기능분석 정리

㉠ 문제점 분석

- 리튬이온 배터리의 안전성 문제 : 열폭주 현상의 발생
  - 외부 충격 및 손상 또는 내부 열 발생으로 인한 분리막의 기능 상실
  - 양극과 음극의 단락(short, 합선)으로 인한 화재 발생
- 리튬이온 배터리의 재활용 문제
  - 분해 과정에서의 폭발 위험성
  - 고장 시 재활용의 어려움 발생
- 리튬이온 배터리의 가격 고가 문제
  - 안전적인 측면 대비 가격이 매우 비쌈
  - 배터리 제어 시스템이 필수로 가격상승 요인

㉡ 리튬이온 배터리 장단점

- 장점
  - 크기와 두께를 작고 가늘게 만들 수 있다.
  - 고밀도로 에너지를 저장할 수 있다.
  - 충전 속도가 빠르다.
  - 심각한 성능 저하 없이 많은 충전 및 방전 주기를 가질 수 있다.

• 단점

- 리튬이온 배터리는 과열 및 발화의 위험이 있다.
- 다른 유형의 배터리보다 비싸다.
- 독성 화학물질이 포함되어 있어 폐기하기 어렵다. 그리고 제대로 폐기하지 않으면 환경에 유해하다.

⑤ 리튬이온(Li-ion) 배터리 보완 설계안

㉠ 리튬이온 배터리의 보완 설계 - 개념설계(Concept design)

그림 4.23과 같이 배터리팩 기준으로 양극재와 음극재의 분리

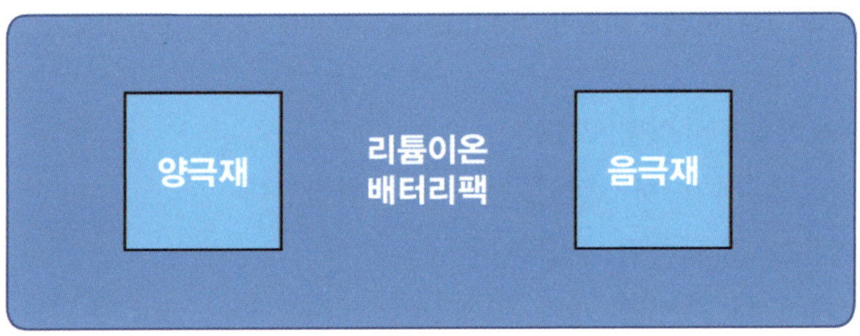

그림 4.23 배터리팩에서 양극재와 음극재 분리

그림 4.24와 같이 전자가 이동하는 케이블(cable) 연결

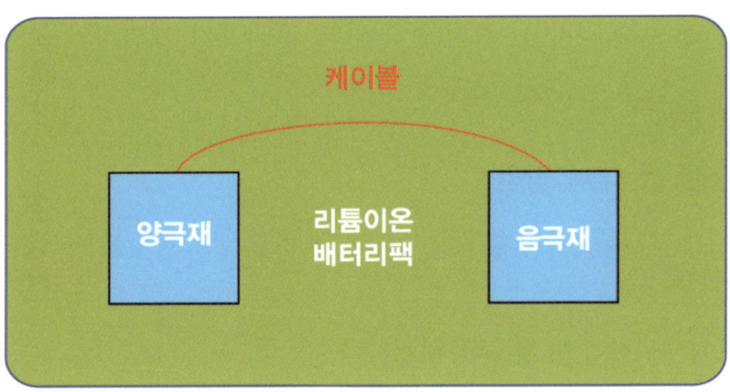

그림 4.24 전자가 이동하는 케이블(cable) 연결

그림 4.25와 같이 리튬(Li)이 이동하는 별도의 리튬관(케이블) 연결

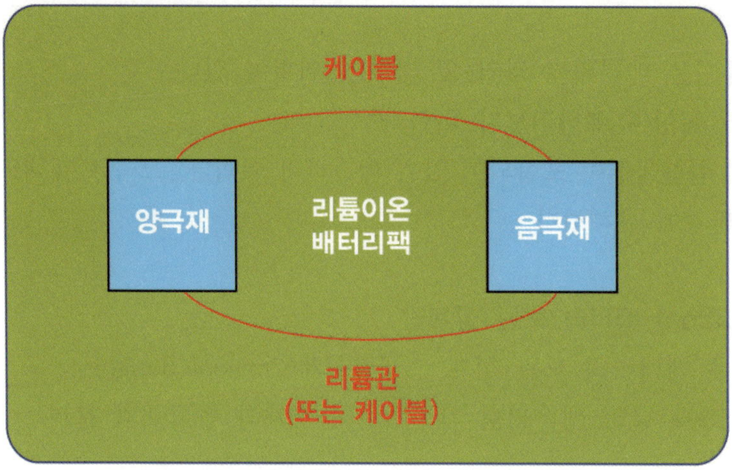

그림 4.25 리튬이 이동하는 별도의 리튬관(케이블) 연결

- 리튬관(케이블) 시스템 개발
  - 리튬이온을 전기 시스템인 전자처럼 취급한다.
  - 리튬이온을 유체처럼 취급한다.
- 리튬관(케이블) 시스템 개발 목적
  - 양극재와 음극재의 분리
  - 충격 및 열에 약한 분리막의 대체품을 제시
  - 배터리 내부에 위치한 분리막 및 전해액을 외부로 돌출
  - 외부로 돌출된 리튬 이동 시스템의 제어 및 컨트롤의 편의성 증대
  - 유지 및 보수(정비성) 증대(양극재 및 음극재의 개별적인 교체 시스템)

2) 리튬이온 배터리 대체 방안

(1) 나트륨 2차전지

① 나트륨은 리튬과 화학적 성질이 비슷하다.

② 리튬에 비해 매장량이 풍부할 뿐만 아니라 해수에서도 구할 수 있어 경제적인 측면에서 이익을 제공한다.

③ 전력 보존 시간을 길게 해주어 전지 효율을 높여준다.

④ 리튬보다 3배 이상 무거워 배터리 용량, 에너지 변환 효율 등의 성능 저하, 배터리 수명 단축 등의 단점도 가지고 있다.

⑤ 현재 그래핀, 흑연, 황화구리 등을 활용해 더 나은 나트륨 2차전지를 개발 중이다.

그림 4.26은 소금(Nacl)을 적용 · 활용한 나트륨 2차전지의 모식도(개념도)이다.

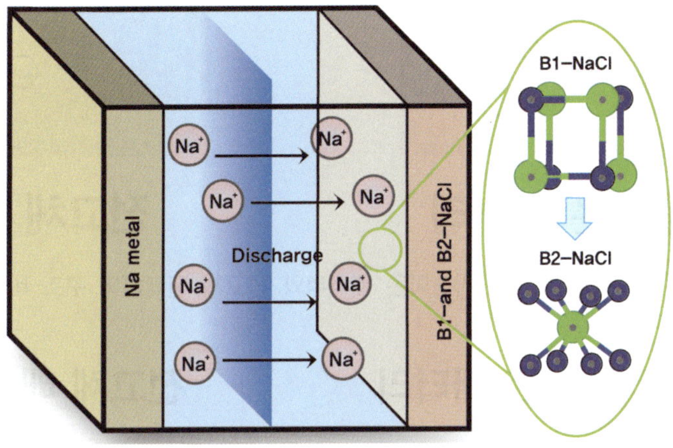

그림 4.26 소금(Nacl)을 활용한 나트륨 2차전지 모식도(개념도)

(2) 전고체 배터리

- 액체 전해질 대신 고체 전해질이 포함되어 고체 전해질이 분리막의 역할까지 대신하는 배터리이다.
- 전해질이 고체이기 때문에 구조적으로 단단하다.
- 전해질이 훼손되더라도 형태 유지가 가능하다.

① 전해질 소재

㉠ 산화물계: 저항이 높아 충전 속도가 빨라야 하는 전기차용으로는 적합하지 않고 소형전지에 주로 사용

㉡ 폴리머계: 액체 전해질 기술과 유사하며 제조공정도 비슷해 비용의 경쟁력 보유

㉢ 황화물계: 가장 높은 이온전도도를 보유하고 있다. 900Wh/L 이상의 높은 에너지밀도 구현 가능

그림 4.27은 리튬이온 배터리와 전고체 배터리의 구조를 비교한 것이며, 그림 4.28은 동일 용량을 갖는 리튬이온 배터리와 전고체 배터리의 크기 비교이다.

전고체 배터리는 동일 용량에도 리튬이온 배터리에 비해 크기를 줄일 수 있는 장점을 갖는다.

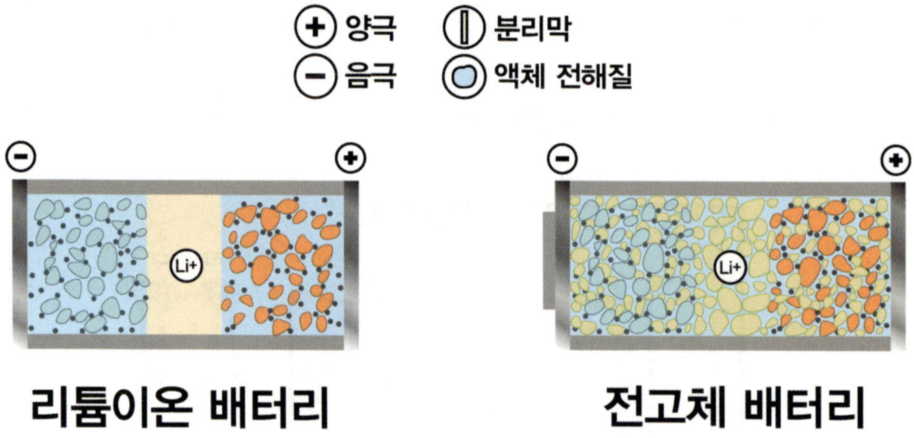

그림 4.27 리튬이온 배터리와 전고체 배터리의 구조 비교

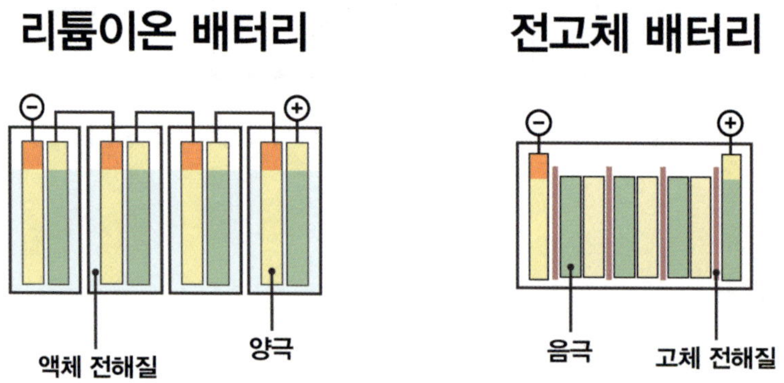

그림 4.28 동일 용량에서의 리튬이온 배터리와 전고체 배터리의 크기 비교

② 전고체 배터리의 기술적 아쉬운 점

㉠ 전해질이 고체이기 때문에 전극과 전해질의 밀착성이 떨어져 불연속 계면이 형성된다. 이로 인해 배터리의 성능을 저하시키는 내부의 저항이 증가한다.

㉡ 전해질과 양 극판의 접촉을 최대화하고 접촉면에서의 저항을 최소화해야 한다.

㉢ 고체 전해질은 액체 전해질보다 상온(15~25℃)에서는 이온전도도가 낮은 특성이 있다.

표 4.6에 국내 배터리 3사의 전고체 배터리 개발 현황을 보여준다.

표 4.6 국내 주요 3사의 전고체 배터리 개발 현황

LG엔솔	- 미국 샌디에이고 대학과 전고체 상온 고속충전 기술 확보 - 2026년 고분자계 전고체 배터리 상용화 목표 - 2030년 황화물계 전고체 배터리 상용화 목표
삼성SDI	- 삼성종합기술원 1회 충전 800km이상 주행가능기술 확보 - 삼성종합기술원 1,000회 이상 충·방전 가능한 전고체 기술 확보 - 2027년 황화물계 전고체 배터리 상용화 목표
SK온	- 미국 솔리드파워와 전고체 배터리 공동 개발 - 노벨상 수상자 존 굿이너프 교수와 차세대 배터리 연구 협업 - 이승우 조지아공대 교수와 전고체 배터리 개발 협업 개시 - 2030년 이전 황화물계 전고체 배터리 상용화 목표

(3) LFP(리튬인산철) 배터리

① 리튬인산철(Li-$FePO_4$) 배터리

㉠ 에너지를 저장했다가 반복적으로 사용할 수 있는, 전기를 담을 수 있는 에너지 용기로 리튬 계열의 배터리를 사용하고 있다.

㉡ 다른 리튬이온전지 등과 비교시 발열성이 없어 가연성 또는 폭발 등을 일으키지 않음으로써 안전성이 탁월하다.

㉢ 직류측 입력 변동이 작아서 PCS(Power Conversion System, 전력변환장치, 전력을 배터리에 저장 또는 방출하기 위해 전기의 특성을 변환해 주는 시스템) 설계가 용이하고 ESS(Energy Storage System, 에너지저장장치, 불규칙적이고 단속적으로 생산되는 풍력발전과 태양광 발전 시스템에서 생산된 전력의 충·방전을 통해 신재생에너지의 출력을 안정시켜 준다. 이는 저장이 어렵고 사용 후 없어져 버리는 에너지를 효율적으로 사용할 수 있도록 저장·관리하는 시스템이다) 절연전압도 낮출 수 있는 효과가 있으며, 온도 특성이 매우 좋아 자체 발열이 거의 없어서 주위 온도에 영향을 주지 않는다.

표 4.7은 리튬이온, 리튬폴리머, 리튬인산철(LFP)의 배터리 특성 항목별 특징을 비교한 내용이다.

표 4.7 리튬이온, 리튬폴리머, 리튬인산철(LFP)의 배터리 특성 비교

항목	리튬이온		리튬폴리머		리튬인산철	
배터리 명칭	Li-Ion		Li-Polymer		Li-$FePO_4$	
정격 전압[V]	3.7(3.8)		3.7(3.8)		3.2	
만충 전압[V]	4.2(4.35)		4.2(4.35)		3.7	
과충전 차단[V]	4.3(4.4)		4.35(4.4)		4.0	
저속 충전	0.2C		0.2C		0.2C	
고속 충전	1.0C		2.0C		2.0C	
사용수명(최대)	〈1000		〈4000		〈4000	
안정성	다소 높음		보통		매우 높음	
사용 온도	-20~60℃		-20~60℃		-20~60℃	
장점	고밀도		고밀도	대용량	장수명	대용량
단점	폭발가능	소용량	연소가능		고가	품질

3) 리튬이온(Li-ion) 배터리의 문제점 분석 및 개선안(Case Study 1)

(1) 리튬이온(Li - ion) 배터리의 문제점 분석 - 열적 문제의 개선안

① 열적 안정성 문제

리튬이온 배터리는 다른 전지에 비해 안정성이 떨어지는 편이며 과방전 시 용량 감소가 매우 크고, 과충전 시에는 매우 불안정해져서 내부 전극에서 쇼트(short, 합선)가 나거나 축전지에 충격을 주면 폭발할 수 있다.

즉, 리튬이온 배터리는 폭발 위험이라는 치명적인 문제가 있다(열적 안정성 문제).

② 리튬이온전지의 가격이 고가이면서 친환경적이지 않는 문제

㉠ 리튬이온전지의 핵심 소재인 리튬, 코발트 등은 희귀금속으로 자원이 한정됨(자원 한정 문제).

㉡ 수요 증가로 인한 가격 상승이 발생

㉢ 사용된 리튬 폐전지가 장기간 방치될 경우 공해물질 유발

사진 4.2는 리튬과 코발트의 원자번호, 원자량과 그리고 리튬 원석과 코발트의 정제된 가루를 보여준다.

(a) 리튬 화학 원소　　　　　　(b) 코발트 화학 원소

➩ **사진 4.2** 리튬과 코발트의 원자번호, 원자량 그리고 리튬 원석과 코발트의 정제된 가루

(2) 리튬이온(Li - ion) 배터리 개선안 - 개념설계안

① 열적 안정성 문제 개선안

㉠ 전고체 배터리 적용

그림 4.29는 기존 리튬이온 2차전지와 차세대 전고체 리튬 2차전지에 있어 각 구성과 구조 등의 특징을 비교한 내용이다.

구분	리튬 2차전지	전고체 리튬 2차전지
양극재	고체(리튬, 니켈, 망간, 코발트 등)	고체(리튬, 니켈, 망간, 코발트 등)
음극재	고체(흑연, 실리콘 등)	고체(리튬 금속)
전해질	액체(용매+리튬염+첨가제)	고체(황화물, 산화물, 폴리머)
분리막	고체 필름	불필요
구조	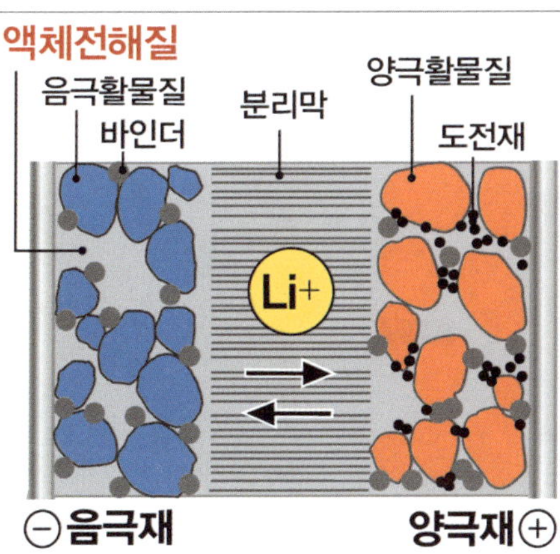	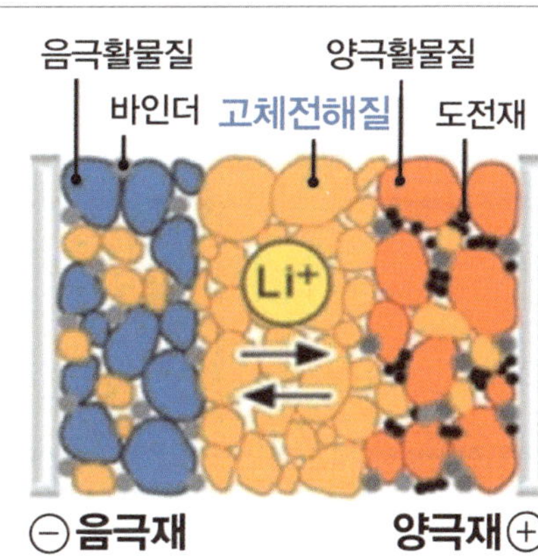

➩ **그림 4.29** 기존 리튬이온 2차전지와 차세대 전고체 리튬 2차전지의 특징 비교

그림 4.30과 같이 전고체 리튬 2차전지의 동영상을 통해 전고체 리튬 2차전지의 원리와 특징 등을 이해하고 내용을 파악할 수 있다.

그림 4.30 전고체 리튬 2차전지 동영상(출처: 한국기초과학지원연구원)

② 배터리팩 개선안 – 배터리팩 외곽 케이스(Outer case)에 방화 소재 추가

분리막 충격 시 또는 발열 등의 요인으로 인해 분리막 손상이 생겨 혹시 모를 화재 발생 시에, 이에 대한 대비를 위한 해결책의 하나로 그림 4.31과 같이 개념설계안을 제시하였다.

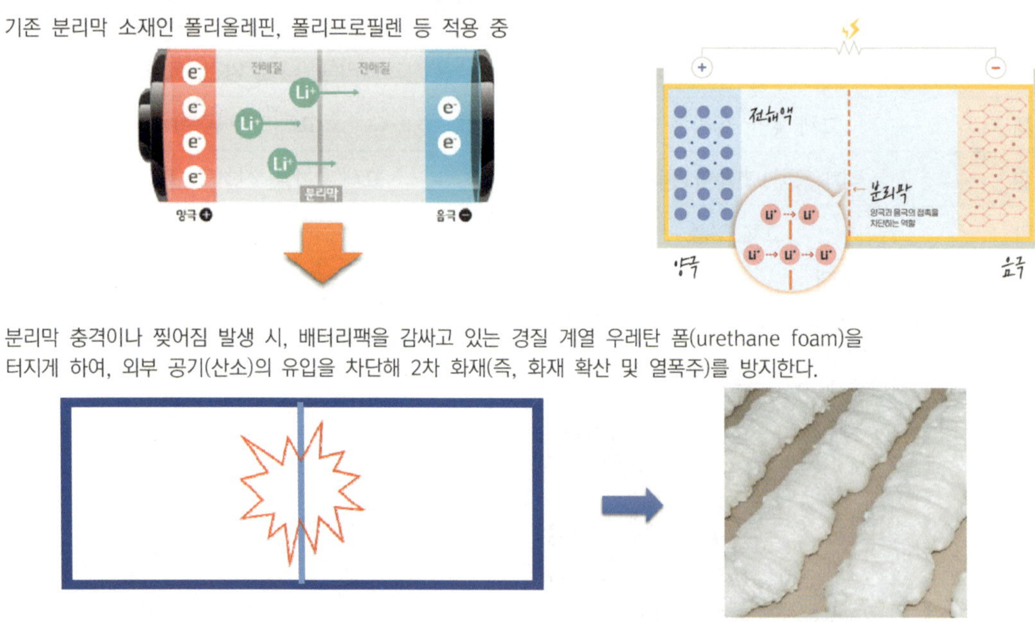

(a) 분리막 손상 시 외곽 케이스의 우레탄 폼(urethane foam)이 터져 외부 공기 차단

(b) 터진 우레탄 폼(urethane foam) 모습

그림 4.31 배터리팩 개선설계안

③ 배터리팩 개선안 – 배터리팩 케이스(Case)의 재질 변경

기존 배터리 케이스(case, casing)는 알루미늄(Al)과 철(Fe)을 주성분으로 하는 강(steel)으로 된 금속으로 만들어져 있어, 무겁고 가격이 비싸다는 단점이 있다. 그리고 화재에 매우 취약하다(그림 4.32 참조). 이에 대한 개선안으로 가볍고, 내열성 이상의 물성과 등급을 가진 불이 붙기 어려운 난연성 플라스틱(고분자 재료, polymer) 또는 전혀 불이 붙지 않는 불연성 플라스틱으로 변경하는 안을 제시한다. 물론 이 소재는 기존 금속 소재보다 가격이 비싸지만 안전성에 있어서는 가장 우수하다고 본다.

㉠ 강화 열경화성 플라스틱(SMC)을 활용하여 전기차용 배터리 하우징(Housing)에 적용

한화첨단소재는 열경화성 수지에 충전제 · 촉매 · 이형제 등을 혼합한 후 유리섬유를 넣어 강화한 SMC(Sheet Moulding Compound, 판상형 복합재, SMC는 폴리에스테르 수지에 유리섬유가 단섬유 형태로 함침되어 있으며, 중량에 비해 기계적 강도가 뛰어나고 경량 구조재로 적합하다. SMC는 성형 자동화가 용이하고 생산성이 우수하며, 성형 시간이 짧아 대량 생산에 적합한 재료로 각광받고 있다. 현재는 천장재 및 물탱크 등에 주로 사용되고 있다)로 신시장을 개척하고 있다. SMC 전기차용 배터리 하우징(housing)은 전기차 배터리를 감싸는 팩(pack)을 철 대신 플라스틱으로 대체함으로써, 무게를 줄이는 동시에 열과 충격으로부터도 보호해 준다. SMC는 경쟁 소재 대비 약 15~20% 가벼우면서도 강도가 뛰어나 흠집과 손상에 강하고, 디자인 용이성을 인정받아 자동차용 부품으로 주목받고 있다(그림 4.33 참조).

㉡ 화재 시 스스로 방화막을 만드는 단열 소재 적용

국내 건축용 단열재로 개발된 제품으로 무기질 코팅 성분이 불이 붙지 않는 유리폼으로 변해 우레탄 폼이 타는 것을 억제하도록 방화막을 생성한다.

화염에 취약한 폴리우레탄 소재를 불에 강한 폴리이소시아누레이트(Polyisocyanurates, Polyiso) 소재로 바꿔 유독가스 발생량을 기존의 절반 정도로 줄인다(그림 4.34 참조).

그림 4.32 기존 배터리 금속 케이스 형상

그림 4.33 열경화성 플라스틱 SMC 적용 케이스 형상

그림 4.34 준불연 경질 우레탄 폼 형상

④ 배터리팩 개선안 - 배터리팩 외곽 케이스(Outer case)에 냉각시스템(Cooling system) 구축

분리막 충격 시 또는 발열 등의 요인으로 인해 분리막 손상이 생겨 혹시 모를 화재 발생 시에, 이에 대한 대비를 위한 해결책의 하나로 그림 4.35와 같이 냉각시스템을 구비한 개념설계안을 제시하였다. 이 개념설계안은 저자가 연구개발하여 다른 저서에 언급한 내용으로 특허출원도 진행 중이다.

기존 분리막 소재인 폴리올레핀, 폴리프로필렌 등 적용 중

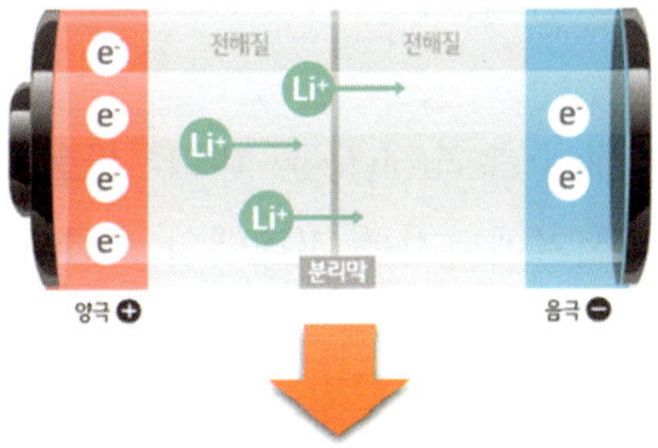

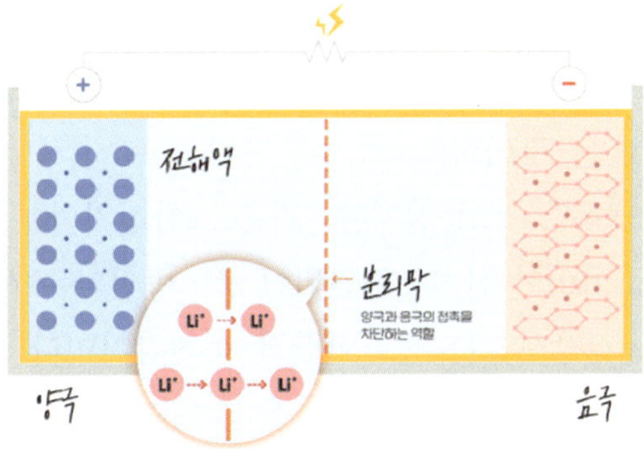

분리막 충격이나 찢어짐 발생 시, 배터리팩을 감싸고 있는 냉각시스템이 열을 흡수해 냉각시키는 동시에 외부 공기(산소의 유입을 차단해 더이상 2차 화재(즉, 화재 확산 및 열폭주)가 생기는 것을 차단 및 방지한다.

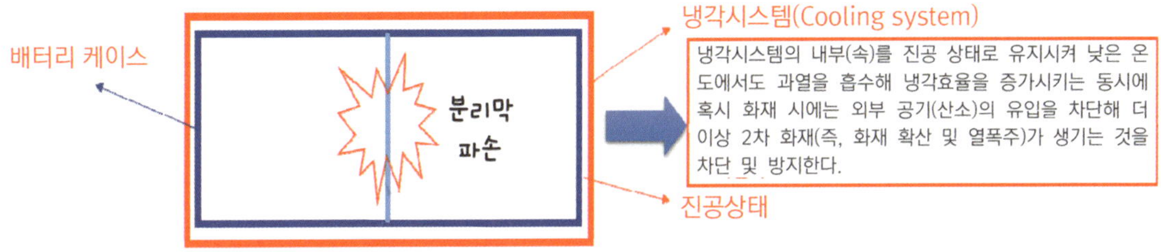

(a) 배터리팩의 분리막 손상(파손)

(b) 배터리팩 냉각시스템의 내용

그림 4.35 배터리팩 개선설계안- 냉각시스템 구축

⑤ 레독스 플로우 배터리(Redox Flow Battery) 개발 및 적용

레독스 플로우 전지(Redox Flow Battery)는 1973년 미국 NASA(미국 항공우주국, National Aeronautics and Space Administration)의 LRC(Lewis ResearchCentre)에서 Fe, Cr, Ti redox couple(레독스 쌍)을 이용하여 레독스 플로우 2차전지를 개발한 것이 최초이다.

2차전지인 리튬이온전지를 대체할 수 있는 수계 레독스 흐름 전지는 원가 · 발화위험이 낮고, 수명이 20년 이상으로 길어 신재생에너지와 연계한 에너지저장장치로 활용된다.

현재 상용화를 위해 연구 및 기술개발 중인 레독스 플로우 배터리(레독스 흐름전지) 활성물질 로는 바나듐(V, vanadium) 원소가 가장 널리 사용되지만 최근 바나듐(V) 원가 상승으로 대체 물질 연구가 활발히 진행되고 있다.

바나듐 레독스 흐름 배터리(VRFB : Vanadium Redox Flow Battery)는 양극과 음극에 사용된 바나듐 전해액이 산화 또는 환원되면서 충전과 방전이 되는 원리로 작동하는 배터리이다. 바나듐 배터리의 일종이다.

바나듐 레독스 흐름전지(Vanadium redox flow battery) 또는 간략히 바나늄 레독스 배터리(Vanadium redox battery)라고도 한다. 영어 약자로는 일반적으로 VRFB라고 한다.

바나듐 레독스 흐름 배터리는 레독스 흐름 전지의 일종이다. 레독스(redox)는 '환원'(reduction)과 '산화'(oxidation)의 머리글자를 합친 말로서, '산화 · 환원'(reduction-oxidation)이라는 뜻이다.

레독스 흐름전지는 기존 2차전지와는 달리 전해액(electrolytes) 내의 활물질(active material)이 산화 · 환원되어 충 · 방전되는 시스템으로 전기에너지를 전해액의 화학적 에너지로 저장시키는 전기화학적 축전장치이다.

실제 전기화학적 반응은 스택(stack)에서 일어나고 전해액을 유체펌프를 이용하여 스택 내부에 지속적으로 순환시킴으로써 작동한다. 활물질로 사용되는 레독스 쌍(redox couple)으로는 V/V, Zn/Br, Fe/Cr, Zn/air 등이 있는데, 이 중 V/V, Zn/Br 레독스 쌍이 가장 널리 사용되고 있다.

그림 4.36은 레독스 플로우전지(Redox Flow Battery)의 원리이고, 표 4.8은 기존 리튬이온 배터리(Li-ion Battery, LIB)와 바나듐 레독스 흐름 배터리(Vanadium Redox Flow Battery, VRFB)와의 특성을 비교한 내용을 보여주고 있다.

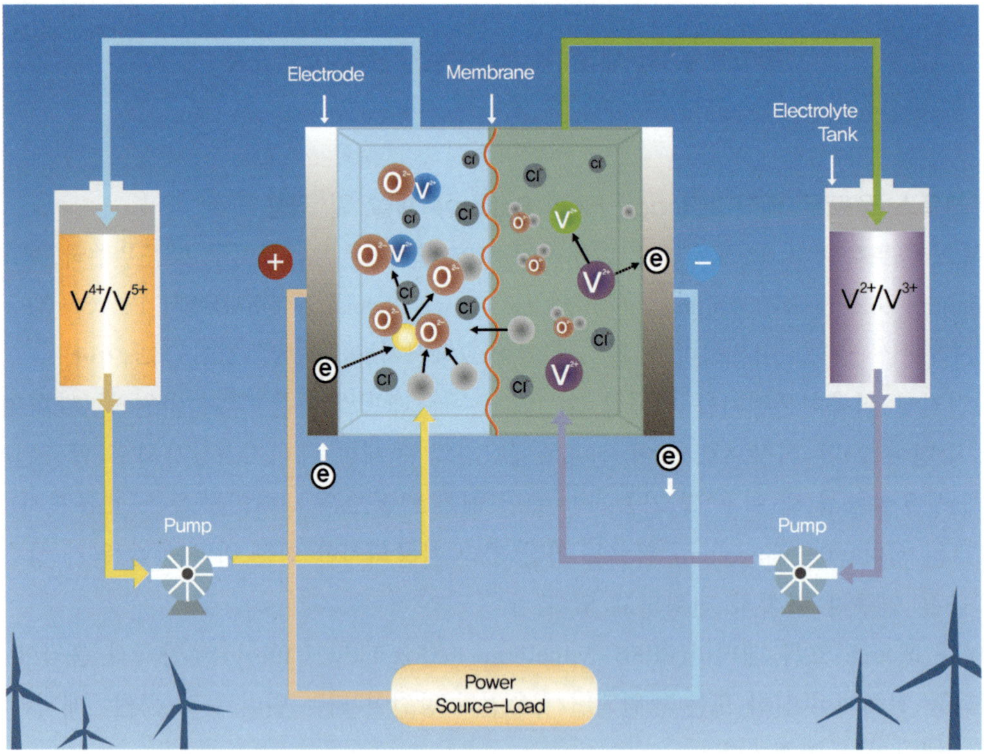

그림 4.36 레독스 플로우전지(Redox Flow Battery)의 원리

▶▶ 표 4.8 리튬이온 배터리(Li-ion battery, LIB)와 바나듐 레독스 흐름 배터리(Vanadium redox flow battery, VRFB)의 특성 비교

구분	LIB	VRFB
활물질	리튬 (높은 반응성 및 화재 위험성)	바나듐 (반응성 및 화재 위험성 없음)
전해질	유기계 전해질 (낮은 인화점, 한 셀의 단락 시 온도상승으로 인한 연쇄 화재 반응)	수계 전해질 (인화점 없음, 폭발 위험성 및 화재 위험성 없음)
에너지밀도	① 매우 높음 ② 모든 에너지는 셀 내부에 존재 ③ 분리막의 손상 시 내부 에너지가 급격히 발산 → 열폭주 발생 ④ 내부 저장된 에너지의 제거 수단 없음	① 낮음(~20Wh/L) ② 대부분의 에너지는 별도의 탱크에 존재 ③ 스택 안의 에너지는 매우 작음(즉, 온도를 상승시킬 에너지가 없음) ④ 비열이 높아 반응 후 온도 상승이 낮음 ⑤ 전해액 제거 시 내부 에너지 제거 가능
구조	밀폐형 구조로 내부에서 가스 방출 시 압력 상승 → 폭발	개방형 시스템으로 가스 축적 안됨 → 폭발 위험성 낮음

(3) 리튬이온(Li - ion) 배터리의 문제점 분석 - 자원 한정적 문제 개선안

① 리튬을 대체할 나트륨(Na, Natrium)을 적용한 배터리 개발

리튬을 대체할 유력한 금속으로는 나트륨이 있으며, 나트륨은 리튬과 같은 알칼리 계열의 원소이기에 비슷한 화학적 성질을 가지고 있다.

㉠ 지구에서 가장 풍부한 물질인 바닷물에 소금(NaCl) 형태로 막대한 양의 나트륨이 존재.

㉡ 바닷물에 녹아 있는 나트륨을 전지로 활용하는 연구가 진행되고 있으며, 그중 해수전지는 자연 바닷물을 전지의 양극물질로 활용함.

㉢ 해수전지(海水電池, seawater battery)는 리튬이온이 함침되어 있는 고체 화합물 대신 나트륨이온이 함침되어 있는 액체(예, 바닷물)를 양극물질로 사용하는 전지임.

㉣ 해수전지의 구동 원리는 리튬이온전지와 크게 다르지 않음. 충전 시 양극인 바닷물 속의 나트륨이온과 전자가 각각 음극으로 이동하고, 방전 시 자발적으로 나트륨이온과 전자가 각각 바닷물로 이동하게 됨.

그림 4.37은 나트륨이온이 녹아 있는 액체를 양극으로 사용하는 해수전지의 원리를 나타낸 개념도이다.

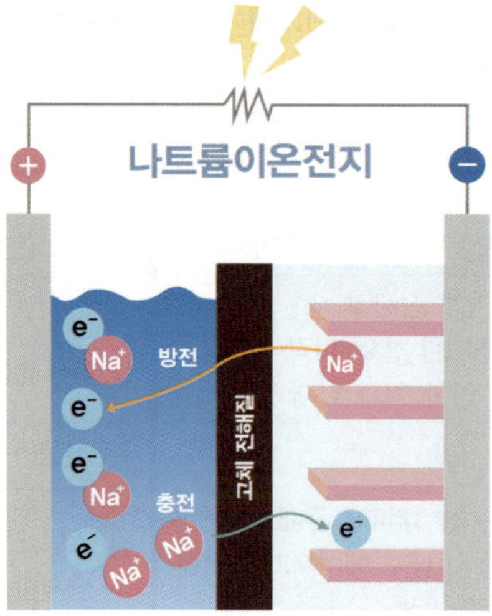

➔ **그림 4.37** 나트륨이온을 활용한 해수전지의 개념도

(4) 리튬이온(Li - ion) 배터리의 개선안-분리막 구조의 개선

리튬이온 배터리의 개선안으로 분리막 구조를 개선한 개념설계(concept design)를 했다. 그림 4.38은 현재 배터리 셀(cell)에 사용되는 분리막 구조로, 이에 대한 기본 모델링(modeling) 설계도이다.

① 현재 분리막 구조(3D 모델링)

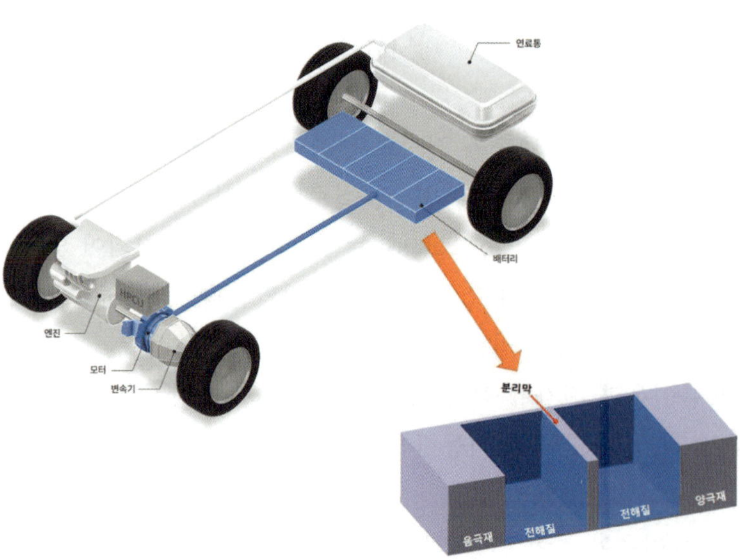

➔ **그림 4.38** 배터리 셀(cell)에 있어 기본적인 분리막 구조의 모델링(modeling)

② 새로운 분리막 구조의 변경(3D 모델링) - 개선안(개념설계)

그림 4.39와 같이 기존 분리막에서 2겹으로 두께를 증대하고, 양극재와 음극재의 전해질 사이에도 분리막을 추가하여 안정성을 확보했다. 즉, 총 3개의 분리막을 설치하는 개선안이다(중앙 1개는 두껍고, 양측 2개는 얇은 두께이다).

분리막 두께는 가격 경쟁력 확보를 위해 9㎛로 설계하여 진행하는 개선안을 제시한다.

㉠ 장점 : 중간 분리막의 두께가 커지고, 양극재와 음극재의 양옆에 분리막이 추가되어 분리막 파손 등에 의한 화재 등으로부터의 안전성은 확보된다.

㉡ 단점 : 그러나 분리막의 두께가 커지므로 리튬이온 통과시간이 길어져, 그만큼 배터리 용량을 충족하는 시간도 길어지며, 충전시간도 늘어난다.

㉢ 결론 및 해결책 : 장점과 단점을 수용하여(trade off, 절충) 이를 동시에 만족하는 최적의 분리막 연구가 필요하다. 즉, 안전성을 높이면서도 배터리 용량의 축전과 충전시간을 단축시키는 분리막 두께 대비 다중 분리막(multi-separator) 구조(여기서는 3중 분리막 구조를 제안했다)로의 최적설계가 필요하다.

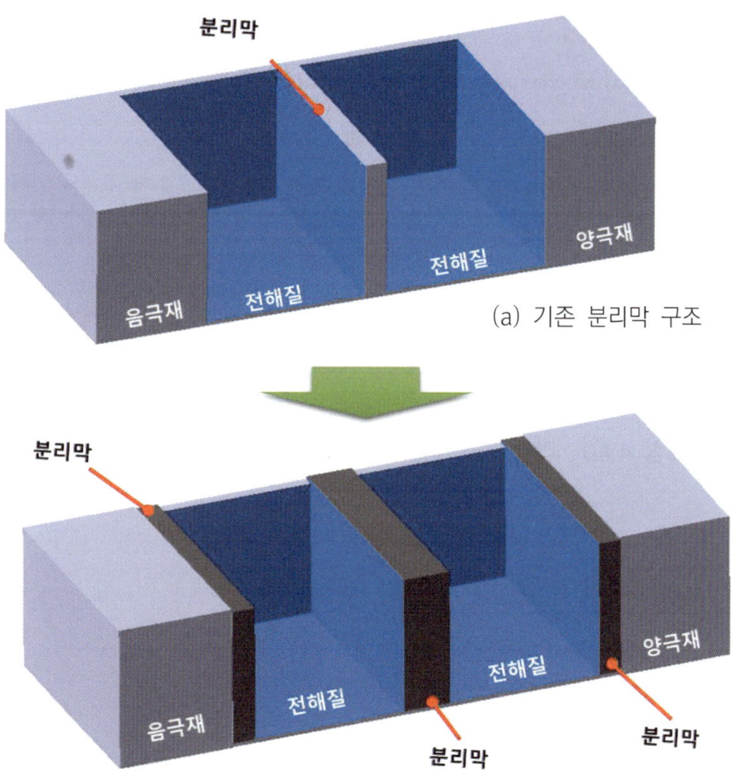

(a) 기존 분리막 구조

(b) 제안한 3중 분리막 구조

그림 4.39 새로운 분리막 구조로의 변경(3D 모델링) - 개선안(개념설계)

그림 4.40은 분리막 두께와 관련된 논문이다. 논문명은 '리튬2차전지용 분리막의 두께에 따른 특성 연구'이다.

Journal of the Korean Electrochemical Society
Vol. 17, No. 1, 2014, 7-12
http://dx.doi.org/10.5229/JKES.2014.17.1.7

리튬이차전지용 분리막의 두께에 따른 특성 연구

김상우[1] · 석지후[1] · 김병현[2] · 조희민[2] · 조국영[1,*]
[1]공주대학교 신소재공학부
[2]더블유스코프코리아(주) 연구개발팀

(2013년 11월 30일 접수 : 2013년 12월 4일 채택)

Study on the Thickness Effect of the Separator for Lithium Secondary Batteries

Sang Woo Kim[1], Ji-Hoo Seok[1], Byung-Hyun (Daniel) Kim[2], Hee-Min Cho[2], and Kuk Young Cho[1,*]
[1]Division of Advanced Materials Engineering, Kongju National University, 1223-24, Cheonan-daero, Seobuk-gu, Cheonan, Chungnam, 331-717, Korea
[2]R&D Team, W-SCOPE KOREA CO., LTD., 106, Gwahaksanop 4-ro, Ochang-eup, Cheongwon-gun, Chungbuk, 363-883, Korea

(Received November 30, 2013 : Accepted December 4, 2013)

초 록

리튬이차전지의 고에너지 밀도화를 위해 전지 구성요소들의 무게 및 부피를 저감하려는 요구가 증가하고 있다. 분리막은 리튬이온의 이동통로를 제공할 뿐만 아니라 양극과 음극의 직접적인 접촉을 방지하는 핵심 부품이다. 본 연구에서는 연신 비율을 달리하여 습식방법을 통해 두께가 16, 12, 9 μm 인 폴리에틸렌 분리막을 준비하였고, 각각의 기계적 강도 및 열적특성을 평가하였다. 또한 양극($LiCoO_2$), 음극(Graphite)을 사용한 Coin type full-cell을 제작하여 율속 특성 및 500cycle까지 사이클 수명특성을 평가하였다. 수명특성 평가를 통해 사용된 모든 두께의 분리막에서 500cycle 까지 큰 차이 없이 80% 정도의 용량유지 결과를 확인하였다. 율속 특성에서는 가장 얇은 9 μm 분리막이 가장 우수한 성능을 나타내었다. 흥미롭게도 9 μm의 분리막이 16 μm 경우보다 열 수축률 평가에서 우수한 특성을 나타내었다.

그림 4.40 리튬2차전지용 분리막의 두께에 따른 특성 연구

4) 리튬이온(Li-ion) 배터리 관련 논문과 특허검색

(1) Li - ion 배터리 논문 현황 및 검색

앞에서 설명한 기능분석으로 리튬이온 배터리의 문제점을 분석하고 개선, 대안, 대체, 새로운 솔루션 등으로 해결하기 위한 필수요건은 이미 공지되어 존재하는 리튬이온 배터리 관련 기술과 학술자료, 연구보고서, 정보, 제품 등을 포괄하는 전문적이면서도 폭넓은 자료 · 정보

의 검색과 조사, 분석이다.

이를 통해 핵심기술의 내용을 간접적으로 파악하는 동시에 대처할 수가 있다는 것이다. 여기서는 연구 및 기술개발의 산물(결과물, 창출물)을 대표하는 실제 시제품 또는 제품과 더불어 2가지 핵심인 논문과 특허검색의 사례를 제시하고자 한다. 그림 4.41은 국내외 학위논문, 학술지논문, 해외DB(Database) 등 학술연구정보서비스(Research Information Sharing Service, RISS)의 홈페이지이다. RISS는 대한민국 교육부 출연기관 한국교육학술정보원에서 제공하는 학술연구정보화시스템이다.

그림 4.41 학술연구정보서비스(RISS) 홈페이지 초기 화면

① Li-ion 배터리 논문검색

RISS(학술연구정보서비스)를 통해 리튬이온 배터리 관련 현재 국내 논문(총 973건 논문검색)을 검색하였고, 샘플로 정리하여 보여주고자 한다.

검색 사이트는 [검색 사이트 www.riss.kr]이다. 표 4.9는 RISS의 검색 사이트(www.riss.kr)로 검색한 47건의 논문검색 예를 보여준다. 그리고 검색어는 다음과 같다.

> 검색어 : 리튬이온 배터리 / 리튬이온(Li-ion) 배터리 / 리튬 배터리 / 자동차 배터리 / 전기차 배터리 / 하이브리드 배터리

표 4.10은 총 973건의 논문검색을 하고, 그중에서 20건을 사례로 정리한 것이다.

표 4.9 검색 사이트(www.riss.kr)로 논문검색의 예(47건)

이름	수정한 날
리튬이온배터리용양극및음극재료의최근동향	2022-11-
리튬이온및리튬폴리머배터리의폭발과화재위험성에관한연구	2022-11-
고속충전 리튬이온 배터리 팩의 방열 개선을 위한 연구	2022-11-
리튬이온 배터리 잔존용량 추정	2022-11-
전극구조설계기반고에너지밀도183고속충전리튬이온배터리제작	2022-11-
휴지기가 리튬 이온 배터리의 열화에 미치는 영향의 정량적 분석	2022-11-
충전전압특성을이용한리튬이온배터리의잔존수명예측	2022-11-
리튬이온배터리의열관리가전기자동차주행거리에미치는영향	2022-11-
리튬이온배터리를적용한실내용전동휠체어주행특성분석	2022-11-
하이브리드전기자동차용리튬이온배터리모델링및상태관측기설계	2022-11-
리튬이온배터리 양극 재합성 시 잔존하는 구리의 전기화학적 영향	2022-11-
위험관리정보리튬이온배터리의위험과손실예방	2022-11-
LRCN을이용한리튬이온배터리의건강상태추정	2022-11-
리튬이온배터리 양극 재합성 시 잔존하는 알루미늄의 전기화학적 영향	2022-11-
최소자승법을이용한하이브리드용리튬이온배터리모델링및특성분석	2022-11-
리튬이온배터리GraphiteSiliconCarbon복합음극소재의전기화학적성능	2022-11-
리튬이온배터리모듈을위한단일셀간고속밸런싱회로	2022-11-
공냉식리튬이온배터리팩의열성능향상을위한내부구조최적화	2022-11-
리튬이온배터리용셀밸런싱기술의발전동향	2022-11-
리튬이온배터리용다층박판금속의초음파용착시용착강도	2022-11-
리튬이온배터리음극활물질SiliconCarbon복합소재의전기화학적특성	2022-11-
RSM방법에의한리튬이온배터리팩의최적설계	2022-11-
TEXTiO2TEX기반복합나노선을이용한리튬이온배터리의전극특성연구	2022-11-
리튬 이온 배터리 팩 시스템의 열적 모델링	2022-11-
리튬이온배터리음극활물질SiliconCarbon복합소재의전기화학적특성 (...	2022-11-
전기자동차용리튬이온배터리급속충전장치설계와제어	2022-11-
열-전기화학적 모델을 이용한 리튬이온배터리 열관리 시스템에 관한 ...	2022-11-
24cell리튬이온멀티배터리보호회로AnalogFrontEndAFEIC설계	2022-11-
대용량리튬이온배터리용Active방전시험기의개발	2022-11-
딥뉴럴네트워크를이용한새로운리튬이온배터리의SOC추정법	2022-11-
리튬이온배터리수명추정을위한용량예측머신러닝모델의성능비교	2022-11-
리튬이온 배터리의 충전시간을 이용한 SOH 추정방법 연구	2022-11-
360Wh급퍼스널모빌리티용리튬이온배터리팩의열전달특성에관한연구	2022-11-
상태 추정기법을 이용한 전기자동차용 리튬이온배터리의 열화진단	2022-11-
리튬이온 배터리 시스템의 SoC 정확도 개선을 위한 연구	2022-11-
전기영동증착법을이용한BlackPhosphorusNanoFlake리튬이온배터리	2022-11-
리튬이온배터리충전IC의설계	2022-11-
리튬이온 배터리 방전 효율 개선을 위한 슈퍼커패시터 하이브리드 시...	2022-11-
선형상태관측기를이용한리튬이온배터리의SOC추정알고리즘	2022-11-
친수성 탄소나노튜브 섬유 기반 재봉 가능한 리튬이온 섬유 배터리의 ...	2022-11-
ESS용 리튬이온 배터리 발열 특성에 관한 실험 및 해석	2022-11-
원통형 리튬-이온 전지를 이용한 UPS용 초소형 고출력 배터리 팩 연구	2022-11-
리튬이온배터리 Si-Nanowire 음극의 팽창을 고려한 기계-전기화학적	2022-11-

▶▶ 표 4.10 국내 논문검색의 예시(검색 사이트 www.riss.kr)

No.	논문명	년도	학술지명	저자	비고
1	리튬이온 배터리용 양극 및 음극 재료의 최근 동향	2018	공업화학 제29권 제6호	김영호 (충남대)	
2	리튬이온 및 리튬폴리머 배터리의 폭발과 화재 위험성에 관한 연구	2017	한국정보통신학회지 17. 04	이범주 외5명	
3	고속충전 리튬이온 배터리팩의 방열 개선을 위한 연구	2021	석사학위 논문	엄도현 (전남대)	
4	리튬이온 배터리 잔존용량 추정	2012	석사학위 논문	안성준 (부산대)	
5	전극구조설계 기반 고에너지밀도 고속충전 리튬이온 배터리 제작	2018	세라미스트	박수진 외 1명	
6	휴지기가 리튬이온 배터리의 열화에 미치는 영향의 정량적 분석	2019	석사학위 논문	정주연 (경북대)	
7	충전 전압 특성을 이용한 리튬이온 배터리의 잔존 수명 예측	2013	Trans. Korean Soc. Mech. Eng.	심성흠 외 5명	
8	리튬이온 배터리의 열관리가 전기자동차 주행거리에 미치는 영향	2017	Journal of the Korea Academia-Industrial Cooperation Society	박철은 외 3명	
9	리튬이온 배터리를 적용한 실내용 전동휠체어 주행특성 분석	2020	Journal of the KoreaAcademia-Industrial Cooperation Society	김영필 외 3명	
10	하이브리드 전기자동차용 리튬이온 배터리 모델링 및 상태 관측기 설계	2008	전력전자학회	김호기 외 2명	
11	리튬이온 배터리 양극 재합성 시 잔존하는 구리의 전기화학적 영향	2020	석사학위 논문	김상준 (세종대)	
12	위험관리 정보 리튬이온 배터리의 위험과 손실 예방	2011	S+S Report International	박효민 (KFPA)	
13	LRCN을 이용한 리튬이온 배터리의 건강상태 추정	2021	The Transactions of the Korean Institute of Power Electronics	홍선리 외 4명	
14	리튬이온 배터리 양극 재합성 시 잔존하는 알루미늄의 전기화학적 영향	2020	석사학위 논문	김상준 (세종대)	
15	최소자승법을 이용한 하이브리드용 리튬이온 배터리 모델링 및 특성분석	2009	Transactions of KSAE	김호기 외 2명	
16	리튬이온 배터리 Graphite Silicon Carbon 복합 음극소재의 전기화학적 성능	2018	Korean Chem. Eng. Res., 56(3)	주윤지 (충북대)	
17	리튬이온 배터리 모듈을 위한 단일 셀간 고속 밸런싱 회로	2015	전력전자학회	최우진 (숭실대)	

No.	논문명	년도	학술지명	저자	비고
18	공냉식 리튬이온 배터리팩의 열성능 향상을 위한 내부구조 최적화	2021	한국기계공학회	조정래 (한국해양대)	
19	리튬이온 배터리용 셀 밸런싱 기술의 발전동향	2014	전력전자학회지	김래영 (한양대)	
20	리튬이온 배터리용 다층박판 금속의 초음파 용착시 용착강도	2021	한국기계공학회	김진범 (인천대)	

(2) 리튬이온(Li - ion) 배터리 특허 현황 및 검색

① 리튬이온(Li-ion) 배터리 특허검색

앞에서 설명한 기능분석으로 리튬이온 배터리의 문제점을 분석하고 개선, 대안, 대체, 새로운 솔루션 등으로 해결하기 위한 필수요건은 이미 공지되어 존재하는 리튬이온 배터리 관련 기술과 학술자료, 연구보고서, 정보, 제품 등을 포괄하는 전문적이면서도 폭 넓은 자료 · 정보의 검색과 조사, 분석이다. 이를 통해 핵심기술의 내용을 간접적으로 파악하는 동시에 대처할 수가 있다는 것이다.

여기서는 연구 및 기술개발의 산물(결과물, 창출물)을 대표하는 실제 시제품 또는 제품과 더불어 2가지 핵심 중 또 다른 하나인 특허검색의 사례를 제시하고자 한다. 그림 4.42는 KIPRIS(특허정보검색서비스)의 홈페이지로 언제나, 어디서든, 누구든지 지식재산권 검색을 할 수 있다.

특허정보넷 키프리스(KIPRIS)는 특허청이 보유하는 국내외 지식재산권 정보를 일반 국민 누구나 무료로 검색 및 열람할 수 있는 대국민 검색서비스이다.

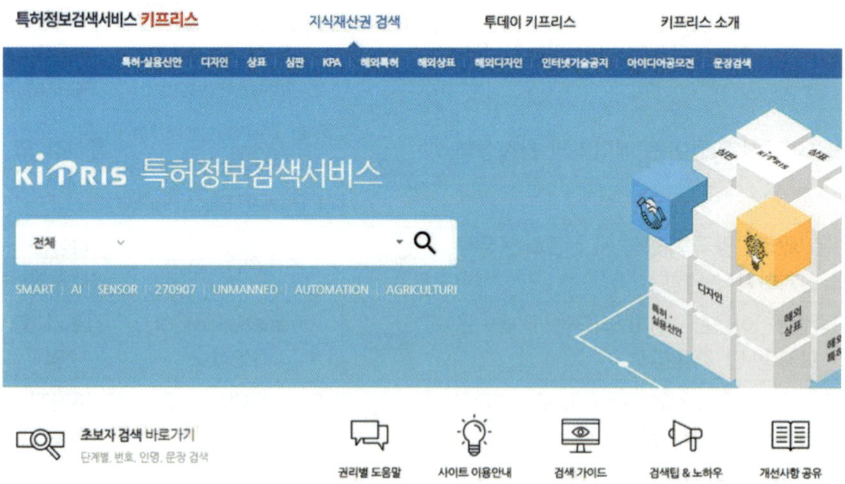

그림 4.42 KIPRIS(특허정보검색서비스) 홈페이지 초기 화면

KIPRIS(특허정보검색서비스)를 통해 리튬이온 배터리 관련 현재 국내 및 해외 특허(총 34,524건 특허검색)를 검색하였고, 샘플로 정리하여 보여주고자 한다.

검색 사이트는 [http://www.kipris.or.kr]이다. 표 4.11은 KIPRIS의 검색 사이트(www.kipris.or.kr)로 검색한 40건의 특허검색 예를 보여준다. 그리고 검색어는 다음과 같다.

> 검색어: 리튬이온 배터리 / 리튬이온(Li-ion) 배터리 / 리튬 배터리 / 자동차 배터리 / 전기차 배터리 / 하이브리드 배터리

표 4.12는 총 34,524건의 특허검색을 하고, 그중에서 국내특허 18건과 해외특허 18건을 사례로 정리한 것이다.

표 4.11 검색 사이트(www.kipris.or.kr)로 국내 및 해외 특허검색의 예(40건)

이름	이름
1020097014815	WO2011021880A2
1020100122866	WO2011043608A2
1020110019103	WO2012134202A2
1020120131200	WO2012173451A2
1020127002867	WO2013157744A1
1020140060354	WO2014065637A1
1020147030521	WO2014077536A1
1020150000602	WO2014081138A1
1020160125365	WO2014088252A1
1020177017774	WO2014137166A1
1020180172743	WO2014192986A1
1020187031441	WO2015111761A1
1020197017122	WO2015147418A1
1020200068851	WO2015167167A1
1020210013158	WO2015199384A1
1020210028151	WO2016039511A1
1020210038811	WO2016064198A1
	WO2016068436A1
	WO2016190521A1
	WO2017034135A1

㉠ 리튬이온(Li-ion) 배터리 국내 특허검색

▶ 표 4.12 국내 특허검색의 예시[검색 사이트 http://www.kipris.or.kr]

No.	특허명	특허 구분	출원번호/출원일	등록번호/등록일 공개번호/공개일	발명자
1	리튬이온 배터리 카트리지	공개	10-2021-0028151 2021.03.05	1020220124477 2022.09.14	㈜코미트
2	폐기 실리콘 슬러지를 사용해 리튬이온 배터리용 실리콘/비정질 산화 실리콘/탄소 복합 음극활물질을 제조하는 방법	등록	10-2020-0068851 2020.06.08	20-2413806 2022.06.23	㈜엠지이노베이션
3	리튬이온 배터리팩의 방전장치	공개	10-2021-0038811 2021.03.25	1020220133554 2022.10.05	㈜솔라라이트
4	리튬이온 배터리 화재 안전을 위한 보호 장치	등록	10-2021-0013158 2021.01.29	10-2338516 2021.12.08	정대원
5	전이금속 칼코겐 화합물을 이용한 리튬이온 배터리 음극재의 제조방법, 이에 의하여 제조된 리튬이온 배터리 음극재 및 이를 포함하는 리튬이온 배터리	등록	10-2016-0125365 2016.09.29	10-1872920 2018.06.25	가천대
6	리튬이온 배터리와 슈퍼커패시터를 이용한 에너지 저장시스템 및 이의 출력 안정화 방법	등록	10-2018-01727143 2018.12.28	10-2196639 2020.12.23	㈜키스톤 에너지
7	리튬이온 배터리용 다층 복합 기능 격막	등록	10-2019-7017122 2016.11.14	10-2215959 2021.02.08	상하이 딘호뉴 머터리얼
8	리튬이온 - 유황배터리	등록	10-2010-0122866 2010.12.03	10-1209687 2012.12.03	기아자동차 현대자동차
9	층간삽입 전극을 갖는 리튬이온 공기 배터리	등록	10-2011-0019103 2011.03.03	10-1724720 2017.04.03	현대자동차 기아자동차
10	리튬이온 배터리용 전극	등록	10-2012-7002867 2010.07.09	10-1688525 2016.12.15	삼성전자
11	리튬이온 배터리 화재 방지 장치 및 방법	등록	10-2012-0131200 2012.11.19	10-1489837 2015.01.29	자동차부품 연구원
12	개선된 열안정성을 갖는 리튬이온 배터리	공개	10-2017-7017774 2014.12.18	1020170095907 2017.08.23	다우 글로벌 테크놀로지
13	전기자동차용 리튬이온 폴리머 배터리용 플라스틱 트레이	등록	10-2014-0060354 2014.05.20	10-1562349 2015.10.13	㈜새담
14	리튬이온 폴리머 셀 디가스시스템 및 리튬이온 폴리머 배터리 제조 방법	등록	10-2015-0000602 2015.01.05	10-1812844 2017.12.20	㈜엘지화학
15	리튬이온 배터리 모듈의 제조 방법 및 리튬이온 배터리 모듈	등록	10-2014-7030521 2013.03.11	10-2067951 2020.01.14	로베르트 보쉬게임베하

No.	특허명	특허 구분	출원번호/출원일	등록번호/등록일 공개번호/공개일	발명자
16	자동차 분야를 위한 리튬이온 배터리	등록	10-2018-7031441 2018.10.30	10-2201126 2021.01.05	유미코아
17	적층형 리튬이온 배터리	등록	10-2009-7014815 2009.07.15	10-1028252 2011.04.01	비와이디컴퍼니 리미티드
18	리튬이온 배터리	등록	10-2012-7001997 2012.01.26	10-1366981 2014.02.18	비와이디컴퍼니 리미티드

ⓛ 리튬이온(Li-ion) 배터리 해외 특허검색(표 4.13 참조)

표 4.13 해외 특허검색의 예시[검색 사이트 https://www.google.com/?tbm=pts]

No.	특허명	특허구분	국제출원번호/ 국제공개번호	국제출원일/ 공개일	발명자
1	리튬이온 배터리 화재 방지 장치 및 방법	국외특허 (PCT)	PCT/KR2013/009941 WO 2014/077536 A1	2013.11.15	자동차 부품연구원
2	리튬이온 폴리머 전지의 제조방법, 전지셀 및 이를 포함하는 리튬이온 폴리머 전지	국외특허 (PCT)	PCT/KR2010/006865 WO 2011/043608 A2	2011.04.14	㈜엘지화학
3	리튬 2차전지의 셀 탭 커팅장치 및 이를 갖는 전지팩	국외특허 (PCT)	PCT/KR2013/009607 WO 2014/065637 A1	2014.05.01	SK이노베이션㈜
4	배터리의 과충전 또는 과방전을 방지하는 시스템 및 방법	국외특허 (PCT)	PCT/KR2010/005523 WO 2011/021880A2	2011.02.24	㈜레오 모터스
5	구리산화물 나노 구조체의 제조방법 및 리튬이온 2차전지용 음극의 제조방법	국외특허 (PCT)	PCT/KR2013/010768 WO 2014/088252 A1	2014.06.12	한국표준 과학연구원
6	리튬이온 2차전지용 바인더, 이의 제조 방법 및 이를 갖는 리튬이온 2차전지	국외특허 (PCT)	PCT/KR2014/012796 WO 2015/147418 A1	2015.10.01	전자부품 연구원
7	전극 조립체, 이를 포함하는 전지셀 및 디바이스	국외특허 (PCT)	PCT/KR2013/002144 WO 2013/157744 A1	2013.03.15	㈜엘지화학
8	리튬 전이 금속 산화물을 패시베이션시키는 방법	국외특허 (PCT)	PCT/KR2014/001827 WO 2014/137166A1	2014.03.06	한국기초 과학지원 연구원
9	실리콘 철 몰리브덴계 리튬이온전지 음극재료 및 그 제조방법	국외특허 (PCT)	PCT/KR2015/004060 WO 2015/167167 A1	2015.04.23	㈜사파이어 테크놀로지
10	2차전지의 충전 상태 추정 장치 및 그 방법	국외특허 (PCT)	PCT/KR2015/011162 WO 2016/064198A1	2015.10.21	㈜엘지화학

No.	특허명	특허구분	국제출원번호/ 국제공개번호	국제출원일/ 공개일	발명자
11	소화 조성물을 내장한 마이크로 캡슐 및 그를 갖는 리튬 2차전지	국외특허 (PCT)	PCT/KR2012/002342 WO 2012/134202A2	2012.03.29	전자부품 연구원
12	리튬이온전지의 폐 양극재를 이용한 전구체 원료의 재생 방법, 그 방법에 의해 재생된 원료를 사용하여 제조한 전구체, 양극재 및 리튬이온전지	국외특허 (PCT)	PCT/KR2014/000576 WO 2015/111761 A1	2015.07.30	㈜이엠티
13	리튬 2차전지	국외특허 (PCT)	PCT/KR2015/006262 WO 2015/199384 A1	2015.06.19	㈜엘지화학
14	리튬 2차전지용 양극 활물질, 이의 제조방법 및 이를 포함하는 리튬 2차전지	국외특허 (PCT)	PCT/KR2015/006011 WO 2016/068436 A1	2015.06.15	울산과학 기술원
15	열방사 도료 코팅층을 포함하는 배터리 모듈	국외특허 (PCT)	PCT/KR2016/000929 WO 2016/190521A1	2016.12.01	㈜엘지화학
16	리튬 2차전지용 양극활물질 및 이를 포함하는 리튬 2차전지	국외특허 (PCT)	PCT/KR2015/000647 WO 2016/039511A1	2015.01.21	㈜에코프로
17	배터리 온도 조절 장치	국외특허 (PCT)	PCT/KR2013/009945 WO 2014/081138 A1	2013.11.05	자동차부품 연구원
18	2차전지 배터리 셀의 과충전 방지장치	국외특허 (PCT)	PCT/KR2013/004588 WO 2014/192986 A1	2013.05.27	SK이노 베이션㈜

② 부록(용어 정리)

- BMS(Battery Management System): 배터리관리(제어) 시스템
  - System이란 단어가 있듯 회로 한 장이 아니라 MCU를 통해서 배터리의 과충전, 과방전을 막아주고 온도 및 배터리 간의 밸런싱과 배터리 헬스 체크(health check, 배터리 수명 확인)를 하는 중요 시스템
- PCM(Protection Circuit Module): 배터리의 과충전, 과방전을 막아주는 최소한의 장치
- VCU(Vehicle Control Unit): 배터리 가용 파워, 모터 가용 토크, 운전자의 요구(APS, BRAKE SW, SHIFT LEVER)를 고려한 모터 토크 지령을 계산
- MCU(Motor Control Unit): VCU의 모터 토크 지령 계산을 위한 배터리 가용 파워
- LDC(Low DC-DC Converter): 고전압 배터리 측의 높은 DC 전압을 입력받아 낮은 전압인 12V로 강하시켜 전장 부하 장치의 전원 공급 및 보조 배터리의 충전용으로 사용
- SOC(State of Charge): 배터리 충전상태 정보 제공
- PWM(Pulse Width Modulation): 펄스 폭 변조, 모터 사각파의 폭을 제어(전압 제어)

- LCO(리튬코발트 산화물)
- LMO(리튬망간 산화물)
- NCM(니켈코발트망간)
- NCA(니켈코발트알루미늄)
- LFP(리튬인산철)
- 만충전압: 가장 에너지가 많이 들어갔을 때의 전압
- 공칭전압: 전지를 방전할 때 평균 전압
- 방전율(C-Rate): 충전 또는 방전 전류를 전지의 정격용량으로 나눈 값

5) 리튬이온(Li-ion) 배터리의 문제점 분석 및 개선방안(Case Study 1)

(1) 문제점 분석

과충전 시에는 매우 불안정해져서 내부 전극에서 쇼트가 나거나 축전지에 충격을 주면 폭발할 수 있다. 리튬이온전지의 독특한 화재 특성은 열폭주(thermal runaway), 재발화(reignition) 그리고 이로 인한 급격한 화재 확산으로 요약할 수 있다.

열폭주 현상이란 온도상승이 역학적 과정에 의해 에너지 방출을 증가시켜 온도상승을 더욱 가속화시키는 양성 피드백 현상이다. 리튬이온 배터리는 230℃ 이상에서는 점화원 없이도 자연발화가 가능하다.

그림 4.43은 리튬이온 배터리의 열폭주 시 열흐름과 열폭주가 발생하는 순서를 보여주고 있다.

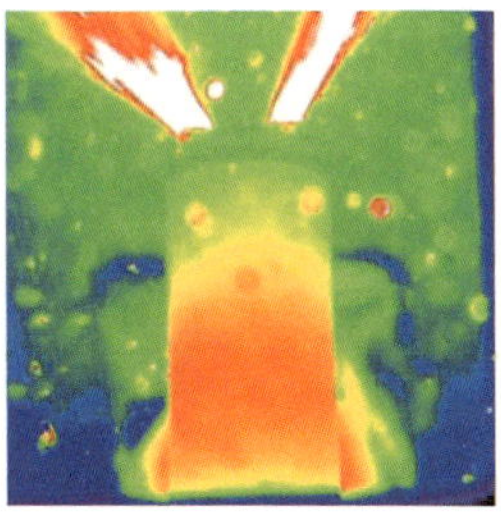

(a) 열폭주 시 열흐름

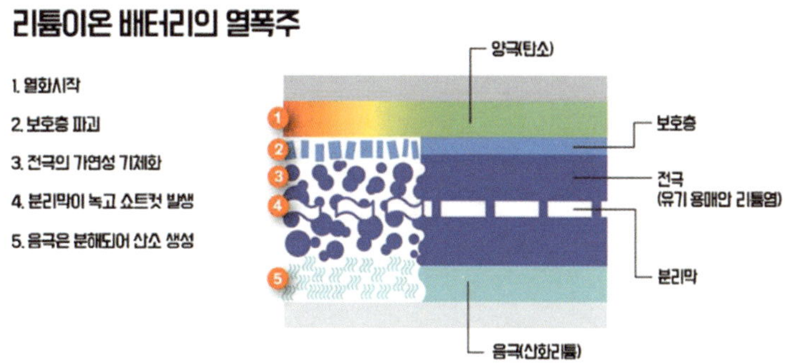

(b) 열폭주가 일어나는 발생 순서

그림 4.43 리튬이온 배터리의 열폭주 시 열흐름과 열폭주가 발생하는 순서

(2) 문제점 기능분석

리튬이온 배터리가 갖고 있는 문제점에 대해 다음과 같이 2가지 측면에서 분석을 했다. 첫째는 배터리 셀(cell) 관점에서의 다양한 내외부 요인에 준거한 기능분석이고(그림 4.44 참조), 둘째는 배터리 셀(cell)을 가열 시 연소 반응 실험의 결과로 부터 분석한 내용이다(표 4.14 참조).

① 셀(Cell) 문제점 기능분석

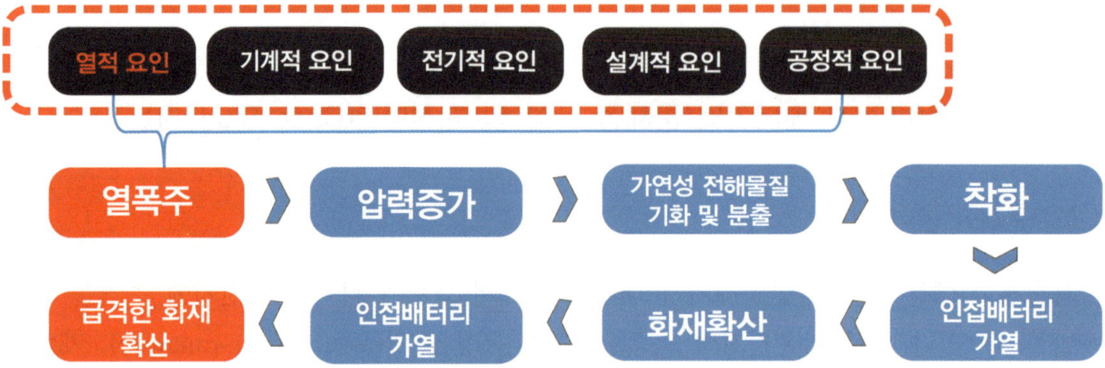

그림 4.44 배터리 셀(cell)의 열폭주 문제점 기능분석

② 셀(Cell) 가열 반응

표 4.14 리튬이온 배터리(Cell)의 연소 반응 실험

98℃ 셀에 10분간 가열하면	리튬이온 배터리팩이 부풀면서 전해액 가스화 → 냉각시키면 화재가 발생하지 않음
15분간 계속 가열하여 180℃가 되면	열폭주 현상이 일어나 화염이 터져 나온다. → 일산화탄소(CO)와 아세틸렌(C_2H_2) 유독가스 발생 → 1분간 화염이 방출하면 막을 소화장비는 없다. → ESS화재는 열량이 높아 2~8시간까지 연소한다.

(3) 관련논문

표 4.15는 리튬이온 배터리 관련논문의 검색 사례이다.

표 4.15 리튬이온 배터리 관련 논문의 검색 — 검색어 : 리튬이온(Li-ion) battery

논문제목	논문 주제어	학위년도	구분
신명규. "고용량 리튬이온 배터리를 위한 탄소나노튜브 기반의 후막 전극 제조 및 특성평가." 국내석사학위논문 숭실대학교 대학원, 2021. 서울	Li-ion battery, Carbon nanotube film, Thick electrode 리튬이온전지, 탄소나노튜브 필름, 두꺼운 전극	2021	석사
Hyun Woo Kim. "The Synthesis & Characteristic Analysis of Li-ion Conducting Ceramic based Composite Electrolytes for High Voltage Solid-state Batteries." 국내박사학위논문 Graduate School of UNIST, 2020. 울산 고전압 전고체전지용 리튬 이온전도성 세라믹 기반 복합전해질의 합성 및 특성 분석		2020	박사
부반히엔. "Scheduled pre-heating of Li-ion battery packs for balancing temperature and state-of-charge distribution." 국내석사학위논문 숭실대학교 대학원, 2020. 서울 온도와 충전 상태 분포의 균형을 맞추기 위해 리튬 이온 배터리팩의 예정된 예열	batterypre-heating; lithiumionbattery; mutual pulse heating; thermal model; battery cell grouping; dynamic battery model; idle period insertion ; 배터리 예열; 리튬 이온 배터리; 상호 펄스 가열; 열 모델; 배터리 셀 그룹화; 동적 배터리 모델; 유휴 기간 삽입;	2020	석사
이상원. "Modularized Design of Active Charge Equalizer for Li-ion Battery Pack." 국내박사학위논문 포항공과대학교 일반대학원, 2020. 경상북도	배터리관리시스템; 리튬이온 배터리	2020	박사
이정화. "Developing cathode materials for high energy density Li-ion batteries." 국내박사학위논문 포항공과대학교 일반대학원, 2020. 경상북도 고에너지밀도 리튬이온전지용 양극소재 개발	양극재 활물질; 리튬이온 배터리	2020	박사
Kim, soomin. "Analysis of $LiFePO_4$ cathode surface change in Li-ion battery using in-situ Raman spectroscopy." 국내석사학위논문 Kangwon National University, 2019. 대한민국	리튬이온전지; $LiFePO_4$ 양극; in situ 라만 분광학; 이차원 상관분광학	2019	석사

논문제목	논문 주제어	학위년도	구분
Ma, Jun. "Multifunctional Li-ion Battery Structures, Actuators and Sensors." 해외박사(DDOD)학위논문 The Pennsylvania State University, 2019. "다기능 리튬 이온 배터리 구조, 액추에이터 및 센서"	Mechanical engineering 기계공학	2019	해외박사(DDOD)
김아영. "Li intercalation into carbonaceous anode materials for "$LiAlCl_4 \cdot 3SO_2$ electrolyte based lithium ion battery." 국내박사학위논문 한양대학교 대학원, 2019. 서울 "$LiAlCl_4 \cdot 3SO_2$ 전해액 기반 리튬이온전지용 탄소계 음극재에리튬 삽입."	화학, 연료	2019	박사
박주영. "Laser cutting of Cathode Electrode ($LiFePO_4$) of Li-ion Battery." 국내석사학위논문 서울대학교 대학원, 2019.서울 리튬 이온 배터리의 음극 전극($LiFePO_4$) 레이저 절단	Laser, Cutting, Lithium ion battery, Cathode electrode, $LiFePO_4$ 레이저, 절단, 리튬 이온 배터리, 음극 전극, $LiFePO_4$	2019	석사
Choi, Seulki. "Synthesis of $LiTi_2(PO_4)_3$ phosphatesolid electrolyte and it's application to the composite electrode and hybrid electrolyte for post Li ion battery." 국내석사학위논문 Sungkyunkwan university, 2018. 서울 $LiTi_2(PO_4)_3$ 인산염 고체 전해질의 합성 및 포스트 리튬이온전지용 복합전극 및 하이브리드 전해질로의 응용	lithium ion battery; all solid state lithium ion battery; electrode; solid electrolyte; Li-ion conductor; composite; hybrid; filler; solid polymer electrolyte 리튬 이온 배터리; 전고체 리튬이온 배터리; 전극; 고체 전해질; 리튬이온 전도체; 복합; 하이브리드; 필러; 고체 고분자 전해질	2018	박사
정경훈. "Compact Li-ion battery charger and fully integrated switched-capacitor DC-DCconverter for mobile applications." 국내박사학위논문 한양대학교 대학원, 2018. 서울	전자공학	2018	박사
김성훈. "수명열화와 연동하는 step 충전을 통한 mobile 기기용 Li-ion battery의 life cycle 개선방안." 국내석사학위논문 고려대학교 대학원, 2012. 서울	Li-ion Battery; Life cycle; 수명개선; 충전방식	2012	석사

(4) 개선설계안(개념설계안)

① 열폭주 방지용 배터리 셀(Battery Cell) 산소 차단막 적용

㉠ 배터리 셀(cell) 외부 표면에 메쉬(mesh) 형상의 얇은 케이스(case)를 적용하여 열적 요인에 의해 셀(cel) 표면 온도가 160℃ 이상(열폭주 발생 180℃)일 경우 얇은 케이스의 형상이 메쉬(mesh)에서 막힘 형상으로 변형되어 셀 외부 전체 표면을 완전 차폐되는 구조로 만들어져 산소를 차단하여 착화·방지하는 기술이다. 이런 구조를 만들도록 형상기억합금(SMA, 다른 모양으로 변형시키더라도 가열에 의하여 다시 변형 전의 모양으로 되돌아오는 성질을 가진 합금)을 사용한다.

㉡ 재질 : 형상기억합금(形狀記憶合金, Shape-memory alloy, SMA) 또는 난연재를 적용하고, 녹는점(melting point)은 160℃로 설정한다.

그림 4.45는 앞에서 설명한 내용을 개념도로 나타낸 것이다.

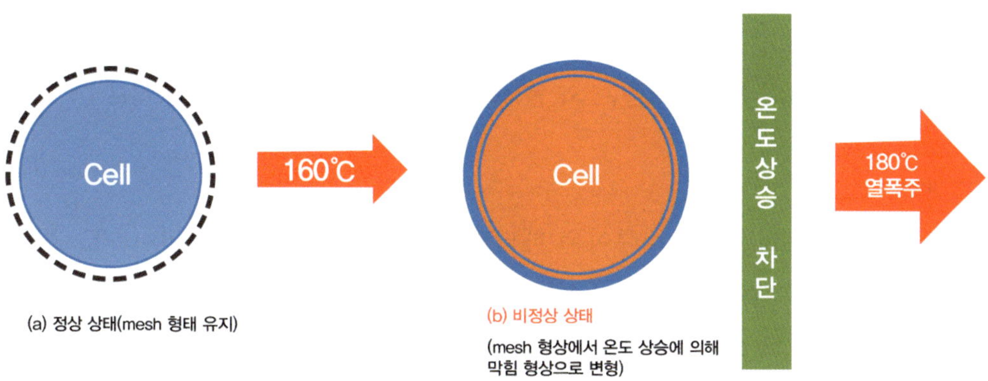

그림 4.45 열폭주 방지용 산소 차단막 적용

6) 리튬이온(Li-ion) 배터리의 문제점 분석 및 개선방안(Case Study 2)

(1) 문제점 분석

① 음극재

리튬이온 배터리는 충전과 방전을 반복하면서 지속적으로 사용할 수 있지만 오래 사용하다 보면 처음 구입했을 때보다 사용 시간이 점점 줄어들게 된다.

리튬이온이 들어가는 음극이 충·방전이 될수록 열화가 되어 육각 조직 구조가 무너진다.

그림 4.46(a)는 음극재로 주로 사용하는 초기의 흑연구조이고, 그림 (b)는 오래 사용할수록 열화(물성의 저하 현상)로 인해 리튬이온이 저장된 흑연구조가 팽창된 모습을 보여준다.

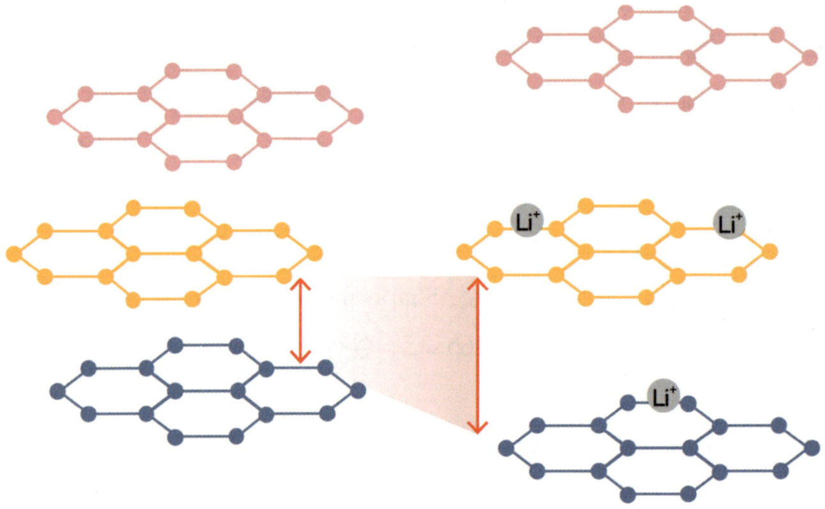

(a) (음극) 흑연 구조 (b) (음극) 리튬이온이 저장되어 팽창된 흑연

그림 4.46 초기의 흑연구조와 물성의 저하 현상이 생긴 흑연구조의 비교

② 전해액

배터리 스웰링(swelling)이란 리튬이온 배터리 내부 전해액이 기화하면서 가스가 발생해 부풀어 오르는 현상을 말한다.

배터리에 스웰링이 발생하면 급격한 성능 저하나 배터리가 정상적으로 작동하지 않고 배터리가 터질 위험이 있으며 화재 위험도 있다.

원인으로 주변기기로부터의 전해액 과열(가용 온도 -20~60℃)과 과충전, 과방전의 반복으로 인한 전해액의 기화 때문이다.

사진 4.3은 전해액의 기화로 발생한 스웰링(swelling) 현상이고, 그림 4.47은 스웰링이 발생하는 과정을 보여주는 개념도이다.

사진 4.3 스웰링(swelling) 현상

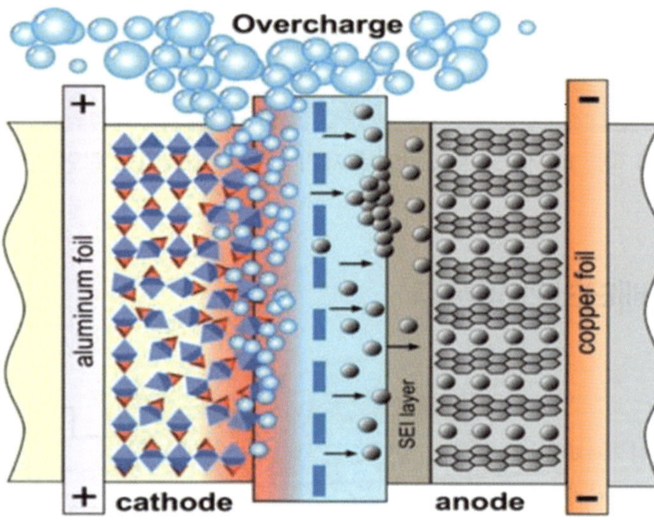

그림 4.47 스웰링이 발생하는 과정

③ 분리막

외부로부터의 충격에 의해 각 전극의 절연이나 분리막이 손상되는 경우, 음극과 양극이 만나 발화하거나 발화에 이르지 않더라도 충전 시 내부 단락(short, 쇼트)이 발생하여 발화하는 경우가 있다.

열폭주

130℃ 부근에서는 고분자 분리막이 녹아 양극과 음극 사이의 단락을 일으키며, 금속산화물인 양극의 분해 과정에서 산소를 방출하게 되며, 방출된 산소는 전해액과 반응하여 화재가 발생할 만한 조건을 갖추게 된다.

그림 4.48(a)는 정상 배터리와 분리막이 손상, 파손되어 문제가 발생한 배터리의 단면구조(구조 단면도)를 보여주고, 그림 (b)는 리튬이온 배터리의 열폭주가 진행되는 단계를 보여주는 개념도이다.

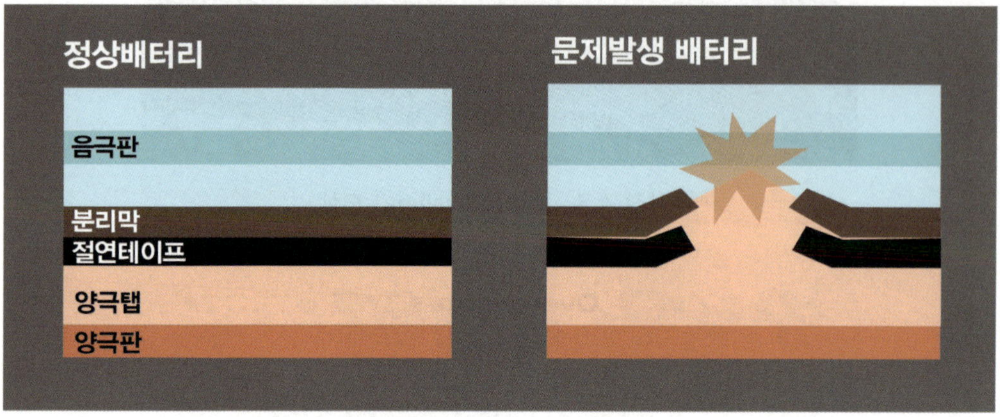

(a) 정상 배터리와 분리막에 문제가 발생한 배터리의 단면구조 비교

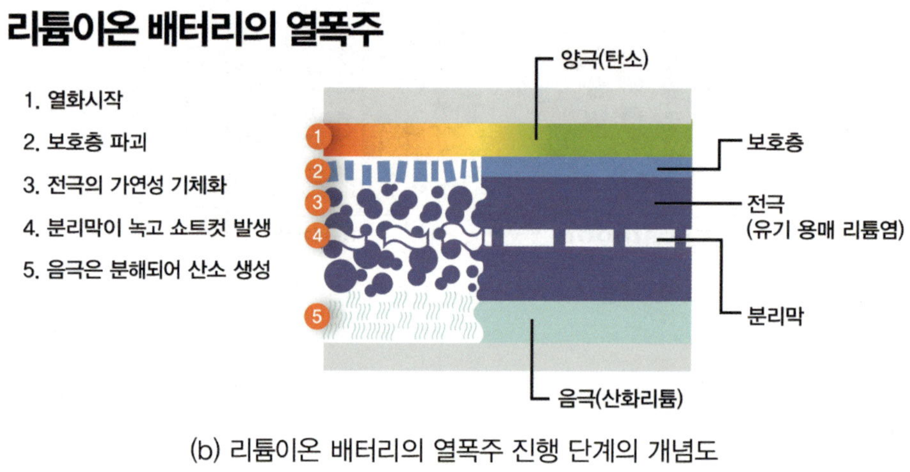

(b) 리튬이온 배터리의 열폭주 진행 단계의 개념도

그림 4.48 정상 배터리와 분리막 문제발생의 배터리의 단면구조 비교 그리고 열폭주 진행 단계의 개념도

(2) 문제점 개선

① 음극재 SEI(Solid Electrolyte Interphase) 층(layer) 및 코팅 개선

SEI는 배터리 제조 후 처음으로 충전할 때 음극재 표면에 생기는 얇은 막을 가리킨다. SEI 용어의 의미는 '전해질 내에서 고체로 분열(생성)한다'라는 뜻으로 충·방전 시 음극 표면에

생기는 얇은 피막이다.

배터리를 충전하면 배터리 내 리튬이온이 음극으로 이동하게 되고, 그 과정에서 전해질에 있던 물질들이 처음으로 전기분해될 때 생기는 화학반응으로 음극재 표면에 고체막이 생성되는데, 이 고체막을 SEI(Solid Electrolyte Interphase)라고 한다.

셀이 조립되고 난 후 '전지가 첫 충전을 하는 과정에서 전극 표면에 형성되는 부동태 막'을 일컫는다.

역할은 배터리 충전을 위해 리튬이온이 양극에서 음극으로 이동하는 과정에서, SEI는 리튬이온이 이동하는 길인 '전해질'의 추가 분해반응을 방지하고 리튬이온만이 전해질을 이동할 수 있도록 만들어 준다.

리튬이온이 이동하는 길인 전해질을 지키며 배터리 내에서 또 다른 분리막 역할을 한다. 이를 통해 분리막 손상으로 양극재, 음극재가 만났을 때 반응하지 않도록 코팅(coating)을 개발하거나 SEI 층(layer) 개선 및 개발을 통해 안정성 확보가 목적이다.

그림 4.49는 SEI 층이 생기는 원리를 보여주는 도식도(개념도)이다.

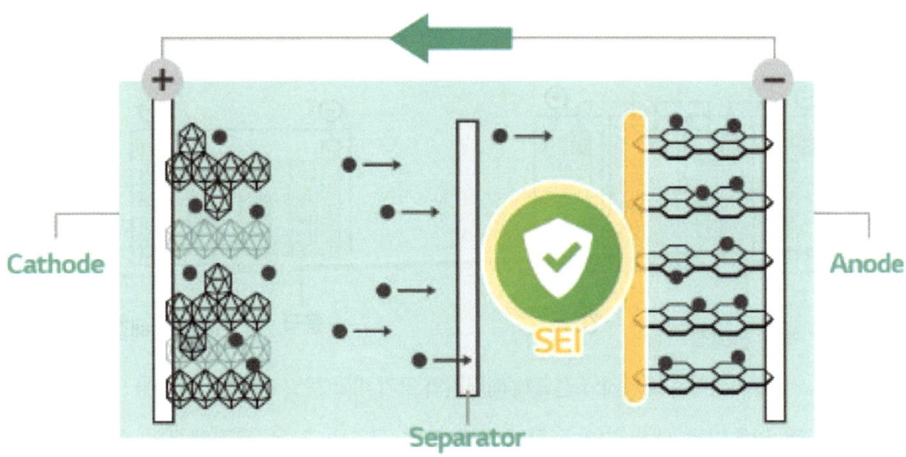

그림 4.49 SEI 층이 생기는 원리 도식도(개념도)

② 전고체 배터리

리튬이온 배터리는 양극과 음극 사이에 접촉을 방지하는 분리막이 위치하고 액체 전해질이 양극, 음극, 분리막과 함께 있지만, 전고체 배터리는 액체 전해질 대신 고체 전해질이 포함되면서 고체 전해질이 분리막의 역할까지 대신하고 있다.

현재의 리튬이온 배터리는 액체 전해질을 사용하다 보니 온도 변화로 인한 배터리의 팽창이나 외부 충격에 의한 누액 등 배터리 손상 시의 위험성이 존재한다.

이에 반해 전해질이 고체인 전고체 배터리는 구조적으로 단단해 안정적이며, 전해질이 훼손되더라도 형태를 유지할 수 있기 때문에 더욱 안전성을 높일 수 있다.

그림 4.50은 기존 리튬이온 배터리와 전고체 배터리의 구조와 같은 용량에서의 배터리 크기(size)를 비교한 것이다.

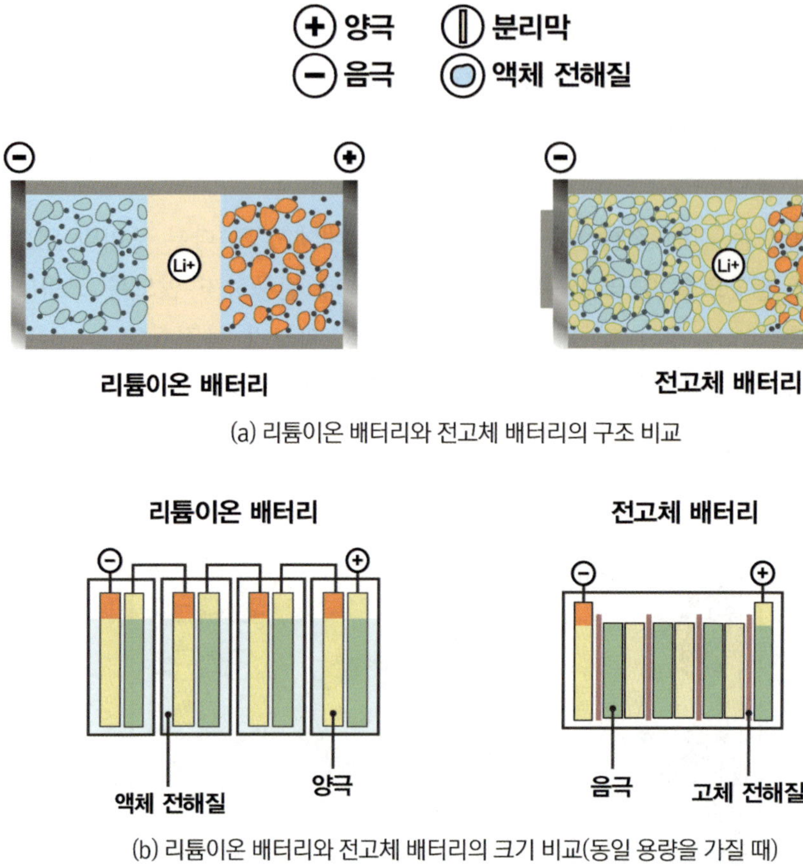

그림 4.50 기존 리튬이온 배터리와 전고체 배터리의 구조와 같은 용량에서의 배터리 크기 비교

③ 무방향성 상변화 냉각판(TGP)으로 냉각성능 개선

냉각판의 고온부 금속 표면을 다공성 구조로 가공(microporous coating)해 상대적으로 낮은 온도에서도 쉽게 물이 끓도록 해 냉각 성능을 2배 이상 높인 기술을 개발했다. 매끄러운 표면보다 요철이 있는 구조에서 물이 더욱 빨리 끓는점에서 착안한 기술이다.

무방향성 상변화 냉각판(TGP : Direction-Free Thermal Ground Plane)은 기존의 냉각판이 '증발'을 이용하여 중력 방향에 따라 일정한 방향으로만 냉각이 가능한 반면, TGP는 '비등(끓음)'을 이용하기 때문에 방향성에 구애받지 않고 효과적인 냉각이 가능하다. 무방향성 상변화 냉각판을 배터리 제품 내부 고온이 발생하는 부품에 부착하면 발열부와 맞닿은 부분에서 기포가 발생한다. 기포가 압력에 의해 액체를 사방으로 밀어내면서 냉각이 이뤄진다.

압력에 의한 이동이기 때문에 작동 방향의 변화와 관계없이 우수한 냉각성능을 유지할 수 있는 것이 장점이다. 전자제품 및 전자 장비뿐만 아니라 방열 및 냉각을 해야 하는 많은 산업 분야에 확대 적용할 수 있다. 특히 고발열 냉각이 필요한 고출력 전자장비를 비롯해 최근 크게 배터리 화재로 이슈가 된 ESS 배터리, 전기자동차 배터리의 냉각, 고출력 LED 등의 열관리 분야에 직접 활용될 수 있을 것이라고 전망된다.

그림 4.51은 한국기계연구원이 개발한 무방향성 상변화 냉각판(TGP) 시제품의 냉각 원리를 보여준다.

베이퍼 챔버(Vapor chamber)

증발부가 열원에 의해 가열되면 냉각판 내의 작동 유체의 증발이 일어나, 작동 유체가 냉각판 내의 저온 영역으로 이동한다.
저온 영역에 있어서 증발되어 기체화된 작동 유체는 냉각되어 응축한다. 증발부에서 작동 유체가 수취한 열은 베이퍼 챔버(vapor chamber)의 외부로 방출된다.

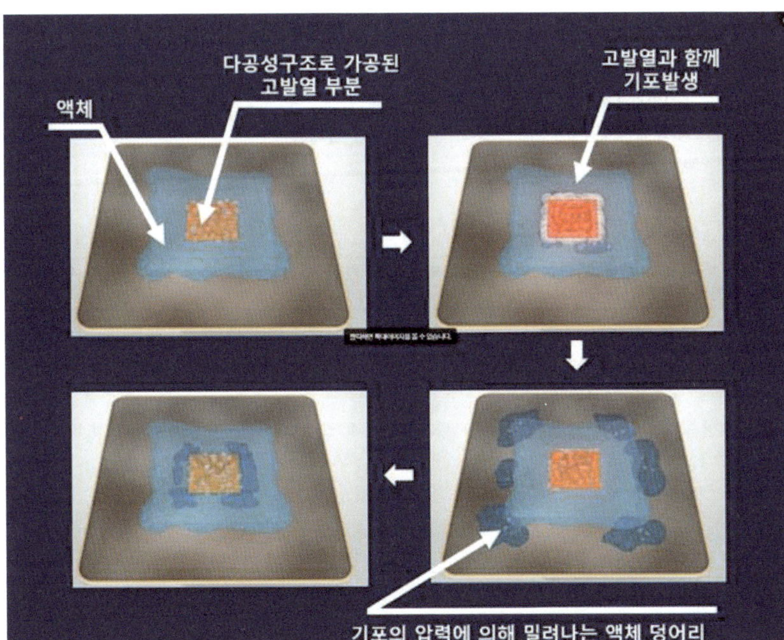

그림 4.51 무방향성 상변화 냉각판(TGP) 시제품의 냉각 원리

④ 마이크로 캡슐(Microcapsule)을 활용한 초기 화재 진압 – 특허분석

특허의 요지를 요약하면 다음과 같다.

화재 시 염화에 의해 내부의 상기 화재 진화용 마이크로 캡슐 입자가 터지면서 소화 가스를 분출하도록 하기 위해 마이크로 캡슐 입자를 고정시키는 모듈 프레임을 포함한다. 마이크로 캡슐 모듈은 패드 형태로 제작되어 배면에 접착제를 이용한 스티커 형태, 자력을 이용한 자석 부착식, 망부착 방식, 벨크로 타입 방식, 필름 타입 부착 방식 중 하나에 의해 부착되는 것을 특징으로 하는 자동 소화 기능을 구비한 마이크로 캡슐 모듈을 제공한다.

그림 4.52(a)는 마이크로 캡슐에 의한 자동 소화 기능을 갖는 특허이고, 그림 (b)는 소방방재 분야에서 발표한 논문이다.

등록특허 10-1866686

(19) 대한민국특허청(KR)
(12) 등록특허공보(B1)

(45) 공고일자 2018년06월11일
(11) 등록번호 10-1866686
(24) 등록일자 2018년06월04일

(51) 국제특허분류(Int. Cl.)
A62D 1/00 (2006.01) **A62C 3/16** (2006.01)
C08K 3/22 (2006.01) **C08L 23/12** (2006.01)
H02B 13/025 (2006.01)
(52) CPC특허분류
A62D 1/0021 (2013.01)
A62C 3/16 (2013.01)
(21) 출원번호 10-2017-0026890
(22) 출원일자 2017년03월02일
심사청구일자 2017년03월02일
(56) 선행기술조사문헌
KR1020120091974 A*
(뒷면에 계속)

(73) 특허권자
박정배
인천시 남동구 에코중앙로 163, 704동 504호 (논현동,에코매트로7블록한화꿈에그린아파트)
(72) 발명자
박정배
인천시 남동구 에코중앙로 163, 704동 504호 (논현동,에코매트로7블록한화꿈에그린아파트)
(74) 대리인
장태화

전체 청구항 수 : 총 3 항 심사관 : 김광철

(54) 발명의 명칭 **마이크로 캡슐 기반의 자동 소화 기능을 구비한 배전반 시스템, 그리고 이를 위한 자동 소화 기능을 구비한 마이크로 캡슐 모듈**

(57) 요 약

본 발명은 마이크로 캡슐 기반의 자동 소화 기능을 구비한 배전반 시스템, 그리고 이를 위한 자동 소화 기능을 구비한 마이크로 캡슐 모듈에 관한 것이다.

본 발명의 제 1 측면은, 마이크로 캡슐 입자; 및 화재시 염화에 의해 내부의 상기 화재 진화용 마이크로 캡슐 입

(뒷면에 계속)

대 표 도 - 도1

(a) 자동 소화 기능을 갖는 마이크로 캡슐 특허

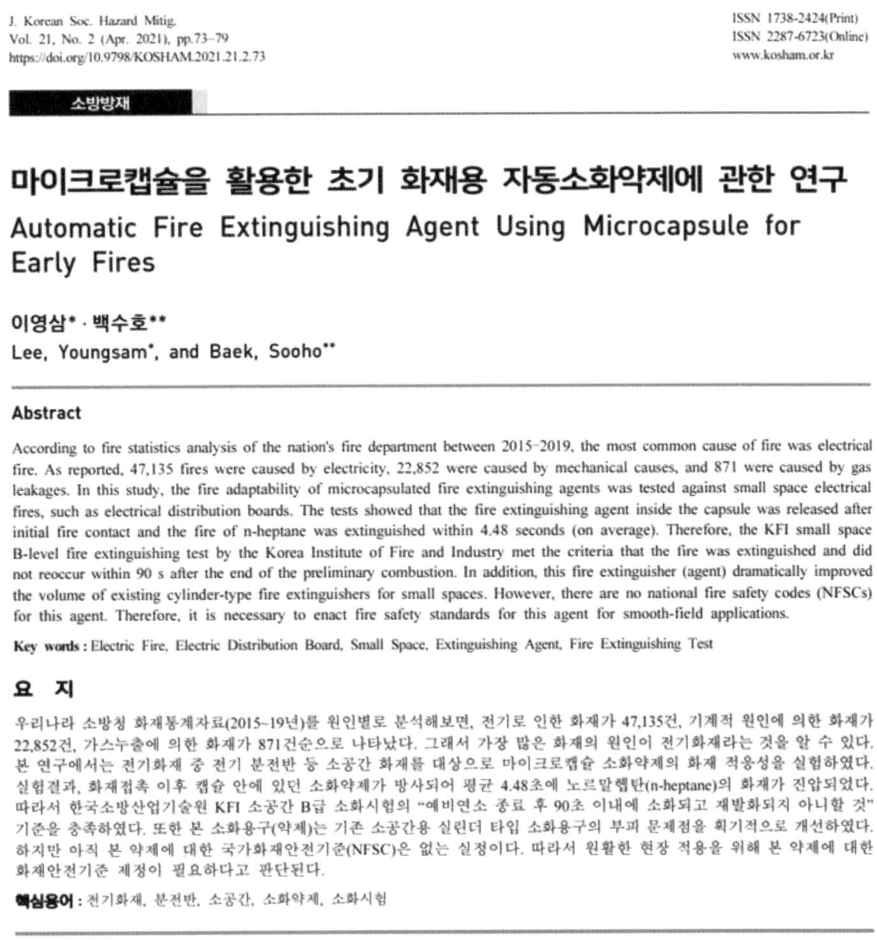

J. Korean Soc. Hazard Mitig.
Vol. 21, No. 2 (Apr. 2021), pp.73~79
https://doi.org/10.9798/KOSHAM.2021.21.2.73

ISSN 1738-2424(Print)
ISSN 2287-6723(Online)
www.kosham.or.kr

소방방재

마이크로캡슐을 활용한 초기 화재용 자동소화약제에 관한 연구

Automatic Fire Extinguishing Agent Using Microcapsule for Early Fires

이영삼* · 백수호**
Lee, Youngsam*, and Baek, Sooho**

Abstract

According to fire statistics analysis of the nation's fire department between 2015~2019, the most common cause of fire was electrical fire. As reported, 47,135 fires were caused by electricity, 22,852 were caused by mechanical causes, and 871 were caused by gas leakages. In this study, the fire adaptability of microcapsulated fire extinguishing agents was tested against small space electrical fires, such as electrical distribution boards. The tests showed that the fire extinguishing agent inside the capsule was released after initial fire contact and the fire of n-heptane was extinguished within 4.48 seconds (on average). Therefore, the KFI small space B-level fire extinguishing test by the Korea Institute of Fire and Industry met the criteria that the fire was extinguished and did not reoccur within 90 s after the end of the preliminary combustion. In addition, this fire extinguisher (agent) dramatically improved the volume of existing cylinder-type fire extinguishers for small spaces. However, there are no national fire safety codes (NFSCs) for this agent. Therefore, it is necessary to enact fire safety standards for this agent for smooth-field applications.

Key words : Electric Fire, Electric Distribution Board, Small Space, Extinguishing Agent, Fire Extinguishing Test

요 지

우리나라 소방청 화재통계자료(2015~19년)를 원인별로 분석해보면, 전기로 인한 화재가 47,135건, 기계적 원인에 의한 화재가 22,852건, 가스누출에 의한 화재가 871건순으로 나타났다. 그래서 가장 많은 화재의 원인이 전기화재라는 것을 알 수 있다. 본 연구에서는 전기화재 중 전기 분전반 등 소공간 화재를 대상으로 마이크로캡슐 소화약제의 화재 적용성을 실험하였다. 실험결과, 화재접촉 이후 캡슐 안에 있던 소화약제가 방사되어 평균 4.48초에 노르말헵탄(n-heptane)의 화재가 진압되었다. 따라서 한국소방산업기술원 KFI 소공간 B급 소화시험의 "예비연소 종료 후 90초 이내에 소화되고 재발화되지 아니할 것" 기준을 충족하였다. 또한 본 소화용구(약제)는 기존 소공간용 실린더 타입 소화용구의 부피 문제점을 획기적으로 개선하였다. 하지만 아직 본 약제에 대한 국가화재안전기준(NFSC)은 없는 실정이다. 따라서 원활한 현장 적용을 위해 본 약제에 대한 화재안전기준 제정이 필요하다고 판단된다.

핵심용어 : 전기화재, 분전반, 소공간, 소화약제, 소화시험

(b) 마이크로 캡슐을 활용한 초기 화재용 자동소화 연구 논문

그림 4.52 자동 소화 기능을 갖는 마이크로 캡슐을 활용한 배터리 화재 진압 특허 및 논문

그림 4.53은 마이크로 캡슐에 의한 자동 소화 기능을 갖는 특허의 주요 내용과 시연 사진이고, 사진 4.4는 마이크로 캡슐의 화재 진압 원리와 동작을 보여주는 동영상이다.

도면4

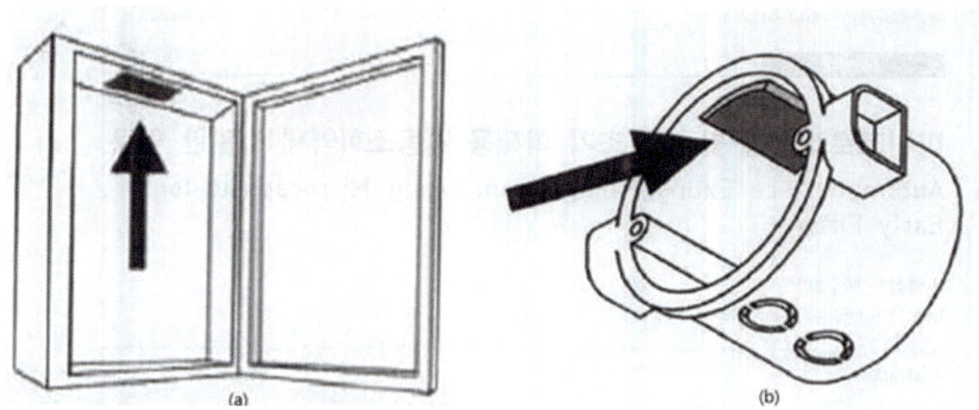

도면5

(a) 마이크로 캡슐의 구조와 자동 소화 기능의 시연

도면2

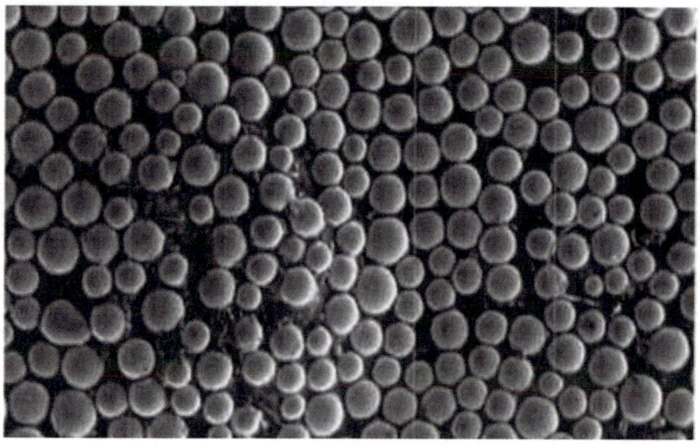

도면3

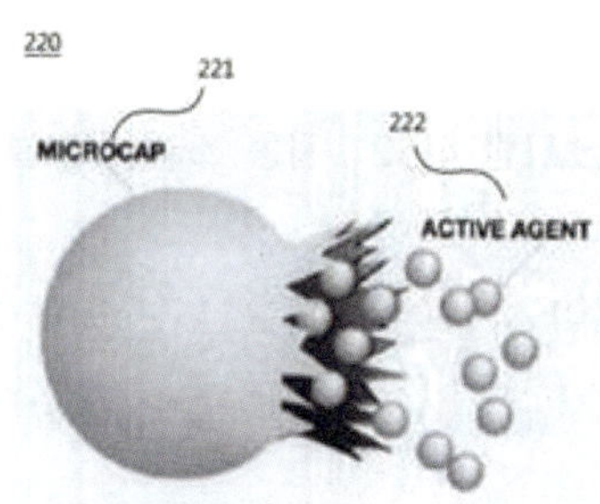

(b) 마이크로 캡슐의 구조와 원리, 분말 입자

그림 4.53 마이크로 캡슐에 의한 자동 소화 기능을 갖는 특허의 주요 내용과 시연 사진

사진 4.4 마이크로 캡슐의 동영상

7) 리튬이온(Li-ion) 배터리의 문제점 분석 및 개선방안(Case Study 3)

(1) 리튬이온 배터리 케이스(Case) 개선방안 – 특허분석

① 리튬이온 배터리 케이스 외부에 센서, 안전 커버 등을 장착한다(그림 4.54 참조).

- 개선이유
  - 불안정한 재료들의 사용으로 안정성의 문제 발생
- 개선방안
  - 케이스(case)를 따로 제작하여 센서나 안전 커버를 달거나 설치하면서 리튬이온 배터리의 문제점인 화재나 폭발성을 미리 예방한다.

(19) 대한민국특허청(KR)
(12) 공개특허공보(A)

(11) 공개번호 10-2018-0049651
(43) 공개일자 2018년05월11일

(51) 국제특허분류(Int. Cl.)
H01M 10/48 (2015.01) *G01R 31/36* (2006.01)
H01M 2/34 (2006.01)
(52) CPC특허분류
H01M 10/488 (2013.01)
G01R 31/3606 (2013.01)
(21) 출원번호 10-2016-0145842
(22) 출원일자 2016년11월03일
심사청구일자 2016년11월03일

(71) 출원인
(주) 지에스씨 솔루션
경기도 부천시 오정구 신흥로438번길 14 ,2층(내동)
(72) 발명자
김명진
경기도 부천시 오정구 신흥로438번길 14, 2층(내동)
(74) 대리인
장형용

전체 청구항 수 : 총 9 항

(54) 발명의 명칭 **안전 장치가 장착된 리튬 이온 배터리**

(57) 요 약

본 발명은 안전 장치가 장착된 리튬 이온 배터리에 관한 것으로, 장방형의 외부 케이스 유닛, 상기 외부 케이스 유닛에 인입되어 안착되며 내부에 리튬 이온 배터리를 감싸아 형성되는 장방형의 내부 케이스 유닛, 상기 내부 케이스 유닛의 배부름 현상을 감지하기 위한 변형 감지 유닛, 및 상기 변형 감지 유닛에서 제공되는 상기 배부름 현상의 진행 정도를 사용자에게 제공하기 위한 표시 유닛을 포함하는 안전 장치가 장착된 리튬 이온 배터리가 제공되며, 리튬 이온 배터리를 보다 안정적으로 오랫동안 사용하는 것이 가능하다.

대 표 도 - 도1

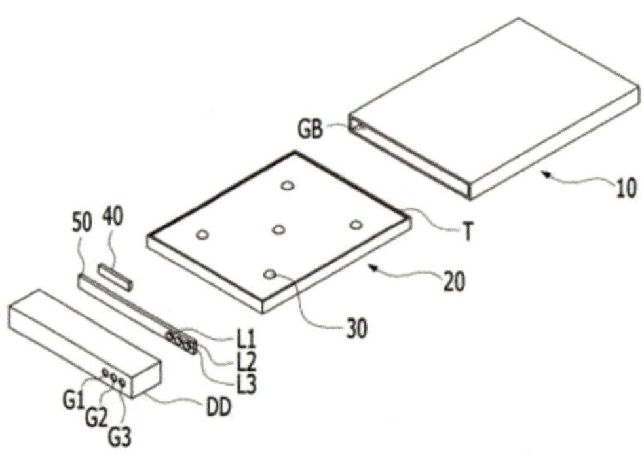

그림 4.54 안전 장치가 장착된 리튬이온 배터리 특허

② 리튬이온 배터리에 안전밸브를 설치한다.

리튬이온 배터리에 안전밸브를 설치하면 전해액의 분해가스 조절로 내부 압력을 낮춰줌으로써 화재를 예방할 수가 있다. 그림 4.55는 안전밸브로 압력(개방압)을 현저히 줄인 데이터를 보여주는 그래프이다.

- 개선이유
  - 과충전 시 전지 내부에서 발생하는 전해액의 분해가스를 조절 못해 화재 위험성 문제가 있다.

• 개선방안

- 밸브를 설치하여 과충전 시 전지 내부에서 발생하는 전해액의 분해가스를 조절해 압력을 낮춰줘 화재 위험성 문제를 잡는다(해결한다).

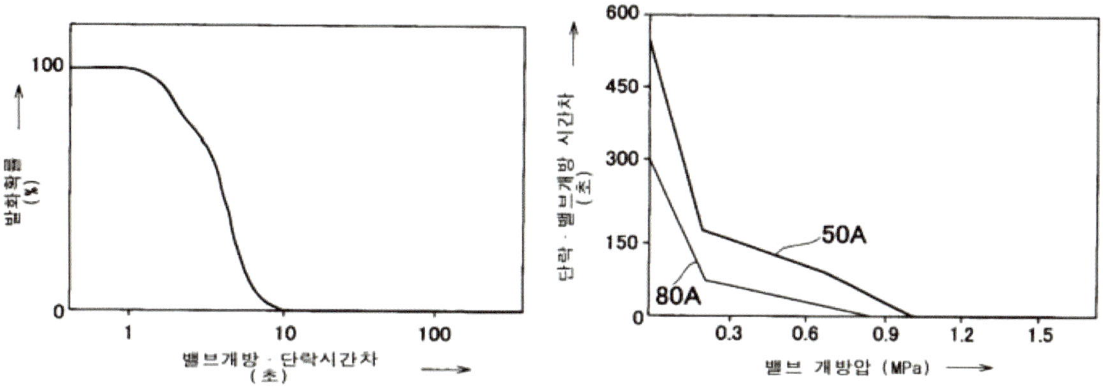

(a) 안전밸브 개방 대비 발화 확률

(b) 밸브 개방압 대비 밸브 개방 시간

그림 4.55 안전밸브로 압력(개방압)을 현저히 줄인 현황

③ 케이스(Case)에 홀(hole, 구멍)을 뚫어 전해질의 세척 및 공급으로 수명을 늘린다.

• 개선이유

- 일반 건전지보다 가격이 비싼 리튬이온 배터리가 수명이 짧기 때문에 문제가 생긴다.

• 개선방안

- 그림 4.56과 같이 케이스에 구멍 2개를 뚫어 전해질을 세척하고 전해질을 공급하여 배터리의 수명을 늘릴 수 있도록 한다.

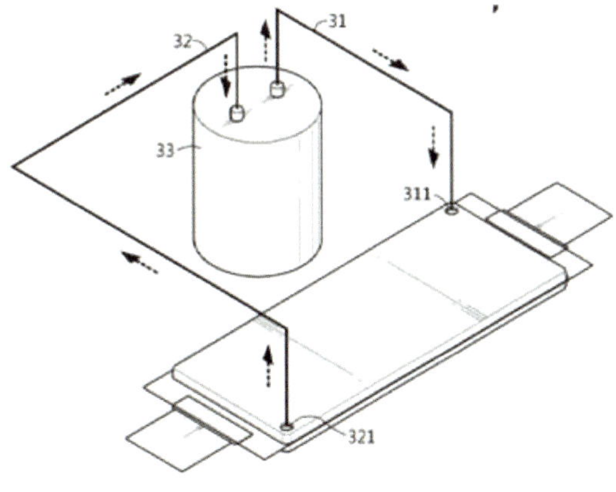

그림 4.56 전해질의 세척 및 공급 관련 특허

(2) 리튬이온 배터리 양극재 개선방안 - 특허분석

① 양극재 재료를 리튬 대신 염(Salt)을 사용한다.

그림 4.57은 양극재 재료인 리튬 대신 염(salt)을 사용하는 리튬이온 배터리용 전해질 조성물 관련 특허의 예를 보여준다.

- 개선이유
  - 리튬은 제조 과정에서 어려움이 있고 생산할 때 환경에 문제가 있다.
- 개선방안
  - 리튬 대신 염을 사용하여 친환경적이고 안전성을 강화시킨다.

(19) 대한민국특허청(KR)
(12) 공개특허공보(A)

(11) 공개번호 10-2020-0133450
(43) 공개일자 2020년11월30일

(51) 국제특허분류(Int. Cl.)
C07D 233/64 (2006.01) ***H01M 10/0525*** (2010.01)
H01M 10/0567 (2010.01)
(52) CPC특허분류
C07D 233/64 (2013.01)
H01M 10/0525 (2013.01)
(21) 출원번호 **10-2019-0058632**
(22) 출원일자 **2019년05월20일**
심사청구일자 **2019년05월20일**

(71) 출원인
건국대학교 글로컬산학협력단
충청북도 충주시 충원대로 268 (단월동,건국대학교글로컬캠퍼스)
(72) 발명자
김환기
충청북도 충주시 금봉로 17, 101동 1304호(칠금동, 삼일무지개아파트)
아메드, 파이즈
충청북도 충주시 하단2길 23, 202호(단월동)
(뒷면에 계속)
(74) 대리인
김정수

전체 청구항 수 : 총 10 항

(54) 발명의 명칭 **이미다졸륨 기능화된 이미드 기반 리튬 염, 이의 제조방법 및 이를 포함하는 리튬 이온 배터리용 전해질 조성물**

(57) 요 약

본 발명은 신규하게 제조된 이미다졸륨 기능화된 이미드 기반 리튬 염, 이의 제조방법 및 이를 포함하는 리튬 이온 배터리용 전해질 조성물을 제공한다.

본 발명의 이미다졸륨 기능화된 이미드 기반 리튬 염, 이의 제조방법, 이를 포함하는 전해질 조성물 및 이를 포함하는 리튬 이온 배터리는 이미다졸륨 IL 기반 이온성 염의 기능화에 기반한 리튬 이온 배터리 분야에서 고성능 전해질로서 유용하게 사용될 수 있다.

대 표 도 - 도5

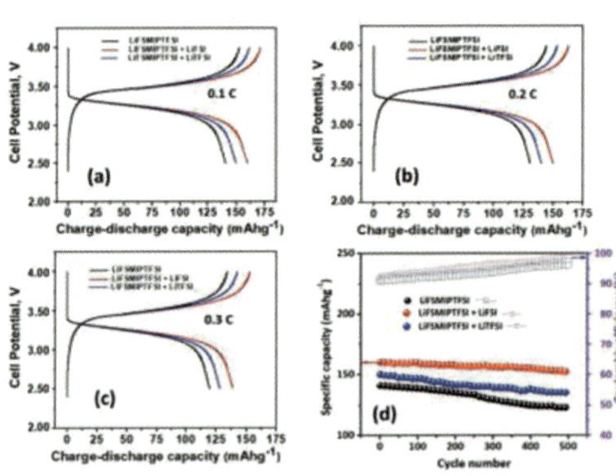

그림 4.57 염(salt)을 사용하는 배터리용 전해질 조성물 관련 특허의 예

(3) 리튬이온 배터리 전해질 개선방안 - 특허분석

① 비수성 전해질을 사용하여 전해액의 분해를 억제하여 배터리 팽창을 감소시킴

수성 전해질은 전기화학적 안정성이 낮기 때문에 기존 방법으로는 리튬이온 배터리의 전압 범위가 제한되어 버린다. 이에 비해 비수성 전해질은 전극이 기능적이고 넓은 범위 전압을 만들어 낸다. 충전할 때 비수성 고체 전해질은 분해되면서 전극 표면에 층을 형성한다.

그림 4.58은 일본에서 한국으로 특허출원한 비수성 전해질을 사용하는 리튬이온 배터리 관련 국제출원특허(PCT)이다.

- 개선이유
  - 배터리를 쓰다 보면 과충전으로 인해 배터리가 팽창되어 안전성 문제가 생긴다.
- 개선방안
  - 팽창으로 인한 안전성 문제를 없애기 위해 비수성 전해질을 사용하여 온도를 조절해 팽창을 줄이고 안전성을 높인다.

(19) 대한민국특허청(KR)
(12) 공개특허공보(A)

(51) Int. Cl. ***H01M 4/02 (2006.01)*** ***H01M 4/58 (2006.01)*** ***H01M 2/10 (2006.01)*** ***H01M 10/40 (2006.01)***	**(11) 공개번호 10-2006-0121272** **(43) 공개일자 2006년11월28일**

(21) 출원번호	10-2006-7013385		
(22) 출원일자	2006년07월04일		
	심사청구일자 2006년07월04일		
번역문제출일자	2006년07월04일		
(86) 국제출원번호	PCT/JP2004/018085	(87) 국제공개번호	WO 2005/055344
국제출원일자	2004년11월29일	국제공개일자	2005년06월16일

(30) 우선권주장	JP-P-2003-00407542 2003년12월05일 일본(JP) JP-P-2004-00334800 2004년11월18일 일본(JP)
(71) 출원인	닛산 지도우샤 가부시키가이샤 일본 가나가와껭 요코하마시 가나가와꾸 다까라쵸 2반지
(72) 발명자	이또오 다까노리 일본 254-0063 가나가와껭 히라쯔까시 스와쬬 13-5-3 사이또 다까미쯔 일본 236-0058 가나가와껭 요꼬하마시 가나자와꾸노오껜다이히가시 11-6-1402 호리에 히데아끼 일본 237-0076 가나가와껭 요꼬스까시 후나꼬시 7-12-2 씨-303
(74) 대리인	장수길, 성재동

그림 4.58 비수성 전해질을 사용한 리튬이온 배터리 국제출원특허(PCT)

② 고체 전해질을 사용하여 안정성을 향상시킨다.

현재 주로 사용되는 기존 액체 전해질 대신 고체 전해질을 사용하여 안정성을 향상시킨다. 하지만 고체이다 보니 액체보다 저항이 높고, 가격이 비싸 아직 사용화가 되지 못하고 있다.

표 4.16은 리튬이온 2차전지와 고체 전해질을 사용하는 전고체 리튬이온 2차전지의 특성 및 구조 비교를 나타낸다.

표 4.16 리튬이온 2차전지와 전고체 리튬이온 2차전지의 특성 및 구조 비교

구분	리튬 2차전지	전고체 리튬 2차전지
양극재	고체(리튬, 니켈, 망간, 코발트 등)	고체(리튬, 니켈, 망간, 코발트 등)
음극재	고체(흑연, 실리콘 등)	고체(리튬 금속)
전해질	액체(용매+리튬염+첨가제)	고체(황화물, 산화물, 폴리머)
분리막	고체 필름	불필요
구조	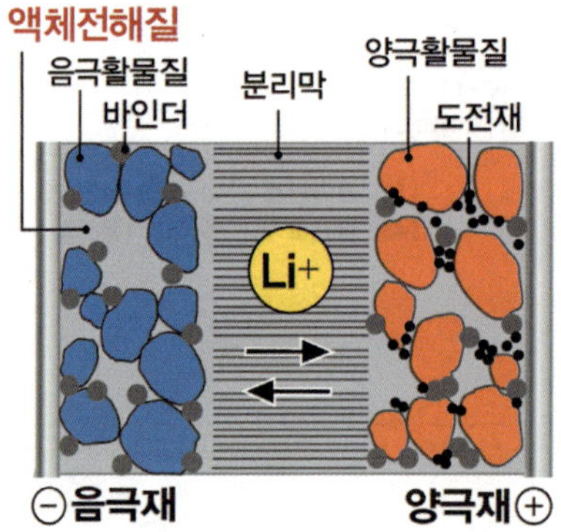	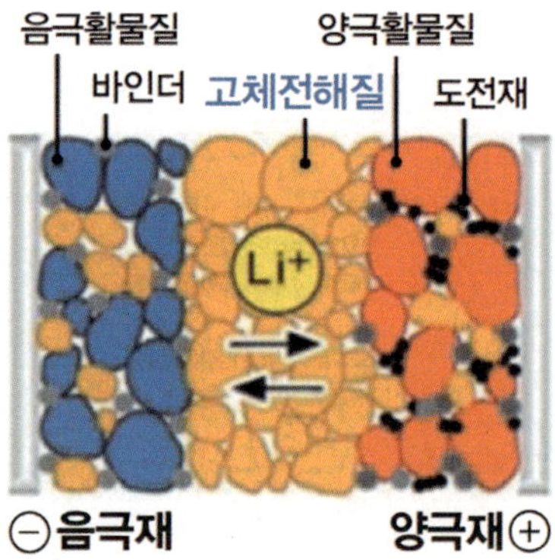

(4) 리튬이온 배터리 분리막 개선방안

① 리튬이온이 이동하는 분리막 구멍(기공)에 벤츄리관(Venturi tube) 효과를 적용

양극재 쪽에 넓은 구멍, 음극재 쪽에 작은 구멍을 두어 충전을 할 때 급속 충전이 가능하게 하여 리튬이온 배터리가 받는 발열 시간을 줄일 수 있다.

그림 4.59는 이에 대한 분리막 기공(pore)의 개선방안으로 개념설계안을 보여주고 있다.

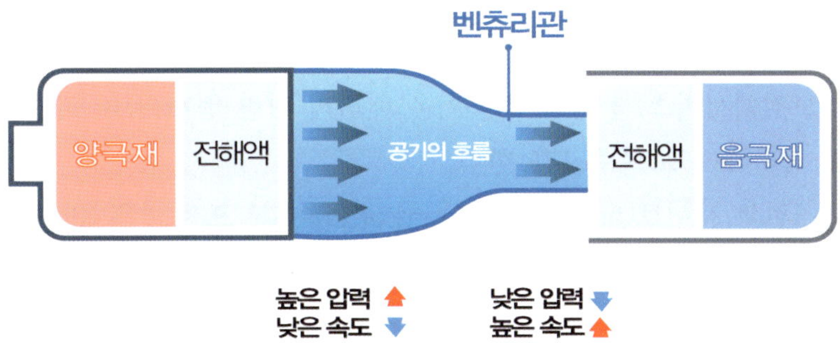

그림 4.59 분리막 기공(pore)의 개선방안 - 개념설계안

벤츄리 효과(Venturi effect)

이탈리아 물리학자인 지오반니 벤츄리(Giovanni Venturi)가 '베르누이의 정리'를 이용하여 해석한 물리 현상이다. 굵기가 다른 관에 유체를 통과시킬 때 넓은 관보다 좁은 관에서 유체의 속도가 빨라지는 대신에 압력은 낮아지게 되는 현상을 가리킨다. 이는 유체역학 유량의 법칙으로부터 증명할 수 있다.

② 분리막 양옆에 코팅 처리를 한다.

분리막 양측에 코팅(coating) 처리를 하면, 즉 분리막에 강화막을 입히면 열저항이 높아지면서 안정성도 높아지고, 필름의 두께가 얇아지면서 에너지밀도가 높아진다.

그림 4.60은 분리막 PE(폴리에틸렌) 필름 소재에 적용한 세라믹 코팅 기술부터 슈퍼엔지니어링 플라스틱 소재 필름 자체의 분리막까지의 기술 변화를 나타낸다.

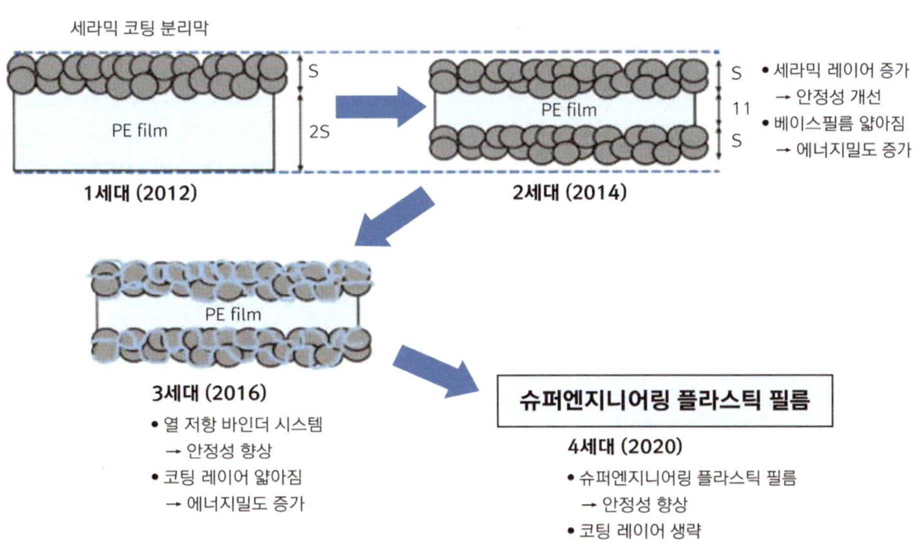

그림 4.60 분리막의 강화막 기술동향(PE 필름 소재에 세라믹 코팅 기술부터 슈퍼엔지니어링 플라스틱 소재 필름 분리막까지)

(5) 국내 및 해외 특허분석

KIPRIS(특허정보검색서비스)를 통해 리튬이온 배터리 관련 현재 국내 및 해외 특허를 검색하였고, 샘플로 정리하여 보여주고자 한다.

검색 사이트는 [검색 사이트 http://www.kipris.or.kr]이다. 표 4.17은 KIPRIS의 검색 사이트(www.kipris.or.kr)로 검색한 국내 15건의 특허검색 예를 보여준다.

① 국내 특허

▶▶ **표 4.17** 국내 특허검색의 예시

No.	특허명	출원번호	출원일	등록번호	출원인/출원회사
1	적층형 리튬이온 배터리	10-2009-7014815	2009.07.15	10-1028252	비와이디컴퍼니 리미티드
2	리튬이온 배터리 전극	10-2012-7002867	2010.07.09	10-1688525	삼성전자
3	리튬이온-유황 배터리	10-2010-0122866	2010.12.03	10-1209687	기아, 현대자동차
4	층간 삽입전극을 갖는 리튬이온 공기 배터리	10-2011-0019103	2011.03.03	10-1724720	기아, 현대자동차
5	리튬이온 배터리	10-2012-7001997	2012.01.26	10-1366981	비와이디컴퍼니 리미티드
6	리튬이온 배터리 화재 방지 장치 및 방법	10-2012-0131200	2012.11.19	10-1489837	기아, 현대자동차
7	리튬이온 배터리 모듈의 제조방법 및 리튬이온 배터리 모듈	10-2014-7030521	2013.03.11	10-2067951	로베르트보쉬 게임베하
8	전기자동차용 리튬이온 폴리머 배터리용 플라스틱 트레이	10-2014-0060354	2014.05.20	10-1562349	㈜새담
9	리튬이온 폴리머 셀디가스시스템 및 리튬 폴리머 제조 방법	10-2015-0000602	2015.01.05	10-1812844	㈜엘지화학
10	전이금속 칼코겐 화합물을 이용한 리튬이온 배터리 음극재 제조방법	10-2016-0125365	2016.09.29	10-1872920	가천대학교
11	리튬이온 배터리용 다층 복합 기능 격막	10-2019-7017122	2016.11.14	10-2215959	상하이 딘호 뉴 머터리얼
12	자동차 분야를 위한 리튬이온 배터리	10-2018-7031441	2018.10.30	10-2201126	유미코아

No.	특허명	출원번호	출원일	등록번호	출원인/ 출원회사
13	리튬이온 배터리와 슈퍼커패시터를 이용한 에너지 저장시스템	10-2018-0172714	2018.12.28	10-2196639	㈜키스톤에너지
14	폐기 실리콘 슬러지를 사용한 음극활물질 제조방법	10-2020-0068851	2020.06.08	20-2413806	㈜엠지이노베이션
15	리튬이온 배터리 화재 안전을 위한 보호장치	10-2021-0013158	2021.01.29	10-2338516	정대원

② 해외특허

표 4.18은 국외 특허(PCT)의 예시이다.

표 4.18 국외 특허검색(PCT)의 예시

No.	특허명	국제출원번호	국제공개번호	국제출원일	출원인/ 출원회사
1	배터리 과충전 또는 과방전을 방지하는 시스템 및 방법	PCT/KR2010/005523	WO2011/021880 A2	2011.02.24	㈜레오모터스
2	리튬이온 폴리머전지의 제조방법, 전지셀 및 이를 포함하는 리튬이온전지	PCT/KR2010/006865	WO2011/043608 A2	2011.04.14	㈜엘지화학
3	소화 조성물을 내장한 마이크로 캡슐 및 그를 갖는 리튬 2차전지	PCT/KR2012/033342	WO2012/134202 A2	2012.03.29	전자부품연구원
4	2차전지 배터리 셀의 과충전 방지 장치	PCT/KR2013/004588	WO2014/192986A1	2013.05.27	SK 이노베이션㈜
5	배터리 온도 조절 장치	PCT/KR2013/009945	WO2014/081138A1	2013.11.05	자동차부품연구원
6	리튬이온 배터리 화재 방지 장치 및 방법	PCT/KR2013/009941	WO2014/077536A1	2013.11.15	자동차부품연구원
7	리튬 전이 금속 산화물을 패시베이션시키는 방법	PCT/KR2014/001827	WO2014/137166A1	2014.03.06	한국기초과학지원연구원
8	리튬 2차전지의 셀 탭 커팅장치 및 이를 갖는 전지 팩	PCT/KR2013/009607	WO2014/065637A1	2014.05.01	㈜SK 이노베이션
9	구리산화물 나노 구조체의 제조방법 및 리튬이온 2차전지용 음극의 제조방법	PCT/KR2013/010768	WO2014/088252A1	2014.06.12	한국표준과학연구원
10	리튬 2차전지용 양극활물질 및 이를 포함하는 리튬 2차전지	PCT/KR2015/000647	WO2016/039511A1	2015.01.21	㈜에코프로

No.	특허명	국제출원번호	국제공개번호	국제출원일	출원인/ 출원회사
11	실리콘 철 몰리브덴계 리튬이온전지 음극 재료 및 제조 방법	PCT/KR2015/004060	WO2015/167167 A1	2015.04.23	㈜사파이어 테크놀로지
12	리튬 2차전지	PCT/KR2015/006262	WO2015/199384 A1	2015.06.19	㈜엘지화학
13	리튬이온 2차전지용 바인더, 이의 제조 방법 및 이를 갖는 리튬이온전지	PCT/KR2014/012796	WO2015/147418A1	2015.10.01	전자부품 연구원
14	2차전지의 충전 상태 추정 장치 및 방법	PCT/KR2015/011162	WO2016/064198A1	2015.10.21	㈜엘지화학
15	열방사 도료 코팅층을 포함하는 배터리 모듈	PCT/KR2016/000929	WO2016/190521A1	2016.12.01	㈜엘지화학

8) 리튬이온(Li-ion) 배터리의 문제점 분석 및 개선방안(Case Study 4)

(1) 기능분석도

그림 4.61은 리튬이온 배터리의 기능분석도 예시이다.

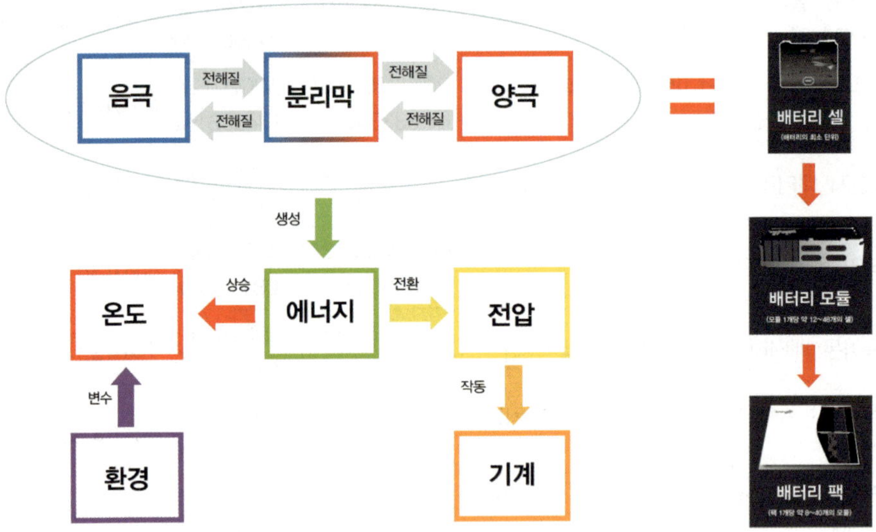

그림 4.61 리튬이온 배터리의 기능분석도 예시

(2) 문제점 분석

① 스웰링(Swelling)

리튬이온 배터리 내부 전해액이 기화하면서 가스가 발생해 부풀어 오르는 현상을 스웰링(swelling)이라 말한다.

배터리에 스웰링이 발생하면 급격한 성능 저하나 배터리가 정상적으로 작동하지 않고 배터리가 터질 위험이 있으며 화재 위험도 있다.

'자동차 및 자동차부품의 성능과 기준' 시행세칙의 구동축전지 안정성시험 방법(8)에 따라 95% 이상 충전한 뒤 염수수조에 1hr 동안 완전 침수시키는 시험을 하도록 되어 있어, 일반적인 조건에서는 LIB(Li-ion battery)팩 내부로 물이나 기타 소화약제 등을 침투시키기 어려운 구조를 가지고 있다.

그러나 미분무, 강화액, 포소화약제 등의 수계 소화제를 사용한 경우, 열폭주된 배터리의 온도가 감소했고 재발화도 일어나지 않았다.

즉, LIB 화재진압에 효과적인 소화제는 LIB팩 내부로 진입하기 굉장히 어려운 구조이다(사진 4.5 참조).

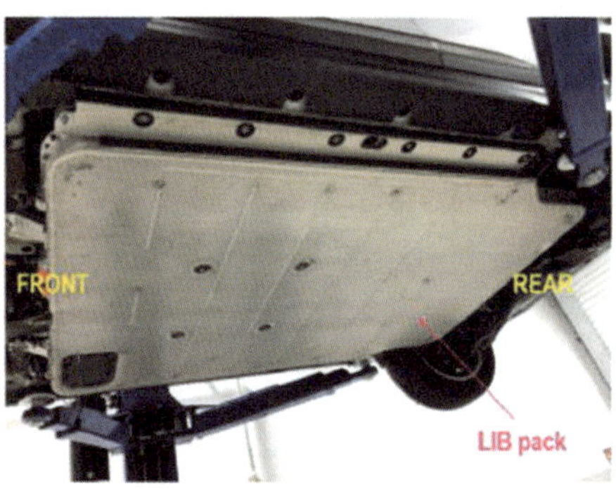

(a) Before unbolting the LIB pack
(볼트를 풀기 전의 배터리팩)

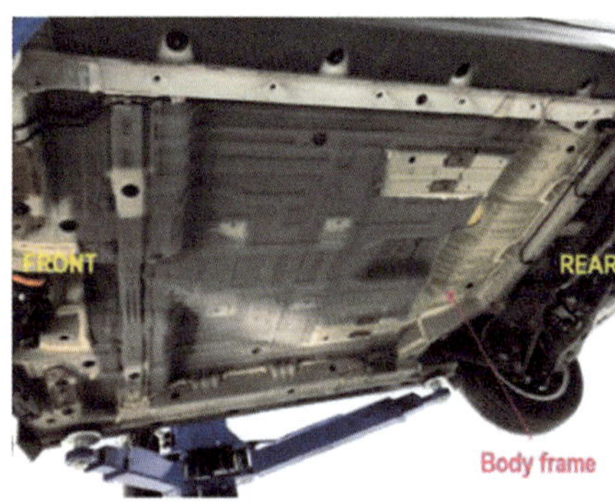

(b) After unbolting the LIB pack
(볼트를 푼 후의 배터리팩)

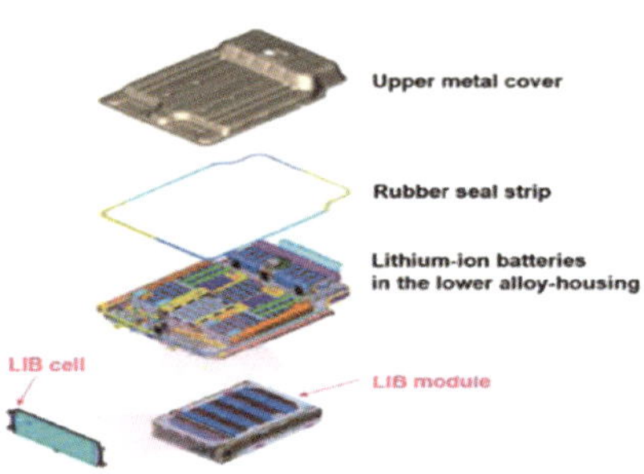

(c) The structure of a LIB pack(배터리팩 구조)

사진 4.5 리튬이온 배터리 정상 상태와 스웰링(swelling) 현상

② 화재 및 열폭주

사진 4.6은 전기차 화재 시의 대응 조치 방법들과 여러 가지의 대응 방법을 실시하고 있다.

(a) Fire suppression tactic[4]

(b) The location of lithium-ion battery pack in an electric vehicle (i.e. Volkswagen ID.3)

(c) Fire blanket (Sejong fire department)

(d) Water container (Hwasung fire station)

사진 4.6 전기차 화재시의 대응 조치방법들

사진 4.6(a)를 보면 차량 하부에 고정 · 특수 제작된 스프링클러 관창을 사용하여 주수(注水, 물 분사)하고, (b)에서는 LIB(Li-ion Battery)팩이 승객석 하부의 차량 프레임 하단에 볼팅(bolting, 볼트로 체결 · 조립) 되어있기 때문에 열폭주가 발생할 경우 LIB팩에 직접적으로 주수(注水)가 가능한 부위가 차량 하부이다. (c)에서는 질식소화 덮개를 전기차 화재 현장에 적용해보기 위한 실험이고, (d)에서는 수조에 물을 채워 사고 차량을 침수시키고 있다.

그 결과는 다음과 같다.

㉠ LIB팩을 견고하게 보호하고 있는 금속 하우징으로 인해 약 70min 간 약 5,064L의 소화용수를 주수했음에도 불구하고 LIB 모듈 내부의 온도를 상온 근처까지 냉각시키는데 어려움이 있었다.

㉡ 산소의 공급을 방해하여 자동차 내장재 연소를 지연시키는 정도의 효과를 보였으며, 전기차를 직접적으로 소화하는 도구로서는 한계가 있었으나, 초기 화재의 성장 혹은 화염의 주변 확산을 지연하는 데는 효과가 있음을 정량적으로 확인하였다.

㉢ 수조를 채우는데 걸린 시간은 40분 가량 소모되었고, 손상된 LIB팩 하우징의 틈새를 통해 팩 내부로 유입되면서 126min 후 급격하게 온도가 감소되었다.

결론: 사람이 내부에 타고 있었다 가정한다면 3가지의 방법을 사용해도 이미 사망한 뒤다.

③ 전기차 화재 시 탈출 - 개념설계안

㉠ 전투기의 사출좌석 응용 및 적용

비용이 많이 들어가고 차체가 복잡해진다 하더라도 사람의 생명이 가장 중요하므로, 실제 전투기나 폭격기 등에서 사용되고 있는 비상탈출장치를 전기차에 설치한다. 이런 긴급탈출장치를 사출좌석(射出座席, ejection seat)이라고 한다. 사진 4.7은 전투기에서 사출좌석이 구비된 내부 조종석과 탈출 화면이다.

(a) 사출좌석이 구비된 F-35 조종석

(b) 화재 및 위급 상황 시의 비상탈출

사진 4.7 전기차 화재 시의 긴급탈출 개념

㉡ 전투기의 사출좌석 응용 및 적용

두 번째 개념설계안은 더욱 진화된 AI(인공지능)로 사출좌석을 활용한 비상탈출 방법이다. 운전자가 외부 충돌이나, 충격 등으로 인해 정신을 잃고 있는 상황에서 화재, 긴급상황 등이 발생 시, 그림 4.62에서 제시하는 개념설계안의 내용(1~4) 순서로 운전자가 전기차에서 탈출해 생명을 구하는 시나리오이다.

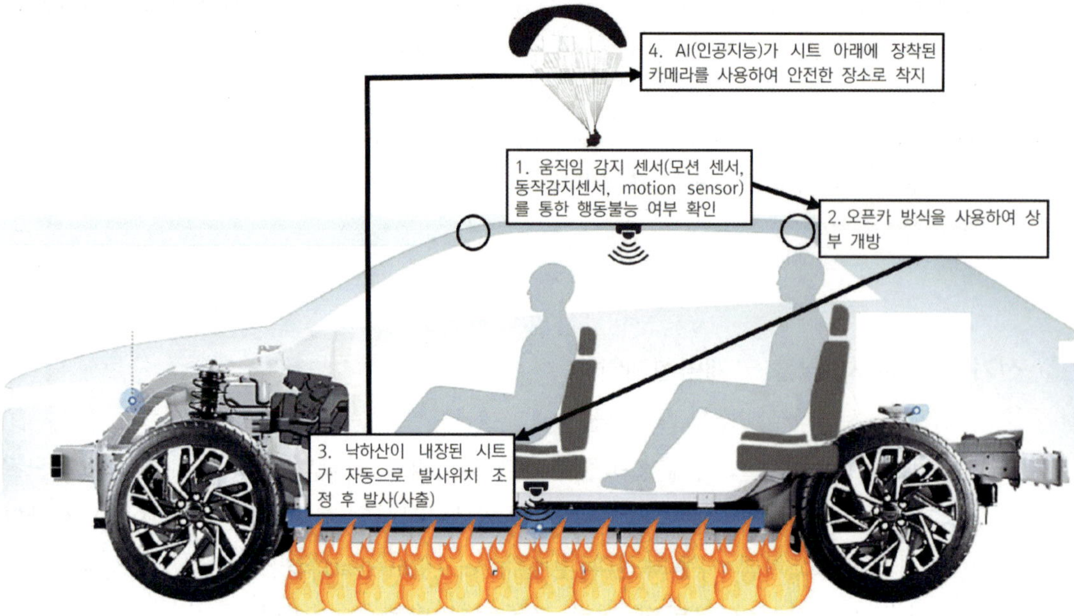

그림 4.62 화재 및 비상 시 전기차 탈출 개념설계안과 시나리오

㉢ 수냉 방식

실질적으로 리튬이온 배터리의 화재 발생 시 화재 제압(진화)을 위해서 할 수 있는 방식은 그리 많지 않다. 그렇다면 지금까지 나온 방식 중 좋은 방식이 문제가 되고 있는 리튬이온 배터리를 물속에 넣는 것이다. 사진 4.8과 같이 액체는 라디에이터와 연결하여 지속적인 온도를 낮추어 준다.

사용 액체는 순수 정제수로 컴퓨터에도 활용되고 있으며 최대한 정제하여 제품의 부식 또한 방지할 수 있다. 또 리튬이온 배터리에 화재가 발생 시, 배터리를 감싸고 있는 외피가 열로 인해 파손될 시, 바로 액체를 통한 화재진압을 시도할 수 있다(미국 MS사의 서버 또한 바다에 넣어 냉각시키고 있는 특별한 사례도 있다).

(a) 전기차

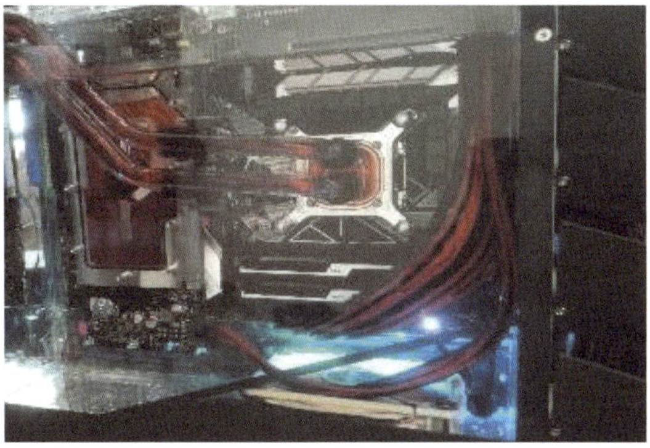

(b) 컴퓨터

(c) 미국 MicroSoft사의 서버

사진 4.8 일반적인 수냉방식의 사례

④ 화재 발생 및 불편 사항의 사례

㉠ 카카오톡 화재 사건

그림 4.63은 데이터 센터의 무정전 전원장치(Uninterruptible Power Supply system, 약자로 UPS라고 쓴다)용 배터리의 화재로 인해 전 국민이 사용하는 카카오톡 서비스가 마비된 사례이다. 2020년 국내 빅데이터 전문기업 아이지에이웍스는 지난해 말 기준으로 가장 많은 국내 안드로이드 사용자를 확보한 앱 중 카카오톡 이용자는 3,743만 명이었다고 발표했다. 5,178만 명의 대한민국 인구 중 72%가 카카오톡을 이용하고 있다는 것이다.

카카오톡 화재는 지난 2022년 10월 15일경 데이터 센터 화재로 인하여 카카오톡 및 다수 사이트의 사용이 불가능했다. 화재의 원인은 서버의 셧다운을 방지하기 위해 구축한 무정전 전원장치의 배터리에서 발생한 화재였다. 이로 인해 다수의 카카오톡 베이스의 서비스들의 사용불가, 계열사의 주가 피해만 2조 원에 달하였고, 현재도 손해배상 청구 소송이 진행 중이다.

그림 4.63 카카오톡 화재 사례

ⓛ 논문 - 리튬이온 배터리 폭발 및 발화 메커니즘에 관한 연구(그림 4.64 참조)

4.결 론

본 연구 논문은 최근 리튬이온배터리팩에서 화재가 지속적으로 발생하여 기본실험을 통하여 리튬배터리에 원리 및 구조 특성을 파악하여 리튬이온배터리팩의 발화 메커니즘을 연구하였다.

리튬이온배터리에 과충전 실험을 통하여 우리는 배터리 내부에 CID(current interuption device)가 설치되어 있어 과충전 시 내부 압력이 상승하면서 접점이 떨어져 전류가 흐르지 않는 것을 알 수 있었다. 하지만 리튬폴리머배터리는 보호회로가 설치되어 있지 않으면 과충전을 하였을 때 모두 스웰링이 일어난 후 가스가 분출되고 폭발로 진행하는 것을 기본 실험을 통해 알 수 있었다. 이것은 충전 중 보호회로가 이상이 발생 하였을 때 리튬폴리머배터리가 발화 할 수 있다는 것을 의미한다.

또한 외부 화염 실험을 통하여 고방전의 배터리가 화염이 강한 것을 알 수 있었고 이것은 전류량이 증가함에 따라 리튬 함량도 증가 하기 때문이다.

리튬이온배터리팩 배터리 피복 손상으로 배터리 접촉 시 발화 실험 결과 병렬연결 배터리는 두 배터리 모두 외피가 (-)극을 가지고 있어 접촉하여도 단락이 발생하지 않지만 직렬연결에서는 니켈판이 (+)극과 (-)극을 연결 시켜 주어 두 배터리가 피복 손상으로 접촉 시 단락이 발생하는 것을 실험을 통해 알 수 있었다.

이렇게 리튬이온배터리팩에서 화재가 발생 하지만 시중에 판매되고 있는 일부 KC인증 리튬이온배터리팩에서 배터리 브라켓을 사용하지 않고 배터리팩을 제작 하고 있어 KC인증 검사 시 리튬이온배터리팩에 배터리 브라켓이 장착 되어야 하는 안전기준을 적용하여 배터리 피복 손상이 발생하여도 단락이 발생하지 않도록 안전 조치 하여야 겠다.

그림 4.64 리튬이온 배터리 폭발 및 발화 메커니즘에 관한 연구

9) 리튬이온(Li-ion) 배터리의 문제점 분석 및 개선방안(Case Study 5)

(1) 리튬이온(Li - ion) 배터리의 문제점

① 입자(Particle) 손상

- 실리콘 입자가 커지고 작아짐에 따라 입자에 금이 가고 나중에는 부서진다.
- 전기화학적으로 절연(isolation)이 될 수 있으며 불안정하고 두꺼운 SEI(Solid Electrolyte Interphase) 형성의 주요 원인이 된다.

② 전도도 상실

- 실리콘 입자가 팽창했을 때 밀려나간 도전재와 바인더가 수축할 때 같이 딸려오지 않는다.
- 실리콘은 전도성이 있는 물질이 아니라 도전재가 필수적으로 필요한데, 도전재가 팽창 시 밀려 나감으로 인해 전도도 부족을 겪게 된다.

③ 리튬이온 트랩(Trap) 현상

- 리튬이온이 탈리튬화(delithiation)할 때 미쳐 다 빠져나가지 못하고 수축된 실리콘에 갇히는 현상이다. 이 과정에서 양극이 많이 파손된다.
- 리튬이온 손실(loss)이 생겨 용량에 치명적인 문제를 낳는다.

(2) 리튬이온(Li - ion) 배터리의 개선방안

리튬이온 배터리의 문제점을 분석해 좀 더 안전한 2차전지를 위한 개선방안으로 다음과 같은 사항들이 있다.

① 열 안전성 문제 검토

② 전고체 배터리 사용

③ 리시콘(Lisicon)형 산화물 고체 전해질 사용: 리시콘(Li Super Ionic CONductor, LiSICON)형 산화물 전고체전지는 고용량을 가지는 고(高) 니켈 양극재와 리튬 금속을 이용해서 고에너지밀도를 구현할 수 있는 우수한 고체 전해질이다.

④ 분리막 소재로 열경화성 플라스틱의 활용

⑤ 배터리 케이스의 소재 변경

⑥ 레독스-플로우(RFC : Redox-Flow Cell) 배터리 개발

⑦ 나트륨을 적용한 배터리 개발

(3) 리튬이온(Li - ion)의 배터리의 비교

표 4.19는 리튬이온 배터리와 기타 배터리를 비교한 특징을 보여준다.

표 4.19 리튬이온 배터리와 기타 배터리의 특징 비교

	니켈카드뮴	리튬이온	니켈수소	리튬폴리머
용량	작다	작다	크다	크다
자연방전	많다	거의 없다	보통	거의 없다
메모리 효과	많다	없다	보통	없다
	납산축전지		리튬이온전지	
수명	평균 1년		평균 2~3년	
무게	12kg(36V 기준)		3~4kg(36V 기준)	
가격	납산축전지 〈 리튬이온전지			
메모리 효과	메모리 현상 있음		메모리 현상 없음	
실제 주행거리	납산축전지 〈 리튬이온전지			
방전율	납산축전지 〉 리튬이온전지			
폭발 위험성	납산축전지 〈 리튬이온전지			

(4) 리튬이온 배터리 기능분석도(1)

① 배터리 셀

그림 4.65는 배터리 셀의 기능분석도 예시이다.

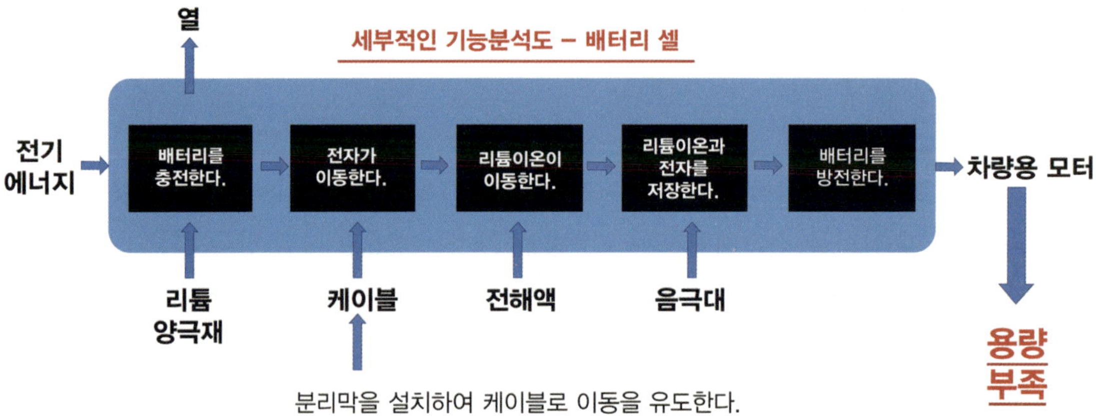

그림 4.65 배터리 셀의 기능분석도 예시

② 차량용 배터리팩

그림 4.66은 차량용 배터리팩의 기능분석도 예시이다.

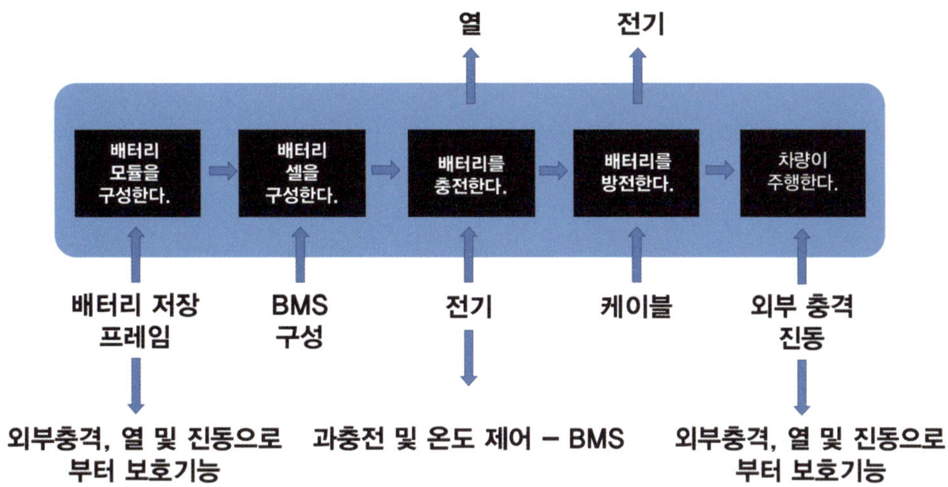

그림 4.66 차량용 배터리팩의 기능분석도 예시

③ 리튬이 이동하는 리튬관 실리콘 연결

그림 4.67은 배터리팩에 있어서 리튬이 이동하는 리튬관 실리콘 연결 개념도의 예시이다.

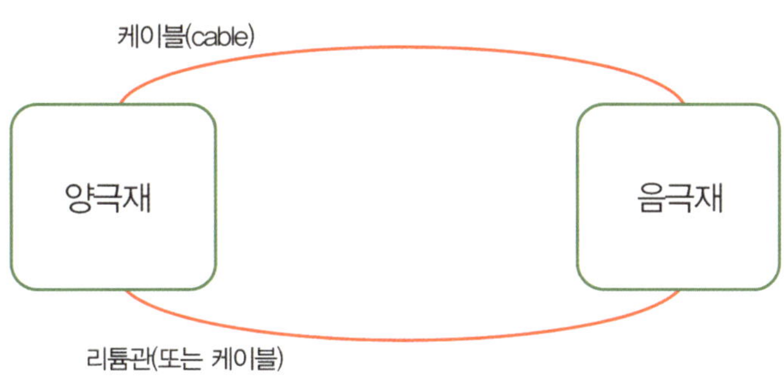

그림 4.67 리튬관 실리콘 연결 개념도

(5) 리튬이온 배터리 재활용

불과 얼마 전까지만 하더라도 4차 산업혁명을 이끌 원동력으로 주목받던 에너지 저장기기가 리튬이온 배터리였다. 리튬이온 배터리는 리튬을 소재로 만들어진 배터리로, 이전까지 사용했던 니켈수소 배터리에 비해 가볍고, 용량이 크다는 장점을 갖고 있어 디지털기기나 전기차에 사용되고 있다.

그런데 그 사용량이 기하급수적으로 늘어나다 보니 이제는 버려지는 리튬이온 배터리들의 처리 문제를 걱정해야 하는 시기가 됐다.

실제로 환경보호단체인 그린피스(Greenpeace)는 오는 2030년경이 되면 전 세계에서 약 1,200만 톤의 폐배터리가 쏟아져 나올 것으로 예상한 바 있다.

이처럼 리튬이온 배터리 제조와 관련하여 부정적 전망이 나오게 되자 최근 들어서는 선진국을 중심으로 사용 연한이 끝난 폐리튬이온 배터리의 처리방안을 모색하는 연구가 진행되고 있다.

① 초음파 및 유기물 등을 활용한 다양한 분해 방식 연구

폐배터리 재활용 연구와 관련해서는 영국과 독일이 가장 앞서 나가고 있는 것으로 알려져 있다. 영국 패러데이 연구소(그림 4.68 참조)의 경우 저렴하면서도 안전한 폐리튬이온 배터리 분해를 위해 초음파를 활용하고 있다.

연구소가 발표한 내용을 살펴보면 폐리튬이온 배터리 표면에 초음파를 집중시켜 작은 기포를 만든 다음, 이를 통해 표면을 덮고 있는 코팅을 파괴하는 방식인 것으로 나타났다.

이 같은 재활용 방식은 기존의 습식제련 분해 방식보다 더 저렴하면서도 더 많은 양을 처리할 수 있다는 것이다. 또한 에너지저장장치(ESS)처럼 거대 규모의 배터리에도 적용할 수 있는 확장성까지 갖추고 있다.

독일의 프라운호퍼 연구소 역시 패러데이 연구소와 비슷하게 초음파를 이용하여 폐배터리를 분해하는 연구를 진행하고 있다. 차이점이라면 셀의 개별 구성요소를 분리하는 과정에서 초음파를 충격파로 활용한다는 점이다.

이 방식은 리튬이온 배터리를 포함해 모든 리튬 기반의 고체 배터리에도 적용할 수 있다는 것이 프라운호퍼 연구소 측의 설명이다.

미국은 유기물을 활용한 친환경적 폐배터리 분해 방법을 연구하고 있어 눈길을 끌고 있다. 텍사스 A&M대의 연구진은 리튬이온 배터리 제조에 유기물을 적용하여 분해가 가능한 폐배터리를 개발하고 있다.

현재 유통되고 있는 리튬이온 배터리는 분해가 되어도 남는 폐기물이 상당히 많지만, 유기물이 적용된 리튬이온 배터리는 소재 대부분이 분해되기 때문에 재활용이 보다 쉬워진다는 것이 연구진의 의견이다.

국내에서도 폐배터리를 재활용하는 다양한 연구가 추진되고 있다. 폐배터리에서 리튬을 '수산화 리튬 형태'로 추출한 후, 다른 주요 물질인 니켈과 코발트 등을 추출하는 SK이노베이션의 사례를 꼽을 수 있다.

기존의 폐배터리에서 재활용할 수 있는 성분만 뽑아내 새로운 배터리에 투입하는 것이 핵심이다. 한편 국내외에서 충전용 배터리를 연구하고 있는 연구소들은 보다 근본적인 배터리 연구에 몰두하고 있다. 리튬이온 배터리가 가진 안전성 및 경제성의 한계를 극복하기 위해 새로운 소재를 기반으로 하는 배터리를 개발하고 있는 것이다. 상용화까지는 아직 가야 할 길이 많이 남았지만, 바나듐이나 나트륨 같은 소재를 활용한 충전용 배터리가 연구되고 있어 이목이 집중되고 있다.

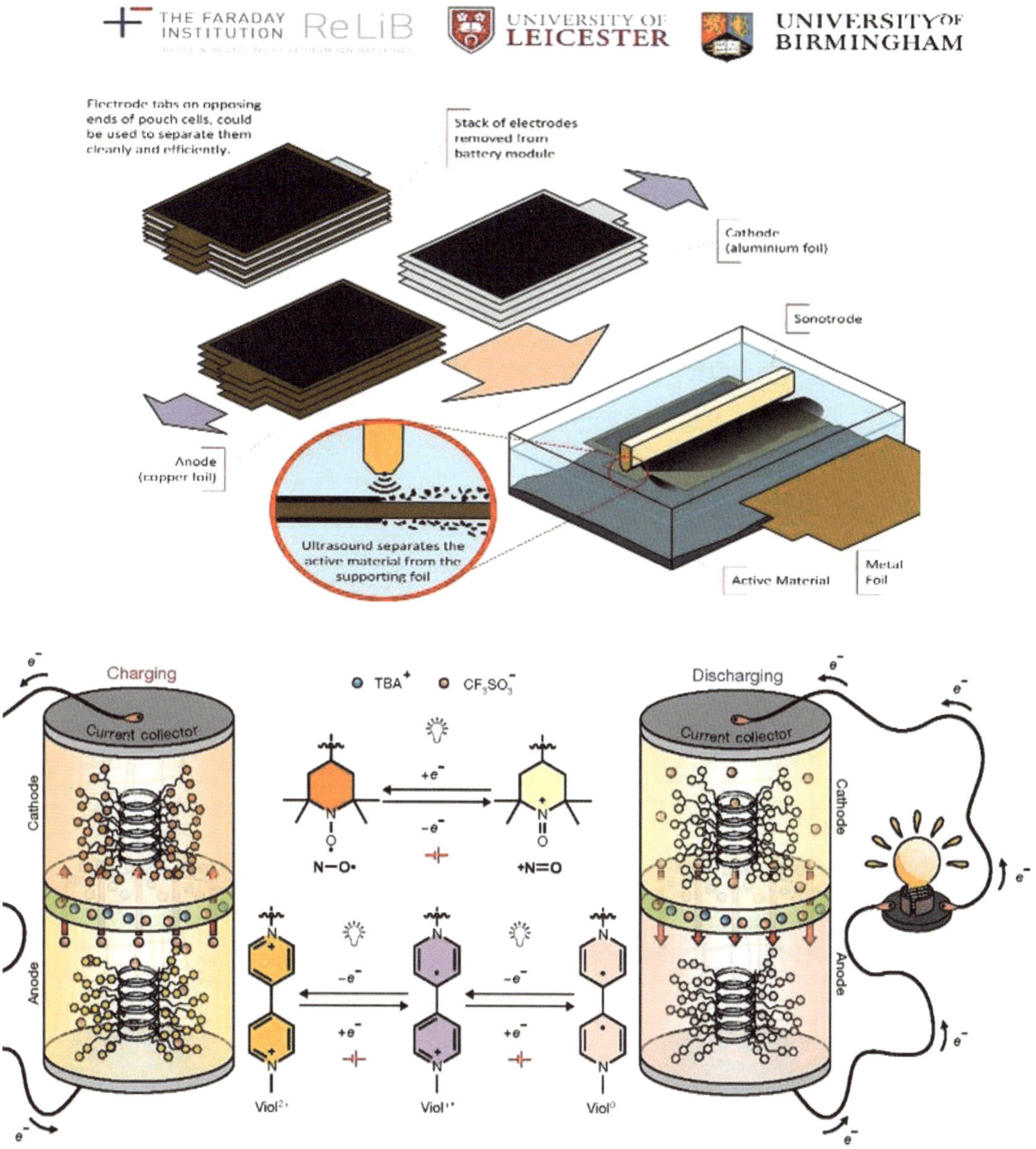

→ 그림 4.68 영국 패러데이 연구소의 초음파를 이용한 폐배터리의 활용

(6) 리튬이온 배터리 기능분석도(2)

① 배터리 셀

그림 4.69는 배터리 셀의 기능분석도 예시이다.

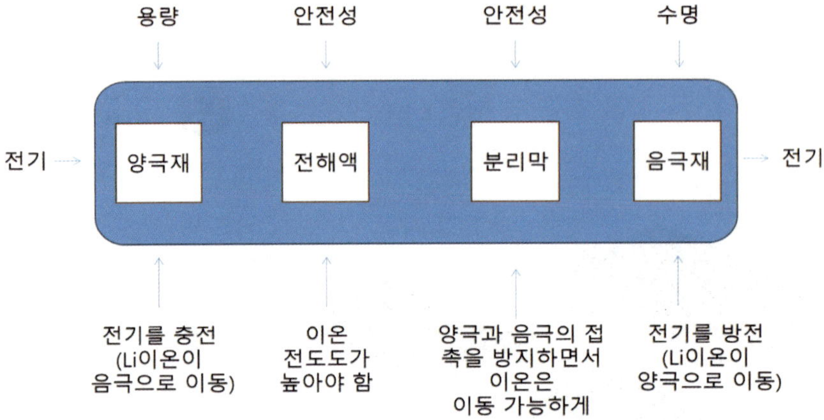

그림 4.69 배터리 셀의 기능분석도 예시

(7) 문제점과 개선방안

- 양극재 - 배터리의 용량에 관여하기에 이에 대한 개선방안으로 고성능 양극재가 개발 중이다.
- 음극재 - 주로 사용되는 흑연이 충·방전 시 구조가 변화하여 배터리 수명이 줄어드는 문제가 있다. 개선방안으로 실리콘 음극재가 개발 중이다.
- 분리막 - 얇은 막이기 때문에 충격에 약해서 충격에 강한 소재가 개발 중이다.
- 전해질 - 현재 액체 전해질이 사용되는데 화재 위험성 때문에 고체나 젤 형태가 개발 중이다.

① 배터리 화재 예방을 위한 소화 장치

개선방안으로 그림 4.70과 같이 화재 안전성에 대해서 개념설계안을 간략히 디자인했다.

개념설계안 요점

배터리팩 내부에 온도센서가 장착되어서, 배터리가 과발열돼 화재로 이어지는 위험성 직전의 온도가 측정될 때 소화분말이 분사되는 형태로 배터리팩 구조와 시스템을 디자인함.

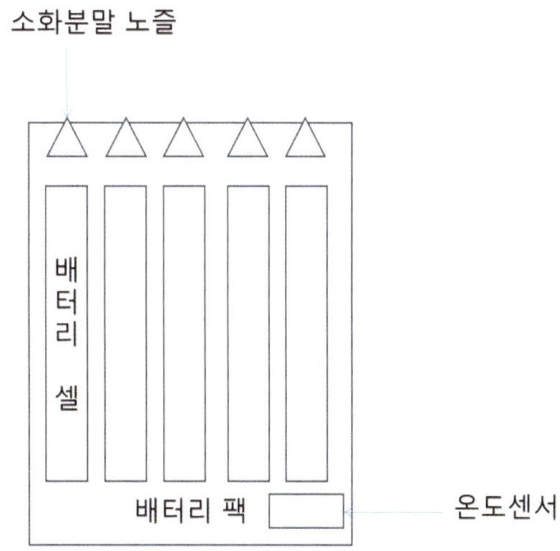

그림 4.70 배터리 화재 예방을 위한 소화 장치

② 특허검색(1)

리튬이온 배터리 화재 방지 장치 및 방법(WO2014077536A1)

본 발명은 리튬이온 배터리의 배터리 셀에서 전해질이 유출되는지를 감지하는 전해질 유출 감지부, 배터리 셀에 중화제를 분사하는 중화제 분사기 및 전해질 유출 감지부에서 감지된 감지값을 통해 전해질이 유출된 것으로 판단되면, 중화제 분사기를 제어하여 배터리 셀에 중화제를 분사하는 제어부를 포함하는 것을 특징으로 한다(그림 4.71 참조).

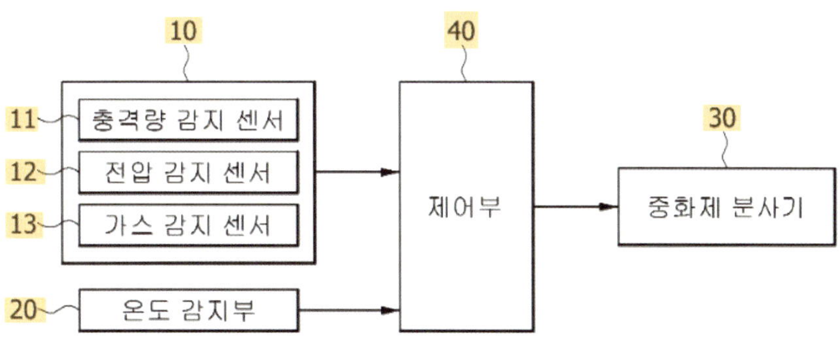

그림 4.71 리튬이온 배터리 화재 방지장치 및 방법(하드웨어)

그림 4.72는 리튬이온 배터리 화재 방지장치 및 방법(소프트웨어)으로 알고리즘을 통해 배터리 셀에 중화제를 분사함으로써 화재를 예방하는 개선특허 내용을 담은 흐름도(flow chart)이다.

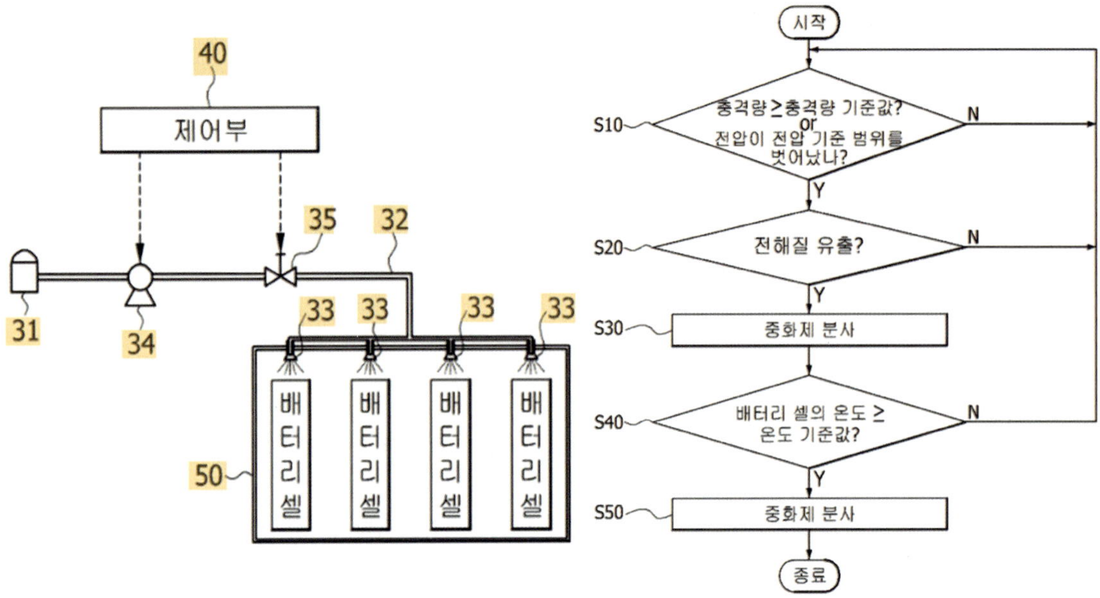

그림 4.72 리튬이온 배터리 화재 방지 장치 및 방법(소프트웨어)

③ 특허검색(2)

Li-ion 배터리 모듈의 화재 방지 장치 및 방법(대한민국 특허공개번호 10-2010-0104654호 참조)

리튬이온 배터리는 전기자동차의 충돌 등으로 인해 BMS(Battery Management System) 제어가 어려운 경우, 안전성에 문제가 발생한다.

즉, 전기자동차의 충돌로 인해 배터리 셀이 파손(손상)이나 파괴될 경우 전해질의 화학반응에 의해 배터리 셀의 온도가 급격히 상승하여 화재로 이어지게 된다.

리튬이온 배터리에서 사용되는 전해질은 발화온도가 낮기 때문에 전해질이 새어 나오면 그 전해질은 쉽게 발화되는 성질이 있다.

앞의 그림 등에서 설명한 유사한 내용으로 구성되는 본 발명은 리튬이온 배터리의 화재 및 이로 인한 폭발을 방지하고, 리튬이온 배터리의 화재 및 폭발로 인한 전기자동차의 2차 피해를 방지하여 전기자동차 운전자의 인명 및 재산 피해를 억제할 수 있다.

○ 발명특허의 내용

- 발명의 명칭: 리튬 2차전지 전극용 바인더 조성물 및 이를 포함하는 리튬 2차전지(Binder Composition for Battery Electrode and Lithium Secondary Comprising the Same)
- 출원인(최종 권리자): 주식회사 엘지화학
- 특허공개번호: 10-2010-0104654
- 특허등록번호: 1011544810000
- 요약

  본 발명은 안전성이 향상된 리튬 2차전지 전극용 바인더 및 이를 포함하는 리튬 2차전지에 관한 것이다. 더 상세하게는 본 발명은 폴리머를 포함하는 리튬 2차전지 전극용 바인더 조성물에 있어서, 난연제가 포함되어 있는 것을 특징으로 한다. 본 발명의 바인더 조성물을 리튬이온 2차전지의 전극제조에 사용하면 전지 단락시 발화 · 연소를 억제 또는 완화시킴으로써 안전성이 향상된 2차전지를 제공할 수 있다.

CHAPTER

05 LFP(리튬인산철) 2차전지

01 리튬인산철(Li - $FePO_4$) 배터리

1) 리튬인산철(Li-$FePO_4$) 배터리의 소개

리튬인산철 배터리(LFP)는 화학구조식으로 $LiFePO_4$로 리튬(Li), 철(Fe), 인산(PO_4)으로 이루어져 있다. 구성하는 물질들의 앞글자만 따서 LFP배터리라고 불리는 리튬 배터리 중 하나이다. 리튬이온 배터리는 리튬이온의 이동을 통해 전기화학적으로 구동하는 배터리를 말한다. 리튬인산철 배터리(LFP)는 대부분 CATL을 비롯한 중국 업체에서 주력으로 생산하고 있다.

(1) 리튬인산철($LiFePO_4$) 배터리 구조와 작동원리

$LiFePO_4$ 배터리의 내부 구조는 그림 5.1과 같이 왼쪽에는 올리빈 구조(olivine structure)의 $LiFePO_4$가 배터리의 양극(+)으로 나타난다.

알루미늄 포일은 배터리의 양극에 연결된다. 중간은 폴리머 분리막이다. 양극과 음극을 분리하지만 리튬이온(Li^+)은 통과할 수 있고 전자(e^-)는 통과할 수 없다.

우측은 카본(흑연)으로 구성된 배터리 음극(-)이 구리 포일에 의해 배터리의 음극에 연결된다. 배터리의 상부 및 하부 단부 사이에는 배터리의 전해질이 있으며 배터리는 금속 케이스에 의해 밀폐된다.

리튬인산철 배터리의 충·방전반응은 $LiFePO_4$와 $FePO_4$ 두 가지 사이에서 진행된다. 충전 과정에서 $LiFePO_4$는 점차 리튬이온을 내보내 $FePO_4$가 되고, 방전 과정에서 리튬이온이 $FePO_4$에 들어가 $LiFePO_4$가 된다.

$LiFePO_4$ 배터리가 충전되면 리튬이온은 인산철리튬 결정체에서 결정체 표면으로 옮겨 전기장력의 작용으로 전해액을 통해 분리막을 뚫고 다시 전해액을 거쳐 흑연 결정체의 표면으

로 옮겨진 후 흑연격자 속에 들어간다. 이와 동시에 전자는 전도체를 통해 양극으로 흐르는 알루미늄 포일 컬렉터(collector), 탭, 배터리 양극 터미널, 외부 회로, 음극 터미널, 음극 탭을 흘러 전지의 음극으로 흐르는 동박 컬렉터를 거쳐 다시 전도체를 거쳐 흑연 음극으로 흘러가 음극의 부하가 균형을 이루게 된다.

리튬이온이 리튬인산철에서 빠져나와 리튬인산철은 인산철로 변환한다.

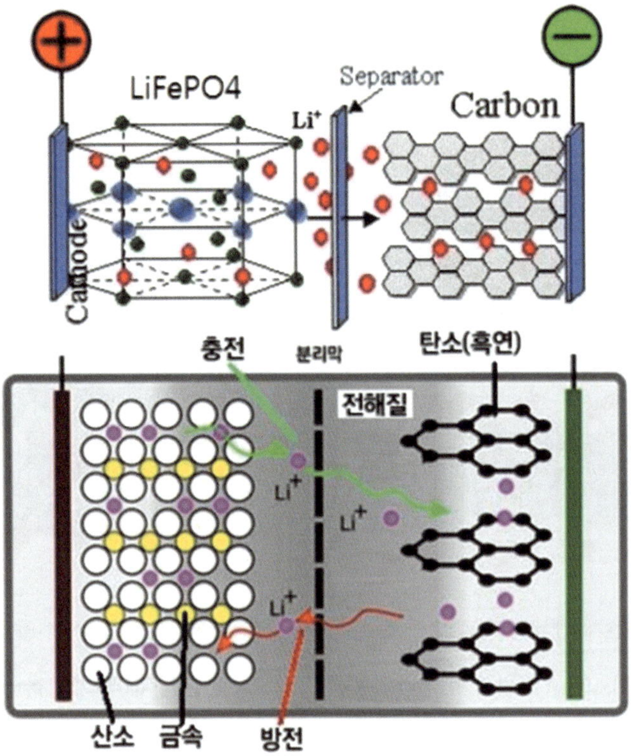

그림 5.1 $LiFePO_4$ 배터리의 내부 구조

(2) 구조적인 안정성(Stability)

인산철 배터리는 다른 양극재 소재(NCM, LMO 등)에 비해 구조적 안정성이 우수하다. 현재 고에너지밀도로 사용되는 NCM, NCA 3원계 계열 배터리의 양극재는 층상 구조로 이루어져 있다.

먼저 상대적으로 안정성이 떨어지는 NCM 양극재의 구조에 대해 알아보면, NCM 양극재는 그림 5.2(a)와 같이 층상구조를 갖고 있으며, 전이금속(Ni, Co, Mn) 등으로 이루어진 레이어(layer, 층) 사이에 리튬이온이 삽입되어 있고, 배터리의 충·방전 시 리튬이온이 빠져나가거나 빠져나갔던 리튬이온이 다시 삽입되는 구조이다. 하지만 이러한 층상구조의 경우, 리튬이온이 빠져나가게 되면 빈공간이 생기게 되고 결과적으로 구조가 불안정해지는 문제점이 발생한다.

인산철 배터리는 올리빈(olivine) 구조를 포함하고 있으며, 올리빈 구조는 그림 5.2(b)와 같이 이루어져 있고 결정의 빈공간에 리튬이온이 삽입되어 있는 형태를 띠고 있다. 이러한 구조를 갖는 양극재를 사용하여 배터리에 적용할 경우 충전과정에서 리튬이온이 빠져나감으로 인해 빈공간이 발생하여도 구조적으로 안정한 형태를 유지한다. 따라서 상대적으로 양극재의 구조적 안정성이 높기 때문에 배터리의 화재 위험성이 낮은 장점이 있는 것이다.

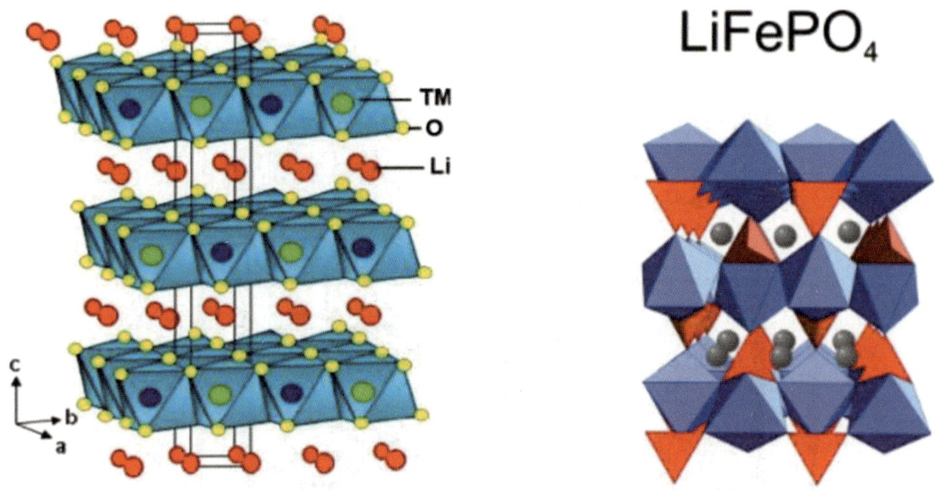

(a) NCM, NCA 3원계 배터리의 층상 구조　　(b) 인산철 배터리의 올리빈(olivine) 구조

그림 5.2 NCM, NCA 3원계 배터리의 층상 구조와 인산철 배터리의 올리빈 구조의 비교

에너지를 저장했다가 반복적으로 사용하며 전기를 담을 수 있는 에너지 용기로 리튬 계열의 배터리를 사용하고 있다. 리튬 계열 배터리는 리튬이온, 리튬인산철, 리튬폴리머 3종류가 있으며, 이를 통칭하여 2차전지라고 한다.

리튬인산철($LiFePO_4$)은 다른 리튬이온전지(폴리머 포함) 등과 비교 시 발열성이 없고, 가연성 또는 폭발 등을 일으키지 않음으로써 안전성이 탁월하다. 또한 직류측 입력 변동이 작아서 PCS(Power Conversion System, 전력변환장치) 설계가 용이하고 ESS 절연전압도 낮출 수 있는 효과가 있으며 온도특성이 매우 좋아 자체 발열이 거의 없어서 주위 온도에 영향을 주지 않는 것 또한 특징이다.

리튬이온 배터리와 리튬인산철 배터리는 전압에서 큰 차이를 보이고 있다. 각 만충전, 공칭, 종지전압이 서로 다르기 때문에 배터리팩을 제조할 때 동일전압과 용량으로 제조하게 되면 리튬 인산철이 리튬이온보다 더 많은 셀이 사용될 수밖에 없다. 즉, 리튬인산철로 제작된 배터리팩이 리튬이온으로 제작된 배터리팩보다 더 크고 무거워질 수밖에 없으며 한정된 공간에서 많은 배터리를 실는 부분이 문제점으로 지적되었다.

단순 전압과 용량으로만 본다면 리튬이온 배터리가 장점이 많지만 충 · 방전 횟수로 비교해 본다면 리튬인산철 배터리가 더 좋은 효율을 보인다. 리튬인산철 배터리는 리튬이온 배터리보다 약 2배가량 더 충 · 방전을 할 수 있다.

또한 리튬인산철 배터리는 앞서 설명한 바와 같이 발열이 거의 없다. 때문에 폭발 등의 위험이 매우 낮아 가장 안전한 배터리로 꼽을 수 있다.

위험에 대한 안정성뿐만 아니라 전압 역시 리튬인산철은 일정하게 유지하는 특성을 가지고 있다. 리튬이온 배터리는 2.5V~4.2V까지 전압 차이가 빈번하게 발생하는데 비해서, 리튬인산철 배터리는 3.2V대를 꾸준하게 유지하다가 종지전압으로 떨어지는 것이 특징이다.

이러한 특성으로 인하여 동일 전압으로 소비되어야 하는 배터리가 필요한 장치와 기계에 있어서는 탁월한 배터리 셀이라고 할 수 있다.

리튬인산철(또는 'LiFePO$_4$'의 발음으로 '라이프포4'로 부르기도 한다) 배터리는 3원계 NCM(니켈-코발트-망간) 대신 리튬이온 인산염(LFP) 화학물질과 함께 제공되는 중국 BYD 블레이드 배터리 기술의 발표 이후 점점 대중화되고 있다.

2022년의 최근 보고서에 따르면 LiFePO$_4$ 배터리는 이제 중국 전기차(EV) 제조업체의 주요 배터리 화학물질이다. 그리고 테슬라가 생산하는 모든 차량의 거의 절반에 LiFePO$_4$(LFP) 배터리가 장착되어 있다.

그림 5.3은 리튬인산철(LFP) 양극재의 반쪽셀(half cell)의 그래프이다. 그림 5.3에서 LFP 양극재의 충 · 방전 시 용량 및 작동전압 등에 대해 알 수 있다. 방전 시 용량이 120mAh/g이며 충전시 3.3V에서 플래토(plateau, 원래 의미는 '고원(高原, 높은 곳의 평원)'이다. 여기서는 어느 정도 수준에 오른 뒤에는 더이상 진전이 없는 현상을 일컫는다. 즉, 안정기를 뜻한다)를 나타내며 방전 시 3.2V 범위에서 플래토를 보여주고 있다.

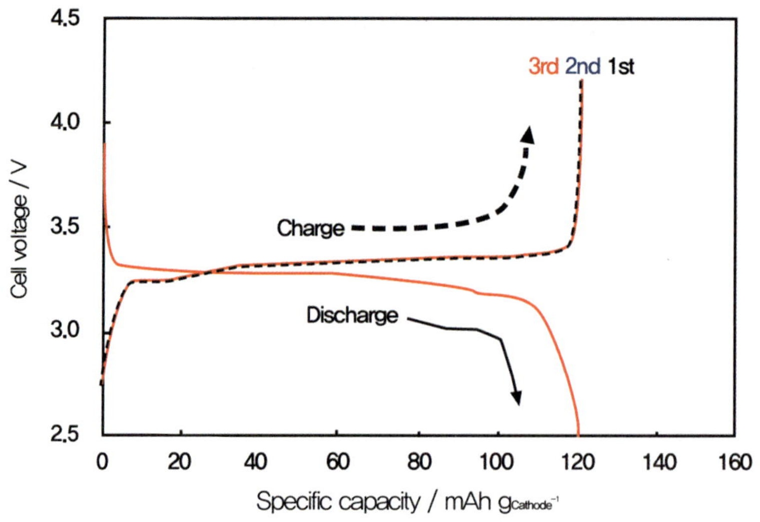

그림 5.3 리튬인산철(LFP) 양극재의 반쪽셀(half cell)

> ✦ **Full Cell(완전셀)**
>
> 먼저 완전셀의 경우에는 양극과 음극이 동시에 전기화학반응에 참여하는 형태이다. 따라서 전지의 특성 및 성능을 직접적으로 측정할 수 있다. 쉽게 말해 Full Cell은 양극 + 음극이 합체해 융합된 파워로 전지의 특성을 조사할 수 있는 것이다.
>
> ✦ **Half Cell(반쪽셀)**
>
> 반쪽셀의 경우는 음극과 양극 둘 중 하나만을 측정하여 한쪽 전극에서만 일어나는 현상을 측정하고 분석하기 용이하다. 즉, 양극이나 음극 둘 중 하나의 성질만을 알아보고자 할 때 사용하는 것이다.
>
> 따라서 양극만을 검사할 필요가 있을 때는 양극 Half Cell을 만들어서 실험을 진행하는 것이고, 음극만을 검사할 필요가 있을 때는 음극 Half Cell을 만들어서 실험을 진행하면 되는 것이다.

2) 리튬인산철(Li-$FePO_4$) 배터리의 특징

리튬인산철($LiFePO_4$)은 다른 리튬이온전지(폴리머 포함) 등과 비교 시 발열성이 없어 가연성 또는 폭발 등을 일으키지 않음으로써 안전성이 탁월하다. 또한 직류측 입력 변동이 작아서 PCS(Power Conversion System, 전력변환장치, 전력을 배터리에 저장 또는 방출하기 위해 전기의 특성을 변환해 주는 시스템) 설계가 용이하고, ESS(Energy Storage System, 에너지저장시스템) 절연전압도 낮출 수 있는 효과가 있으며, 온도특성이 매우 좋아 자체 발열이 거의 없어서 주위 온도에 영향을 주지 않는다.

표 5.1은 리튬이온, 리튬폴리머 배터리와 리튬인산철 배터리의 특성을 비교한 것이다.

▶▶ 표 5.1 리튬이온, 리튬폴리머 배터리와 리튬인산철 배터리의 특성 비교

<table>
<tr><th>항목</th><th colspan="2">리튬이온</th><th colspan="2">리튬폴리머</th><th colspan="2">리튬인산철</th></tr>
<tr><td>배터리 명칭</td><td colspan="2">Li-Ion</td><td colspan="2">Li-Polymer</td><td colspan="2">Li-FePO$_4$</td></tr>
<tr><td>정격 전압[V]</td><td colspan="2">3.7(3.8)</td><td colspan="2">3.7(3.8)</td><td colspan="2">3.2</td></tr>
<tr><td>만충 전압[V]</td><td colspan="2">4.2(4.35)</td><td colspan="2">4.2(4.35)</td><td colspan="2">3.7</td></tr>
<tr><td>과충전 차단[V]</td><td colspan="2">4.3(4.4)</td><td colspan="2">4.35(4.4)</td><td colspan="2">4.0</td></tr>
<tr><td>저속 충전</td><td colspan="2">0.2C</td><td colspan="2">0.2C</td><td colspan="2">0.2C</td></tr>
<tr><td>고속 충전</td><td colspan="2">1.0C</td><td colspan="2">2.0C</td><td colspan="2">2.0C</td></tr>
<tr><td>사용수명(최대)</td><td colspan="2">〈1000</td><td colspan="2">〈4000</td><td colspan="2">〈4000</td></tr>
<tr><td>안정성</td><td colspan="2">다소 높음</td><td colspan="2">보통</td><td colspan="2">매우 높음</td></tr>
<tr><td>사용 온도</td><td colspan="2">-20~60℃</td><td colspan="2">-20~60℃</td><td colspan="2">-20~60℃</td></tr>
<tr><td>장점</td><td>고밀도</td><td></td><td>고밀도</td><td>대용량</td><td>장수명</td><td>대용량</td></tr>
<tr><td>단점</td><td>폭발가능</td><td>소용량</td><td>연소가능</td><td></td><td>고가</td><td>품질</td></tr>
</table>

리튬인산철(LFP) 배터리는 기존의 Li-Co, Li-Mn계 배터리가 가지고 있는 치명적 결함인 발화성 및 폭발성의 문제점을 해결하기 위해 양극에 리튬인산철($LiFePO_4$)을 채용한 전지이다.

단일 셀(cell)로 20~700Ah까지 생산되고 작고 가벼우며, 높은 정격전압(3.2V), 높은 에너지 밀도, 우수한 충·방전 특성, 3,000싸이클(cycle)에 달하는 긴 내구수명을 가지며 유해 중금속(Pb, Cd, Hg 등)을 함유하지 않은 친환경 제품이다.

(1) LFP 특징

① 높은 에너지밀도

Pb, Ni-Cd, Ni-MH 전지에 비해 매우 작고 가벼우며, 전압이 높기 때문에 에너지밀도가 2~10배 이상 높다.

② 우수한 고효율 충·방전 특성

3C까지 고속(급속)충전이 가능하고, 정전류로 3C까지 연속방전, 순간적으로 20C까지 고효율방전이 가능하다.

③ 긴 내구특성(수명)

100% DoD(Depth of Discharge, 배터리의 방전상태 표시)에서 2,000cycle 이상으로 납축전지 대비 4배 이상, Ni-Cd, Ni-MH 대비 3배 이상의 내구특성을 가진다.

DoD(Depth of Discharge)

DoD란 Depth of Discharge의 약어로 배터리의 방전상태를 나타낸다. 배터리의 완충상태를 기준으로 지금 몇 % 방전되었는지 알 수 있는 지표이다. 반대로 배터리가 현재 얼마나 충전돼 있는지 알려주는 지표로는 SoC(State of Charge)가 있다.
예를 들어, DoD 100%인 배터리는 현재 사용할 수 있는 용량으로, 즉 SoC가 0%란 의미이고, DoD가 30%라면 앞으로 사용할 수 있는 배터리 용량은 70% 남았음을 뜻한다.

④ 우수한 안정성

리튬인산철 배터리는 활물질의 결정구조가 올리빈 구조(olivine structure)이기 때문에 과충전(10V까지)과 과방전(0V까지)의 경우에도 외관의 변형이나 폭발이 없이 안전하며, 특히 다른 종류의 Li-Co, Li-Mn 계열 배터리가 가지고 있는 치명적 결함인 발화성 및 폭발성의 문제점을 근본적으로 해결하여 리튬전지 계열에서는 안전한 제품이다.

⑤ 넓은 사용온도 범위

-20℃~75℃의 넓은 온도범위에서 사용할 수 있으며, 특히 겨울철에 용량 저하 없이 사용할 수 있다.

⑥ 환경친화적 제품

전지 내에 Pb, Cd, Hg, 6가크롬 등과 같은 유해물질이 없고, 전해질에도 고농도의 황산이나 수산화칼슘이 포함되어 있지 않으므로 친환경 제품이다.

⑦ 비메모리(Memory) 효과, 낮은 자기 방전율

Ni-Cd 전지에서 나타나는 메모리(memory) 효과에 의한 용량의 저하가 없고, 자기 방전율이 월 3% 미만으로 충전 후 장기간 저장이 가능하다.

⑧ 간편한 설치 및 무보수

납축전지, Ni-Cd, Ni-MH 축전지에 비해 중량과 부피가 1/5~1/3로 감소하여 공간 활용이 용이하고, 중량 감소에 의한 설치도 간편하다.

충·방전효율, C - rate(Current rate)

- **C-rate란?**

고속충전이 가능한 충전기와 케이블을 따로 판매할 정도로, 빠른 충전속도에 대한 사람들의 선호는 날로 커지고 있다. 배터리의 충 · 방전속도에 관한 용어가 있는데, 바로 'C-rate(Current rate)'이다.

'C-rate'는 'Current Rate'의 줄임말로, 배터리를 충전 또는 방전시키는 속도를 나타내는 값이다. '충 · 방전율'이라고도 하는데, 단위는 용량을 뜻하는 Capacity의 약자인 'C'를 사용한다. C-rate는 충 · 방전 전류(A)를 배터리의 정격용량값(Ah)으로 나눈 값으로 표준값은 1C이며, 다음과 같이 계산할 수 있다.

$$\text{C-rate(C)} = \frac{\text{충·방전(A)}}{\text{배터리의 정격 용량 값(Ah)}}$$

(배터리 용량, 1시간에 사용할 수 있는 전류량)

* 단위 C는 Capacity(용량)의 약자이다.

- **C-rate의 활용**

C-rate는 배터리 사용에 있어서 어떤 의미를 가질까?

첫째, 충전 C-rate값을 통해 배터리의 충전시간을 짐작할 수 있다. 예를 들어, '10C로 충전 가능한 배터리'라는 표시는 배터리 용량 대비 10배 용량의 전류로 충전이 가능하다는 것과 그로 인해 완충까지 최소 6분의 시간이 필요로 함을 알 수 있다. 이는 표준 1C가 1시간인데 비해 1/10로 빨라지는 것이다(표 참조).

다음 표는 C-rate값에 따른 충 · 방전 소요시간 및 가용전류의 세기에 관한 내용이다. 여기서 보여주는 수치는 예시를 돕기 위한 계산이며, C-rate는 실제 사용 조건과 SoH(State of Health, 배터리의 잔존 수명이자 현재 성능 상태를 알려주는 지표)에 따라 달라질 수가 있다.

C-rate 값에 따른 충 · 방전 소요시간 및 가용전류의 세기

0.1C	0.2C	0.5C	1C	2C	5C	10C
10시간	5시간	2시간	1시간	30분	12분	6분
0.1배	0.2배	0.5배	표준	2배	5배	10배

C값은 전력의 상대적 척도이다. 2C는 1C의 두 배의 전력이고, 0.1C는 1C의 10분의 1의 출력으로 더 높은 전력, 더 빠른 충 · 방전 및 배터리에 더 많은 스트레스를 나타낸다.

1C는 한 시간 이상 배터리의 전체 용량을 제공하는 전력으로 정의된다. 예를 들어, 85kWh 배터리의 경우 1C는 85kW인 것이다. 그렇다고 해서 배터리가 이 일정한 전력으로 완전히 충전되거나 방전될 수 있다는 의미는 아니며, 단지 배터리 용량에 비해 즉각적인 전력의 비율일 뿐이다.

둘째, 방전 C-rate값은 제품 성능의 한계를 예측할 수 있다. 예를 들어, 하늘을 나는 드론의 배터리는 작고 가벼운 것이 유리한데, 만약 드론 배터리의 방전 C-rate값이 낮다면 높은 전류를 요하는 고성능 동작이 어려울 수도 있다. 반면에 방전 C-rate값이 높다면 방전 속도가 더 빠르다는 의미이고, 순간적으로 높은 전류를 요구하는 고난도 비행이 가능하다는 것으로 해석할 수 있다.
방전 C-rate값이 100C인 드론 배터리가 있다고 가정해 보자. 이는 드론의 배터리가 자기 용량의 100배까지 전류를 공급할 수 있다는 것이고, 이러한 100배 전류 공급이 필요한 동작을 지속할 경우 표준인 1시간(3,600초)보다 100배 빠르게 방전될 것이므로 배터리 방전 시간은 단 36초라고 계산할 수 있는 것이다.

• 배터리가 들어간 전자제품을 고를 땐 C-rate 확인이 필수
우리 생활 속에서 배터리 사용이 늘면서 고속(급속)충전이나 순간적으로 높은 전류를 요하는 제품들이 점점 많아지고 있다.
C-rate의 개념을 통해 목적에 맞는 배터리를 가진 전자제품을 고르는데 있어 배터리의 충전과 방전속도를 나타내는 C-rate값의 확인은 필수인 것이다.

(2) 현재 NCA와 LFP 배터리 상황

리튬이온 배터리의 양극재를 니켈, 코발트, 망간, 알루미늄 등 3~4개의 비철금속을 구성한 경우 3원계 혹은 4원계 배터리가 된다.

3원계, 4원계 배터리가 리튬코발트 산화물(LCO) 양극재를 기본으로 한다면, LFP 배터리는 코발트 대신 인산철을 넣어 LFPO($LiFePO_4$)로 양극재를 구성한다.

현재 LFP 배터리는 그간 3원계 배터리보다 성능이 낮은 것으로 평가되었다. 가격이 저렴하고 안정성이 높지만 무게가 무겁고 에너지밀도가 낮아 전기차에 적용할 경우 주행거리 확보에 불리했다. 예를 들어, 전기차의 경우 3원계(NCA) 배터리를 탑재한 모델이 1회 충전 시 최대 주행거리가 423km인데 비해, LFP 배터리를 탑재한 모델은 1회 충전 시 최대 주행거리가 407km 수준에 그치기도 했다.

3원계 NCA 배터리는 NCA 양극재를 사용하는 배터리로, 양극재는 리튬코발트 산화물(LCO)을 기반으로 니켈(Ni), 코발트(Co), 알루미늄(Al) 원소의 조합으로 구성되어 있다.

그림 5.4는 NCA 배터리와 LFP 배터리의 1회 충전 시의 주행거리와 배터리팩 무게의 비교이다.

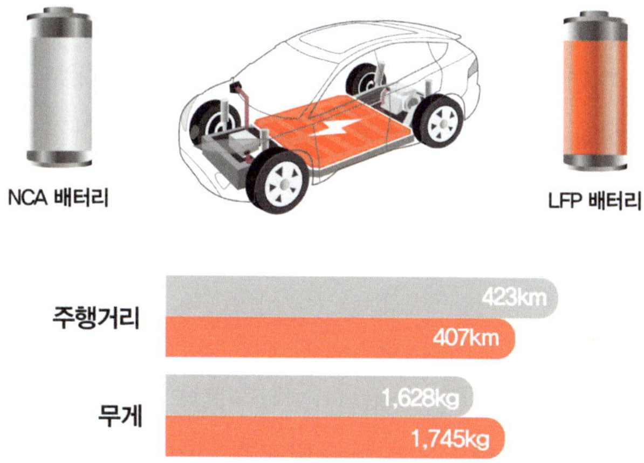

그림 5.4 NCA 배터리와 LFP 배터리의 1회 충전 시 주행거리와 배터리팩 무게의 비교

3) LFP 배터리 특성

LFP 배터리(Lithium Ferro Phosphate Battery)는 리튬이온 배터리의 일종으로, 리튬인산철을 양극재로 사용한다. LFP 배터리는 리튬이온 배터리보다 안전하고 내구성이 뛰어나며, 충전과 방전의 횟수가 많아 장기간 사용할 수 있다. 또한, LFP 배터리는 리튬이온 배터리보다 저렴한 가격으로 생산할 수 있다. 이러한 장점들로 인해 LFP 배터리는 전기자동차, 에너지저장장치(ESS), 산업용 장비 등 다양한 분야에서 널리 사용되고 있다.

그림 5.5는 LFP 배터리의 단면 구조와 장점을 나타낸다.

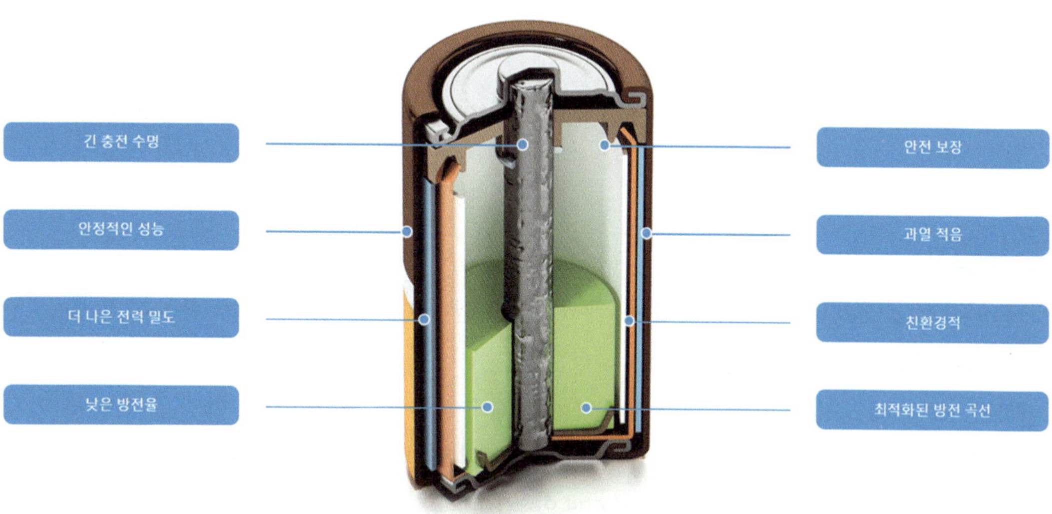

그림 5.5 LFP 배터리의 단면 구조와 장점

① 안전 및 안정

리튬인산철($LiFePO_4$) 배터리는 안정적인 화학적 성질 덕분에 대부분의 배터리들이 나타내기 어려운 강력한 안전성을 지니고 있다. 고온 등 다양한 실험 환경에서 기존의 NCA · NCM 배터리가 방전되어 불이 붙고 폭발하더라도 리튬인산철 배터리는 눈에 보이는 정도의 불꽃도 튀지 않고 연기만 살짝 내뿜을 뿐 절대 폭발하지 않는다.

② 긴 수명

리튬인산철($LiFePO_4$) 배터리는 최대 3,000–5,000회 이상의 배터리 수명을 자랑할 뿐만 아니라, 100% 방전심도(DoD : Depth of Discharge, 방전효율)까지 도달할 수 있다. 300–400회 정도의 수명을 가진 납축전지와 달리 리튬인산철($LiFePO_4$) 배터리는 과도하게 방전할 염려가 없기 때문에 결과적으로 더 오랫동안 사용할 수 있다는 뜻이다.

③ 뛰어난 내구성

배터리 수명주기가 80% 상태까지 유지된다. 그림 5.6과 같이 리튬인산철($LiFePO_4$) 배터리는 최대 3,000–5,000회 이상의 배터리 수명(충 · 방전 횟수)을 자랑할 뿐만 아니라, 일반적으로 2,500~3,500회 수명주기를 갖는 것이다. NCM과 NCA 배터리보다 사용수명이 길다.

그림 5.6 리튬인산철($LiFePO_4$) 배터리와 NCM · NCA 배터리의 수명주기 비교

④ 친환경

리튬인산철($LiFePO_4$) 배터리는 무독, 무해, 무오염이며 희토류 금속을 함유하지 않은 환경을 고려한 착한 선택이다.

반대로 NCA 배터리는 니켈, 코발트를, NCM 배터리는 니켈, 코발트, 망간을 포함하고 있는데, 이러한 금속의 채굴은 환경에 큰 손상을 초래하고 있다. 그림 5.7은 LFP, NCA, NCM 배터리의 이미지로, LFP 배터리의 초록색은 친환경을 의미한다.

그림 5.7 LFP, NCA, NCM 배터리의 이미지 비교

4) LFP 배터리 특성 - 장점 및 단점의 비교

(1) 리튬인산철(리튬철 인산염) 배터리의 장점

① 안정성 및 안전성

$LiFePO_4$ 배터리는 열 및 화학적 안정성이 뛰어나 다른 리튬 배터리보다 더 안정적이고 안전하다. 고온에서도 열폭주나 폭발이 적기 때문에 오용이나 구조적 손상으로 인한 폭발이나 화재에 대해 걱정할 필요가 없다.

② 고효율

더 높은 에너지 효율성은 태양광(열) 및 풍력과 같은 독립형 에너지저장장치에서 매우 중요할 수 있다. LFP 배터리는 빠른 충전 및 방전속도 기능으로 인해 작동 효율이 우수하다. 보고서에 따르면 $LiFePO_4$ 배터리의 왕복 에너지 효율(방전 100%에서 0% 및 다시 100% 충전)은 90% 이상인 반면 납산 배터리는 80%이다.

또한 LFP 배터리는 최대 13%까지 방전할 때 13.4~95볼트(V)의 전압을 유지하는 반면 납산 배터리는 13볼트에서 12볼트(V) 이하로 전압이 감소한다. 이 예는 $LiFePO_4$ 배터리가 장착된 기기가 납산 배터리를 사용하는 기기보다 방전 주기 동안 더 효율적으로 작동한다는 것을 보여준다.

③ 긴 수명

$LiFePO_4$ 배터리는 다른 브랜드에 따라 일반적으로 2,000에서 6,000사이클의 더 긴 주기 수명을 제공한다. 그리고 적격 $LiFePO_4$ 전지는 80번의 충전 및 방전 주기 후에도 2,000%

DoD(Depth of Discharge)를 유지할 수 있다. 또한 LFP 배터리는 월 3~5%의 낮은 자체 방전율을 나타내므로 배터리가 손상되지 않고 몇 달 또는 1년 이상 방전된 상태로 둘 수 있다. 즉, 납산 배터리는 완충 후 6~12개월 동안 재충전을 하지 않으면 배터리가 자연방전되어 영구적인 손상을 입지만, LFP 배터리는 1년 간 충전을 안해도 85% 정도의 용량을 유지하므로 손상되지 않는다.

④ 친환경적이고 지속 가능

리튬인산철(리튬철 인산염) 배터리는 중금속이나 희소 금속을 포함하지 않기 때문에 전원 배터리에서 환경친화적인 선택으로 간주된다. 따라서 LFP 배터리를 부적절하게 폐기해도 생태 환경에 부정적인 영향은 없다. 또한 무독성 재료로 만든 전극을 사용하여 LFP 배터리를 재활용하여 전극에 사용된 재료를 회수할 수 있으므로 비용이 효율적이고 지속 가능한 친환경 제품이다.

(2) 리튬인산철(리튬철 인산염) 배터리의 단점

① 낮은 에너지밀도

$LiFePO_4$ 배터리의 에너지밀도 비율은 15~25%로 다른 리튬 배터리보다 상당히 낮다. 에너지밀도가 낮기 때문에 LFP 배터리는 스마트폰을 비롯한 IT기기, 웨어러블 장치에는 적합하지 않다.

② 저온에서 성능 저하

리튬인산철(리튬철 인산염) 배터리는 영하의 조건에서 충전할 수 없다. 4°F(화씨 온도로, 섭씨 -15.56°C) 미만에서 $LiFePO_4$ 배터리를 충전하면 리튬 도금이 발생하여 배터리 용량이 줄어들고 단락 및 손상이 발생할 수 있다.

$$℃ = (°F - 32) \times \frac{5}{9} \rightarrow (4°F - 32) \times 5/9 = -15.56°C$$

③ 낮은 탭 밀도

탭 밀도가 낮으면 리튬인산철 배터리의 에너지밀도를 크게 낮출 수 있다. 현재 상업적으로 생산되는 LFP의 에너지밀도는 일반적으로 약 1.0g/cm^{3}이며, 이는 약 2.2g/cm^{3}인 리튬코발트 산화물의 밀도보다 훨씬 낮다. 이 경우 동일한 방전 용량을 얻으려면 $LiFePO_4$ 기반 배터리가 리튬코발트 기반 배터리보다 훨씬 더 크다.

전체적으로 LFP 배터리의 장점과 단점을 정리하면 다음과 같다.

LFP 배터리의 장점

① 안전성: LFP 배터리는 리튬이온 배터리보다 안전하다. LFP 배터리는 리튬이온 배터리보다 화재 위험이 낮고 폭발 위험도 적다.
② 내구성: LFP 배터리는 리튬이온 배터리보다 내구성이 뛰어나다. LFP 배터리는 리튬이온 배터리보다 충전과 방전의 횟수가 많아 장기간 사용할 수 있다.
③ 가격: LFP 배터리는 리튬이온 배터리보다 저렴한 가격으로 생산할 수 있다. LFP 배터리는 리튬이온 배터리보다 원재료 비용이 저렴하고, 생산 공정이 단순하기 때문이다.
④ LFP 배터리는 리튬이온 배터리보다 안전하고 내구성이 뛰어나며, 충전과 방전의 횟수가 많아 장기간 사용할 수 있다. 또한 LFP 배터리는 리튬이온 배터리보다 저렴한 가격으로 생산할 수 있다. 이러한 장점들로 인해 LFP 배터리는 전기자동차, 에너지저장장치(ESS), 산업용 장비 등 다양한 분야에서 사용되고 있다.

LFP 배터리의 단점

① 에너지밀도: LFP 배터리는 리튬이온 배터리보다 에너지밀도가 낮다. LFP 배터리는 리튬이온 배터리보다 같은 부피에 저장할 수 있는 에너지가 적다.
② 출력: LFP 배터리는 리튬이온 배터리보다 출력이 낮다. LFP 배터리는 리튬이온 배터리보다 같은 시간에 더 많은 전력을 생산할 수 없다.
③ 충전: LFP 배터리는 리튬이온 배터리보다 충전속도가 느리다. LFP 배터리는 충전속도가 느리기 때문에 전기차의 충전시간을 단축하기 위해서는 충전기술을 개발해야 한다.

5) LFP 배터리 전망

(1) 전문기관 SNE리서치 분석

LFP 배터리의 가장 큰 단점은 낮은 에너지밀도이다. LFP 배터리의 에너지밀도는 소재 특성의 한계로 지금의 160Wh/kg 수준에서 크게 개선되기 어려워 한정된 전기차 공간에 '셀투팩(CTP)' 기술을 적용해 LFP 배터리를 넣어도 1회 충전 시 주행거리 400km 수준을 크게 넘어서기 어렵다. 반면 NCM 배터리는 향후 니켈 비중이 60%를 넘어 80~90%까지 올라가면서 에너지밀도는 최대 300Wh/kg을 넘을 것으로도 예상된다.

탑재 차량에 따라 다르지만 니켈 비중 90%의 NCM 배터리는 1회 충전 시 통상 500~700km를 달릴 수 있는 것으로 알려져 있다. LFP 배터리가 '친환경' 흐름에서는 역행한다는 지적도 나온다. 현재 셀 → 모듈 → 팩 단위로 만들어지는 NCM 배터리의 경우 전기차 수명이 다하면 이를 다시 분해해 다른 애플리케이션에 '재사용'이 가능하다. 반면 SNE리서치에 따르면 LFP는 에너지밀도를 최대화하기 위해 CTP(Cell to Pack)을 적용해 물리적으로 분해가 어려워 재사용도 어렵다.

3원계 활물질을 사용한 폐배터리는 코발트, 니켈, 리튬 등 가치 메탈의 함량이 높아 재활용 시 리사이클(recycle) 가공비를 제외하고 kWh당 23달러어치 메탈 회수가 가능하지만, LFP는 가치 메탈이 리튬으로 한정돼 4달러어치만 회수가 가능할 뿐이다. 전 세계 LFP 배터리의 대부분은 이미 중국 업계가 장악하고 있어 현 시점에서 국내 업체들이 이 시장에 뛰어들지라도 승산이 어느 정도일지는 미지수이며, 폐배터리 처리 비용, NCM 배터리의 기술개발로 가격이 점차 낮아지고 있다.

2021년 상반기 기준 전체 LFP 배터리를 탑재한 전기차는 LFP 배터리 출하용량 기준 시장 점유율은 약 11%이다. NCM, NCA 배터리 출하용량 기준 점유율은 86%다.

(2) LFP 배터리 시장 상황

① 글로벌 전기차 업계에서 LFP 배터리에 대한 수요가 증가하고 있다.
② 전기차 대중화를 위한 보급형 모델 출시를 위해서는 원가절감이 절실하다.
③ 중국 전기차 시장에서 LFP 배터리 점유율은 NCM 배터리 점유율을 넘어서고 있다.
④ LFP 배터리 중 95% 이상이 중국에서 생산되며, 중국의 양대 업체 CATL과 BYD가 80% 이상을 차지한다.

그림 5.8(a)는 전기차 배터리(LFP와 3원계) 탑재량 및 점유율 변화를 나타내는 그래프이며, 그림 (b)는 중국 전기차용 LFP 배터리 기업별 점유율을 나타내는 그래프이다.

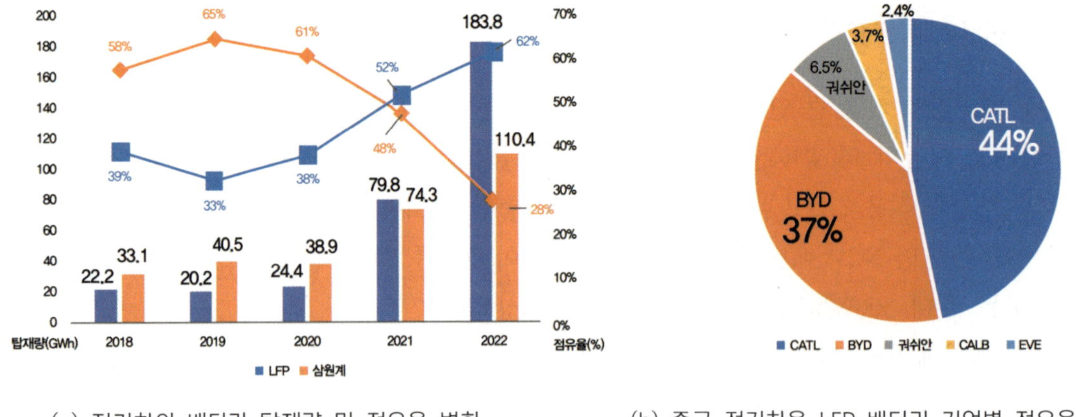

(a) 전기차의 배터리 탑재량 및 점유율 변화 (b) 중국 전기차용 LFP 배터리 기업별 점유율

그림 5.8 전기차의 배터리 탑재량, 점유율 변화 및 중국 전기차용 LFP 배터리 기업별 점유율

(3) NCM 배터리와 LFP 배터리

① LFP 배터리의 경우 생산 단가가 NCM에 비해 30% 정도 저렴하다.
② NCM은 LFP 배터리보다 에너지밀도가 높다.
③ LFP의 에너지 효율은 NCM의 60~80% 수준이다.
④ NCM이 주력인 국내 배터리사는 코발트 비중을 줄이고, 니켈을 늘리는 하이 니켈(high nickel) 전략을 구사하고 있다.
⑤ LFP가 주력인 중국 배터리 회사는 셀의 양을 늘려 에너지밀도를 극복하는 기술개발이 활성화되고 있다.

그림 5.9는 최근 2년간 배터리에 사용되는 주요 광물의 가격 추이를 보여준다.

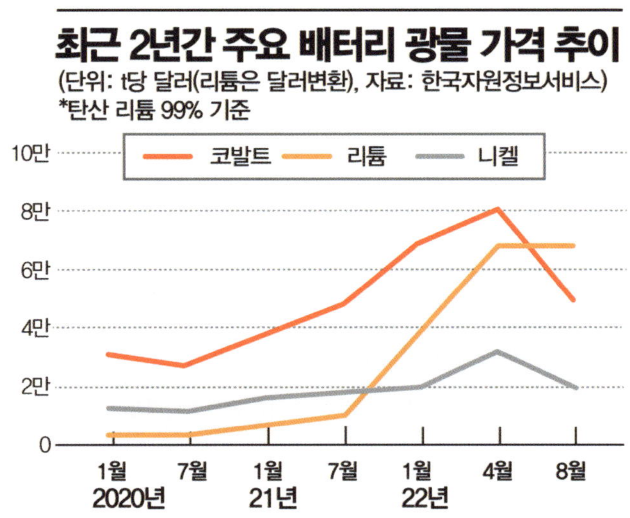

그림 5.9 최근 2년간(2020~2022년) 배터리용 주요 광물의 가격 추이

그림 5.10은 LFP와 3원계 NCM 배터리의 특징 비교이다.

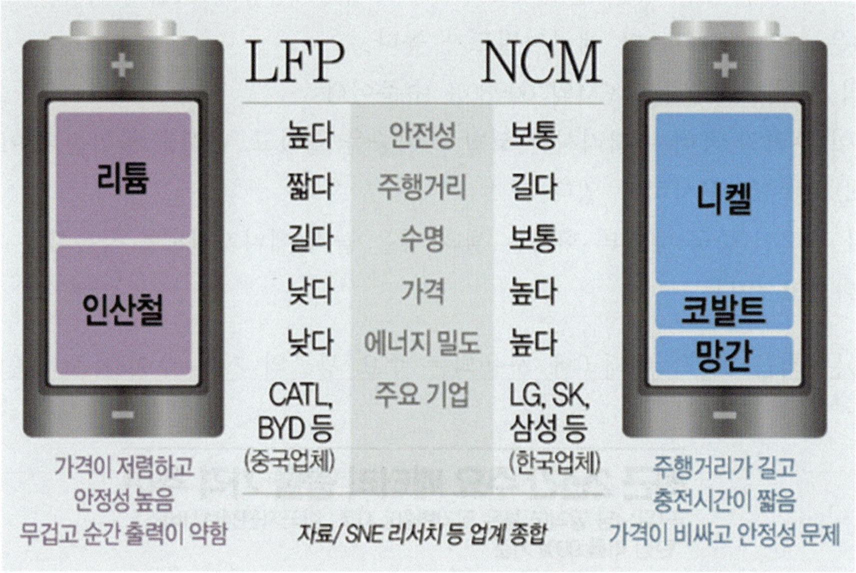

그림 5.10 LFP와 NCM 3원계 배터리의 특징 비교

표 5.2는 LFP와 3원계 NCM 배터리의 양극재 비용을 비교한 추정치이다.

표 5.2 LFP와 NCM 3원계 배터리의 양극재 비용 비교 추정

	양극재		재료비	셀
	위안/kg*	원/kg**	원/kWh	원/kWh
NCM622	204	36,952	230,947	384,912
LFP	62	11,258	199,161	353,126
비용차이		-70%	-14%	-8%

참고 : * 가격(9월 19일 기준), ** 환율 181.6원/위안
출처 : 한국자원정보서비스, 삼성증권 추정

6) 특허검색 - LFP 리튬전지 $LiFePO_4$ 분말의 제조 방법 (건국대학교 산학협력단, 10 - 2006 - 0133640)

(1) 양극 소재(양극재)의 제조

양극 소재의 제조 방법으로 다음과 같이 진행된다.

① $LiFePO_4$ 분말의 전구물질, 유기물질, 유기성 고분자 또는 당류를 용해시킨다.
② 나노 카본 분말을 계면활성제를 사용하여 분산시킨다.
③ 분산된 용액의 액적을 발생시킨다.
④ 반응기 내에서 분말을 형성시킨다.
⑤ 소성시키는 과정을 통해, 리튬 2차전지의 양극 소재로 사용되는 $LiFePO_4$의 분말을 갖는다.

제조공정은 3개의 공정을 갖는다.

제 1공정: 분무 용액의 수득
제 2공정: 액적의 분무
제 3공정: $LiFePO_4$ 분말의 생성

(2) 양극 소재(양극재)의 제조공정

① 제 1공정: 분무 용액의 수득

㉠ 분말을 구성하는 리튬 및 철 등의 전구물질을 물, 알코올 또는 산 등에 용해한다. 상기 전구물질로는 물, 알코올 또는 산 등의 용매에 쉽게 분해하는 초산염(Acetate), 질산염(Nitrate), 염화물(Chloride), 수화물(Hydroxide) 및 산화물 등의 염료 및 산화물들을 사용한다. 또한 인의 원료로는 제 1 인산암모늄, 제 2 인산암모늄, 제 3 인산암모늄 및 인산 등을 포함한 인 화합물들을 사용할 수 있다.

㉡ 카본 성분을 제공하고 분말의 형태를 제어하는 콜로이드 용액을 도전성 나노 크기의 카본분말 또는 나노튜브를 계면활성제 등의 분산제를 첨가하여 분산시키는 과정으로 제조한다. 액적 내부에서 액적의 건조 및 분해 시 카본을 형성하는 슈크로스, 구연산, 에틸렌글리콜 등의 유기물질 또는 고분자물질들을 단독으로 또는 조합하여 도전성 카본 성분을 첨가한다(첨가 농도는 0.01~2mol 정도).

② 제 2공정: 액적의 분무

㉠ 분무장치를 이용하여 $LiFePO_4$ 입자의 전구체 용액을 액적으로 분무시키는 과정을 수행한다. 전구체를 액적으로 분무시키는 분무장치로는 초음파 분무장치, 공기 노즐 분무장치, 초음파 노즐 분무장치, 필터 팽창 액적장치(filter expansion aerosol generator, FEAG) 및 디스크 타입 액적 발생장치를 사용한다.

ⓛ 상기 분무 열분해 및 분무 건조 공정으로 합성되는 전구물질 및 리튬 금속 산화물 분말들의 크기 및 크기 분포 등은 액적 발생장치의 특성에 크게 영향을 받으므로, 사용하는 소재의 크기 등을 고려하여 분무장치를 선택하여 진행한다.

예1) 초음파 분무장치 및 필터 팽창 액적 발생장치는 수 마이크론 크기의 액적들을 발생시켜 마이크론에서 100나노미터 이상 크기의 전구체 및 리튬금속 산화물 분말들을 합성하는데 적합하다.

예2) 공기 노즐 분무 장치는 수십 마이크론 크기의 액적들을 발생시키므로 5마이크론 이상 크기의 소재를 합성하는데 적합하다.

③ 제 3공정: $LiFePO_4$ 분말의 생성

㉠ 상기 액적을 고온의 관형 반응기 내부에서 미세하고 구형인 분말로 전환시키는 과정을 수행한다.

이때 전기로는 전구물질들의 건조 및 분해에 적합하도록 온도 200 내지 1,000℃ 범위로 사용하는 것이 바람직하다.

ⓛ 분말 용액에 첨가된 도전성의 카본 성분이 분해되는 것을 막기 위해 질소 등의 불활성 기체를 운반기체로 사용하여 분말을 합성하고 운반기체의 유량, 반응기 온도 및 반응기 온도 구배 등을 변화시켜 합성되는 분말의 형태 및 크기를 제어한다.

㉢ 분무열 분해 공정에서 얻은 분말들은 400 내지 1,200℃ 범위에서 불활성 또는 약한 환원성 분위기 하에서 10분 내지 20시간 이내 동안 소성하여, 결정성 및 불순물 함유량이 제어되고 카본 성분이 첨가된 $LiFePO_4$ 분말을 얻는다.

(3) 양극 소재(양극재)의 종류

그림 5.11은 양극 소재(양극재)의 종류와 특징을 보여주고 있으며, 그림 5.12는 배터리 내부의 양극재를 보여주는 이미지이다.

	LCO	NCM	NCA	LMO	LFP
구조	층상	층상	층상	스피넬	올리빈
전지 용량	145mAh/g	120mAh/g	160mAh/g	100mAh/g	150mAh/g
작동 전압	3.7 V	3.6 V	3.6 V	4.0 V	3.2 V
난이도	쉬움	다소 어려움	어려움	다소 어려움	어려움

그림 5.11 양극 소재(양극재)의 종류와 특징(출처: LG케미토피아)

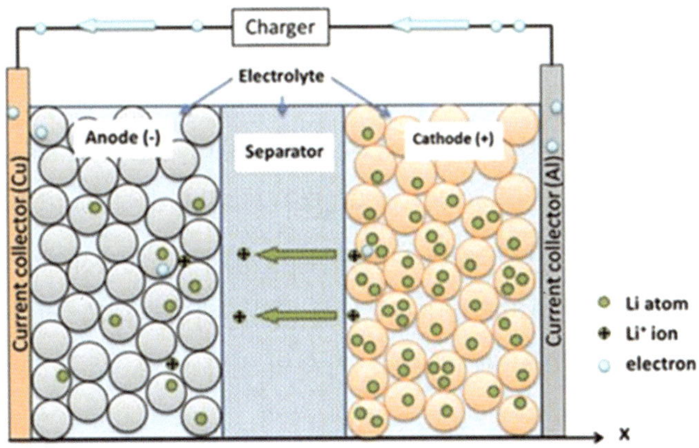

그림 5.12 배터리 내부의 양극재

02 리튬이온 배터리(LIB)와 리튬인산철(Li - $FePO_4$) 배터리(LFP)의 비교

1) LIB vs. LFP

(1) 리튬이온 배터리(LIB)

리튬이온 배터리(Li-ion battery, LIB)는 양극재 종류에 따라 3원계 배터리와 4원계 배터리로 나뉜다.

① 3원계 배터리

㉠ NCM: 니켈, 코발트, 망간

혼합 비율에 따라 NCM622, NCM811 등으로 나뉜다. 니켈은 배터리 용량과 관련이 있으며, 코발트와 망간은 배터리의 안전성과 관련이 있다.

㉡ NCA: 니켈, 코발트, 알루미늄

망간 대신 알루미늄을 첨가한 것으로, 알루미늄은 출력 성능을 향상시켜 주는 역할을 한다. 하지만 원료 합성과 수분 제어가 어려워 많이 사용하지는 않으며, 원통형 배터리에 주로 사용되고 있다.

② 4원계 배터리

㉠ NCMA: 니켈 코발트, 망간, 알루미늄

NCM에 알루미늄을 추가한 양극재로 양산되지는 않았으나, LG에너지솔루션에서 지속적인 연구 및 기술개발 중에 있다.

(2) 리튬인산철 배터리(LFP)

철을 사용하기 때문에 원재료 수급이 쉽고 가격이 저렴하지만, 철이 무겁기 때문에 에너지 밀도(Wh/kg)가 좋지 않아 전기차에 주로 사용되지 않았다. 하지만 최근 배터리팩의 패키징 기술이 향상됨에 따라 CTP(Cell to Pack : 모듈없이 셀에서 바로 패키징하는 것) 기술 등을 통해 배터리팩의 무게도 줄이면서 에너지밀도를 향상시켜 전기차에 사용하고 있다.

그림 5.13은 기존 리튬이온 배터리(LIB)의 모듈 있는 배터리팩과 리튬인산철 배터리(LFP)의 모듈 없는 CTP 방식의 배터리팩 패키징 기술의 비교이다.

(a) Battery pack with modules(LIB)

(b) Blade battery without modules(LFP)

(c) 일반 기기의 LFP 배터리팩

그림 5.13 LIB와 LFP CTP 방식의 배터리팩 패키징 기술비교

표 5.3은 리튬인산철(LFP) 배터리와 3원계 NCM 리튬이온 배터리(LIB)의 비교와 배터리 형태별 특징을 보여준다.

표 5.3 리튬인산철(LFP) 배터리와 3원계 NCM 리튬이온 배터리(LIB)의 비교

LFP-NCM 배터리 비교

LFP	구분	NCM
리튬, 인산, 철	주원료	니켈, 코발트, 망간
높음	안전성	보통
저렴	가격	높음
낮음	에너지밀도	높음
300~400km	주행거리	400km 이상
CATL 등 중국업체	생산기업	LG, Sk, 삼성 등 한국 업체

출처 : 업계 종합

배터리 형태별 장단점

원통형	저렴하고 대량생산 용이, 에너지밀도 높음
	전기차 배터리시스템 구축 시 고비용
파우치형	공간 효율 좋아 에너지밀도 높음
	배터리 케이스가 약해 보완 기술 요구
각형	외부 충격에 강함
	공간 활용 불리, 제조 공정 복잡

표 5.4는 리튬인산철(LFP) 배터리와 3원계 NCM 리튬이온 배터리(LIB)의 비교로 각각의 특징을 보여준다.

▶▶ 표 5.4 리튬인산철(LFP) 배터리와 3원계 NCM 리튬이온 배터리(LIB)의 비교

	LFP		NCM	
리튬 인산철	높다	안전성	보통	니켈 코발트망간
	짧다	주행거리	길다	
	길다	수명	보통	
	낮다	가격	높다	
	낮다	에너지밀도	높다	
	CATL, BYD 등	주요 기업	LG, SK, 삼성 등	

① 리튬인산철(LFP) 배터리

㉠ NCM, LCO는 리튬코발트 산화물을 양극재의 기본으로 함

㉡ LFP 배터리는 코발트 대신 인산철을 넣어 $LiFePO_4$로 양극재를 구성

㉢ 납축전지 또는 니켈 계열의 전지에 비해 에너지밀도가 높음

㉣ 가격이 비싼 니켈(Ni)과 코발트(Co)가 들어가지 않아 가격이 저렴함

㉤ 결정구조가 올리빈 구조(olivine structure)로 안정성이 우수하며 열적 안정성이 높음

㉥ 에너지밀도가 NCM 배터리보다 낮으며, 주행거리가 짧은 단점이 있음

그림 5.14는 LFP 배터리의 올리빈 구조(olivine structure)이다.

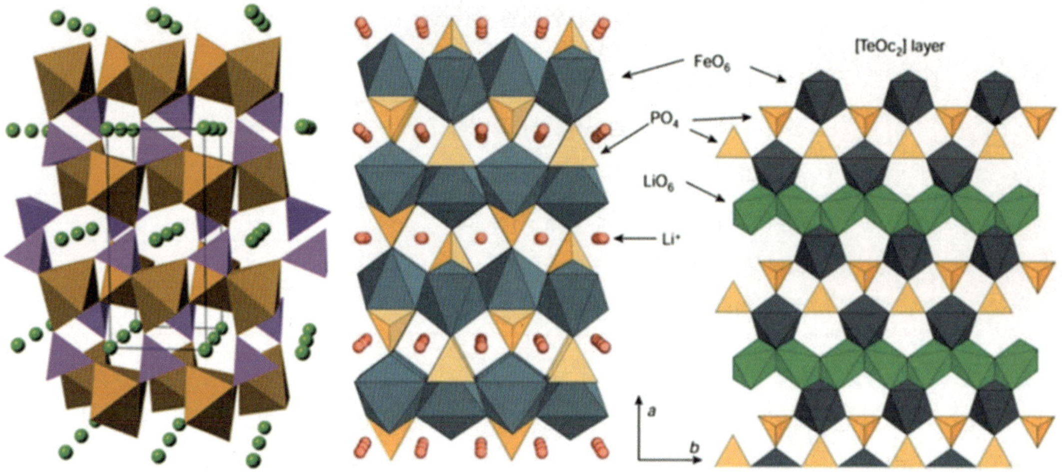

그림 5.14 LFP 배터리의 올리빈 구조(olivine structure)

② 리튬 망간(LMO)

㉠ 망간 산화물을 양극재로 사용

㉡ LCO 배터리의 코발트(Co)를 망간(Mn)으로 바꾼 배터리

㉢ 코발트보다 가격이 매우 싸며, 스피넬 구조(spinel structure)로 안정성이 높음

㉣ 단점으로 에너지밀도가 낮음

표 5.5는 주요 금속(metal)의 가격이다.

▶ **표 5.5** 주요 금속(metal)의 가격

	메탈 가격(USD/kg)*				메탈 가격 변동폭			
	2019	2020	2021	2022.3.4	19-20	20-21	21-현재	20-현재
리튬**	6.3	7.8	42.3	74.8	23%	445%	77%	864%
니켈	14.0	16.5	20.9	29.8	18%	27%	42%	80%
코발트	32.5	32.0	70.2	75.7	-2%	119%	8%	137%
망간	1.1	1.2	1.6	1.7	3%	36%	6%	45%
알루미늄	1.8	2.0	2.8	3.9	10%	42%	37%	95%
구리	6.2	7.7	9.7	10.5	26%	25%	8%	35%

참고 : * 기말 가격, ** 리튬은 탄산리튬 가격으로 달러당 위안화 환율 0.16 반영
출처 : KOMIS, 삼성증권

그림 5.15는 LMO(리튬망간)의 스피넬 구조(spinel structure)이다. (a)는 격자 구조이고, (b)는 모형화된 입체 구조를 보여준다.

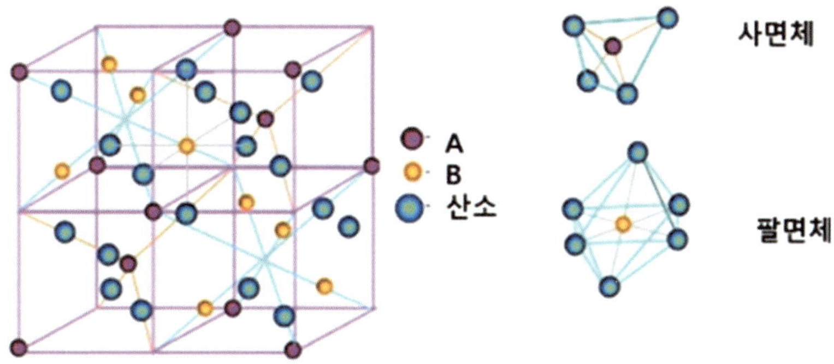

(a) 격자 구조

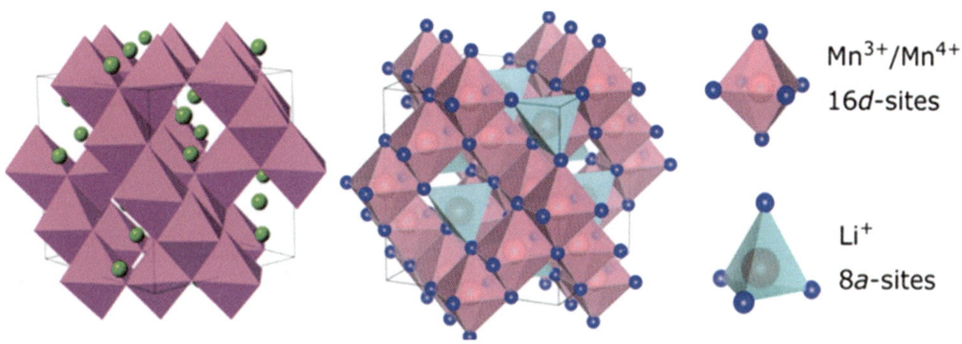

(b) 모형화된 입체 구조

그림 5.15 LMO(리튬망간)의 스피넬 구조

(3) LFP의 장단점

① 장점

㉠ 안정성 : LFP 배터리는 리튬이온 배터리보다 화재 위험이 낮고, 폭발 위험도 낮다.

㉡ 내구성 : LFP 배터리는 리튬이온 배터리보다 수명이 길고, 충전과 방전의 반복에도 잘 견딘다.

㉢ 가격 : LFP 배터리는 리튬이온 배터리보다 가격이 저렴하며, 제조 공정도 간단하다. 풍부한 원소 중 하나인 철(Fe)과 인산(PO_4)이 전극에 포함되어 있기 때문에 다른 전극소재들에 비해 가격이 저렴하다. NCM 양극재의 경우 희소금속인 코발트(Co)를 함유하고 있어 상대적으로 가격이 비싸기 때문에 LFP 배터리는 저에너지밀도의 저가형 전기차에 집중으로 사용되고 있다.

② 단점

㉠ 에너지밀도 : LFP 배터리는 리튬이온 배터리보다 에너지밀도가 낮다. 또한 리튬이온 배터리보다 같은 부피에 저장할 수 있는 전력이 적다.

에너지밀도=용량(mAh)×전압(V) 공식으로, 전기차 배터리의 주요 스펙인 주행거리가 높으려면 에너지밀도가 높아야 하는데 NCM811 배터리는 198mAh/g의 용량을 갖는 반면, 리튬인산철 배터리는 150mAh/g의 상대적으로 낮은 용량을 보유한다. 작동전압이 NCM 배터리는 3.7V이지만 LFP 배터리는 3.2V의 작동전압을 갖기 때문에 전압면에서도 부족한 에너지밀도를 보유하고 있다.

㉡ 충전 속도 : LFP 배터리는 리튬이온 배터리보다 충전 속도가 느리다. 또한 저온에서 전기화학반응이 느려지기 때문에 출력이 저하되고 충전시간이 길어지며 과충전되거나 과방전될 위험이 있다.

사진 5.1은 LFP 배터리팩을 제조하는 공정을 보여준다.

사진 5.1 LFP 배터리팩 제조 공정

(4) 전기차 가격 패리티(Price parity)와 LFP 배터리 전망

전기차용 배터리 소재 수요가 크게 증가할 것으로 전망되는 가운데, 생산의 불안정성이 높은 코발트가 전기차 확산의 병목현상 유발의 우려가 제기되고 있다.

코발트를 사용하지 않는 리튬인산철(LFP) 배터리의 단점(낮은 에너지밀도 등) 개선으로 배터리 시장 재편 및 전기차 보급 속도 가속화가 기대된다.

테슬라는 Model 3의 중국 내 물량에 대해 LFP 배터리를 적용하는 한편, 배터리 셀을 포함한 배터리 자체 생산체계 구축 추진 중이다.

배터리 공급사인 CATL은 배터리 셀을 바로 배터리팩으로 만드는 CTP(Cell to Pack) 기술로

에너지밀도 향상이 가능하다고 주장하며 제품을 제작하고 있다.

CTP 기술이 적용된 LFP 배터리가 성공적으로 도입되는 경우, 전기차용 배터리 시장 및 전기차 보급에 파급력이 있을 것으로 전망한다. LFP 배터리를 적용한 전기차 시장이 빠르게 확대될 가능성이 있으며, 관련 기업인 테슬라 및 중국 CATL의 시장 영향력 증대가 가능하다.

또한 LFP 배터리 도입으로 전기차 가격경쟁력이 제고됨에 따라 전기차 보급 속도도 가속화 될 수 있을 것으로 예상된다.

CTP 기술에도 LFP 배터리의 에너지밀도가 여전히 낮아 고급차량은 NCM, NCA 등 기반 LIB(리튬이온 배터리), 보급형 차량은 LFP 배터리(리튬인산철 배터리)로 이원화할 가능성도 있다.

○ 가격 패리티(Price parity)

가격 패리티 지수 뜻으로, 여기서는 물가 상승과 연동하여 전기차 가격을 산출할 때 사용하는 지수이다.

CHAPTER

06 슈퍼커패시터 배터리

커패시터(capacitor)는 축전기 또는 콘덴서(condenser)라고 한다. 콘덴서 또는 축전기란 전기 회로에서 전기 용량을 전기적 퍼텐셜에너지(potential energy, 전기 퍼텐셜(전위)에너지는 전기력이 작용하는 공간 안에서 어떤 전하를 띤 물체가 가지는 에너지로, 즉 전기적 위치에너지는 전하 사이에서 발생하는 정전기력이 변화해 발생하는 위치 에너지이다)로 저장하는 장치이다. 두 개의 단자가 있는 수동소자로 축전기 내부는 두 도체판이 떨어져 있는 구조로 되어 있고, 사이에는 보통 절연체가 들어간다.

배터리가 전기를 가지고 화학반응을 일으켜 이온의 화학적 에너지를 저장하는 장치라면, 슈퍼커패시터는 전기를 끌어와 그대로 저장하는 개념에 가깝다.

슈퍼커패시터(super capacitor)는 기존의 커패시터와 리튬이온 2차 배터리의 중간지점에 위치해 있다. 즉, 평범한 커패시터에 비해 많은 양의 에너지를 저장할 수 있기에 '슈퍼커패시터'라고 하는 것이다. 2차전지와 같이 전기를 저장하기에 '슈퍼커패시터 배터리'라고도 한다.

01 리튬이온(Li - ion) 배터리와 슈퍼커패시터

1) 리튬이온(Li-ion) 배터리와 슈퍼커패시터의 장단점 비교

① 높은 충전용량(에너지량) → 긴 주행거리 : 배터리 우세
② 높은 에너지밀도 → 경량 · 소형 : 배터리 우세
③ 높은 출력 → 짧은 충전시간 : 슈퍼커패시터 우세
④ 내구성 → 오랜 수명 : 슈퍼커패시터 우세

(1) 리튬이온 배터리

① 리튬이온 배터리 장점

배터리는 에너지밀도가 높기 때문에 작은 저장소에 비교적 많은 양의 에너지를 저장할 수 있다.

② 리튬이온 배터리 단점

㉠ 무거운 무게, 제한된 수명, 느린 충전 및 상대적으로 느린 에너지 방출과 같은 많은 단점이 있다.

㉡ 독성 금속 및 기타 유해물질이 배터리 생산에 사용된다.

㉢ 좁은 온도 범위에서만 효과적으로 냉각하거나 가열해야 하므로 효율이 떨어진다.

(2) 슈퍼커패시터

① 슈퍼커패시터 장점

㉠ 훨씬 가볍고 수명이 비교할 수 없을 정도로 길며, 위험 물질이 필요하지 않으며, 거의 즉시 에너지를 충전 및 방전(방출)한다.

㉡ 내부 저항이 거의 없기 때문에 기능을 위해 에너지를 소비하지 않고, 효율성은 97.98% 정도이다.

㉢ 섭씨 -40 ~ +65℃의 전체 범위에서 큰 편차 없이 작동한다.

② 슈퍼커패시터 단점

㉠ 리튬이온 배터리보다 훨씬 적은 에너지를 저장한다.

2) 슈퍼커패시터 원리

(1) EDLC의 원리와 특징

① EDLC의 원리

전기 이중층 커패시터(Electric double-layer capacitor, EDLC)는 전기 이중층이라는 물리현상을 이용하는 것으로, 축전 효율이 현저하게 증가한 콘덴서(커패시터)이다.

미국에서는 주로 슈퍼커패시터를 '울트라 커패시터(ultra capacitor)'로 부른다. 또한 전기화학 커패시터라고 불리는 슈퍼커패시터는 EDLC의 원리를 이용하는데, EDLC는 전극 표면과 전해질 사이의 계면에서 생성되는 전기 이중층을 사용하여 전기에너지를 저장한다.

전해액-전극계면에서 전해액 중의 이온과 전극 중에 전기 캐리어(carrier, 전자 또는 홀)가 서로 붙는 모습으로 정렬하는 현상(전기 이중층)을 사용하여 충전하는 콘덴서이다.

이온과 전기 캐리어가 서로 분리된 부분(나노 레벨의 거리)이 유전체에 해당한다. 전기 이중층 콘덴서의 정전용량은 전극의 표면적에 비례하며, 전극 간의 거리에는 반비례한다. 따라서 매우 큰 정전용량을 제공할 수 있다.

② EDLC의 특징

㉠ 환경친화적인 활성탄 전극을 사용한다.

㉡ 기존 전해 콘덴서(electrolytic condenser, 전해액을 판의 하나로 사용하여 다른 유형보다 단위 체적당 커패시턴스를 크게 하는 콘덴서)에 비해 높은 에너지밀도를 제공한다.

㉢ 리튬이온 2차전지에 비해 높은 출력밀도, 높은 충·방전 효율을 가진다.

㉣ 화학반응이 아닌 물리적 흡·탈착에 의해 빠른 충전 및 방전이 가능하고, 긴 사이클(cycle) 특성을 가지고 있다.

그림 6.1은 슈퍼커패시터의 구조와 축전 원리를 보여주고 있다.

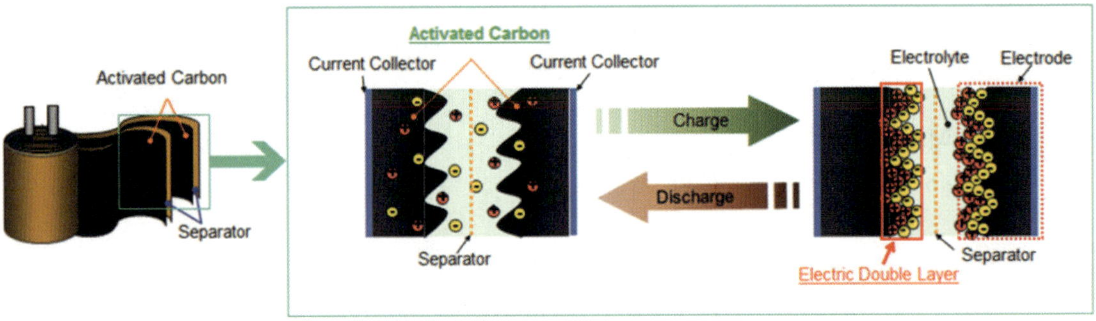

그림 6.1 슈퍼커패시터의 구조와 축전 원리

3) 슈퍼커패시터 특성 비교

표 6.1은 전자소자로 일반적으로 널리 사용되고 있는 전해 콘덴서(electrolytic condenser) 또는 전해 커패시터(electrolytic capacitor)와 EDLC 원리를 이용한 슈퍼커패시터 그리고 리튬이온 2차전지로 대표되는 재충전 배터리와의 특성을 비교한 것이다.

▶ 표 6.1 전해 커패시터, EDLC 원리를 이용한 슈퍼커패시터와 재충전 배터리의 특성 비교

구분	Electrolyte Capacitor	Green-Cap(EDLC)	Rechargeable Battery
방전 시간	10-6~10-3sec	1~30sec	0.3~4hrs
충전 시간	10-6~10-3sec	1~30sec	0.5~5hrs
동작 온도	-40℃~125℃	-40℃~85℃	-20℃~60℃
에너지밀도 (Wh/kg)	〈0.1	1~15	30~100
출력밀도 (W/kg)	〉10,000	1,000~4,000	50~2,000
충방전 효율	~1.0	0.9~0.95	0.7~0.85
충방전 횟수	Infinite	〉500,000	500~2,000
방전 그래프	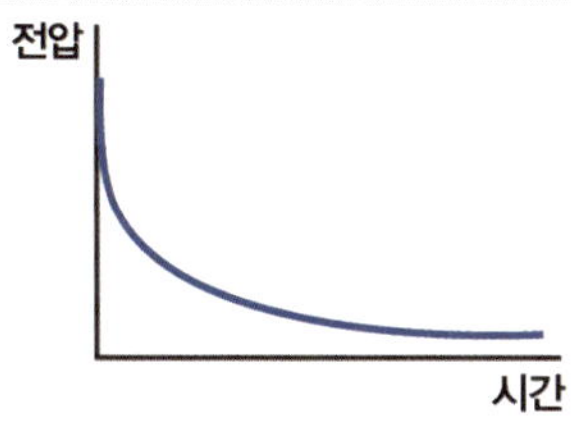	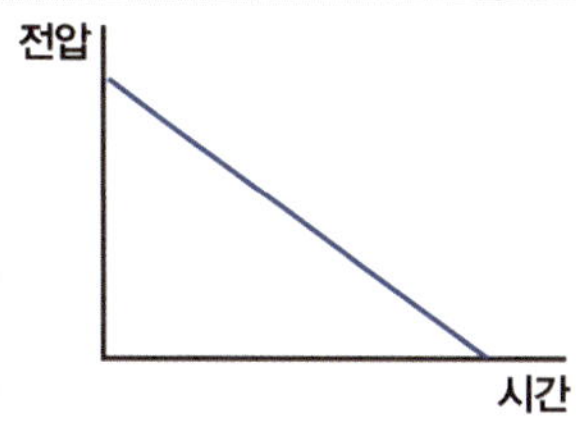	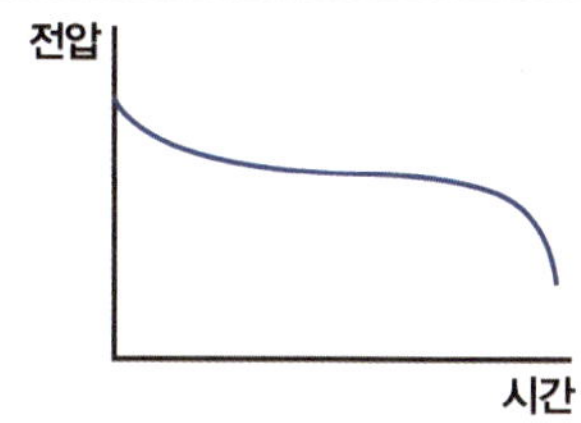

4) 슈퍼커패시터 적용

표 6.2는 EDLC 원리를 이용한 슈퍼커패시터의 특성과 적용하는 분야를 정리한 내용이다. 최근 슈퍼커패시터 배터리가 전기자동차용으로 개발되어 검토 및 현장시험(필드 테스트)을 거쳐 적용 중에 있다.

▶ 표 6.2 슈퍼커패시터의 특성과 적용 분야

Secton	Applied Product	Function				Compatible SAMWHASeries
		Peak PowerAssist	Power Backup	Energy Regeneration	Battery Replacement	
Industrial	UPS/VSP		●		●	DB, DA, DH, DM
	Smart Meter	●	●			DS, DJ, DM
	Excalator/Fork Lift	●		●		DH, DV, DM
	Elevator		●	●		DH, DV, DM
	AGV				●	DH, DV, DM
Renewable Energy	Wind Power Pitch Control		●		●	DB, DA, DM
	Solar Street Lamp				●	DH, DV, DM

Secton	Applied Product	Function				Compatible SAMWHASeries
		Peak PowerAssist	Power Backup	Energy Regeneration	Battery Replacement	
Automotive	Subway	●	●	●		DH, DV, DM
	Tram	●	●	●		DH, DV, DM
	Diesel locomotive		●		●	DH, DV, DM
	Hybrid Bus	●	●	●		DH, DV, DM
	Mild HEV	●	●	●		DH, DV, DM
	Electricity Bike/Golf Cart	●	●	●		DB, DA, DM
	ISG(Idle Stop & Go)			●		DH, DV, DM
	X-by-Wire		●			DB, DA, DM
	Battery performance enhancement	●				DB, DA, DM
Medical Appliances	X-ray	●				DB, DA, DM

출처 : 삼화콘덴서

5) 슈퍼커패시터 미래

- **슈퍼커패시터, 배터리를 능가할 수 있을까?**

현재 가장 많이 사용되고 있는 전극 소재는 활성탄이다. 활성탄의 비표면적은 약 3,000m^2/g 수준이다. 전도성을 유지 또는 향상하면서 비표면적도 높이기 위해 탄소 기반 소재인 탄소나노튜브나 그래핀이 새롭게 적용되고 있다. 국내에서는 기초과학연구원 나노구조물리연구단 이영희 교수 연구팀이 그래핀층 사이에 탄소나노튜브를 수직으로 세우는 배열을 통해 기공을 형성하여 흡착 비표면적을 넓히는 연구를 수행한 바 있으며, 중국에서는 그래핀을 3차원으로 형성해 비표 면적을 넓히는 연구가 활발하게 이뤄지고 있다.

최근 주목받고 있는 소재는 금속유기골격체(MOF, Metal Organic Framework)이다. 이론적으로 비표면적이 14,600m^2/g에 달하며, 구조적으로 기공이 매우 규칙적이어서 흡착밀도를 극도로 높일 수 있기 때문이다.

탄소 기반 소재 대비 전도성이 다소 떨어진다는 단점이 있기는 하지만, 기술적으로 해결을 한다면 슈퍼커패시터의 용량 문제를 해결할 수 있는 차세대 소재가 될 것으로 기대를 모으고 있다. 이 분야에서는 한국에너지기술연구원 김현욱 박사 연구팀이 두각을 나타내고 있다. MOF 구조설계와 열분해 처리를 통해 전도성을 높이면서 리튬이온전지에 준하는 높은 에너지 저장용량을 구현한 바 있다.

한편 한국재료연구원(KIMS) 김태훈 박사팀은 인하대 양승재 교수팀과 함께 탄소나노튜브

섬유를 이용해 2022년 세계 최초로 고강도 섬유형 슈퍼커패시터를 개발했다.

02 슈퍼커패시터 시제품

사진 6.1에서 보여주는 배터리는 슈퍼커패시터 배터리 시제품이다. 사진 6.1(a)의 3가지 제품은 원통형 슈퍼커패시터와 조립된 배터리팩 샘플이고, (b)는 원통형 슈퍼커패시터를 사용해 개발 · 제조된 배터리팩 샘플 시제품의 확대 모습이다. 이 둘 모두 전기를 사용하는 전동휠체어의 요구 스펙(spec., 사양)을 만족시키기 위해 시제품화된 2종류의 배터리팩 샘플이다.

특히 (b)에서 보여주는 목업(mock-up)으로 제작된 시제품은 42개의 셀(cell)로 구성된 7S6P 배터리 형식의 슈퍼커패시터 시제품(29.8V)이다. 커패시터(콘덴서) 용량의 단위는 F(Farad, 패럿)이고, 7S6P는 셀(전지)이 7직렬(serial)과 6병렬(parallel)로 연결된 것이다.

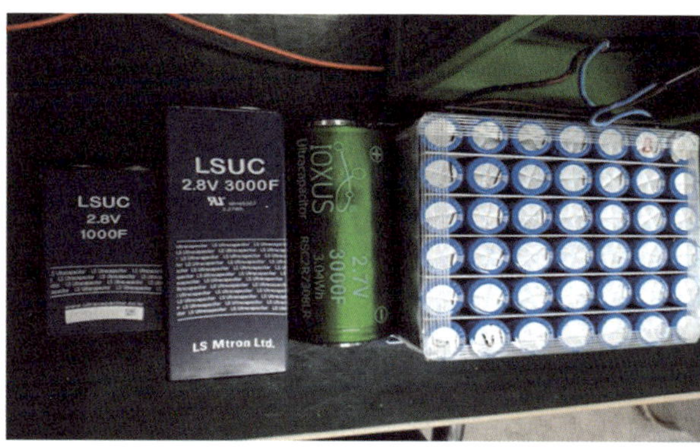

(a) 슈퍼커패시터와 배터리팩 시제품(2.8V/1000F, 2.8V/3000F, 2.7V/3000F, 4.2V/4000F)

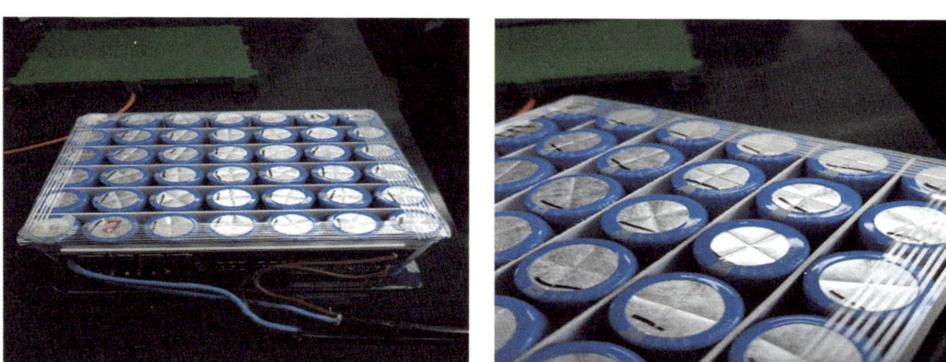

(b) 슈퍼커패시터 배터리팩 시제품(4.2V/4000F(7S6P))

사진 6.1 슈퍼커패시터 배터리 시제품

CHAPTER 07

전고체 배터리(ASSLB)

01 차세대 전고체 배터리 소개

1) 2차전지와 전고체전지

전고체전지(전고체 리튬이온전지 · 전고체 리튬전지, All Solid State Lithium-Ion Battery, ASSLB 또는 전고체 배터리(ASSB, 전고체전지)라고 한다)는 차세대 기술로 리튬이온 기반의 2차전지이다. 에너지의 저장과 발생이 현재의 리튬이온 2차전지와 같이 리튬이 양 · 음극을 이동하면서 이뤄지기 때문이다. 그런데 차세대 배터리로 부르는 이유는 통상 4대 재료에 기반한 2차전지 구조와는 달리, 전해액과 분리막을 없애고 그 기능을 고체 전해질이 대체하면서, 기존 2차전지가 갖는 문제점과 약점들을 보완하거나 크게 개선시킬 수 있기 때문이다.

그림 7.1은 리튬이온 2차전지와 전고체 배터리의 구성과 구조를 각각 비교한 것이다.

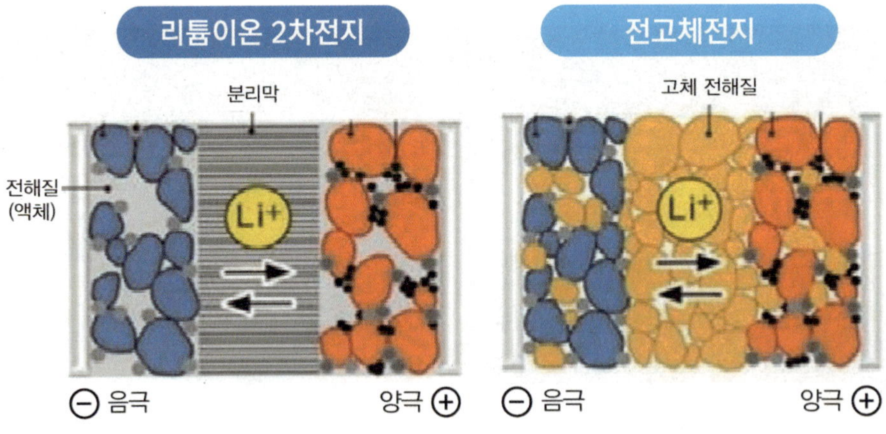

(a) 리튬이온 배터리 (b) 전고체 배터리

그림 7.1 리튬이온 2차전지와 전고체 배터리의 구조 비교

(1) 2차전지와 전고체 배터리

전고체 배터리의 특징을 리튬이온 2차전지와 비교해 간략히 정리하면 다음과 같다.

① 리튬이온 배터리는 양극, 음극, 분리막, 전해질로 구성된다.
② 현재 스마트폰이나 전동공구, 전기자전거, 전기자동차 등에 사용하는 리튬이온 배터리는 액체 상태의 전해질을 사용하고 있는 반면에, 전고체 배터리는 전해질이 액체가 아닌 고체 상태인 배터리이다.
③ 전해질이 고체인 전고체 배터리는 구조적으로 단단해 안정적이며, 전해질이 훼손되더라도 형태를 유지할 수 있기 때문에 배터리의 안정성과 사용상 안전성이 우수하다.
④ 배터리의 용량을 늘리는 방법은 배터리의 개수를 늘리는 것이다. 하지만 이 경우는 배터리 가격 상승과 공간 효율성을 저해시키기 때문에 실현하기 어렵다.
⑤ 전고체 배터리는 기존의 리튬이온 배터리에 비해 에너지밀도가 높다. 폭발이나 화재의 위험성이 사라지기 때문에 안전성과 관련된 부품들을 줄이고 그 자리에 배터리의 용량을 늘릴 수 있는 활물질을 채웠기 때문이다. 전고체 배터리로 전기차 배터리 모듈, 팩 등의 시스템을 구성할 경우, 부품 수의 감소로 부피당 에너지밀도를 높일 수 있어서 용량을 높여야 하는 전기차용 배터리가 안성맞춤이다.
⑥ 비가연성의 고체 전해질을 이용한 리튬 전고체전지가 화재 및 폭발 위험성이 없는 차세대 2차전지로 주목을 받고 있지만, 고체 전해질은 액체 전해질과 비교해 리튬의 이온전도도가 낮다는 문제점이 있다. 이를 개선할 전도도가 높은 전고체 배터리가 필요하다.

그림 7.2는 리튬이온 2차전지와 전고체 배터리의 구조를 각각 비교한 것이다.

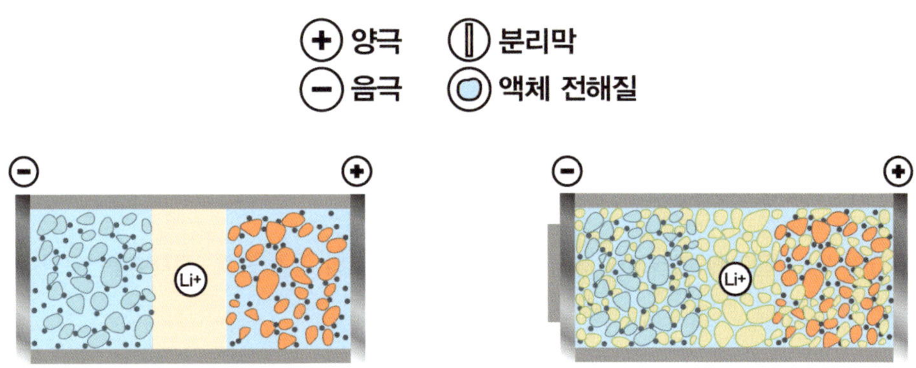

(a) 리튬이온 배터리 (b) 전고체 배터리

그림 7.2 리튬이온 2차전지와 전고체 배터리의 구조 비교

그림 7.3은 리튬이온 2차전지(LIB)와 전고체 배터리(ASSLB)의 부피 감소와 에너지밀도 증가를 비교한 것이다.

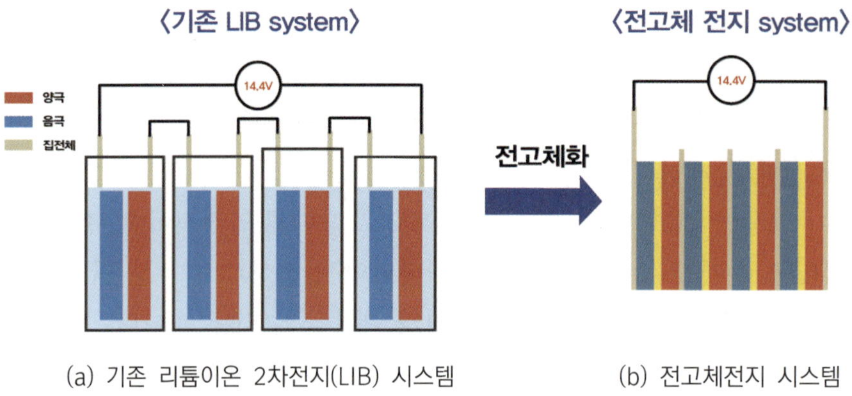

그림 7.3 전고체 배터리의 강점 - 부피 감소와 에너지밀도 증가(출처: 전자부품연구원)

그림 7.4는 전고체 배터리의 고전압 장점과 부재료의 경감에 있어 장점을 보여준다.

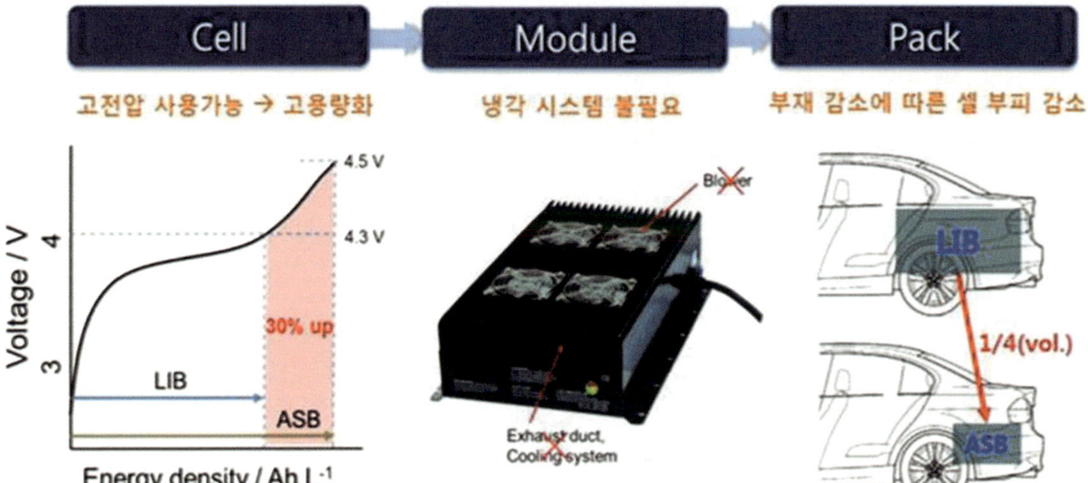

그림 7.4 전고체 배터리의 장점 - 고전압과 부재료의 경감(출처: 전자부품연구원)

(2) 전고체 배터리

① 전고체전지는 불에 잘 붙는 액체 전해질 대신 전극과 전해질을 모두 고체로 만들었다.

② 전고체전지(All solid-state battery)는 배터리 양극과 음극 사이에 있는 전해질을 액체에

서 고체로 대체해 배터리 구성요소가 모두 고체로 이뤄지는 차세대 배터리이다. 따라서 폭발이나 화재 위험이 없는 고용량 배터리를 구현할 수 있다.

그림 7.5는 리튬이온 2차전지와 전고체 배터리의 특징을 각각 비교한 것이다.

구분	리튬 2차전지(LIB)	전고체 리튬 2차전지(ASSLB)
양극재	고체(리튬, 니켈, 망간, 코발트 등)	
음극재	고체(흑연, 실리콘 등)	고체(리튬 금속)
전해질	액체(용매+리튬염+첨가제)	고체(황화물, 산화물, 폴리머)
분리막	고체 필름	불필요
구조	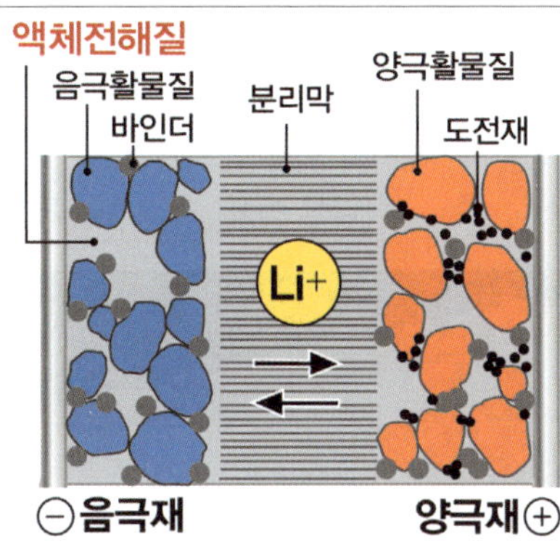	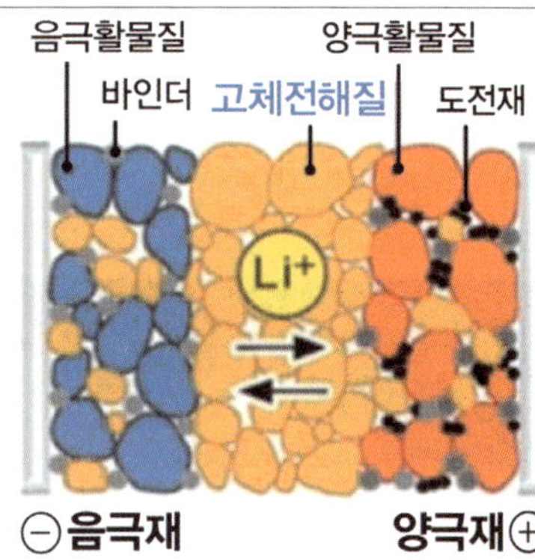

➜그림 7.5 리튬이온 2차전지와 전고체 배터리의 특징 비교

02 신문기사 인용 – 차세대 전고체 배터리

화재 없고 성능탁월, 꿈의 '전고체 배터리' … 日 뒤쫓는 韓-獨

한 번 충전해 서울-부산 왕복 가능
황화리튬 대량생산하면 가격도 뚝
차세대 배터리 경쟁, 韓日獨 3파전
삼성SDI, 파일럿 생산라인 구축

화재 위험 없고 한 번 충전으로 서울과 부산을 왕복 가능한 전기차용 배터리. '꿈의 배터리'라고도 불리는 전고체(全固體) 배터리 얘기다. 비싼 가격 때문에 대중화가 어려울거란 회의론이 나오는데도 주요 배터리·완성차 기업이 개발에 열을 올린다. 한국, 일본, 독일 등 3국

이 경쟁하는 구도다.

사진 7.1은 주요 기업의 전고체 배터리 개발 현황·계획과 도요타의 시제품 사진이다.

	한국		일본	독일
	삼성SDI	현대차	도요타	BMW
개발 현황	파일럿 생산라인 'S라인' 구축 완료	서울대와 배터리 공동연구센터 개관	전고체 배터리 특허 건수 세계 1위	전고체 배터리 시제품 생산라인 설치 중
개발 현황	하반기 샘플 셀을 제작해 테스트 진행예정	양산성 검증 위한 차세대 배터리연구동 내년 설립	2021년 전고체 배터리 전기차 시범 주행 영상 공개	
향후 계획	2027년 전고체 배터리 상용화 목표	2025년 전고체 배터리 장착된 전기차 시범 양산, 2030년 본격 양산	2027~2028년 전고체 배터리 탑재 전기차 양산 목표	2025년 프로토타입 차량 공개, 2030년 본격 양산

사진 7.1 도요타가 6월 기술설명회에서 공개한 전고체 배터리 시제품(사진 출처: 도요타자동차)

앞서는 일본, 뒤쫓는 한국·독일

25일 현대자동차와 서울대가 개관한 배터리 공동연구센터의 주요 연구과제는 전고체 배터리이다. 이미 대중화된 리튬이온전지에서 전해액과 분리막을 고체 전해질로 바꿔 폭발 위험을 없앤 차세대 배터리이다. 전기차용 전고체 배터리는 전 세계 누구도 상용화하지 못한 미래 기술. 현대차는 2025년에 전고체 배터리를 장착한 프로토타입 차량을 달리게 한다는 계획이다. 삼성SDI는 수원연구소에 전고체 배터리 파일럿 생산라인인 'S라인' 구축을 완료했다. 올해 하반기 중 시제품을 제작해 테스트에 돌입한다. 최윤호 삼성SDI 대표이사는 지난달 창립기념식에서 "올해는 삼성SDI 비전에 한 걸음 더 다가가기 위한 본격적인 실행 단계에 접어들었다"며 2027년 전고체 배터리 상용화라는 기존 목표를 재확인했다. 전고체 배터리 기술의 원조는 일본 도요타자동차다. 이미 2021년 도쿄 올림픽에 맞춰 전고체 배터리를 장착한 전기차가 달리는 영상을 공개하며 기술력을 입증했다. 올해 6월엔 2027~2028년쯤 한 번 충전으로 1,200km를 달리는 전고체 배터리 전기차를 양산한다는 야심찬 계획을 발표했다. 리튬이온전지 분야에선 존재감이 없는 독일 자동차 업계도 전고체 배터리 기술에선 뒤지지 않겠다며 속도를 내고 있다. BMW그룹은 미국 솔리드파워와 손잡고 독일에 전고체 배터리 시제품 생산 라인을 설치 중이다. 2025년 프로토타입 차량을 공개하고 2030년 양산에 들어갈 예정이다.

리튬이온전지가 못하는 두 가지

도요타가 전고체 배터리 연구를 시작한 건 2000년대 초반. 충격을 받으면 폭발할 위험이 있는 리튬이온전지와 달리 불이 붙지 않는 소재라서 안전하다는 장점이 부각됐다. 이후 리튬이온전지 기술이 빠르게 발전하면서 전고체 배터리에 관한 관심이 줄어드는 듯했지만, 최근 들어서는 '가장 실현 가능성 큰 차세대 배터리' 기술로 다시 주목받는다. 리튬이온전지 기술이 정점에 다다른 것이 그 이유다.

전고체 배터리 전문가인 조우석 한국전자기술연구원(KETI) 수석연구원은 "리튬이온전지는 이미 완성된 기술"이라며 "전고체 배터리는 기존 리튬이온전지가 할 수 없는 것 두 가지를 함으로써 에너지밀도를 크게 올릴 수 있다"고 설명한다. 그중 하나는 양극을 두껍게 만들어 에너지 저장 용량을 키우는 것이다. KETI는 리튬이온전지보다 양극 용량을 2배로 키우는 기술을 개발해 냈다. 다른 하나는 음극재에 흑연을 섞지 않고 리튬 금속을 그대로 쓰는 것이다. 삼성SDI는 이보다 더 나아가 음극이 따로 없는 '무음극 기술(Anode-less)'까지 개발했다. 이론적으로 리튬이온전지의 에너지밀도 한계치는 kg당 350Wh(와트시) 정도다. 현재 리튬이온전지는 최고 300Wh 수준까지 나와 있다. 시뮬레이션에 따르면 전고체 배터리의 경우엔 에너지밀도를 kg당 400~450Wh로 더 끌어올릴 수 있다.

대중화는 2030년 이후 전망

문제는 가격이다. 전기차 가격 경쟁이 점점 치열해지는 상황에선 굳이 값비싼 전고체 배터리를 채택할 이유가 없기 때문이다. 시장조사업체 SNE리서치는 25일 보고서에서 "고체 전해질 가격은 액체 전해액의 200배 이상"이라며 "2030년 전고체 배터리의 전기차 시장 침투율이 4%대에 그칠 것"이라고 전망했다. 고체 전해질의 핵심 원료인 황화리튬 가격이 1kg에 1,500~2,000달러로, 액체 전해액(9달러)보다 훨씬 비싸다는 게 그 근거다. 하지만 현재 실험실 시약 수준으로만 쓰이는 황화리튬이 앞으로 대량 생산된다면 얘기가 달라질 수 있다. 이미 국내외 기업들이 황화리튬 상업화에 시동을 걸고 있다. 강동진 현대차증권 연구원은 "전고체 배터리 가격은 리튬이온전지보다 수십 배 비싸다고 알려졌지만, 삼성SDI가 2027년 양산 시점에 목표로 하는 가격은 상당히 합리적인 수준에 도달할 것으로 전망된다"고 내다봤다. 물론 양산 초기엔 프리미엄급 전기차나 군사용으로 주로 쓰이고 대중적인 전기차로 확대되려면 2030년 이후에나 가능하다는 게 중론이다. 소재 · 부품 관련 연구개발은 진전됐지만 배터리 셀을 설계 · 제조하는 기술은 아직 초기 단계이기 때문이다. 달리 보자면 일본보다 출발이 늦은 한국 기업이 치고 나갈 기회가 남아있다는 뜻이다. 조 연구원은 "도요타도 아직은 전기차에 쓸 정도로 셀을 크게 만드는 공정은 어려워하고 있다"며 "우리나라는 배터리 제조 역량을 가진 기업들이 받쳐준다는 점이 긍정적으로 작용할 것"이라고 말했다.

발췌 : 한애란 기자, "한애란 기자의 딥다이브", 동아일보, B3면, 2023년 7월 27일

CHAPTER

08 배터리 관련 개선설계 사례연구

01 문제분석 및 해결방안

1) 배터리 모듈 및 팩 케이스(Case)

(1) 배터리팩 케이스(Case)의 무게계산

무게의 공식은 다음과 같다.

$$W = \gamma \times V$$

여기서 W : 무게(중량)

γ : 비중(1cm³당 무게(중량))

V : 부피(체적, 단면적 × 두께 또는 단면적 × 길이)

제품설계를 끝낸 부품들은 사용재료(기계재료 또는 플라스틱 소재)에 따른 각 부품의 무게를 계산함으로써 한 대의 부품에 대한 원가를 정확히 추정하여, 제품의 무게에 따른 성능, 특성을 파악하며, 판매가격을 결정하기 위함이다.

부품의 무게 계산 공식은 다음과 같다.

부품의 무게(W) = 비중 무게 중량 [1cm³당 무게(중량)] × 체적(단면적 × 두께 또는 길이)이며 비중값(무게값)은 재료의 종류마다 다르다.

무게의 공식은 $W = \gamma \times V$로 구한다.

① 금속재료의 비중(Specific gravity)

표 8.1은 기계재료(금속재료)에 있어 비중(1cm^{3}당 무게(중량))을 나타낸 값이다.

▶▶ **표 8.1** 주요 기계재료의 무게 중량

재료 이름	1cm^{3}당 무게(중량)		1in^{3}당 무게(중량)	
	g	kg	g	kg
주철	7.21	0.00721	118	0.118
강	7.85	0.00785	128.5	0.1285
연강	7.70	0.00770	126	0.126
주강	7.80	0.00780	128	0.128
구리	8.63	0.00863	141	0.141
황동	8.10	0.00810	132	0.132
청동	8.56	0.00856	140	0.140
알루미늄	2.56	0.00256	42	0.042

② 고분자재료(플라스틱, 폴리머)의 비중(Specific gravity)

표 8.2는 고분자재료(폴리머, Polymer)에 있어 비중(1cm^{3}당 무게(중량))을 나타낸 값이다.

▶▶ **표 8.2** 고분자 재료의 비중과 인장강도(대표값)

수지명	비중	인장강도(kgf/cm^2) ASTM D638	비고
POM	1.41	630	열가소성
PC	1.20	650	열가소성
PA 6*	1.14	820	열가소성
PBT	1.32	550	열가소성
PSF*	1.24	710	열가소성
PTFE*	2.18	280	열가소성
Epoxy	1.12~1.40	280~910	열경화성
Phenol	1.25~1.30	490~560	열경화성
알루미늄 합금	2.80	770~5,800	금속

*PA 6 : 나일론은 폴리아미드 계열 합성수지의 총칭이고, 미국 듀폰(DuPont)사의 나일론 6(Nylon 6), 나일론 66(Nylon 66)이 유명하다.
*PSF : Polyester Staple Fiber의 약어로 폴리에스테르 단섬유라고 한다.
*PTFE : 테플론(Teflon)이라는 상품명으로도 널리 알려져 있다.

(2) 전기자동차 2차전지용 다기능 경량 하우징(Housing) 소재와 가공기술의 개발

배터리 하우징(battery housing)은 전기차용 배터리와 관련 부품을 일체화한 배터리 모듈을 상자 형태로 감싸는 부품이다. 외부 충격에 취약한 전기차 배터리를 안전하게 보호하는 핵심 부품으로 배터리의 열방출을 위해 열전도율이 우수한 알루미늄 소재가 주로 사용되고 있으며, 정밀압출 및 가공 등의 첨단 기술이 필요하다. 배터리 하우징은 기존 차량의 엔진만큼 중요한 배터리를 보호하기 때문에 성능 유지가 필수인 부품이다.

기존 업계에서는 배터리 하우징 소재로 알루미늄과 철강을 적용했으나 최근 열경화성 수지에 충전제 · 촉매 · 이형제 등을 혼합한 후 유리섬유를 넣어 강화한 강화플라스틱 소재의 하우징이 개발되고 있다.

전기차용 배터리 하우징은 전기차 배터리를 감싸는 팩(pack)을 철 대신 플라스틱으로 대체, 무게를 줄이는 동시에 열과 충격으로부터도 보호해준다.

고강도 엔지니어링 플라스틱은 경쟁 소재 대비 약 35~45% 가벼우면서도 강도가 뛰어나며 성형이 용이하므로 다양한 디자인을 적용하기 쉬워 배터리 하우징을 비롯한 다양한 자동차용 부품에 적용이 가능하다.

그러나 플라스틱 소재 하우징은 기계적 강도와 열전도도가 낮으며, 전자파 차폐 기능이 없으므로 이에 대한 다양한 보완 대책이 필요하다. 따라서 여러 단계의 후공정이 필요하며, 추가적인 비용과 시간이 소요된다.

이에 경량 고강도에 전자파 차폐 기능을 가지는 전기자동차 2차전지용 다기능 경량 하우징을 표 8.3과 같은 정량적 물성치를 목표로 개발하고자 한다.

표 8.3 개발 목표

핵심 기술/제품 성능지표		단위	달성목표	국내최고수준	세계최고수준 (보유국, 기업/기관명)
1	열전도도	W/mK	75	-	90(일본, Toshiba)
2	굴곡강도	MPa	800	-	800(일본, Maruwa)
3	경량화(금속대비)	%	35	30	50 (독일, BASF)
4	Shielding effectiveness	dB	80 이상	70	80 (미국, Chomerics)
5	열팽창계수	ppm	200 이하	220	214 (영국, Laird/ 미국, Chomerics)
6	인장강도	MPa	90 이상	60	80 (일본, Toray)

※ 전기자동차 보급이 확대됨에 따라 전기차용 발열, 방열, 전자파 차폐용 핵심 부품시장이 빠르게 성장하고 있음.

효율적인 열제어 및 전자파 차폐 · 흡수 기능을 통해 전기자동차의 안정적인 주행거리 및 전장 부품 구동안정성을 확보하기 위한 발열, 방열, 차폐용 핵심기능을 동시에 가지는 다기능 부품의 개발이 필요하다.

① (필요성) 급격한 시장 성장이 예상되는 전기자동차는 겨울철에 난방 및 배터리 결빙 등으로 주행거리가 감소하는 문제가 심각하며, 이를 해결하기 위한 기술개발이 시급하다(발열 회수를 활용한 난방공조).

㉠ 고신뢰성 기판, 고방열 소재 및 실장 소재 기술개발 필요
전기차의 전력변환과 제어를 고효율로 수행하는 인버터, 컨버터, OBC(On Board Charger) 등 파워 모듈이 사용되면서 많은 열이 발생하고 있으나 이를 효과적으로 제거할 수 있는 절연성 · 고열전도율을 겸비한 소재의 개발 미진

㉡ 자율자동차의 경우 고도의 GPS · 레이더를 포함한 각종 센서 및 주변 전장 부품간의 전자기파 차폐 · 흡수체의 개발 요구 증대 특히 5G용 전장부품의 발생열 문제로 인해 수명 저하 및 운행 장애를 개선하기 위해서는 방열기능이 하이브리드화된 복합소재기술 개발이 필요

② 전기차에서 배터리팩은 가장 높은 무게 비중을 차지하는 부품으로 경량화를 통해 1회 충전 주행거리 개선 가능

㉠ 전기자동차 배터리팩은 차량 공차중량의 약 25~29% 수준으로 알려져 있으며, 배터리 모듈(BMA, Battery Module Assembly, 친환경 전기자동차 배터리팩을 구성하는 기본 모듈)을 제외하면 배터리팩 내 케이스 부품이 가장 높은 무게 비중을 차지(테슬라 Model S의 경우 배터리팩 비중이 공차중량의 약 29% 수준)

(3) 해결방안

① 열전도도 향상

탄소섬유, 금속 및 탄소분말 및 그래핀 등의 열전도도를 향상시키는 첨가제를 첨가하여 열전도도를 향상시킨다.

② 기계적 강도 향상

㉠ 강도가 우수한 수지를 사용
㉡ 150도 이상에서도 고온강도가 우수한 수지 사용(PPS 등)
㉢ 경량 고강도의 강도를 증가시키는 첨가제 사용(탄소섬유, 유리섬유 등)

㉣ 하우징 형상의 유한요소 구조해석을 통한 최적화 설계 적용

③ 무게 경량화

비중이 알루미늄의 1/2로 무게가 가벼운 고강도의 엔지니어링 플라스틱을 기본소재로 사용한다.

④ 전자파 차폐능

㉠ 하우징의 표면에 전도성 금속을 코팅하여 전자파 차폐기능을 갖도록 한다. 고강도 금속코팅 시에는 전자파 차폐와 강도증가 효과를 동시에 얻을 수 있다.

⑤ 열팽창계수

㉠ 열팽창계수가 낮고 열전도도와 강도가 높은 세라믹 소재를 첨가하여 제어할 수 있다(탄소섬유, 유리섬유, 알루미나 등). 배터리 시스템의 안전을 확보하기 위해 고강도 배터리 하우징을 채택하는 것뿐만 아니라, 자동차 초기 설계 시 배터리 시스템의 위치를 차량 프레임 사이에 배치하여 측면 충돌시 안전성을 강화하거나, 언더 커버(under cover) 등 배터리 시스템을 보호할 수 있는 부품들을 추가하는 등 다양한 방식으로 안전성 확보를 추구하고 있다.

표 8.4는 배터리팩 상부 커버(upper cover 또는 top cover)의 경량화 사례를, 표 8.5는 배터리팩 하부 케이스(lower case 또는 bottom case)의 경량화 사례를 보여준다.

표 8.4 배터리팩 상부 커버 경량화 사례

개발업체	한화솔루션	SGL	BASF
형상			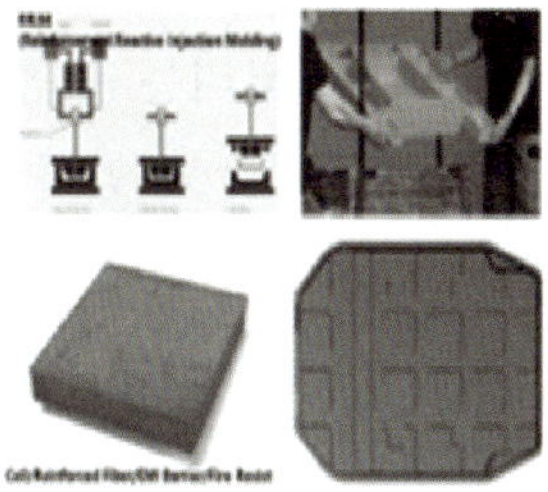
적용 소재	Glass Fiber/Polyester	Carbon Fiber/Epoxy	Glass Fiber/PU
적용 공법	SMC	Compression Molding	R-RIM
경량화율	15~20%	40%	50%

▶▶ 표 8.5 배터리팩 하부 케이스 경량화 사례

개발업체	LG Hausys	CSP	Audi-Fraunhofer
형상			
적용 소재	Carbon Fiber/PA	Glass Fiber/Vinyl ester	CF/GF/PA/Aluminum
적용 공법	D-LFT	SMC	D-LFT/Compression · Insert Molding
경량화율	30%	15%	42%

- 전기차 배터리팩 내 저전압 전장부품에 대응하여 3차원 MID(Mold InterconnectDevice) 공법을 적용한 회로 일체형 구조화 기술 적용이 가능함.
  - 구조물 3차원 표면상에 도금공정을 통하여 회로를 성형하는 기술로서 기존의 회로 기판 삭제를 통한 경량화 및 공간 확대 효과가 있음.
  - 무전해도금 공정을 통한 회로 형성으로 저전압 전장 부품에 적합하여 배터리 모듈 내에서 배터리의 상태를 측정하는 배터리 센싱 모듈 등 신호 전달 회로에 적용함.

(4) 시장 전망

글로벌 시장조사회사 리서치앤마켓닷컴은 28일(한국시간) 최신 보고서를 통해 2025년 세계 전기차 배터리 하우징 시장 규모가 44억 7,800만 달러(약 5조 원) 수준에 이를 것으로 내다봤다. 2020년 글로벌 배터리 하우징시장 규모는 8억 7,340만 달러(9,720억 원)이다.

전기차 배터리는 충전 및 방전에 따른 온도변화 및 충격 등에 의해 쉽게 파손되거나 폭발하는 단점을 갖고 있기 때문에 배터리 하우징은 내열성을 가지면서도 차량이 주행 시 받는 다양한 충격을 가정해 설계되어야 한다.

세계 전기차 배터리 하우징 총수요는 2025년 무려 1167.3kt까지 증가한다. 리서치앤마켓닷컴은 중국이나 미국, 유럽, 일본은 물론 인도 등 신흥 전기차 시장이 성장하면서 배터리 하우징 수요가 폭발적으로 증가할 것으로 예상한다.

02 분리막에 작용하는 반력 및 최대 변형(처짐량)

1) 개요 - 이론 계산

부재(部材, members)인 분리막이 배터리 셀 내부벽의 양단에 붙여 고정되어 있으므로 분리막을 보(beam)로 가정하여, 분리막에 작용하는 반력과 최대 변형량(처짐량)을 계산해 Li 이온이 기공(pore)을 빠져나갈 때의 반복하중과 열응력에 의한 크랙(여기서는 초미세 균열)의 발생 가능성과 거동으로 성장을 거쳐 매크로 크랙(macro crack, 매우 큰 균열)으로 되어 파손이 발생되는 이론 계산식을 나타냈다.

여기서 적용된 보는 변형에 의한 처짐량 또는 변형에너지에 관한 식을 추가하여 반력을 결정할 수 있는 부정정보(statically indeterminate beam)이며, 그림 8.1과 같이 양끝(양단)이 고정지지점으로 되어 있는 부정정보 중, 양단고정보(fixed-end beam)로서 하중이 작용하면 양 지지점에는 각각 반력과 반력에 의한 회전모멘트가 발생한다.

여기서 P는 보에 작용하는 하중이고 R_A , R_B는 하중이 작용할 때의 양 지지점에서의 반력이고, M_A 및 M_B는 하중이 작용할 때 생기는 반력에 의해 발생하는 반작용 회전모멘트이다.

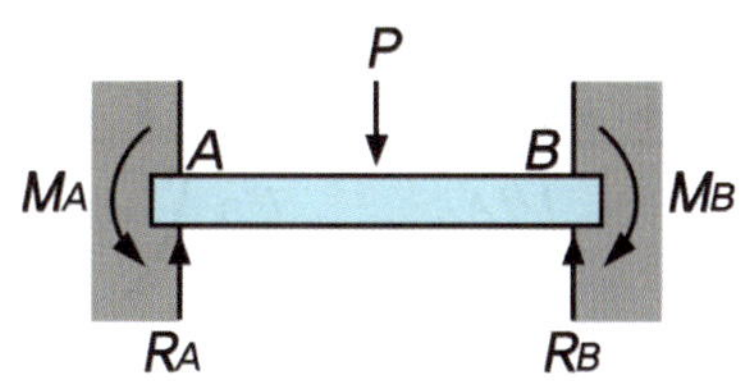

그림 8.1 양단고정보에서의 작용하중, 반력과 반작용 회전모멘트

그런데 양극재에 있는 수 많은 Li 이온이 (액체)전해질을 통해 분리막을 통과 시 작용하는 미세 힘들이 분리막에 균일하게 작용하고, 분리막의 위와 아래는 고정되어 있으므로, 균일 분포 하중이 작용하는 양단고정보로 정의하고자 한다. 공식 이론 및 계산식에 표시되는 기호를 정리하면 다음과 같다.

ω: 균일분포하중
R_A 및 R_B : 반력
M_A 및 M_B : 회전모멘트
θ_A 및 θ_B : 처짐각
E : 종(세로)탄성계수
I : 단면 2차모멘트(second moment of area) 또는 관성모멘트(moment of inertia)
EI : 굽힘강성(flexural rigidity)

그리고 분리막은 직사각형 형상이므로,

$$I = bh^3/12$$

여기서 b : 분리막 두께 또는 폭

h : 높이

2) 균일분포하중이 작용하는 양단고정보

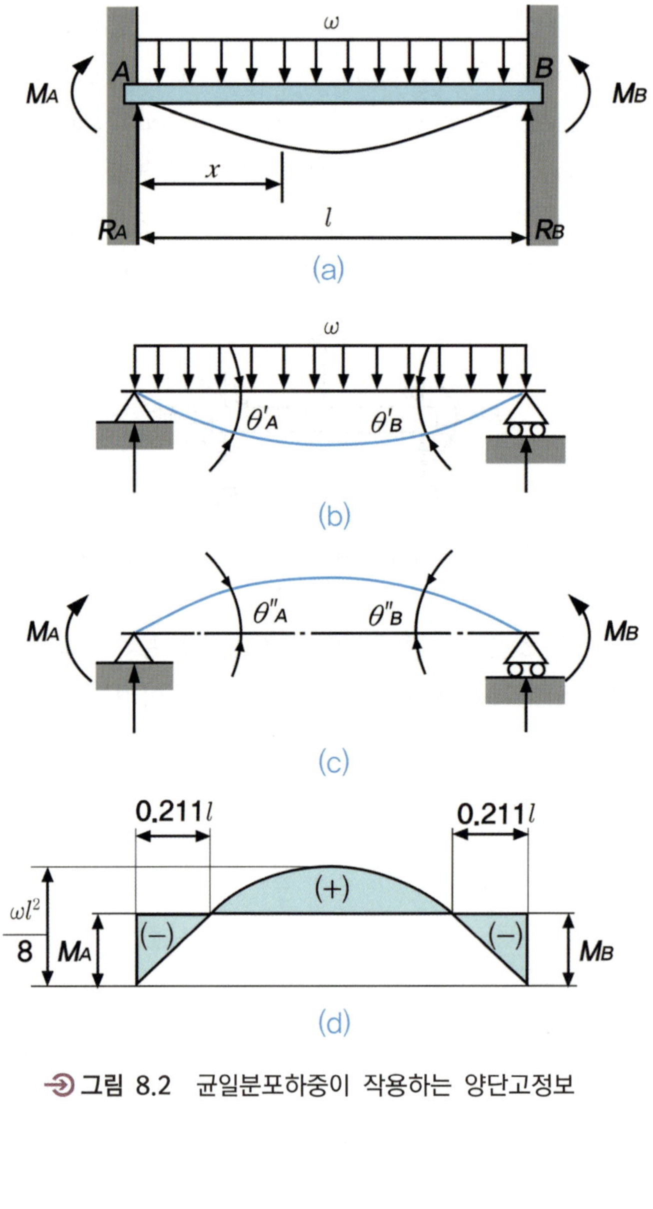

그림 8.2 균일분포하중이 작용하는 양단고정보

그림 8.2(a)와 같이 양단고정보의 전길이 l에 균일분포하중 ω가 작용할 때 겹침법을 이용하여 처짐을 해석해 보자. 양단고정보의 각 지점에는 균일분포하중 ω에 의한 반력 R_A, R_B 및 모멘트 M_A, M_B가 발생한다.

따라서 그림 8.2(a)와 같은 양단고정보는 그림 8.2(b), (c)와 같은 단순보로 취급하여 겹침법을 이용하여 해석할 수 있다. 그림 8.2(a)에서 균일분포하중 ω에 의한 양끝 고정점의 처짐각 θ_A', θ_B'와 모멘트 M_A, M_B에 의한 양끝 고정점의 처짐각 θ_A'', θ_B''의 합은 0이 되어야 하므로 다음의 관계식이 성립한다.

$$\theta_A' + \theta_A'' = 0,\quad \theta_B' + \theta_B'' = 0 \tag{a}$$

그림 8.2(b)에서 균일분포하중 ω에 의한 단순보의 처짐각 θ_A', θ_B'는 좌우가 대칭이므로 다음 식과 같이 된다.

$$\theta_A' = \theta_B' = \frac{\omega l^3}{24EI} \tag{b}$$

또한 그림 8.2(c)와 같이 단순보의 양끝에 굽힘모멘트 M_A, M_B가 작용할 때 처짐각은 다음 식과 같다.

$$\theta_A'' = \frac{l}{6EI}(2M_A + M_B) \tag{c}$$

$$\theta_B'' = \frac{l}{6EI}(2M_B + M_A)$$

식 (b)와 식 (c)를 식 (a)에 대입하면 다음 식과 같다.

$$M_A = M_B = -\frac{\omega l^2}{12} \tag{1}$$

지지점 A, B에 대한 모멘트의 대수적합은 0이므로 다음 식과 같이 된다.

$$\sum M_B = 0 : R_A l + M_A - \frac{\omega l^2}{2} - M_B = 0,\ \ M_A = M_B \tag{d}$$

$$\sum M_A = 0 : R_B l - M_A - \frac{\omega l^2}{2} + M_B = 0$$

$$\therefore\ R_A = R_B = \frac{\omega l}{2} \tag{2}$$

굽힘모멘트 선도는 그림 8.2(b) 및 그림 8.2(c)에 관한 굽힘모멘트 선도를 합하면 그림 8.2(d)와 같은 선도가 된다.

전단력은 그림 8.2(a)에서 다음 식과 같이 표시된다.

$$F_x = R_A - \omega x = \frac{\omega l}{2} - \omega x \tag{3}$$

위 식 (3)으로부터 지지점 A, B에 대한 각 전단력은 다음 식과 같다.

$$(F_A)_{x=0} = \frac{\omega l}{2},\ \ (F_A)_{x=l} = -\frac{\omega l}{2} \tag{4}$$

따라서 전단력이 0인 지점에서 최대 굽힘모멘트가 발생하므로 식 (3)의 $F_x = R_A - \omega x = \frac{\omega l}{2} - \omega x$ 로부터 $x = l/2$이 되고, 이것은 보의 중앙점이 된다.

또한 그림 8.2(a)에서 임의의 x단면에 대한 굽힘모멘트 M_x는 다음 식과 같다.

$$\begin{aligned} M_x &= M_A + R_A x - \frac{\omega}{2}x^2 = -\frac{\omega l^2}{12} + \frac{\omega l}{2}x - \frac{\omega}{2}x^2 \\ &= -\frac{\omega}{12}(6x^2 - 6lx + l^2) \end{aligned} \tag{5}$$

위 식 (5)로부터 M_A 및 M_B를 구하면

$$(M_A)_{x=0} = -\frac{\omega l^2}{12},\ \ (M_B)_{x=l} = -\frac{\omega l^2}{12} \tag{e}$$

식 (e)는 식 (1)과 일치하는 것을 알 수 있다.
또한 중앙점($x = l/2$) C의 굽힘모멘트 M_C는 전단력이 0인 위치이므로 다음 식과 같다.

$$(M_C)_{x=l/2} = \frac{\omega l^2}{24} \tag{6}$$

그림 8.2(a)에서 처짐량을 구하기 위해 처짐곡선의 미분방정식으로 나타내면 다음 식과 같이 된다.

$$EI\frac{d^2y}{dx^2} = -M_x \Rightarrow \frac{d^2y}{dx^2} = -\frac{M_x}{EI} = \frac{\omega}{12EI}(6x^2 - 6lx + l^2) \tag{f}$$

식 (f)를 적분하면

$$\frac{dy}{dx} = \frac{\omega}{12EI}(2x^3 - 3lx^2 + l^2x) + C_1 \tag{g}$$

이 되고 $x = 0$일 때 $dy/dx = 0$이므로 $C_1 = 0$이 된다.
따라서 식 (g)는 다음 식으로 표시된다.

$$\frac{dy}{dx} = \theta_x = \frac{\omega}{12EI}(2x^3 - 3lx^2 + l^2x) \tag{7}$$

식 (7)을 적분하면

$$y = \frac{\omega}{24EI}(x^4 - 2lx^3 + l^2x^2) + C_2 \tag{h}$$

식 (h)에 $x = 0$일 때 $y = 0$인 경계조건을 적용하면 $C_2 = 0$이 되므로 다음 식이 얻어진다.

$$y = \delta_x = \frac{\omega}{24EI}(x^4 - 2lx^3 + l^2x^2) = \frac{\omega x^2}{24EI}(x - l)^2 \tag{8}$$

최대처짐량은 처짐각 $dy/dx = \theta_x = 0$인 지점에서 발생하므로 식 (7)로부터 다음과 같이 구할 수 있다.

$$\frac{\omega}{12EI}(2x^3 - 3lx^2 + l^2x) = 0$$
$$(2x^3 - 3lx^2 + l^2x) = x(2x - l)(x - l) = 0$$
$$\therefore x = 0,\ x = \frac{l}{2},\ x = l \tag{i}$$

식 (i)에서 적합한 값은 $x = l/2$이므로 이것을 식 (8)에 대입하면 최대처짐량은 다음 식과 같이 된다.

$$(\delta_{\max})_{x=\frac{l}{2}} = \frac{\omega x^2}{24EI}(x - l)^2 = \frac{\omega l^4}{384EI} \tag{9}$$

다음은 최대처짐각이 발생하는 곳은 굽힘모멘트가 0이 되는 위치이므로 식 (5)를 이용하여 다음 식과 같이 구할 수 있다.

$$-\frac{\omega}{12}(6x^2 - 6lx + l^2) = 0$$
$$\therefore x = \frac{(3 - \sqrt{3})l}{6} = 0.211l$$
$$x = \frac{(3 + \sqrt{3})l}{6} = 0.789l \tag{10}$$

식 (10)을 식 (7)에 대입하면 최대처짐각 $\theta_{\max}$는 다음 식과 같다.

$$\theta_{\max} = \pm\frac{\sqrt{3}\,\omega l^3}{216EI} \fallingdotseq \pm 0.0080\frac{\omega l^3}{EI} = \pm\frac{\omega l^3}{125EI} \tag{11}$$

여기서 $\theta_{\max}$의 값에 ±의 부호를 붙인 것은 양끝 지지점 A, B의 기울기가 서로 반대인 것을 의미한다.

분리막의 특성을 나타내는 주요 기계적 요소(항목)는 표 8.6과 같다.

▶▶ **표 8.6 분리막의 특성을 나타내는 주요 기계적 요소**

요소 항목	단위	내용
두께	μm	10~25
기공크기	nm	10~500
기공도	%	30~60
통기도	sec/100mL	〈650
뚫림강도	gf	〉350
인장강도(machine direction)	MPa	~100

분리막의 특성을 나타내는 표 8.6에 의하면 인장강도는 max. 100MPa이므로

$$1\text{MPa} = 10^6 \times 1\text{N/m}^2$$

$$\text{인장강도(응력)}\ \sigma = P/A\ (\text{N/m}^2)$$

여기서 균일분포하중(ω)는 N/m,
회전모멘트 M(Nm),
반력 R_A(N),
길이 l(m)

3) 분리막의 기능과 물성 그리고 특징

(1) 분리막의 기능(역할)

분리막은 음극과 양극을 안정적으로 분리하고, 리튬이온을 잘 통과시켜야 하며, 이물질 이동을 차단하고, 온도 증가 시 기공을 막아 이온 이동을 차단해야 한다. 이에 필요한 특성은 다음과 같다.

① **전기화학적 안정성(저항성):** 배터리 전해액에 장시간 담겨져도 변형이 되지 않아야 한다.
② **유연성:** 금속 전극과 닿았을 때 변형이 되지 않아야 한다.
③ **강도:** 조립 과정과 롤링(rolling, 좌우로 흔들림 · 떨림) 과정에서의 압력에 견딜 수 있어야 한다.

④ **통기성과 투공성:** 리튬이온을 원활하게 통과시킬 수 있어야 한다.
⑤ **연신율:** 극박(極薄, ultrathin)으로 만들 수 있어야 한다.
⑥ **젖음성:** 전해액이 분리막 표면에 충분히 젖을 수 있어야 이온전도도가 향상된다.
⑦ **내열성:** 특정 온도(130~150℃) 이상의 열환경에서는 용융되어 기공이 폐쇄되어야 한다.

(2) 분리막의 크기 및 특성

그림 8.3과 같이 박막 분리막의 두께는 10~25마이크로미터(㎛), 기공 크기는 10~500나노미터(nm) 정도로 매우 작아서 리튬이온(Li^+)이 빠르고 안전하게 이동할 수 있다. 분리막의 안전성을 높이기 위해 강화 코팅을 한다.

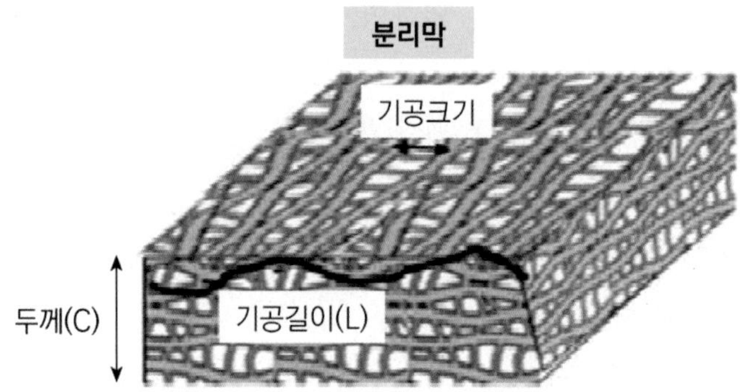

그림 8.3 분리막의 단면 구조

그림 8.4는 분리막에 있어 기공의 단면도이다.

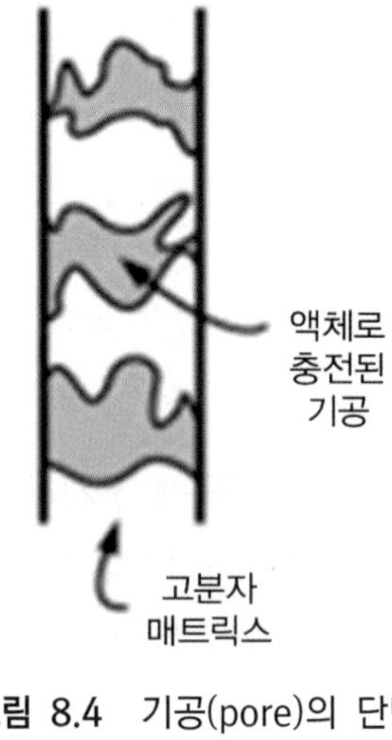

그림 8.4 기공(pore)의 단면도

4) 일반 고분자재료(폴리머, Polymer)의 상온에서의 기계적 특성

(1) 일반 고분자재료의 상온에서의 기계적 특성

표 8.7은 일반 고분자재료의 상온에서의 기계적 특성을 나타낸다.

표 8.7 일반 고분자재료의 상온에서의 기계적 특성

수지명	비중	종탄성계수 (GPa)	인장강도 (MPa)	항복강도 (MPa)	연신율 (%)
Polyethylene (low density)	0.917~0.932	0.17~0.28 (25~41)	8.3~31.4 (1.2~4.55)	9.0~14.5 (1.3~2.1)	100~650
Polyethylene (high density)	0.952~0.965	1.06~1.09 (155~158)	22.1~31.0 (3.2~4.5)	26.2~33.1 (3.8~4.8)	100~1,200
Polyvinyl chloride	1.30~1.58	2.4~4.1 (350~600)	40.7~51.7 (5.9~7.5)	40.7~44.8 (5.9~6.5)	40~80
Polytetrafluoro – ethylene*	2.14~2.20	0.40~0.55 (58~80)	20.7~34.5 (3.0~5.0)	–	200~400
Polypropylene	0.90~0.91	CTPa (165~225)	31~41.4 (4.5~6.0)	31.0~37.2 (4.5~5.4)	100~600
Polystyrene	1.04~1.05	2.28~3.28 (330~475)	35.9~51.7 (5.2~7.5)	–	1.2~2.5
Polymethyl methacrylate	1.17~1.20	2.24~3.24 (325~470)	48.3~72.4 (7.0~10.5)	53.8~73.1 (7.8~10.6)	2.0~5.5
Phenol-formaldehyde*	1.24~1.32	2.76~4.83 (400~700)	34.5~62.1 (5.0~9.0)	–	1.5~2.0
Nylon 66	1.13~1.15	1.58~3.80 (230~550)	75.9~94.5 (11.0~13.7)	44.8~82.8 (6.5~12)	15~300
Polycarbonate	1.20	2.38 (345)	62.8~72.4 (9.1~10.5)	62.1 (9.0)	110~150

* Polytetrafluoroethylene(폴리테트라플루오로에틸렌) : PTFE라는 약자이며 테플론(Teflon)이라는 상품명으로 알려진 폴리테트라플루오로에틸렌은 거의 모든 화학약품에 대해 내화학성이 있으며, 매끄러운 표면으로 유명한 합성수지이다.
* Phenolformaldehyde(페놀포름알데히드) : 페놀과 포름알데히드를 축합하여 만든 합성수지이다. 페놀 포름알데히드 수지의 상표명이 베이클라이트(Bakelite)이다.

(2) 고분자재료의 비중과 인장강도(대표값)

표 8.8은 고분자재료의 상온에서의 기계적 특성을 나타낸다.

표 8.8 고분자재료의 비중과 인장강도(대표값)

수지명	비중	인장강도(kg_f/cm^2) ASTMD638	비고
POM	1.41	630	열가소성
PC	1.20	650	열가소성
PA 6*	1.14	820	열가소성
PBT	1.32	550	열가소성
PSF*	1.24	710	열가소성
PTFE*	2.18	280	열가소성
Epoxy	1.12~1.40	280~910	열경화성
Phenol	1.25~1.30	490~560	열경화성
알루미늄 합금	2.80	770~5,800	금속

* PA 6 : 나일론은 폴리아미드 섬유로부터 만들어지는 합성수지의 총칭이고, 미국 듀폰(DuPont)사의 나일론 6(Nylon 6), 나일론 66(Nylon 66)이 유명하다.

* PSF : Polyester Staple Fiber의 약어로 폴리에스테르 단섬유라고 한다.

* PTFE : 테플론(Teflon)이라는 상품명으로도 널리 알려져 있다.

03 분리막에서의 반복하중에 의한 피로파괴(Fatigue fracture) 문제해결의 접근

1) 균열(Crack, 크랙)과 파괴 거동(Fracture behavior)

플라스틱 소재의 분리막(separator)을 금형으로 사출할 때, 사출금형에서 흔히 문제로 접하게 되는 것이 균열(crack)이다. 이런 문제를 접근할 때 유용하게 사용되는 이론은 파괴 거동에 대한 기본이론을 우선 알아야 한다.

균열의 정의부터 알아볼 필요가 있다. 기술개발과 설계에서 오류를 범해서 사용하는 것이 노치(notch)와 균열(crack)이다. 노치와 균열은 이들의 선단 반경(그림 8.5에서 R)으로 구분한다.

제품이나 구조물에서 균열 문제는 아무리 강조해도 부족함이 없다. 균열은 주로 잘못된

설계 혹은 설계 허용범위를 넘어선 가혹한 환경에서 발생한다. 일단 균열이 발생하면 기본역학이 아무런 소용이 없어진다. 이는 균열이 없는 소재의 인장강도나 항복강도보다 훨씬 낮은 하중에서 파괴가 일어나기 때문이다.

그림 8.5는 크랙 선단에서의 응력분포를 나타낸다. 크랙 선단부에서 가장 큰 응력집중이 발생하여 외부 힘(외력)이나 충격 등에 의해서 크랙이 계속해서 성장(균열의 진전)하는 것이다.

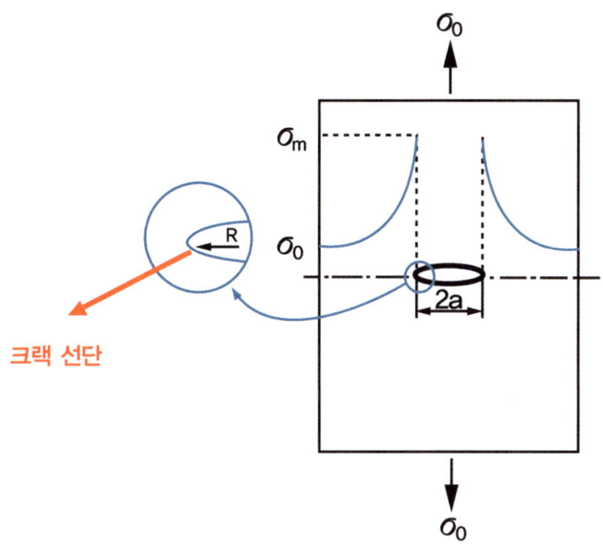

그림 8.5 크랙 선단에서의 응력분포

(1) 균열의 유형 및 발생

균열이 선단에서 그림 8.5와 같이 극심한 응력집중(σ_m) 현상이 발생한다. 그래서 낮은 외부응력에서도 파괴가 쉽게 일어난다.

이제 현장에서 균열이 발생한 제품, 구조물을 비롯한 사출금형을 보았을 때 어떻게 문제해결에 접근해야 할지를 알아본다.

균열문제를 접근할 때 균열이 발생할 수 있는 모드(mode, 유형)를 우선 알아야 한다. 균열이 발생할 수 있는 모드는 그림 8.6에 나타낸 3가지 유형밖에는 없다. 균열에 있어서 3가지 모드(유형)를 각각 세분화하여 문제에 접근할 필요가 있다. 그림 8.6(a)의 모드 1은 열림(인장) 모드(opening or tensile mode)이고, (b)의 모드 2는 미끄럼 모드(sliding mode) 그리고 (c)의 모드 3은 전단모드(tearing mode 또는 shearing mode)이다. 균열이 발생한 부분에 각각의 모드를 적용해 보면 결국에서는 복합적인 균열원인이 쉽게 규명된다.

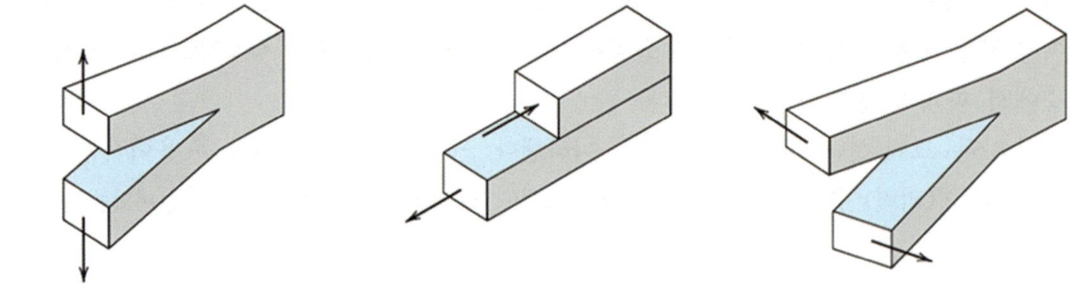

(a) 모드 1(opening or tensile)　　(b) 모드 2(sliding)　　(c) 모드3(tearing, 찢어짐)

그림 8.6 파괴의 기본모드(유형)

또한, 균열에 대해서 많이 혼돈하고 있는 것들 중에 하나가 있다. 압축하중에서도 균열이 발생한다는 것이다.

사진 8.1은 파단면의 형상이다. 단면으로 잘라본 조직에서 균열이 발생하고 더욱 성장해 균열 진전이 된 것을 확인할 수가 있다. 이는 둘로 잘라지는 파단(재료 내에 큰 응력이 발생하여 그 재료가 2개 이상으로 분리되는 것을 파단(rupture)이라 한다) 위험성을 내포하는 것이다. 이런 현상을 파괴(fracture) 또는 파손(failure)이라고도 한다.

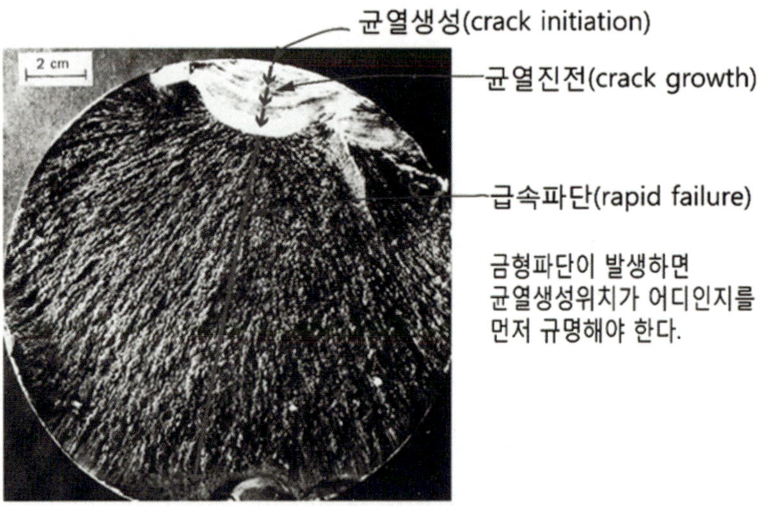

사진 8.1 파단면 형상

(2) 균열 발생 방지안

① 코너부 R(Radius)

문제를 해결할 때 변수를 최소화하는 단계가 매우 중요하다. 이런 변수를 최소화하는 방법 중에 유용한 것이 이론적으로 규명된 규칙들을 살펴보는 것이다.

현장에서 파괴된 제품, 구조물, 금형 등을 살펴볼 때 우선적으로 봐야 할 것이 균열발생 위치를 먼저 살펴야 한다. 균열은 보통 앞의 사진 8.1과 같이 균열이 발생 후 비치마크(beach mark, 육안으로 관찰 및 식별이 가능한 해변 무늬 또는 띠) 같은 형상을 그리면서 서서히 진행하다가 일정 시점이 지나면 급격하게 진전되어 파괴에 이른다.

이런 균열을 방지하려면 어떻게 해야 할까? 우선, 설계단계로 거슬러 올라가야 한다. 균열을 방지하기 위해서 취할 기술적 조치들은 많지만 그중에서 반드시 먼저 챙겨야 할 것이 있다. 그림 8.7과 같이 반경, 하중이 많이 받는 부위 또는 취약한 부위(bottle neck)에 필렛(fillet, 접선 R)을 주는 것이다.

외력이 작용하는 코너부(corner, 구석)는 그림 8.7(a)와 같이 설계하는 것은 파괴역학적인 측면에서는 좋지 않다. 외관에 영향을 주지 않는다면 (b)와 같이 최대한 필렛(fillet)을 고려하는 것이 합당하다. 왜냐하면 필렛은 응력집중을 분산해 응력을 감소시킨다.

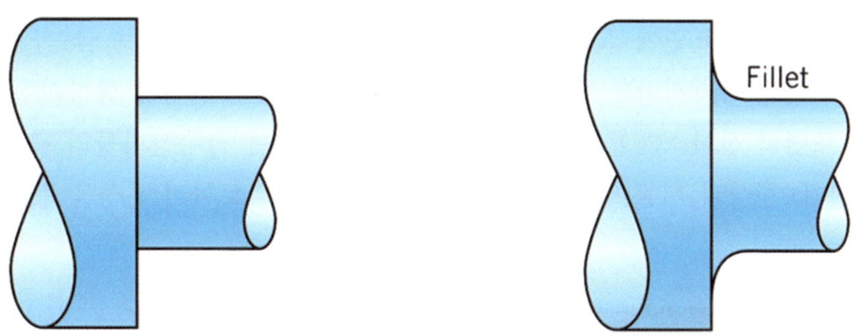

(a) 나쁜 설계 - 필렛(fillet)이 없는 설계　　(b) 좋은 설계 - 필렛(fillet)이 있는 설계

그림 8.7 코너부 설계

그림 8.8은 굽힘을 받는 보(beam)의 코너 반경(R)에 따른 응력집중계수(stress concentration factor)를 보여주고 있다. 만약 두께(T)가 1.0mm라고 가정하면 R이 0.0mm일 때와 0.2mm일 때의 차이점은 엄청나다는 것을 그림 8.8의 그래프에서 알 수 있다.

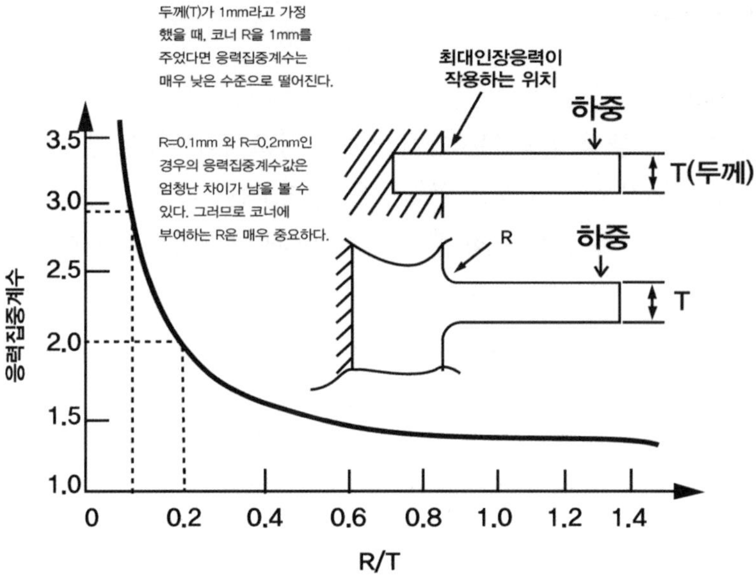

그림 8.8 반경에 따른 응력집중계수 변화

② **표면강화처리 - 숏피닝(Shot peening)**

금속에 있어 피로파괴 특성을 향상시키는 방법이 있다. 이는 후공정을 추가하여 물리적으로 피로파괴 특성을 향상시키는 방법이다. 그림 8.9에서 소개한 숏피닝(shot peening, 숏피닝 가공이란 금속 부품의 표면에 쇼트볼(shot ball)이라는 강구를 고속으로 금속의 표면에 투사하여 금속의 표면을 강화시킴)을 활용하면 피로파괴 특성을 탁월하게 향상시킬 수 있다. 이것의 용도가 표면의 산화스케일(scale, 금속 표면에 생성하는 금속산화물의 층) 제거나 표면조도(표면거칠기) 향상과 더불어 표면을 경화 및 강화시켜 피로파괴 특성을 향상시키는 후공정 방법이다.

그림 8.9 숏피닝(shot peening) 작업(왼쪽)과 작업이 완료된 터빈 블레이드(오른쪽)

숏피닝이 왜 피로파괴 특성을 개선시키는지 알아보자. 그림 8.10과 같이 강한 재질로 모재를 타격하면 타격을 가한 곳에는 압축잔류응력이 존재하게 된다. 균열은 압축하중 하에서는 발생하지 않는다(그림 8.6의 3가지 파괴의 기본 모드를 참조).

그러므로 인장력에 의한 파괴응력이 작용하더라도 모재 내부의 압축잔류응력 때문에 인장 파괴응력에 미치지 못하면 파괴가 일어나지 않는다.

그림 8.11에서는 이러한 현상을 응력분포도로 나타냈다.

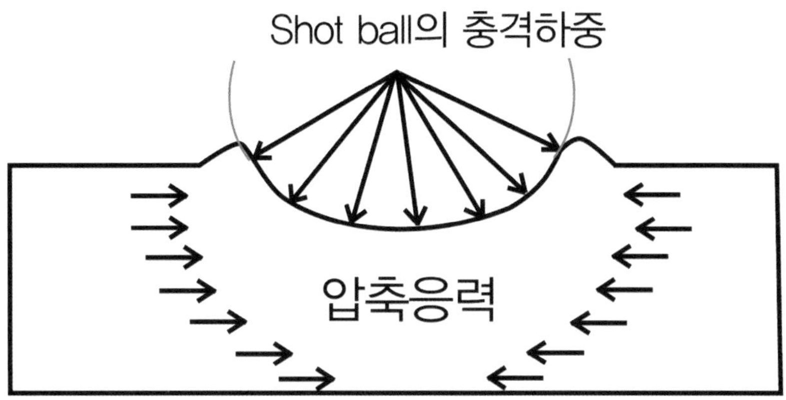

그림 8.10 숏피닝 작업으로 표면에 발생하는 압축잔류응력의 생성

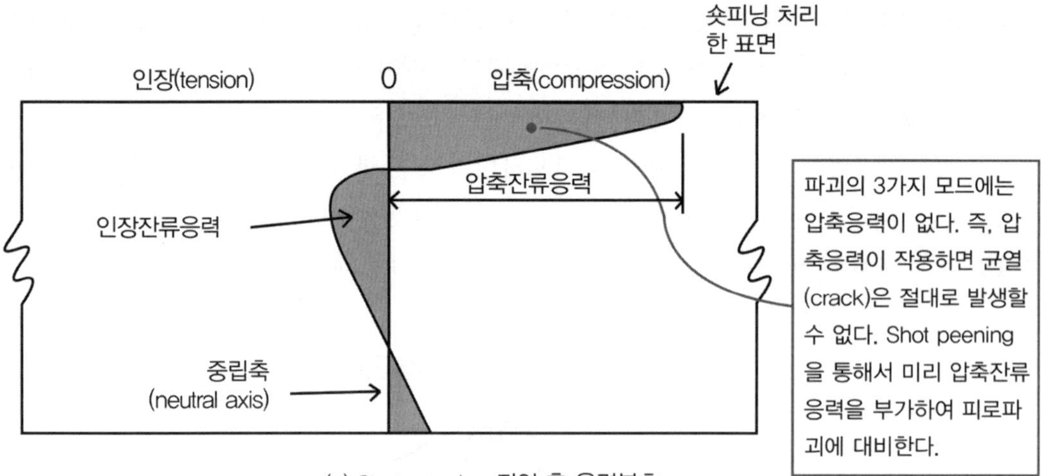

(a) Shot peening 작업 후 응력분호

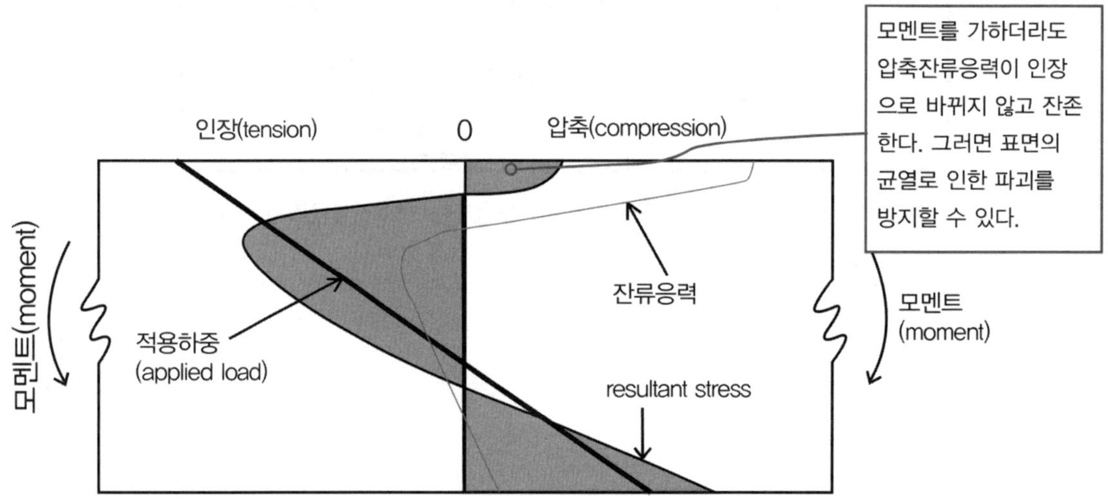

(b) Shot peening 작업한 재료에 모멘트 하중을 가했을 때 잔류응력분포

그림 8.11 숏피닝 작업 후에 표면상의 (a) 압축잔류응력분포와 (b) 모멘트를 가했을 경우 표면 압축잔류응력의 변화

③ 피로수명곡선(SN 곡선)

그림 8.12는 응력과 피로사이클 수를 나타낸 SN 곡선이다. 모재가 숏피닝한 경우와 일반(normal) 경우의 응력진폭(stress amplitude)은 많은 차이를 보여주고 있다.

그러므로 중요한 금속 부품의 경우에는 숏피닝법을 이용하여 금형 부품의 수명을 늘리는 방법도 좋을 것 같다.

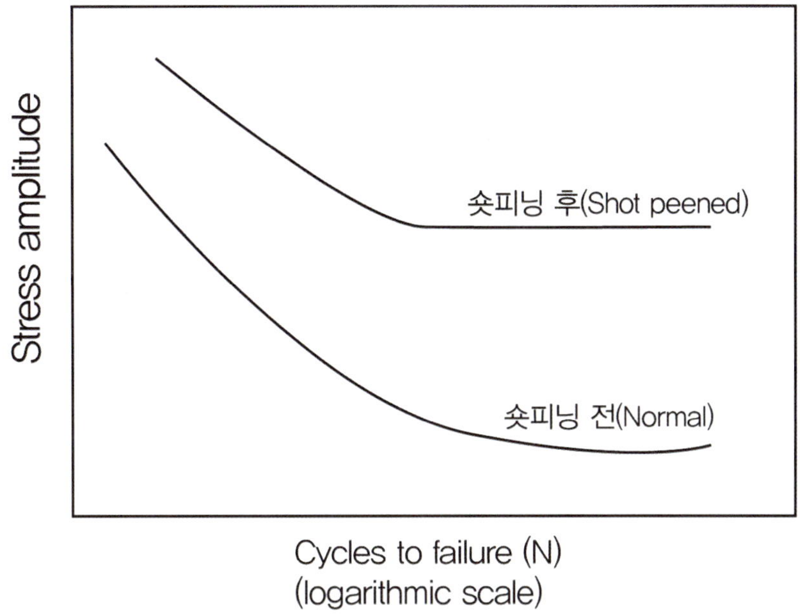

그림 8.12 피로수명곡선

응력진폭(stress amplitude)

응력진폭(stress amplitude, σ_a)은 다음과 같이 나타낼 수 있다

$$\sigma_a = \frac{\sigma_{\max} - \sigma_{\min}}{2}$$

여기서, $\sigma_{\max}$는 최대응력(maximum stress), $\sigma_{\min}$은 최소응력(minimum stress)

참고로 SN 곡선을 대표적인 재료별로 살펴보면 그림 8.13과 같다.

각 재질별로 피로파괴 특성곡선이 차이가 남을 알 수 있다. 즉, 1045steel(강)의 경우는 응력진폭 (stress amplitude)이 300MPa 이하면 피로사이클 수(N)가 증가하더라도 영구적으로 파괴가 일어나지 않는다. 하지만 2014-T6 알루미늄 합금의 경우와 황동(red brass)의 경우는 다소 다른 특성을 보이고 있다.

단순히 정적인 상태의 인장강도가 높다고 피로파괴 특성이 모두 좋은 것은 아니다. 그러므로 피로응력을 받는 부품의 경우 새로운 재료를 접목하기 전에 피로파괴 특성을 살펴볼 필요가 있다.

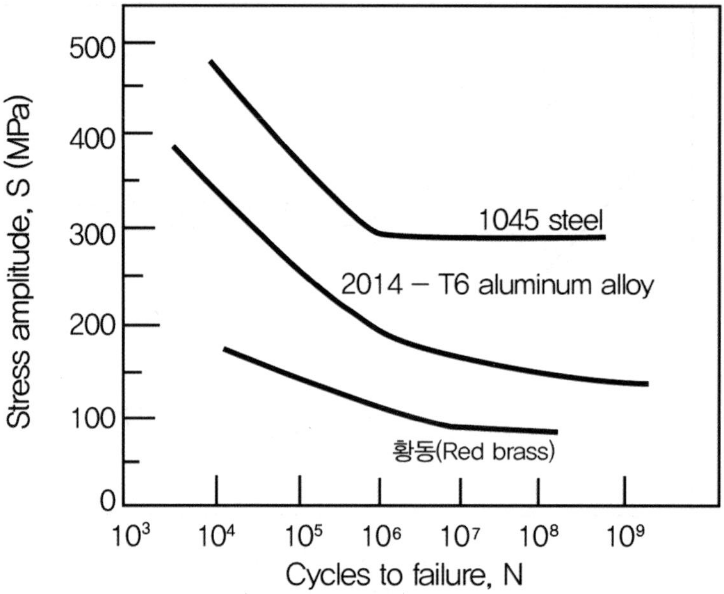

그림 8.13 재료에 따른 피로수명곡선 비교

④ 경도(Hardness)를 증가시킨다.

여기서는 플라스틱 소재를 예로 들고자 한다. 플라스틱 제품은 금형으로 사출되어 만들어진다. 플라스틱 제품에 관련하여 경도(hardness)에 대해 좀 더 자세히 알아보도록 한다.

금형재질에서는 주로 HRC(Rockwell hardness test, scale C) 경도를 많이 활용한다. 그러다 보니 자연스럽게 플라스틱 사출제품에도 HRC 경도를 적용하려고 하는 오류를 범한다. 경도의 대표적인 종류와 사용범위에 대해서 그림 8.14에 나타냈다.

경도는 각각 측정범위를 가지고 있으므로 용도에 맞게 적절한 측정방법을 선택해야 한다. 또한 실무 및 현장에서 잘 사용하는 경도의 경우는 표준화된 기준을 활용할 필요가 있다. 표준화된 기준과 상응하는 다른 경도표기법의 값도 동시에 적용하면 실무현장에서 문제해결에 접근하기가 한결 쉬워진다.

예를 들면, 로크웰경도 HRC 40을 기준으로 사용 용도와 경험을 가지고 있을 경우, 문헌이나 기술적인 토론을 할 때 적합한 기준경도를 통해서 다른 경도를 판단 및 평가할 수 있다.

또한 HRC 40이 브리넬 경도로 HB 370 정도라는 사실을 기억해 두면 실무현장에서 환산할 필요 없이 즉석에서 문제를 직시할 수 있다.

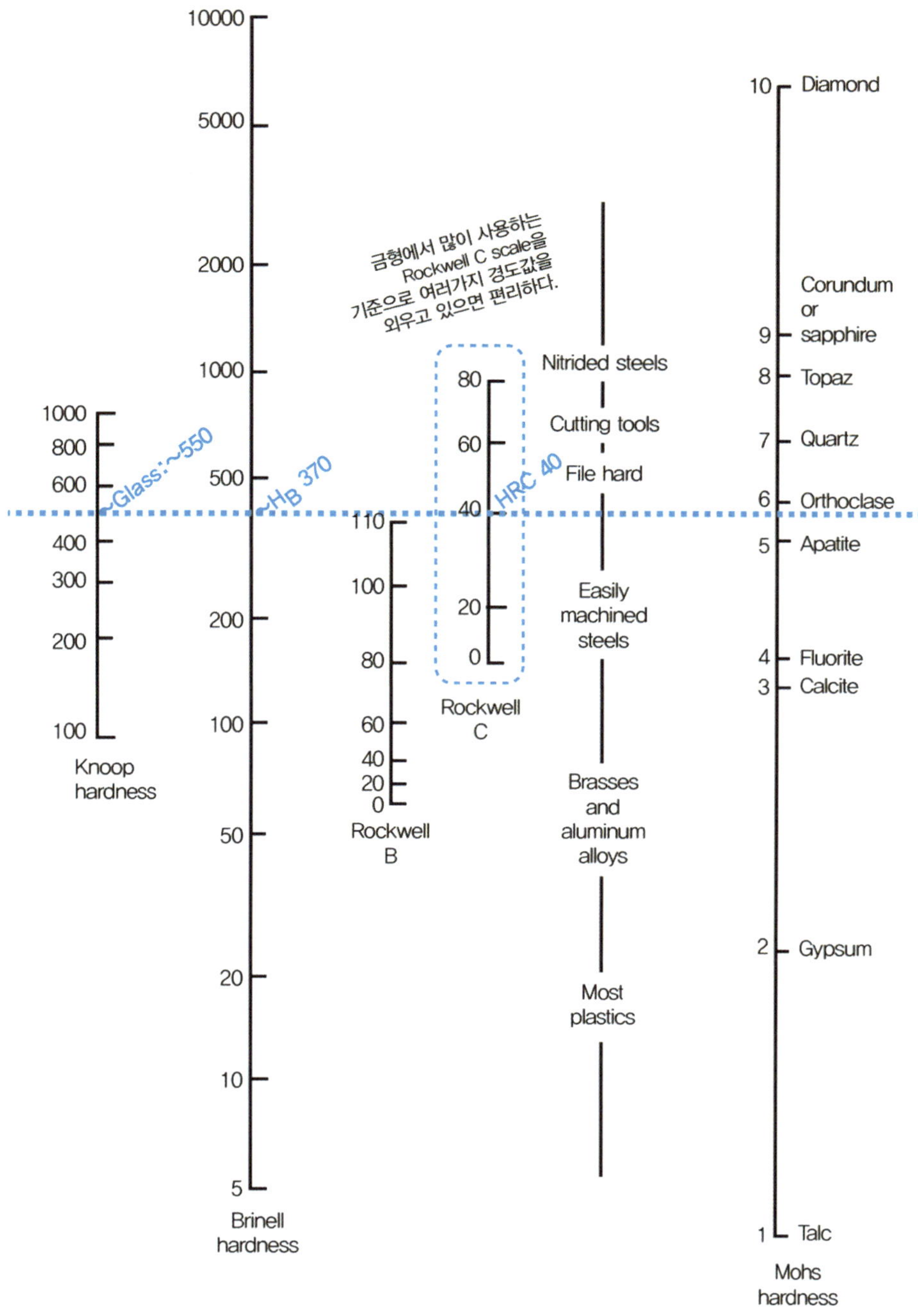

그림 8.14 경도 그래프

경도 비교는 선형적으로 변화하지 않는다. 낮은 경도에서는 서로 많은 변화를 보인다. 여기서 'Rockwell C, ×10'이라는 의미는 세로축 경도값에 10를 곱했다는 뜻이다. 즉, HB 400 정도는 HRC 43, HRB 114로 읽으면 된다.

그림 8.15는 경도 비교 그래프(hardness comparison graph)이다.

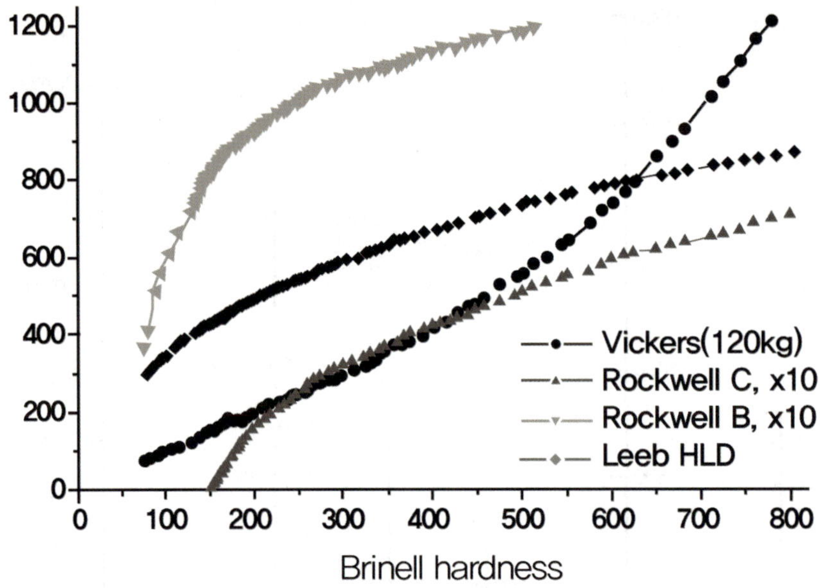

그림 8.15 경도 비교 그래프(hardness comparison graph)

04 분리막의 개선

1) 분리막 변형(처짐) 계산식 및 개선안 - 양단지지보의 중앙부

(1) 분리막 양단지지보의 중앙부에서의 변형량 및 작용 힘의 계산

계산식

2차 단면모멘트 $I = \dfrac{bh^3}{12}$

중앙부에서의 최대 처짐량 $\delta = \dfrac{\omega l^4}{384EI}$

$$\varepsilon = \frac{(m_1 - m_2)/\rho_\omega}{(m_1 - m_2)\rho_\omega + m_2/\rho_P} \times 100$$

그림 8.16은 보의 직사각형 단면이다.

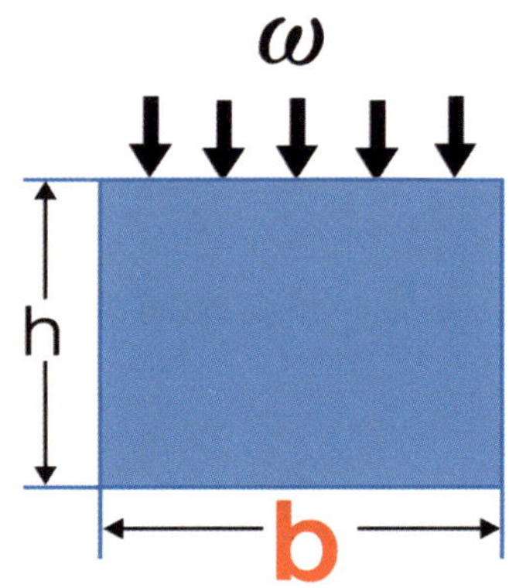

그림 8.16 보의 직사각형단면

m_1은 액체를 머금은 지지층의 질량(g), m_2는 건조된 막의 질량(g)이다. ρ_w는 액체(물을 비롯 한)의 밀도(g/cm^3)이고, ρ_p는 지지층을 구성하는 고분자의 밀도(g/cm^3)이다.

분리막의 최대 변형량(변형률, δ_{max})은 분리막 두께는 25㎛, 길이 l = 55mm(임의로 길이 가정)일 때 2차 단면(관성)모멘트는 다음과 같다.

$$I = \frac{bh^3}{12} = \frac{55 \times (0.025)^3}{12} = 0.0716 \times 10^{-3}\text{mm}$$

PP(폴리프로필렌)의 최대 종탄성계수는 E = 2.80~4.00(GPa) = max. 4.00×10^6kN/m^{2}이고, PE(폴리에틸렌)의 최대 종탄성계수는 E = 4.90~6.30(GPa) = max. 6.3×10^6kN/m^{2}이다.

① 분리막 변형량계산

배터리 셀 분리막 중앙부에서 일어나는 처짐량을 구하기 위한 계산 조건과 분리막 구조는 그림 8.17과 같이 전제로 해서 설정한다.

㉠ 가정 및 구속조건

- 분리막은 정확하게는 셀(cell) 내부에서 양끝(양단)이 배터리 셀 케이스(case) 내벽에 고정되어 있는 양단고정보(fixed-end beam) 형태로 균일분포하중이 작용한다. 그러나 여기서는 그림 8.17과 같이 양단에서 단순 지지되는 양단지지보 형태로 가정하여 설정해 계산한다.
- 분리막에 가해지는 힘(외력)이 분리막에 고르게 작용한다고 가정한다(균일분포하중).
- 분리막에 가해지는 힘은 오로지 셀 내부에서 리튬이온이 전해액을 통해 분리막을

뚫고 이동시키도록 하는 전기장력(부하로 균일분포하중)으로 정의해 한정한다. 따라서 배터리 셀 바깥으로부터의 외부 충격 등의 힘은 배제하는 것이다.

㉡ 공식

분리막에 가해지는 적용 공식은 다음과 같다.

해당 양단지지보의 최대 처짐(deflection) 공식 : $\delta_{\max(x=\frac{L}{2})} = \frac{\omega L^4}{384EI}$

E: 재료의 종탄성계수, I: 2차 단면(관성)모멘트, ω : 균일분포하중, L: 분리막의 길이

㉢ 단면 구조

- 이때 분리막 단면은 각형(직사각형)으로 한다.
- 분리막의 두께(t)는 높이(h)를 뜻한다.
- 2차 관성모멘트(second moment of inertia) 공식: $I = \frac{bt^3}{12}$
- 분리막 두께는 10~25㎛
- 분리막의 길이(L)와 폭(b)은 실제로는 배터리의 형태와 용량에 따라 가변적이나, 여기서는 이론적 계산을 위해 편의상 고정값으로 한정했다. 전기차의 요구성능에 따른 제작하고자 하는 배터리 형태와 크기에 따라 다르다. 따라서 특정된 배터리와 분리막의 크기에 따른 고정값인 길이(L), 폭(b), 두께(t)는 변수이다.

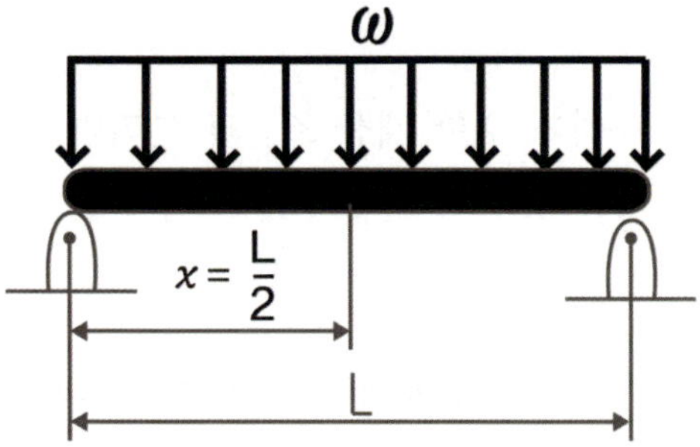

(a) 양단지지보(supported-end beam)

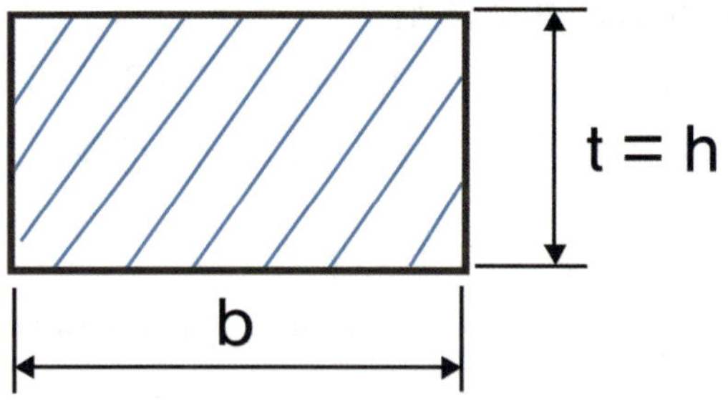

(b) 분리막 단면 구조(직사각형 형태)

그림 8.17 양단지지보와 단면 구조의 설정

㉣ 계산 공식

먼저 분리막에 적용되는 계산 공식은 그림 8.18과 같다.

분리막의 변형량(변형률) 계산에 적용되는 보의 자유 물체도, 최대 모멘트(M_{max}), 최대 처짐량(δ_{max})은 그림 8.18에서 파란 선으로 표시한 것과 같다.

자유 물체도	최대휨모멘트	최대처짐(중앙부처짐)	비고
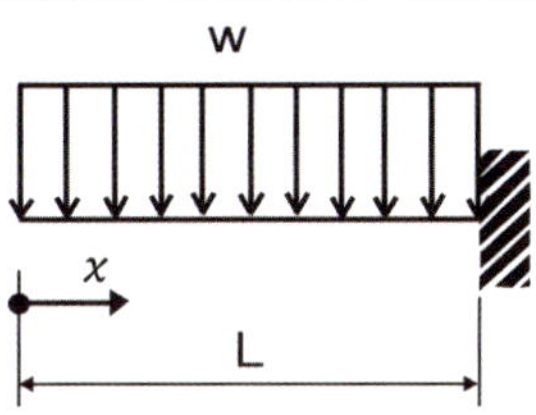	$M_{max} = -\frac{wL^2}{2}$	$\delta_{max} = \frac{wL^4}{8EI}$	
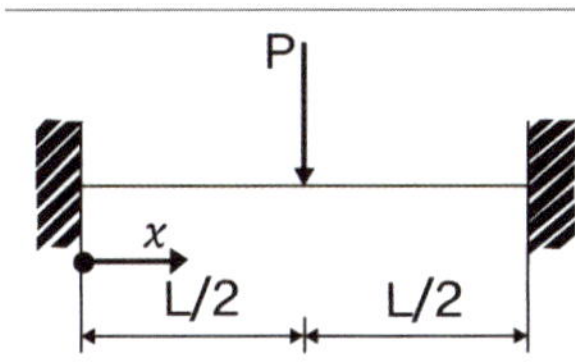	$M_{max} = -\frac{PL}{8}, \frac{PL}{8}$	$\delta_{max} = \frac{PL^3}{192EI}$	
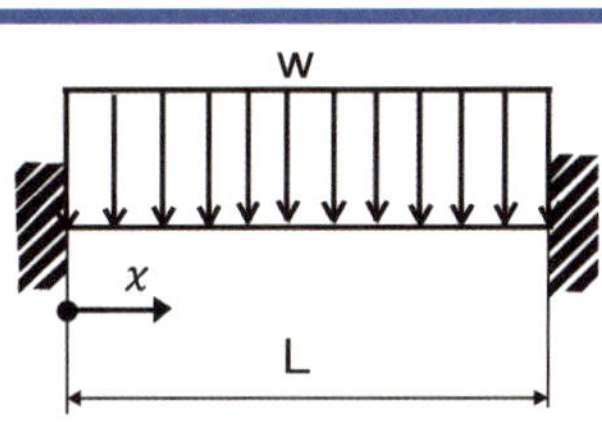	$M_{max} = -\frac{wL^2}{12}, \frac{wL^2}{24}$	$\delta_{max} = \frac{wL^4}{384EI}$	

그림 8.18 분리막에 적용되는 양단고정보(fixed-end beam)의 공식

최대 변형량(δ_{max}) 공식을 분리막의 폭(b), 두께(h)와 분리막 소재의 종탄성계수(E) 그리고 분리막에 작용하는 균일분포하중(ω)을 사용해 나타내면 다음과 같다.

$$\delta_{max} = \frac{\omega L^4}{384EI} = \frac{\omega h^4}{384E\frac{bh^3}{12}} = \frac{\omega h}{32Eb}$$

여기서 ω : 균일분포하중(리튬이온의 전기장력)

b : 분리막 가로길이(폭)

h : 분리막 세로길이(높이), 여기서는 두께이다.

E : 종탄성계수(영률)

분리막 재료(소재)의 물성치와 치수값, 가해지는 힘(하중)을 특정하여 넣을 수 있으므로 상수로 취급할 수 있다. 결국 최대 변형량은 다음 공식으로 정의할 수 있다.

$$\delta_{\max} = \frac{\omega h}{32Eb}$$

② 아이디어 설계

㉠ 분리막 소재의 변경

앞에서 구한 다음의 최대 변형량($\delta_{\max}$) 공식을 바탕으로 분리막을 설계하여 반복하중, 열변형, 피로 등을 소재에 따라, 그리고 두께 변화에 따라 개선할 수가 있다.

$$\delta_{\max} = \frac{\omega h}{32Eb}$$

㉡ 분리막 단면의 구조 및 형상 변경

위의 변형량 공식은 일반적으로 쓰이는 직육면체(각형, 직사각형) 분리막의 최대 변형량을 구하는 식으로, 새로 설계하는 분리막의 최대 변형량이 위 식보다 작은 값을 가진다면 반복하중, 열변형, 피로 등을 개선시킬 수 있다고 판단할 수 있다. 분리막의 최대 변형량을 줄이는 방법으로는 '분리막의 단면 구조 및 형상 변경'을 통해 해결하는 것도 분리막 개선에 있어 도움이 될 것이다.

㉢ 분리막 치수

분리막의 두께는 10~25㎛ 정도이고, 가로 및 세로 값은 b와 h로 표시하고, 가장 기본이 되는 분리막의 형상은 직육면체(각형 타입으로 직사각형)로 정의한다. 그림 8.19는 분리막의 단면 형상이다.

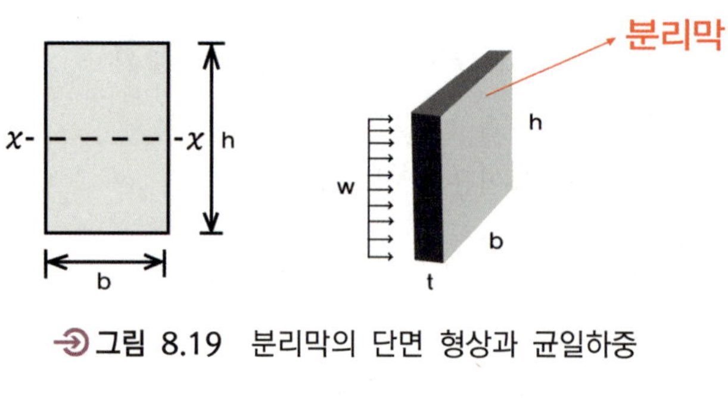

그림 8.19 분리막의 단면 형상과 균일하중

(2) 분리막 개선 사항

① 분리막 문제점과 개선 사항

㉠ 분리막의 변형은 손상의 원인이 되므로 전해질이 양극물질과 만나 기화되면서 열폭주를 일으키는 위험으로 상존한다.

㉡ 리튬이온 배터리의 경우 충전과 방전을 수없이 반복해 진행되기에, 아주 초미세한 반복하중으로 인한 피로파괴의 원인이 되어져 분리막의 변형이 발생될 수 있다. 특히 외부 충격이나 무리한 외력이 작용 시는 분리막 변형을 가속화시킬 가능성이 상존한다.

㉢ 결론적으로 어떠한 환경과 조건에서도 분리막의 변형을 막을 수 있는 방안이 필요하다. 이는 초기 미세한 변형으로 인한 분리막의 균열이나 손상 등의 성장이 시간에 따라 진행되어 종국에는 분리막의 부분적(국부적) 파손과 파열, 파괴 등의 발생을 사전에 예방하고 대처하는 것으로 성능과 품질이 완전한 분리막을 만드는 것이다.

② 분리막 조건

㉠ 배터리 셀(cell) 내부 여러 이온과 반응이 절대 없어야 한다.
㉡ 전기화학적으로 안정적이어야 한다.
㉢ 절연 특성이 뛰어나야 한다.
㉣ 두께가 얇고 강도(strength)가 우수해야 한다.

↓

해당 조건을 만족하는 PP(폴리프로필렌)과 PE(폴리에틸렌) 재질의 분리막을 주로 사용

③ 개선 방안

㉠ 셀 내부의 분리막 변형량 계산을 통해 대략적으로 분리막의 변형에 영향을 주는 요소와 요인에 대한 파악·예측과 대안이 가능하다.

㉡ 재료의 종탄성계수(E)와 2차 단면모멘트(I)의 크기를 증가시키면 변형량을 줄일 수가 있다.

④ 개선 방법

㉠ 탄성계수가 높은 재료를 사용해서 제작하는 방법이다. 주로 사용되는 PP(폴리프로

필렌)와 PE(폴리에틸렌)에 세라믹을 코팅해서 강화막을 형성시켜 강도를 증가시키는 방식처럼 기존의 분리막에 코팅하는 방법을 통해 분리막을 강화하거나, 새로운 재질 PEEK (Polyetheretherketone, 폴리에테르에테르케톤)과 같은 슈퍼엔지니어링 플라스틱(super engineering plastic)을 사용해서 분리막을 제작하는 방안도 검토할 필요가 있다.

가격은 기존에 사용하고 있는 PP와 PE 같은 범용 플라스틱보다 고가이지만 안전을 위해서는 충분히 적용을 검토할 필요성이 있는 것이다. 현재 엔지니어링 플라스틱 PI(Polyimide, 폴리이미드)도 사용되고 있기 때문이다.

ⓛ 분리막의 형태(형상)와 구조를 변경해서 2차 단면모멘트의 크기를 증가시키는 방법이다. 예를 들면, 다리 구조물에서 직사각형의 보(beam)가 아닌, H-beam, I-beam 등을 사용할 경우 변형량이 감소하는 것과 마찬가지로, 분리막의 형태를 기존의 심플한 단순보 형태보다 좀 더 복잡하겠지만, 형태와 구조를 개선시켜 만들어 보강시킴으로써 2차 단면모멘트를 증가시키면 분명히 변형량 감소가 가능할 것으로 보인다.

(3) 분리막 변형률

그림 8.20과 같이 배터리 셀 크기를 기준으로 하여 분리막의 구속조건을 설정하고 이론 계산을 했다.

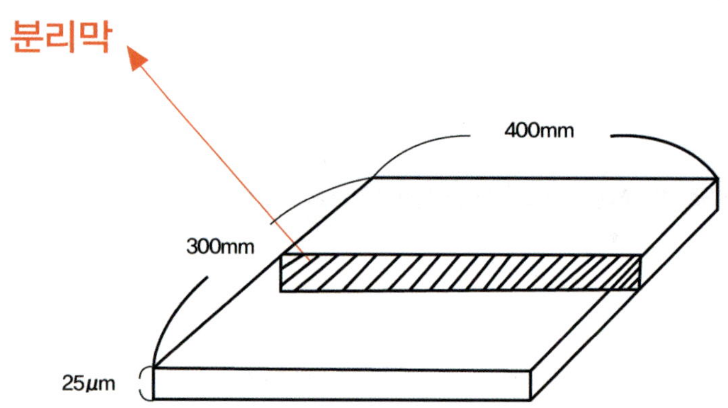

그림 8.20 배터리 셀 크기(임의로 설정) - 계산기준

표준 배터리 셀 크기와 분리막

- 좌우 배터리 길이 300mm 이상 ~ 400mm 이하
- 분리막 두께 10μm ~ 25μm

$$2차\ 단면모멘트(관성모멘트)\quad I = \frac{bh^3}{12} = \frac{300 \times (0.025)^3}{12} = 3.906 \times 10^{-4} \text{mm}^4$$

인장강도는 (참고 논문기준) 상온에서 PE의 최대응력 : 178MPa = 178 × 10^6 × N/m^2 = 178 × 10^6 × (1/9.8kgf) / 0.12m^2 = 151.4 × 10^6kgf/m^2 = 151.4kgf/mm^2

$$\delta_{\max}\left(x = \frac{l}{2}\right) = \frac{\omega l^4}{384EI}$$

〈참고 논문〉 https://www.cheric.org/PDF/PK/PK36/PK36.1.0093.pdf

2) 분리막 개선 의견

(1) 분리막 파손의 문제해결

분리막이 배터리 셀 케이스(battery cell case)의 내벽에 부착되는 양단고정보(fixed-end beam) 형태의 조립구조이다. 따라서 분리막(separator)에 있어 다음 2가지의 해결책을 강구해본다.

① 단면의 형태(형상) 변경

2차 단면모멘트는 부재(members) 혹은 구조물 등의 강도나 저항 등을 구하기 위해 사용되는 것으로 그림 8.21과 같이 단면의 형상에 따라 다르다.

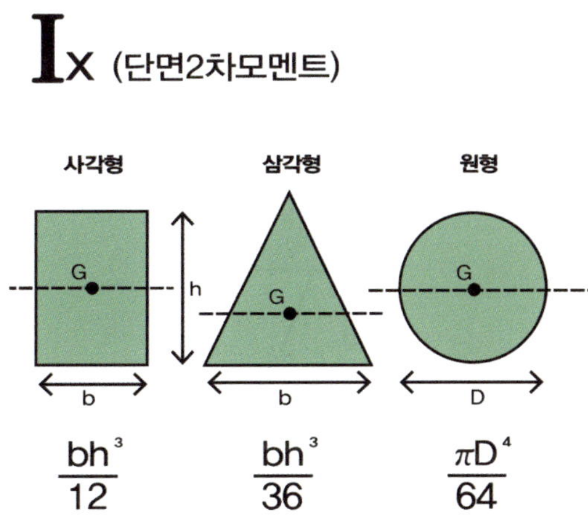

그림 8.21 단면 형상에 따른 2차 단면모멘트(2차 관성모멘트)

② 양단지지부에 R(Radius, 필렛)을 준다

㉠ 직사각형 셀(rectangular type cell 또는 prismatic(각기둥) type cell) 및 리튬폴리머 파우치형 셀(Li-polymer pouch type cell) 분리막(separator)이 위 · 아래 부위(또는 방향에 따라 양옆)에 부착돼 고정되는 양단고정단보(fixed-end beam)이기 때문에 그림 8.22와 같이 배터리 셀 케이스 내벽과 조립되어 고정되는 끝단에 필렛(fillet, 라운드(round)로 여기서는 접선 반지름이다. full radius를 의미한다)을 준다. 필렛 R을 주면 코너부 반경에 따른 응력집중계수변화를 줄여 피로에 의한 파괴수명을 연장할 수 있다.

그리고

I: 단면 2차모멘트(second moment of area) 또는 관성모멘트(moment of inertia)이고,

EI: 굽힘강성(flexural rigidity)이다.

여기서 분리막은 직사각형 형상이므로, $I = bh^3/12$이 된다.

여기서 b: 분리막 두께 또는 폭, h: 높이

따라서 길이 방향으로 전체 또는 부분적으로 여러 개소에 R을 형성한다.

㉡ 원통형 셀(cylindrical type cell)

원통형 셀에 있어서 분리막도 원통형상이므로, $I = \pi d^4/64$이 된다.

여기서 d: 분리막의 원지름

㉢ 배터리 셀 케이스 내벽에 R을 주어 분리막의 고정을 단단하게 하면서 응력집중계수 변화를 줄여 분리막의 파괴수명을 늘릴 수 있다.

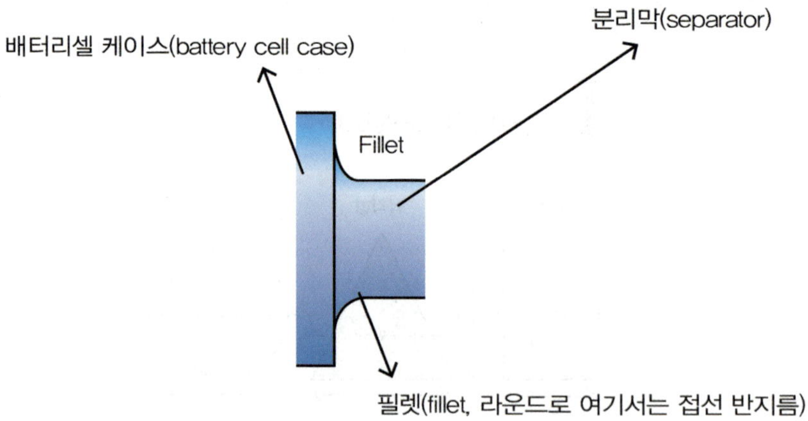

그림 8.22 분리막 끝단 또는 배터리 셀 내벽에 필렛(R) 설치

③ S자형 배터리 분리막 구조를 만든다 - 설계 및 공정 변경

㉠ 분리막의 구조 변경 - S자형으로

직사각형 분리막의 형태(형상)를 S자형으로 곡률을 주어 구조를 변경하면, 충·방전 시 분리막이 전기장력에 의해 분리막 두께 정도로 미세하게 좌우로 떨려 요동칠 때(좌우로 진동할 때), 외부 에너지에 대항하는 신축성과 내구성으로 좌우 지지힘을 보상해주는, 전자이동 시 저항에 견다는 최적 형태이다. 그림 8.23은 충전과 방전을 할 때 좌우로 받는 전기장력에 의한 부하(양쪽 화살표)에 따른 응력과 변형률에 대한 구조 CAE 해석(응력 및 변형률 해석) 내용의 일부를 보여주고 있다.

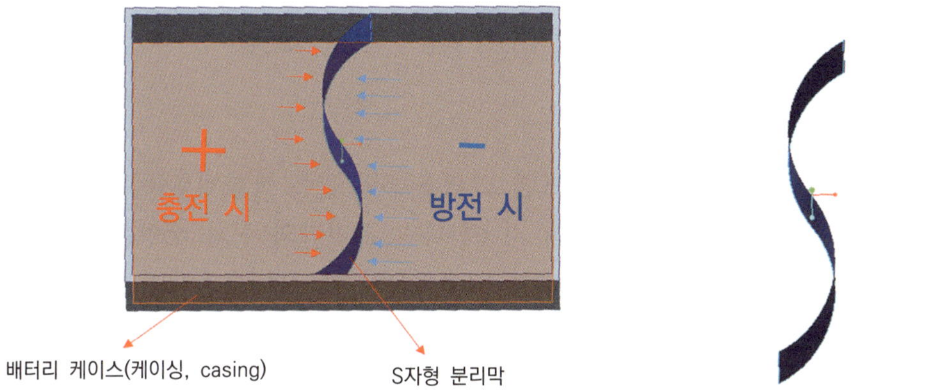

(a) CAE 해석 모델링 (b) 개선안 - S자형 분리막

그림 8.23 분리막 S자형 구조의 CAE(응력 및 변형률 해석)

④ 계단형 또는 톱니형 배터리 분리막 구조를 만든다 - 설계 및 공정 변경

분리막의 최대 변형량을 줄이고, 외력에도 내구성을 키워 전기장력에 의한 반복하중에 따른 피로수명을 높이는 방법으로 그림 8.24와 같은 분리막 단면 구조를 제시한다.

분리막의 기공들은 습식과 건식 제조공법에 의해 랜덤(random, 무작위로 불규칙하게)하게 배치되어 있으므로, 기공을 무시한다면 분리막 형상(형태)은 단순한 직사각형 단면을 가진다.

이러한 직사각형 단면을 반도체 공정에서 이용하는 에칭(etching, 식각) 공법 등을 활용하고 응용해서 계단형 또는 톱니형 단면으로 제작한다면 전기장력의 반복하중으로 인한 피로수명이 더 연장될 것으로 기대된다.

하지만 단면을 단순한 일직선에서 형상이 복잡한 구조로 제작한다는 것은 공정기술적 문제와 더불어 제조가격(제조비) 상승 문제 등 생산성에 있어 공정상 여러 가지 문제가 있을 수 있다. 그러나 여기서는 분리막 파손 방지 등 전반적인 안전을 위한 분리막 문제의 개선안을 제시하는 것이다.

에칭(蝕刻, etching)

에칭(식각)은 화학약품의 부식작용을 응용한 표면가공의 방법이다. 사용하는 소재에서 필요한 부위만 방식처리를 한 후 부식시켜서 불필요한 부분을 제거하여 원하는 모양을 얻는다. 식각(etching)공정에서는 밑그림 중 불필요한 부분을 없애는, 즉 회로의 패턴 중 필요한 부분만 남기고 불필요한 부분은 깎아내는 작업을 수행하는 것으로, 반도체의 구조를 형성하는 패턴(pattern, 미세한 회로 도선)을 만드는 기술이 대표적 식각공정 기술이다.

(a) 기존의 분리막-직사각형 단면 (b) 계단형 단면 형상으로 변경 (c) 톱니형 단면 형상으로 변경

그림 8.24 분리막 단면 형상의 변경 - 개선안

⑤ 복합재료 사용

예로 분리막에 대한 특허검색을 살펴보면, 그림 8.25와 같은 복합재료를 사용한 분리막이 있다. 2~3개의 재료를 혼합 및 배치하여 사용한다면 분리막의 질과 수명을 늘릴 수 있을 것으로 기대된다. 하지만 2개 이상의 재료를 사용하므로 제작과 제조비용 등 생산성에서는 문제가 될 수 있다.

특허 내용은 상이한 공극(여기서는 기공을 의미한다) 크기를 갖는 3층 PP/PE/PP 분리막 멤브레인(membrane, 막)은 PP/PE 계면(界面, 접하고 있는 경계면)에 위치한 중간층 영역을 나타낸다는 것이다.

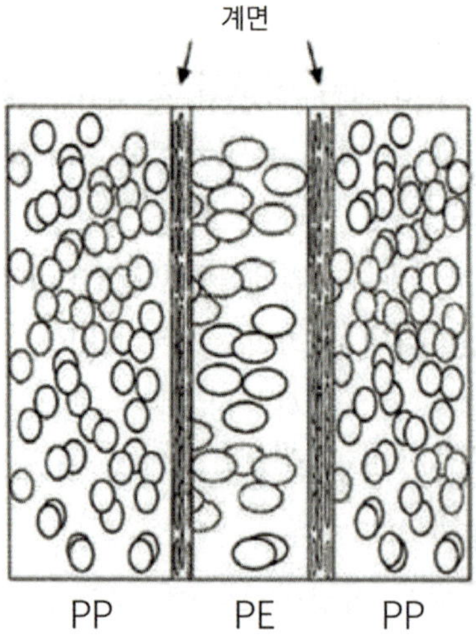

상이한 공극 크기를 갖는 3층 PP/PE/PP 분리막 멤브레인은
PP/PE 계면에 위치한 중간층 영역을 나타냄

그림 8.25 3층 PP/PE/PP 분리막 멤브레인 - 복합재료를 사용한 분리막 특허의 대표도면

㉠ 분리막 특허검색

그림 8.26에서 보여주는 특허 초록은 미국 발명자와 출원인이 한국에서 특허를 출원한 발명의 명칭 '박형 배터리 분리막 및 방법'에 관한 것이다. 특허 내용은 앞에서 설명한 그림 8.25의 3중 복합재 구조의 분리막 구조와 제조방법을 핵심내용으로 하고 있다.

(19) 대한민국특허청(KR)
(12) 공개특허공보(A)

(11) 공개번호 10-2015-0058316
(43) 공개일자 2015년05월28일

(51) 국제특허분류(Int. Cl.)
H01M 2/16 (2006.01) **H01M 10/05** (2010.01)
H01M 2/14 (2006.01) **H01M 6/16** (2006.01)
(52) CPC특허분류
H01M 2/1653 (2013.01)
H01M 10/05 (2013.01)
(21) 출원번호 **10-2015-7009437**
(22) 출원일자(국제) **2013년09월18일**
심사청구일자 **없음**
(85) 번역문제출일자 **2015년04월13일**
(86) 국제출원번호 **PCT/US2013/060321**
(87) 국제공개번호 **WO 2014/047126**
국제공개일자 **2014년03월27일**
(30) 우선권주장
61/703,320 2012년09월20일 미국(US)

(71) 출원인
셀가드 엘엘씨
미국 노스 캐롤라이나 28273 샬롯 사우스 레이크스 드라이브 13800
(72) 발명자
할모, 폴, 엠.
미국, 노스캐롤라이나 28037, 덴버, 윌로우 브룩 코트7263
장, 샤오민
미국, 노스캐롤라이나 28277, 샬럿, 험볼트 드라이브 12125
(뒷면에 계속)
(74) 대리인
특허법인다나

전체 청구항 수 : 총 17 항

(54) 발명의 명칭 **박형 배터리 분리막 및 방법**

(57) 요 약

적어도 선택된 양태, 목적 또는 실시양태에 따르면, 최적의 신규 또는 개선된 멤브레인, 배터리 분리막, 배터리 및/또는 시스템 및/또는 관련 제조 방법, 용도 및/또는 최적화가 제공된다. 적어도 선택된 실시양태에서, 본 발명은 수지상 성장을 방지하거나 수지상 성장으로 인한 내부 단락을 방지하거나 또는 이들 모두를 방지하는 신규

(뒷면에 계속)

대 표 도 - 도1

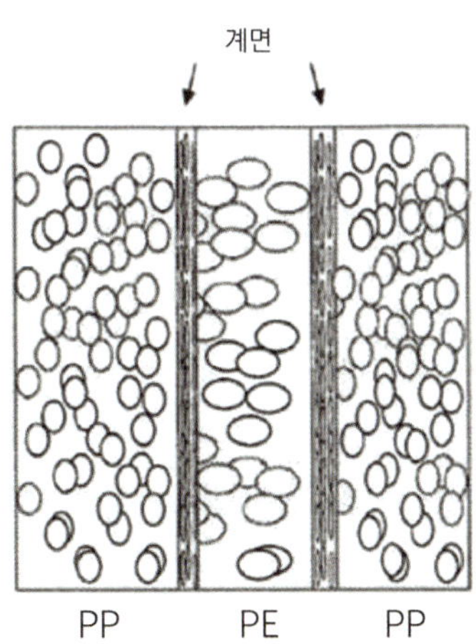

상이한 공극 크기를 갖는 3층 PP/PE/PP 분리막 멤브레인은
PP/PE 계면에 위치한 중간층 영역을 나타냄

그림 8.26 3중 복합재 구조의 분리막 출원특허

(출처: https://patentimages.storage.googleapis.com/ea/f4/c0/097b06e108823c/KR20150058316A.pdf)

㉡ 분리막의 최대 변형량을 줄이는 방법 - 슈퍼엔지니어링 플라스틱 소재의 사용
분리막에는 PP, PE, PI 등이 널리 사용되고 있다. 현재 분리막 재료와 동일한 특성을 가지고, 보다 영률(종탄성계수)이 더 좋은 재료를 사용한다면 피로수명, 반복하중, 열변형 등의 문제를 보완하면서, 보다 개선시킬 수 있다. 이는 분리막의 특성을 만족시키는 더욱 물성이 우수한 재료를 사용하는 것이다.

PEEK(Polyetheretherketone, 폴리에테르에테르 케톤)와 같은 슈퍼엔지니어링 플라스틱(super engineering plastic)을 사용해서 분리막을 제작하는 방안도 검토할 필요가 있다. 하지만 상용화하기에는 제작이 어렵고, 당연히 가격이 비싸리라 예상된다.

3) 분리막 변형률(변형량) 계산 및 개선 의견

(1) 분리막 조건

① 높은 열 안정성과 전기절연성을 갖춘다.

양극과 음극이 직접 만나면 전기가 아닌 열에너지가 발생하기에 화재의 위험이 있어서 높은 열 안정성이 필요하다.

배터리의 온도가 일정 온도 수준 이상으로 올라가면 분리막이 자체적으로 기공을 막음으로써(용융시켜 기공을 폐쇄), 내부 쇼트(short, 합선)를 방지하기 위한 목적 및 리튬이온을 포함한 배터리 내부의 다른 이온들과도 반응하면 안되기에 절연성도 필요하다.

② 기공의 크기가 균일하고 개수가 많아야 한다.

리튬이온이 양극과 음극을 오가며 전류가 흐르게 되며, 전기를 생산한다. 즉, 리튬이온 흐름을 원활하게 하기 위해서는 통로가 되는 기공의 크기가 균일하면서도 개수가 많아야 한다.

③ 얇으면서 튼튼해야 한다.

분리막의 두께가 얇을수록 양극과 음극에 더 많은 재료를 넣어 리튬이온 생성도 많이 할 수 있으며, 보다 많이 생성된 리튬이온이 통과하는 분리막은 충분한 강도를 지니고 있어야 외부의 물리적 충격에도 쉽게 손상되지 않아 안전성도 높아지기 때문이다.

(2) 기존 분리막 변형률

① 기존 분리막의 기본 설정 조건

분리막 변형률 계산을 통해 기존 분리막과 저자가 개선안으로 제시하는 분리막의 차이를 비교하기 위해, 또는 계산을 용이하기 위해 같은 조건으로 가정하여 기본 조건을 설정하였다. 분리막 소재도 PE(폴리에틸렌)으로 동일하다. 그림 8.27은 분리막의 기공 모습과 분리막 설정 조건을 나타낸 것이다.

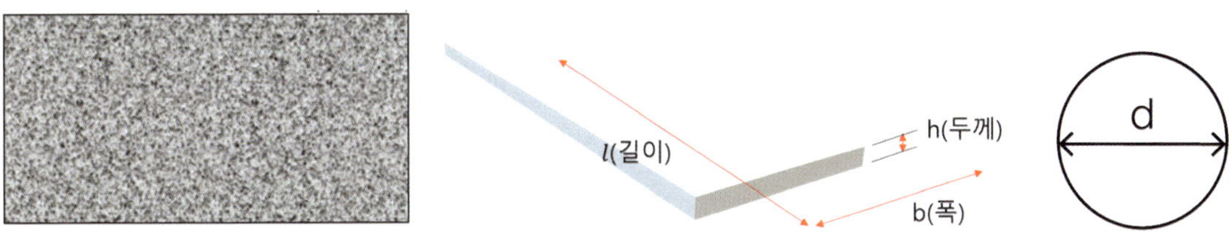

(a) 실제 분리막 기공 모습　　(b) 분리막 설정　　(c) 분리막 기공 (원으로 가정)

그림 8.27 가정한 설정 조건(전제 조건)

- **가정한 설정 조건(전제 조건)**
  - ㉠ 기존 분리막의 기공 사이즈 단위는 모두 μm 단위지만, 계산을 편하게 하기 위해 mm라 가정하고 계산을 했다.
  - ㉡ 또한 분리막에 형성된 기공은 원형 모양으로 대략 100개라고 가정하여 분리막 변형률 계산을 했다. 이는 변형률의 차이를 확인하여 분리막의 성능과 품질을 개선하기 위한 선행기술적 검토이며, 개선방안을 도출하기 위함이다.
  - ㉢ 실제 기공 사이즈(크기)가 1μm 이하로, 기공 개수는 엄청 많이 비정형적으로 분리막에 형성되어 있다. 기공 개수를 늘려야만 보다 정확한 계산 수치가 나온다.

$$I = \frac{bh^3}{12} = \frac{50 \times 20^3}{12} = 3.34 \times 10^4 mm^4$$

$$I_{기공} = \frac{\pi d^4}{64} = \frac{\pi 5^4}{64} = 3.07 \times 10 mm^4$$

$$I_{기공(100개)} = \frac{\pi d^4}{64} \times 100 = \frac{\pi 5^4}{64} \times 100 = 3.07 \times 10^3 mm^4$$

l : 100mm　b : 50mm　h : 20mm　d : ø 5mm　E(PE 재질) : 3~5 × 10^3MPa

② 기존 양단지지보의 변형량 계산(그림 8.28 참조)

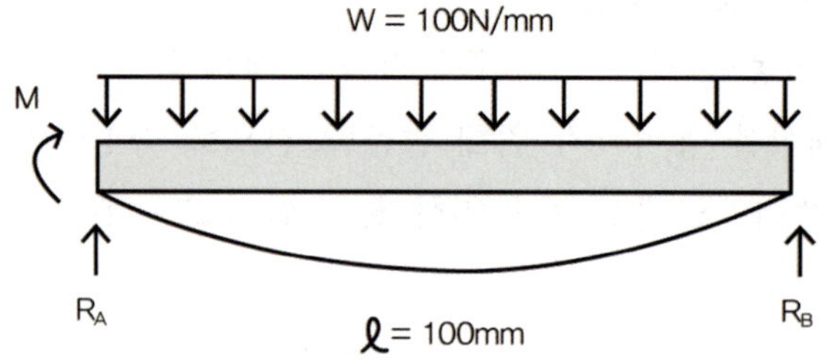

$$\sum F_y = 0 : R_A - w \times l + R_B = 0$$
$$\sum M = 0 : (w \times l) \times \frac{1}{2} l - l \times R_B = 0$$

⇨

$$\sum F_y = 0 : R_A - 100\text{N/mm} \times 100\text{mm} + R_B = 0$$
$$\sum M = 0 : (100\text{N/mm} \times 100\text{mm}) \times \frac{1}{2} \times 100\text{mm} - 100\text{mm} \times R_B = 0$$

⇨ $R_B = 5000\text{N},\ R_A = 5000\text{N}$

$$\delta_{\max} = \frac{w \cdot l^4}{384 \cdot E \cdot I} = \frac{100 \times 100\text{N} \cdot (100\text{mm})^4}{384 \cdot 3 \cdot 10^{-3}\text{MPa} \cdot (3.34 \times 10^4 - 3.07 \times 10^3)\text{mm}^4}$$

$$\therefore \delta_{\max} = 2.86 \times 10^{-7}\text{mm}$$

그림 8.28 양단지지보의 변형량 계산

(3) 개선한 분리막 변형률

① 개선 분리막의 기본 설정 조건(그림 8.29 참조)

분리막 변형률 계산을 통해 기존 분리막과 개선안으로 제시하는 분리막의 차이를 비교하기 위해, 또한 계산을 용이하기 위해 같은 조건으로 가정하여 기본 조건을 설정하였다. 분리막 소재도 PE(폴리에틸렌)으로 동일하다.

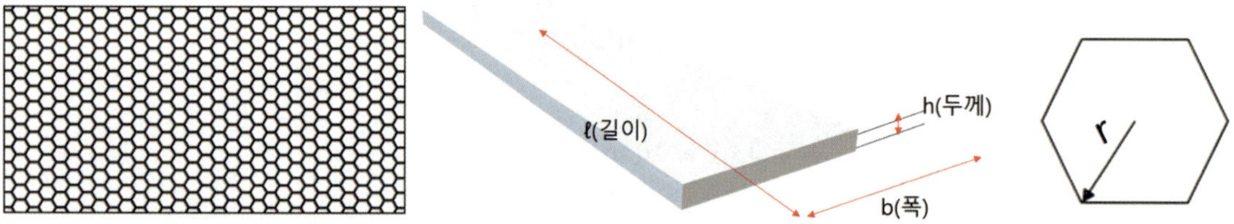

(a) 가정해 제시한 분리막 기공 모습 (hexagon 구조)
(b) 분리막 형상 설정
(c) 분리막 기공 (육각형으로 가정)

그림 8.29 가정한 설정 조건(전제 조건)

- **가정한 설정 조건(전제 조건)**

기존 분리막의 기공 사이즈 단위는 모두 μm 단위지만, 계산을 편하게 하기 위해 mm라고 가정하고 계산을 했다. 분리막에 형성된 기공은 육각형 모양으로 대략 100개라고 가정했다.

$$I = \frac{bh^3}{12} = \frac{50 \times 20^3}{12} = 3.34 \times 10^4 mm^4$$

$$I_{육각기공} = \frac{5\sqrt{3}}{16} r^4 = 0.5413 r^4 = 0.5413 \times 5^4 = 3.39 \times 10^2 mm^4$$

$$I_{육각기공(100개)} = \frac{5\sqrt{3}}{16} r^4 \times 100 = \frac{5\sqrt{3}}{16} \times 5^4 \times 100 = 3.39 \times 10^4 mm^4$$

l : 100mm

b : 50mm

h : 20mm

r : 5mm

E(PE 재질) : 3~5 × 10^3MPa

② 양단지지보의 변형량 계산(그림 8.30 참조)

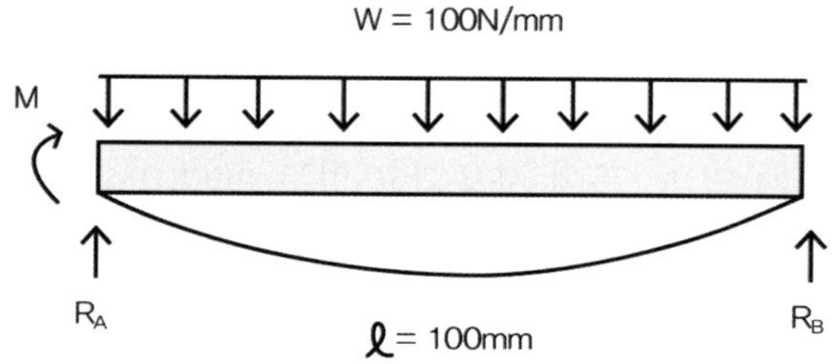

$$\sum F_y = 0 : R_A - w \times l + R_B = 0$$

$$\sum M = 0 : (w \times l) \times \frac{1}{2} l - l \times R_B = 0$$

⇨

$$\sum F_y = 0 : R_A - 100\text{N/mm} \times 100\text{mm} + R_B = 0$$

$$\sum M = 0 : (100\text{N/mm} \times 100\text{mm}) \times \frac{1}{2} \times 100\text{mm} - 100\text{mm} \times R_B = 0$$

⇨ $R_B = 5000\text{N}$, $R_A = 5000\text{N}$

$$\delta_{\max} = \frac{w \cdot l^4}{384 \cdot E \cdot I} = \frac{100 \times 100\text{N} \cdot (100\text{mm})^4}{384 \cdot 3 \cdot 10^3\text{MPa} \cdot (3.34 \times 10^4 - 3.39 \times 10^4)\text{mm}^4}$$

$$\therefore \delta_{\max} = 1.74 \times 10^{-13}\text{mm}$$

그림 8.30 양단지지보의 변형량 계산

(4) 결과 분석 및 대안

개선전 분리막 변형률 : $\delta_{개선전} = 2.86 \times 10^{-7}$mm

개선 후 변형률

개선후 분리막 변형률 : $\delta_{개선후} = 1.74 \times 10^{-13}$mm

현재 분리막 기공(pore)의 모양을 원에서 육각형으로 바꾼 결과 분리막 변형률(변형량)이 2.86×10^{-7}mm에서 1.74×10^{-13}mm로 거의 미세하게 줄어든다는 계산 결과를 도출했다. 이를 토대로 세라믹(ceramic) 코팅 및 분리막의 기공 형상만 바꾸더라도 개선 효과가 나타난다는 것이다. 그리고 다음과 같은 장점을 얻을 것으로 예상한다.

① PE(폴리에틸렌)를 사용하였기에 높은 열안정성 및 전기절연성을 갖추는 것이 가능하다.

분리막의 목적에 적절한 소재인 PE를 사용하여 계산하였기에 열안정성 및 전기절연성을 갖추고 있다. 그러나 기존에 주로 사용하고 있는 범용 플라스틱 PE(폴리에틸렌), PP(폴리프로필렌)와 더불어 분리막이 요구하는 필요 물성이 더 우수한 슈퍼엔지니어링 플라스틱 PI(폴리이미드)뿐 아니라 반도체 및 IC 등에 사용되고 있는 PEEK(Polyetheretherketone, 폴리에테르에테르 케톤)의 적용 시 가격은 고가이지만, 분리막의 특성과 안전에 관련된 품질이 개선될 것이라 판단된다.

② 육각형으로 기공 제조

PE 소재이기에 첨단 공정기술과 제조공법을 개발해서 육각형(hexagon)의 기공을 가진 분리막을 제조한다면, 제조한 분리막을 롤러(roller)를 이용하여 펴줌으로써(압연과 연신) 또는 압출함으로써 균일하고 얇은 분리막을 제조할 수 있다.

이를 통해 균일한 크기의 기공(pore)을 지니면서도 얇은 분리막으로 2차전지의 안전성을 확보할 수가 있다고 본다.

③ 차이가 아주 미세하게 작은 변형률

위의 계산식에서 보여주는 바와 같이 충·방전 시 지속적으로 좌우로 리튬이온의 전기장력에 의한 반복되는 반복하중을 받아도 발생하는 변형률에는 큰 차이는 없었다. 그러나 기공을 육각형 형태의 헥사곤(hexagon) 벌집 구조로 만든다면 기존 재질(PE, PP 등) 보다 30배나 높은 내구성으로 외력을 장시간 버틸 수 있다. 또한 기존 습식과 건식공법으로 만들어진 분리막 기공보다 동일 두께에서도 더 많은 리튬이온을 통과시켜 배터리 용량을 키울 수 있다.

그리고 세라믹 코팅(ceramic coating) 등으로 강화막을 입히는 추가 후공정을 병행하여 진행한다면 더 강하고 안정적인 분리막을 개발 · 제조할 수 있을 것이다.

④ 최적화 설계와 대안

전기자동차의 요구성능(배터리 용량, 주행거리, 차체중량 등을 포괄한다)에 적합한 배터리의 종류, 형태, 용량 등에 적합한 배터리 크기에 따른 분리막 크기와 분리막 두께도 각각 다르므로, 이에 대응하는 최적의 분리막을 위해서는 분리막 크기(가로 × 세로 × 두께)와 소재에 대한 최적화를 통해 최적설계와 대안이 필요하다는 것을 확인했다.

4) 분리막 전기장력의 계산 및 개선 의견

(1) 2차전지용 분리막 부하계산 – 작용하는 힘(전기장력 계산)

① 부하계산을 위한 기본 – 분리막에 가해지는 전기장력에 의한 반복하중

㉠ 부하계산을 위한 상수의 설정

분리막의 안정성 관련 물리적인 손상이 발생할 수 있는 현상은 2차전지의 충 · 방전에 따른 리튬이온의 이동부하에 의한 정 · 역방향으로의 반복하중의 발생이다. 이는 리튬이온의 이동 시 발생하는 전기장력에 의한 것이다. 분리막에 작용하는 부하(하중)에 따른 변형은 양단 고정된 보의 처짐과 유사한 양상을 나타낸다고 할 수 있다. 이때 분리막의 최대처짐을 분리막의 두께와 동일하게 설정할 때 리튬이온의 이동에 따른 발생부하는 어떠한지 계산해 보자.

발생부하는 충 · 방전 시 리튬이온이 이동할 때 분리막에 가해지는 전기장력이 작용하는 힘을 말한다.

분리막은 두께가 약 10~25미크론(μm)이다. 또한 캔(can) 형식의 리튬 2차전지(18650타입)의 경우 65mm 길이의 원통형 캔에 구성된다(사진 8.2 참조). 따라서 리튬이온이 통과하는 분리막의 단면은 두께 × 길이를 약 25μm × 55mm 정도로 설정할 수 있다.

- 설정 조건
  - 분리막 한쪽(편측) 방향의 최대처짐(δ_{max})을 분리막의 최대두께(t, 25μm)와 동일하게 설정
  - 분리막에는 충·방전에 따른 리튬이온의 이동부하에 의한 정·역방향의 반복하중이 발생
  - 분리막을 균일 반복하중을 받는 양단고정보로 가정하여 계산
  - 변위(처짐)는 양방향으로의 진동으로 인한 처짐량이다. 진동은 분리막이 놓이는 방향에 따라 y방향은 종진동(longitudinal vibration), x방향은 횡진동(transverse vibration)으로 당연히 구분된다.

그림 8.31은 리튬이온 2차전지에서 충·방전 시 리튬이온이 이동할 때 분리막에 가해지는 전기장력 부하에 따른 분리막의 처짐 계산을 위한 기초 자료이다.

그림 (a)는 이론적으로 부하와 처짐을 계산하기 위해 설정한 원통형 캔(can) 형태의 리튬 2차전지(18650타입)의 구조이고, (b)는 충·방전 시 리튬이온이 이동할 때 분리막에 가해지는 전기장력이 작용하는 원리를 보여준다. 이때 그림 (b)와 같이 분리막은 상하가 고정된 상태로, 분리막의 처짐에 있어 충전 시는 오른쪽 방향으로, 방전 시는 왼쪽 방향으로 처짐이 반복적으로 발생하는 악기 기타(guitar) 혹은 거문고 등을 연주할 때 생기는 현(string·chord, 줄)과 같이 반복 횡떨림(요동, 진동)인 것이다.

그림 (c)는 분리막에 대한 특징을 나타내는 자료이다. 사진 8.2는 원통형 캔(can) 형태의 리튬 2차전지(18650타입) 실물이다.

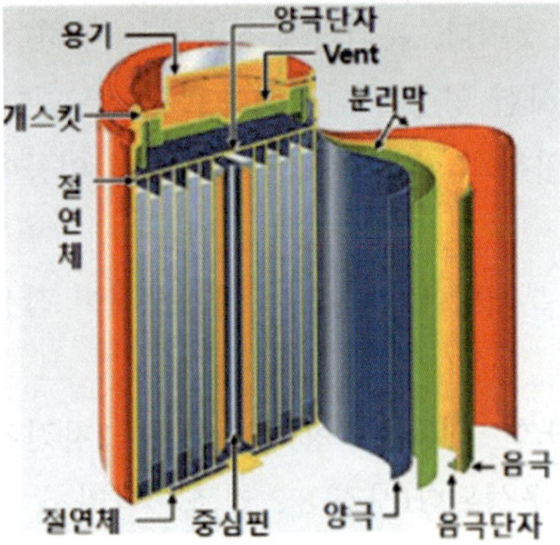

(a) 원통형캔(can) 형태의 리튬 2차전지(18650타입)의 구조

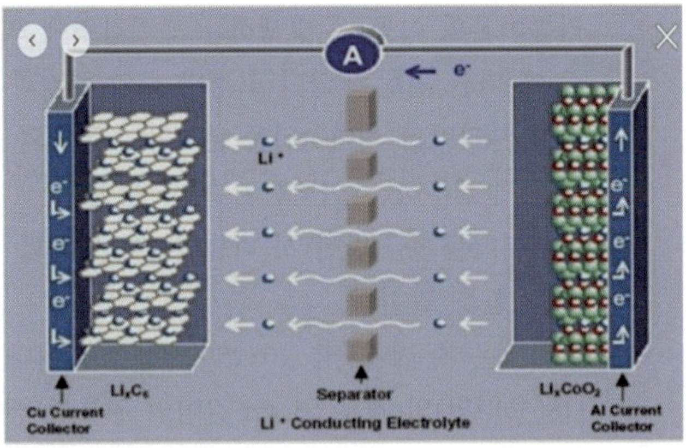

(b) 충·방전 시 리튬이온이 이동할 때 분리막에 가해지는 전기장력 부하(하중)

구분	건식막	습식막	강화막
구조		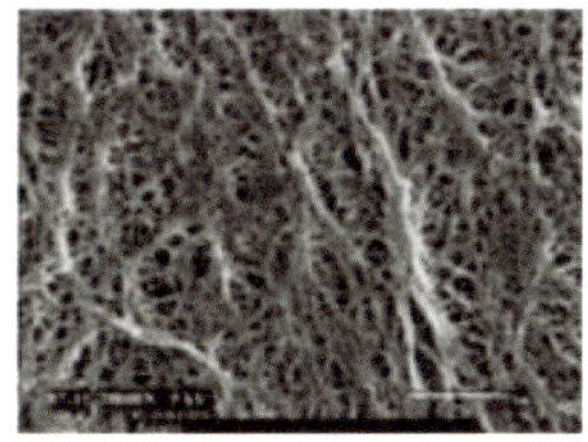	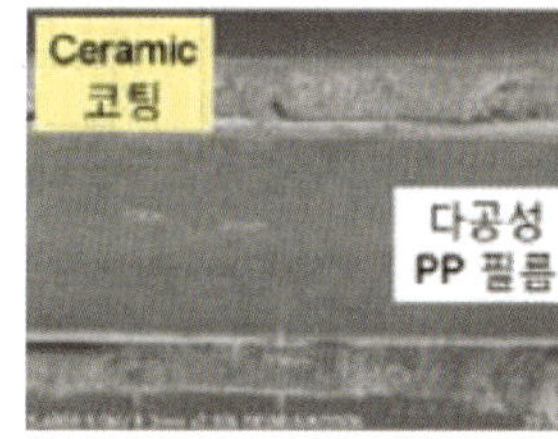
수지	폴리프로필렌, 폴리에틸렌	폴리에틸렌	폴리프로필렌, 폴리에틸렌
두께	10~25㎛	10~25㎛	15~25㎛
연신	일축(Uni-axial)	이축(Bi-axial)	-
가격	1.0 $ /m^2	1.3 $ /m^2	1.5 $ /m^2
국내업체	씨에스텍	SK이노베이션	LG화학
해외업체	Polypore, Ube Industries	Asahi Kasei, Toray Tonen	Evonik Degussa, Asahi Kasei

자료: 산업은행, "리튬이온전지 소재기술 동향 분석 및 전망", 2012

(c) 분리막에 대한 자료

그림 8.31 분리막에 대한 특징

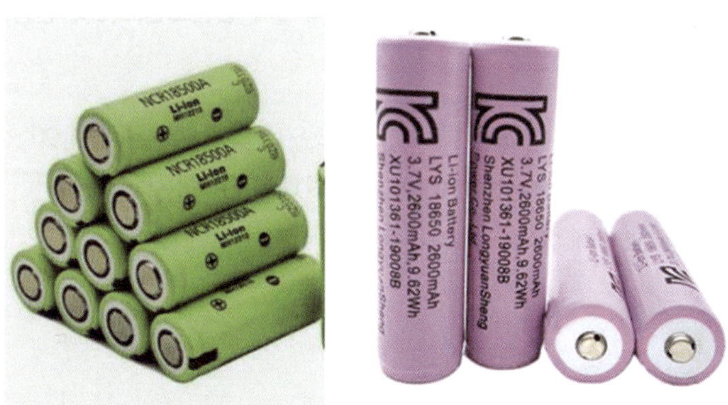

(a) 초록색 (b) 보라색

사진 8.2 원통형 캔(can) 형태의 리튬 2차전지(18650타입)

② 2차전지용 분리막 부하계산 - 작용하는 힘 계산

㉠ 계산 원리

분리막은 배터리 셀 캔(can) 내벽의 상하부에 양쪽 끝(양단)이 고정된 형식으로 구성되므로 처짐량 계산식은 균일분포하중이 작용하는 양단고정보(beam)의 형식을 취한다(그림 8.32 참조).

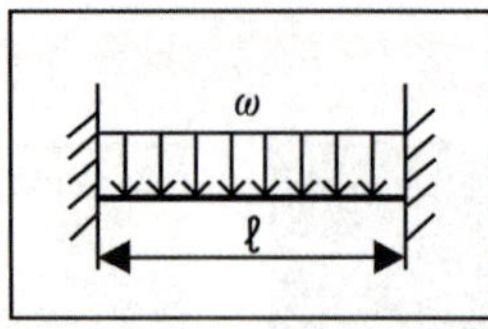

$\delta = \frac{\omega \ell^4}{384EI}$

I 관성모멘트 | $\frac{bh^3}{12}$

(a) 균일분포하중이 작용하는 양단고정보

	b, h	d (지름)	d_1 : 내경, d_2 : 외경	b, h
I 관성모멘트	$\frac{bh^3}{12}$	$\frac{\pi d^4}{64}$	$\frac{\pi(d_2^4 - d_1^4)}{64}$	$\frac{bh^3}{36}$
I_p 극관성모멘트		$\frac{\pi d^4}{32}$	$\frac{\pi(d_2^4 - d_1^4)}{32}$	
Z 단면계수 $(\frac{I}{e})$	$\frac{bh^2}{6}$	$\frac{\pi d^3}{32}$	$I / \frac{d_2}{2}$	
Z_p 극단면계수 $(\frac{I_P}{e})$		$\frac{\pi d^3}{16}$	$I_p / \frac{d_2}{2}$	

(b) 단면 형상에 따른 2차 단면모멘트(2차 관성모멘트) 공식

그림 8.32 균일분포하중이 작용하는 양단고정보와 2차 단면모멘트(2차 관성모멘트) 공식

분리막의 재질은 PP와 PE로 각각의 E는 2.80 ~ 4.00(GPa)과 4.90 ~ 6.30(GPa)으로서, 각각 PP = 4.00(GPa), PE = 6.30(GPa)로 최대값을 설정한다.

그림 8.33은 종탄성계수(E)의 원리를 보여주고 있다.

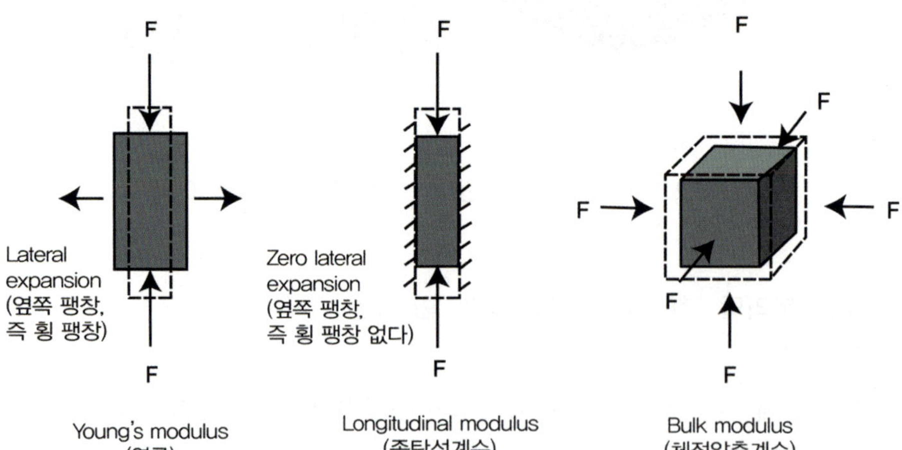

그림 8.33 종탄성계수(E)의 원리

ⓛ 2차전지용 분리막 부하계산 결과치

그림 8.34와 같이 양단고정보 처짐량 계산에서 δ_{max}는 분리막의 최대두께 25μm, 길이 l = 55mm이므로, 2차 관성모멘트 $I = \frac{bh^3}{12}$ = 55 × (25 × 10^{-6} × 10^3)^3/12 = 55 × 0.025^3 / 12 = 0.071614 × 10^{-3}mm이다.

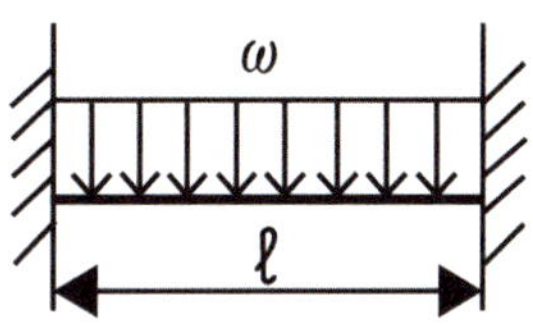

$$\delta = \frac{\omega \ell^4}{384EI}$$

$$I \;(\text{관성모멘트}) \quad \frac{bh^3}{12}$$

그림 8.34 균일분포하중이 작용하는 양단고정보와 2차 단면모멘트(2차 관성모멘트) 공식

분리막의 재질은 PP와 PE로 각각의 E는 2.80 ~ 4.00(GPa)과 4.90 ~ 6.30(GPa)이다. 이때 각각 PP = 4.00(GPa = 10^9N/m^2), PE = 6.30(GPa = 10^9N/m^2)으로 최대값을 설정한다. 따라서 리튬이온 이동 시의 부하(균일분포하중, ω)는 다음과 같다.

PP(폴리프로필렌) : $\omega = \frac{\delta_{max} \times 384EI}{l^4} = \delta_{max}(25 \times 10^{-3}(mm)) \times 384 \times$
$E(4 \times 1{,}000(N/mm^2)) \times I(0.071614 \times 10^{-3}(mm))$ /
$l^4(55^4(mm^4))$
$= 3.00526 \times 10^{-7}(N)$

PE(폴리에틸렌) : $\omega = \frac{\delta_{max} \times 384EI}{l^4} = \delta_{max}(25 \times 10^{-3}(mm)) \times 384 \times$
$E(6.3 \times 1{,}000(N/mm^2)) \times I(0.071614 \times 10^{-3}(mm))$ /
$l^4(55^4(mm^4))$
$= 4.73328 \times 10^{-7}(N)$

압력 단위 Pa(Pascal)

> 파스칼(Pascal, 기호 Pa)은 압력에 대한 SI 유도 단위이다. 1평방미터(m^2)에 대하여 1뉴턴(N)의 힘이 작용하는 압력(N/m^2)이다. $1Pa=1N/m^2$ 그리고 중량 1kgf = 9.8N이다.

㉢ 2차전지용 분리막 개선 아이디어 - 제안

리튬이온 2차전지용 분리막의 구조적 안정성 개선을 위한 아이디어 도출을 위해 2가지 방법으로 접근하였다.

구조 강도 보강을 통한 개선

분리막의 처짐량 계산식에서 처짐량 δ_{max}를 줄여주는 인자는 E(longitudinal modulus, 종탄성계수)와 I(moment of inertia, 2차 관성모멘트 · 2차 단면모멘트)이다. E는 물성에 관련되어 소재 개발적인 관점에서의 접근이 필요하여 제외하고, I는 구조적인 접근이 가능하다. 그러나 계산식에서 가장 큰 영향을 미치는 인자는 높이(h)인데, 분리막에서는 두께로 대응된다. 그러나 전지의 성능향상을 위해 분리막의 두께를 얇게 해야 하기 때문에 개선에 한계가 있을 것으로 판단된다. 그러나 한편으론 이의 개선과 보완이 반드시 필요하다.

분리막 부하 감소를 통한 개선

분리막의 부하는 리튬이온의 이동부하로, 이것은 분리막 단위면적당 리튬이온의 이동량에 비례할 것으로 생각된다. 따라서 단위면적당 이동량을 줄이기 위해 면적을 증가하는 방법을 적용하는 아이디어를 구성하였다.

이때의 아이디어 구성은 그림 8.35와 같이 공기필터에 최대한 많은 공기를 투과하기 위해 헤파필터(HEPA filter, High Efficiency Particulate Air의 머릿글자를 따서 약자로 HEPA라고 하며, 고효율필터로 산업 표준의 HEPA 기준에 맞추려면 공기 필터는 0.3μm 이상의 크기의 공기를 통하는 입자 중 99.97%를 제거해야 한다)에서 사용되는 것과 같이 주름을 구성하여 면적을 극대화하는 효과를 적용하고 이온의 흐름을 원활하게 하도록 주름 사이에 간격을 유지할 수 있도록 구조를 잡는다.

이를 통해 단위면적당 이온이동량을 최소로 하여 부하는 줄인다. 이는 동시에 반복하중으로 인한 부하에 대응하는 저항력, 즉 내구성을 강화하는 효과를 가진다. 또한 분리막 내에 이온통과 기공의 크기를 키우는 방안도 부하를 감소시키는 역할을 할 수 있을 것이며, 더불어 리튬이온의 이동을 증대시켜 배터리의 용량도 키울 수 있다.

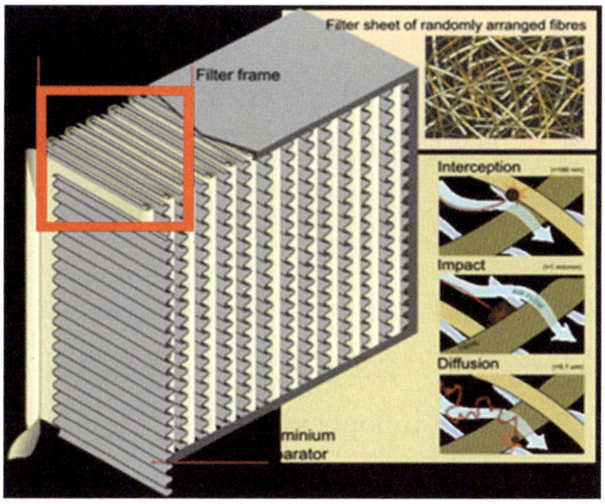

(a) 분리막 개선(전체 모델링) - 헤파필터의 응용

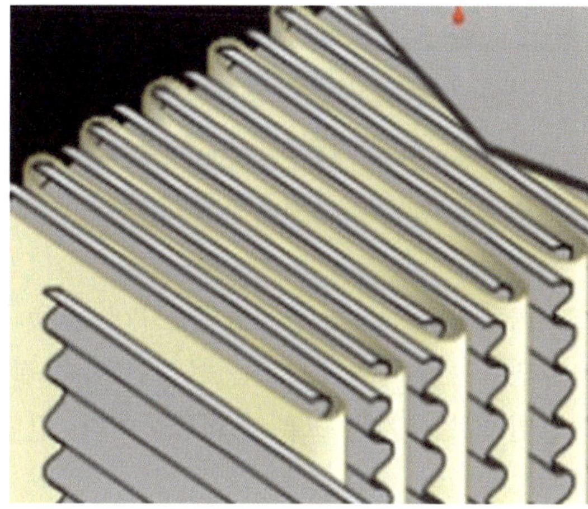

(b) 분리막 개선(상세 모델링) - 헤파필터의 응용

그림 8.35 분리막에 주름을 형성하여 부하감소 및 내구성 강화

대부분의 미국 산업에 채택된 미국 에너지부(DOE) 표준에 의해 정의된 HEPA 필터는 지름당 연무질 0.3마이크로미터(μm) 중 최소 99.97%를 제거한다.

다음 표 8.9는 공기필터의 HEPA 등급에 따른 사양이다.

▶ 표 8.9 공기필터의 HEPA 등급에 따른 사양

HEPA 등급	유지(전체)	유지(국소)
E10	〉 85%	-
E11	〉 95%	-
E12	〉 99.5%	-
H13	〉 99.95%	〉 99.75%
H14	〉 99.995%	〉 99.975%
U15	〉 99.9995%	〉 99.9975%
U16	〉 99.99995%	〉 99.99975%
U17	〉 99.999995%	〉 99.9999%

✦ 연무질

연무질(煙霧質, aerosol)은 지구 대기 중을 떠도는 미세한 고체 입자 또는 액체 방울을 뜻한다. 에어로졸(aerosol, 독일어)이라고도 한다. 연무질은 기체, 보통 공기 중에 미세한 입자가 혼합되어 있는 것을 말하며, 입자의 크기가 0.01~100마이크로미터(μm) 정도로 지구 중력장에서 침강이 느려 상당한 안정성을 보인다.

자연적으로도 인공적으로도 만들어질 수 있는데, 자연상에서 만들어지는 연무질로는 구름, 연기, 안개, 온천 및 간헐천 증기 등이 있고, 인공적인 것들로는 대기 오염 물질, 스모그 등이 있다.

새로운 분리막 소재의 선정과 적용

기존에 주로 사용하고 있는 리튬이온 2차전지의 분리막이 요구하는 특성과 물성에 적합하고, 소재 가격도 저렴하면서, 금형사출에 의한 생산성이 좋은 범용 플라스틱 PE(폴리에틸렌), PP(폴리프로필렌)와 슈퍼엔지니어링 플라스틱 PI(폴리이미드)를 주로 사용하고 있다.

특히 PE와 PP는 폴리올레핀(Polyolefin · PO) 계열이다. PO는 PE, PP 등의 플라스틱을 만드는 원료이다. PO는 올레핀(이중 결합을 1개 가진 사슬모양 탄화수소 화합물)의 중합으로 생기는 고분자 화합물이다. 단량체 또는 모노머(monomer)로서는 에틸렌과 프로필렌이 해당된다.

즉, PE는 에틸렌 모노머를 중합시켜 만든 PO인 것이다. PP는 프로필렌 모노머로부터 중합된 PO라 할 수 있겠다. 폴리올레핀 특성을 살펴보면 PE는 밀도에 따라 그 특성이 달라진다. 밀도가 낮으면 액체나 고무와 같은 탄성을 갖게 되며, 높으면 가소성(plasticity)을 띤다. 따라서 중합체 공정에 따라 다양한 물리적 특성을 지닌 플라스틱 제품을 만들 수 있다. 또한 화학적 안정성과 기계적 물성, 경량성, 투명성의 특징을 지니고 있으며, 가공이 쉽고 다른 소재에 비해 가격이 저렴하기 때문에 우리 생활에 필요한 플라스틱 재료로 널리 사용되고 있다.

앞서 언급했듯이 PO 종류로는 대표적으로 PE와 PP가 있다. PE는 밀도에 따라 고밀도 PE(HDPE, High Density Polyethylene)와 저밀도 PE(LDPE, Low Density Polyethylene), 선형 저밀도 PE(LLDPE, Linear Low Density Polyethylene)로 나눌 수 있다.

HDPE는 가벼우면서도 높은 강도와 강성, 우수한 내화학성 특징을 지니고 있으며, LDPE는 부드럽고 유연한게 특징으로 식품포장 비닐 및 종이 코팅 등에 쓰인다.

LLDPE는 LDPE보다 강성이 뛰어나고, HDPE보다 훨씬 유연한 게 특징으로 높은 인장강도와 내충격성을 지닌 비닐과 코팅 원료로 이용된다.

PP는 PE와 유사하지만 그보다 밀도가 낮고 녹는점이 더 높아 1회용 식품용기로 주로 활용되고 있다. 이러한 장점으로 인해 분리막의 소재(재료)로 PE와 PP가 주로 사용되고 있는 것이다.

새로운 분리막 소재의 선정과 적용이 필요하기에, 슈퍼엔지니어링 플라스틱인 PEEK(폴리에테르에테르케톤), PES(폴리에테르설폰), PPS(폴리페닐렌설파이드), PTFE(폴리테트라플루오로에틸렌) 등을 비롯한 새로운 소재로의 검토가 필요하다.

이 소재들의 가격은 비싸지만, 분리막의 파손으로 인한 화재와 폭발의 위험성을 사전에 방지하기 위해서는 반드시 배터리의 충 · 방전 시 리튬이온의 이동에 따라 발생되는 전기장력에 의해 수없이 반복되어 분리막에 가해지는 반복피로하중(부하, load) - 그것도 양방향에서 - 에 대비한, 즉 부하에 잘 견디고(대응하는), 단단하면서도(강도도 좋고) 내피로성과 탄성을 갖는 그리고 특히 안전에 신뢰성 있는 최적의 분리막 기술개발이 필요하다고 저자는 주장하는 바이다.

CHAPTER 09

전기자동차 2차전지(배터리) 안전기준

01 전기자동차 2차전지(배터리) 안전기준의 취지

1) 2차전지(배터리)를 비롯한 부품시험 및 인증 그리고 현장시험

전기자동차(전기차)로 대표되는 미래 전동화 모빌리티(mobility, 이동수단) 안전을 선도하는 국토교통부 산하 공공기관인 한국교통안전공단의 자동차안전연구원(KATRI, Korea Automobile Testing & Research Institute)은 교통사고에 의한 사회적 손실을 절감하고, 소비자 보호에 의한 국민의 권익을 보호하기 위해 한국교통안전공단 산하 연구원으로 1987년에 설립되었다.

현재 국내 자동차 관련 산업의 기술정보를 지원하고, 정부의 자동차 관련 정책 및 기술을 지원함으로써 최상의 안전한 교통환경을 조성해 모든 국민이 교통사고 없는 밝은 미래, 행복한 사회를 만드는데 크게 기여하고 있다.

자동차안전연구원(KATRI)은 국토교통부(국토부)가 지정한 공인시험평가 · 인증기관(전기차를 비롯한 자동차 성능시험 및 시험연구소로의 역할도 병행)으로 전반적인 친환경자동차 2차전지(배터리)를 비롯한 부품시험 및 인증, 대체부품인증, 특장차 인증뿐만 아니라 자체로 구축한 첨단 주행시험장(전기차 특화 테스트베드, testbed)에서 자율주행자동차의 주행성능 현장시험(field test, 필드테스트) 및 평가도 시행하고 있다.

2) 배터리 안전성 평가의 배경 및 평가항목

예전 배터리 안전성 평가항목은 낙하안전시험/액중투입안전시험/열노출안전시험/연소안전시험/과충전 · 과방전안전시험/단락안전시험/고전원전기장치 안전성시험 등 총 7가지였다. 4.9m 높이에서 배터리를 떨어뜨리거나 3.5% 염도의 액체에 담그고, 배터리를 2분 30초 동안 불로 직접 가열하는 등 전기차 배터리를 극한의 상태로 몰아 발화, 폭발 여부 등을 시험한다.

그런데 국내 친환경차 보급이 확대되는 가운데 60V 이상 고전압 배터리를 탑재해 구동되는 전기차 안전기준의 대폭 확대 및 강화는 당연한 추세이다. 따라서 국내 전기차 안전기준을 기존 7가지에서 12가지로 확대했다.

신설 안전기준으로 2021년 7월 1일부터 진동시험/열충격시험/과전류시험/충격시험/압착시험 등이 새롭게 추가되었다.

10톤(ton) 힘으로 배터리에 압력을 가하는 압착시험은 충돌시험에 통과할 경우 면제된다. 아울러 배터리 안전성 평가 대상이 모든 자동차 구동용 배터리에서 작동 전압이 60V 이상인 고전압 자동차 구동용 배터리로 바뀌었다. 이에 따라 48V 마일드 하이브리드 차량(MHEV : Mild Hybrid Electric Vehicle, 주행 시 내연기관 엔진을 사용하고, 출발과 저속주행 시에만 부분적으로 전기모터를 사용하여 엔진을 보조하는 방식의 하이브리드 자동차)은 시험 대상에서 제외된다. 해당 개정안은 이미 출시돼 판매되고 있는 양산차의 경우 2년 유예를 거쳐 2023년 7월 1일부터 적용되고 있다.

현행 평가 항목은 시험방법을 세분화하거나 국제기준에의 반영이다. 한국은 지난 2009년 세계 최초로 전기차 안전기준을 제정하고 전기차 안전성 국제기준(GTR, Global Technical Regulation) 제정안에 국내 기준을 반영하고자 미국, EU, 일본 등과 활발한 논의를 진행해왔다. 지난 2012년에는 국내 연소시험기준 전문을 GTR 제정안에 포함시킨 바 있다. 또한 배터리를 침수시키는 액중투입안전시험 역시 GTR 반영을 제안했다. 하지만 미국, 캐나다, 일본, EU 등은 침수 상황에서의 운전은 운전자의 자유라는 이유 등을 내세워 반대하고 있다. 이 밖에 전기차 화재 우려가 계속되면서 한국교통안전공단은 전기차 안전사고의 원천 차단을 위해 배터리관리시스템(BMS) 진단기능을 강화하도록 했다. 운행 단계에서 BMS가 배터리 이상변화를 자체 진단해 충전제한 등 안전조치를 수행할 수 있도록 하는 방식이다. 이는 운행 중에 배터리에 이상요인이 발생 시 BMS의 캔(CAN) 통신으로 이상변화를 진단하는 기능을 탑재하는 방식이다. 이 같은 내용을 담은 가이드를 마련해 2022년 KNCAP(국내 신차 안전도 평가, Korean New Car Assessment Program의 약어이다. 국내 자동차의 안전도를 평가하는 프로그램으로 국토교통부 소관으로 한국에서 출시되는 신차를 충돌테스트 등을 통해 평가하는 시스템이다) 대상 차량에 기능 탑재 여부를 확인한 바 있다.

이와 더불어 수요가 급증하고 있는 전기이륜차에 대한 안전기준도 신설했다. 무분별한 중국산 이륜차 자정 작용 등이 필요하다는 판단에서다. 항목으로는 진동시험/열충격시험/연소시험/단락시험/침수시험/충격시험 등을 포함한 11개 안전성평가 항목을 신설해 2022년 12월 25일부터 시행하고 있다. 유럽의 전기이륜차 안전기준(UN R136)과 비교해 과전류시험과 침수시험 등 2개 항목이 더 많다. 한편 2020년 말 기준 국내 등록된 전기 및 수소차는 95,001대로 지난 2017년 말과 비교해 약 3.8배 늘었다. 또 2020년 전기 및 수소차의 리콜 차량 비율은 62.2%로 전체 리콜 차량비율(9.1%)보다 높고, 특히 전기 및 수소차 리콜 10건 중 4건은 배터리 관련 리콜로 나타났다. 이와 같이 배터리의 문제점이 계속 증가하고 있는 상황이다.

BMS 캔(CAN) 통신

일반적으로 사용하고 있는 차량 내 통신이다. CAN(Controller Area Network의 약자로 차량 내 ECU들 간의 데이터 공유를 위해 개발된 통신시스템이다. 새로운 모빌리티 서비스를 촉진하는 혁신적 솔루션으로 독일 보쉬(Bosch)가 최초로 개발했다) 통신 모듈을 활용한 CAN 통신 기반의 급속충전 모니터링 및 개별 배터리 관리시스템이다. 전기자동차의 보급 확대에 따른 충전 인프라 구축을 위해서는 전기차량의 충전 시 충전상태를 모니터링할 수 있는 충전 모니터링 시스템의 설계 방법, 급속충전기술은 현재 배터리(battery)의 성능 및 안전성 등 다양한 요인에 따라 동작성능이 좌우되므로 모니터링 시스템에 의한 충전상태 파악은 충전 알고리즘의 개선, 전기자동차 BMS와의 연동, 사용자와의 충전 프로세스 제어 등 다양한 운행 및 작업환경과 연계되어 있다.

따라서 급속충전시스템의 동작상태를 CAN 프로토콜(protocol, 통신 프로토콜 또는 통신 규약은 컴퓨터나 원거리 통신장비 사이에서 메시지를 주고 받는 양식과 규칙의 체계이다. 통신 프로토콜은 신호 체계, 인증 그리고 오류 감지 및 수정 기능을 포함할 수 있다)을 이용해 배터리의 충전 상태 등을 실시간으로 감시가 가능한 시스템을 설계 · 제작하여 전기자동차 배터리를 최단 시간에 최적화된 상태로 충전 가능하도록 CAN 통신기반 급속충전 모니터링 시스템을 설계하는 방법과 시스템을 구현하여 성능을 확인하는 것은 전기차의 운행, 충전, 정차 등 전반적 관리에 있어 안전을 확보하는 필수적 요건이다.

CAN 통신은 자동차 내부 각각의 전자제어장치들(ECUs, Electronic Control Units)이 서로 정보를 주고받는 통신방식으로, BMS가 배터리의 상태를 통신으로 감지하는 현재 최적의 배터리 이상변화의 감지 · 진단 · 판단 · 대응 및 조치하는 수단이다. 이는 우리 몸의 신경계와 비슷한 원리로 몸의 각 부위가 신호를 주고받아 움직이는 것처럼, 자동차 내부의 각 부분들도 CAN 통신을 통해 서로 정보를 주고받으며 작동하는 것이다.

전기차 시스템부터 안전, 배터리, 충전까지에 있어 전기차의 시스템 구성 및 이해, 구동축전지 안전성 강화, 배터리 BMS 연구개발 및 기술의 전반적 이해가 가능해야 안전기준을 명확히 정립할 수가 있다.

전기차 안전사고 방지를 위한 전기차 배터리 안전기준이 현행 7개 항목에서 국제기준 12개 항목으로 대폭 확대되었다. 그리고 광주 친환경자동차 부품인증센터와 지속적 전기차 안전

관리 기준 개발 등을 통해 전기차의 안전성은 더욱 향상될 것으로 전망한다.

3) 전기자동차(전기차) 안전성 기준의 역사 및 현황

자동차 역사에서 전기자동차는 1990년대에 미국 캘리포니아주의 무공해자동차 의무 판매법제화로 미국 GM에 의해 두 번째로 등장하게 된다. 하지만 무공해자동차 의무 판매법이 철폐되면서 GM은 판매된 전기자동차를 소리 소문없이 조용히 회수하여 네바다 사막에 폐기하였다. 석유에너지 고갈과 대기오염 문제로 친환경 이슈가 떠오를 때마다 전기자동차가 대안으로 거론되었으나, 그 당시 비싼 가격, 짧은 주행거리, 긴 충전시간 등의 근본적인 단점을 해결하지 못해 번번이 좌절되었다.

2000년대 이후 납 배터리보다 충전성능이 우수한 NiMH(니켈수소전지, 니켈-금속수소화물전지(MH는 Metal Hydride의 약자)는 기존의 니켈-카드뮴(Ni-Cd)전지에 카드뮴 음극을 수소저장합금으로 대체한 전지이다), 리튬이온 배터리가 상용화되면서 전기자동차는 이제 세 번째로 자동차 역사에 등장한다.

국내 자동차 시장에서 전기자동차가 차지하는 비중은 가파르게 증가하고 있다. 코로나-19의 상황에서도 전기자동차 판매는 증가세를 유지하였으며, 2021년에는 지난 5년 동안 판매된 전기자동차 대수인 약 13만 대와 맞먹는 10만~15만 대의 전기자동차가 팔린 것으로 추정된다. 고전압을 사용하는 전기자동차에 대한 안전기준 연구개발은 2005년부터 시작되어 2009년에 고전압시스템, 구동용 배터리, 전기모터에 대한 안전기준을 법제화했다.

당시 연구진들은 '전기자동차에서 안전도를 위협하는 인자들은 무엇일까?'라는 원초적인 질문을 기초하여 교통사고 충돌 상황, 완전 침수 상황, 차량 화재 등 모든 안전 리스크를 시뮬레이션 및 재현시험을 하면서 진행했다. 전기자동차와 관련된 안전성 확보 노력은 국내에서만 연구된 것은 아니다. 2000년도 중반 이후 전기자동차와 관련된 국제입법 활동은 UN 산하 WP29(세계기술포럼)를 중심으로 현재까지도 진행되고 있다.

세계 각국은 자국 실정에 적합한 안전기준을 제정하여 운영하고 있으나, 자국 자동차 산업의 국제 경쟁력 확보를 위하여 안전기준의 국제조화는 세계적인 추세이다.

2010년 이후 WP29의 REESS(Rechargeable Electrical Energy Storage System)와 ELSA(Electric Safety) 전문가 입법회의를 통해 유럽의 전기자동차 안전기준인 'ECE R100'과 세계기술기준인 'GTR 20'이 제정 및 개정되었다. 현재에도 2단계 전기자동차 안전기준이 WP29에서 꾸준히 논의되고 있으며, 다양한 분야의 국내 전문가들이 참여하고 있다. 전기자동차와 관련된 안전기준 중 핵심은 '전기자동차에 위험이 가해지는 어떠한 상황이 발생하게 되면, 고전압은 차체

(고전압 배선)에 있지 말고 구동용 배터리로 돌아가라'는 것이 하나이다.

현재 적용되고 있는 전기자동차 안전기준은 고전압 시스템, 구동용 배터리, 전기모터의 분야로 구분되며, 운행상태(In-use)와 충돌 후 상태(After-crash)에서 갖추어야 할 구조적, 기능적 안전성에 대하여 규정하고 있다.

첫 번째로 고전압 시스템은 절연성능 확보에 초점이 맞추어져 있으며, 안전기준의 내용에 운행 상태에서 활선도체부(통상 사용상태에서 전기적으로 통전(通電)되는 도체(導體) 또는 도전성(導電性) 부위를 말한다), 커넥터, 경고표시, 피복 색상(주황색), 절연저항 수치 등을 규정하고 있다. 또한 고정벽 정면충돌, 이동벽 후면 및 측면 충돌 시 고전압 활선도체부의 절연저항 등을 충돌시험 기준으로 규정하고 있다.

두 번째로 구동용 배터리는 어떠한 악조건에서도 발화 또는 폭발하지 않는 안전성을 확보하는 것에 초점이 맞추어져 있다. 구동용 배터리 안전기준은 2009년에 세계 최초로 국내에서 제정되었으며, 시험항목은 총 7개 항목으로 낙하시험, 액중투입시험, 과충전 및 과방전시험, 단락시험, 열노출 및 연소시험으로 구성되어 시험 중 발화 또는 폭발 시에는 부적합 처리된다. 최근 'ECE R100' 및 'GTR 20'과의 국제조화를 하기 위하여 진동시험, 열충격시험, 과전류시험, 압착시험, 충격시험을 신설, 개정해 시행하고 있다.

세 번째로 전기모터는 출력 성능과 관련된 내용으로 최고 출력과 부분 출력으로 구분되어 있으며, 최고 출력은 30분 연속 출력으로 규정하고 있다. 최근 전기자동차 관련 구동용 배터리로 인한 화재가 이슈로 대두되고 있으나 아직 정확한 원인이 규명되지 않고 있다.

혹자는 구동용 배터리 안전기준을 만족시켰는데, 왜 화재가 발생하느냐고 묻는다. 자동차 법규에서 규정하고 있는 안전기준은 그 기준치가 최소한의 규정치로서 자동차 장치들의 최대치를 평가하는 것은 아니다.

전기자동차에서의 안전기준은 고전압이 흐르는 활선도체부의 절연성능 확보와 구동용 배터리의 과충전 및 과방전, 낙하, 침수 등 특정 상황에 대한 폭발 또는 화재 위험성을 최소화하는 것이 주요한 목표이다. 화재 이슈에서 원인으로 논의되고 있는 배터리 관리시스템(BMS) 또는 배터리 셀의 제조 불량은 제조사의 생산단계에서의 제작결함으로써 제조사의 품질문제로 자동차 안전기준에서 규정하기 곤란한 측면이 있다. 2020년까지 판매된 전기자동차들은 전용 차체를 채택한 차종이 많지 않았으나, 2021년에는 전용 차체로 무장한 다양한 차종이 론칭되었다.

또한 국내 제작 전기자동차뿐만 아니라 미국, 중국, 일본, EU를 비롯한 여러 국가에서 제작된 전기자동차가 국내에 보급되면서 전기자동차의 안전과 관련된 컴플라이언스(compliance, 기업경영이 법령, 규정, 윤리 또는 사회통념에 맞도록 하는 내부통제 장치) 또는 리콜 이슈가 늘어날 것이다. 안전과 관련된 이슈는 인지된 시점에서 시간을 끌면 방어하기가 더 어렵기 때문에, 안전 이슈 발생 시 조기에 관계자들과 다방면의 전문가들이 상의하여 빨리 원인을 분석하고 해결해야 한다.

자동차 역사에서 세 번째로 도전하는 전기자동차가 이번에는 성공할 것 같지만, 아직도 넘어야 할 산들은 남아있다. 친환경 전기자동차가 실생활 및 산업에서 오랫동안 지속될 수 있도록 넘어야 할 산들(안전성을 비롯한 문제점 해결 및 도전과제)을 해결해야만 한다.

UNECE WP29

유럽연합 유엔경제위원회(UNECE)는 56개 회원국의 경제 협력과 통합을 촉진하기 위해 설립되었다. 또한 WP29는 1952년 6월 6일 유럽연합 유엔경제위원회(UNECE, United Nations Economic Commission for Europe) 산하인 ITC(Inland Transport Committee)의 부속기구인 차량제조에 관한 워킹그룹으로 설립되었다. 2000년 3월, WP29는 "차량 규정 조화(조정, 일치)를 위한 세계 포럼(WP29)"으로 이름을 바꾸었다.

여기서 조화(조정, 일치)란 한 국가에서 판매되고 서비스되는 차량은 해당 국가의 규정 및 표준을 충족해야 한다. 해당 국가의 등록 절차에는 차량 또는 부품의 승인이 필요하다. 다른 국가에서 별도의 국가 규정 및 승인 절차가 존재하기 때문에, 해당 국가에서 전문인력과 비용이 많이 드는 설계 수정, 추가 테스트 및 중복 승인에는 별도의 인력과 소요기간, 비용 등 불필요한 사항이 생긴다.

따라서 차량에 대한 다양한 국가 기술 요구 사항을 조화(조정, 일치)시키고 고유한 국제 규정을 명확하게 정교화해야 한다. 이렇게 차량 또는 장비 및 부품이 해당 규정에 따라 제조되고 승인되면 추가 테스트 또는 승인 없이 국제적으로 거래될 수 있다.

더욱이 국제 무역 장벽을 줄이고 차량 및 부품의 글로벌 무역을 촉진하기 위해 전 세계적으로 차량 규정을 조화(조정, 일치)시키기 위한 노력이 계속 이루어지고 있다. 이 역할에 대한 주요 포럼이 바로 UNECE(United Nations Economic Commission for Europe)의 WP29(World Forum for Harmonization of Vehicle Regulations)인 것이다.

WP29의 목적은 차량에 대한 기술 규정의 글로벌 차원의 조화(조정, 일치) 또는 개발을 목표로 활동을 추구하고 차량 안전 개선, 환경 보호, 에너지효율 증진 및 도난방지 성능향상을 목적으로 하는 규제를 개발하는 것이다.

• UNECE WP29에는 어떤 하위 부속기구가 있을까?

GR(Groups of Rapporteurs, '라포처 그룹'은 규제기관에서 전반적인 조정과 합의를 이끌어내도록 하고, 회합의 진행 상황을 보고하기 위해 조직이 임명한 구성원, 회의보고자를 일컫는다)로도 알려진 WP29의 영구 부속기구는 전문 분야의 기술 규정에 대한 요구 사항을 연구, 분석 및 개발하는데 있어 차량 규정 조화(조정, 일치)를 위한 세계 포럼을 지원하고 있다. 아래에 언급된 바와 같이 6개의 워킹그룹(Working Group, 실무그룹)이 있다.

1. 소음 워킹그룹(실무그룹, GRB)
2. 조명 및 광신호 워킹그룹(GRE)

3. 오염 및 에너지 워킹그룹(GRPE)
4. 브레이크 및 주행 기어 워킹그룹(GRRF)
5. 일반 안전 규정에 관한 워킹그룹(GRSG)
6. 수동 안전에 관한 워킹그룹(GRSP)

각 부속기구는 해당 기관이 담당하는 영역과 관련된 전문 지식을 가진 사람들로 구성된다. 새로운 규정 또는 기존 UN 규정의 수정에 대한 WP29에 대한 모든 제안은 기술 권고를 준비하기 위해 세계 포럼에 의해 해당 부속기구에 회부된다. 이들 부속기구 역할의 중요성을 고려하여, 이들은 UNECE에 따라 영구적인 지위를 부여받았으며 최근에는 "Working Parties(WP, 실무조직)"로 이름이 변경되었다. WP29 세션과 그 부속기관의 모든 문서(의제, 작업 문서 및 보고서)는 WP29 웹사이트에서 참조하거나 다운로드 받을 수 있다.

4) 전기용품 안전기준 제개정 고시(전기차 충전기, 리튬2차전지)

참고로 전기차 충전기, 리튬2차전지에 있어 전기용품 안전기준에 대한 기준 제정 내용의 예는 다음과 같다.

(1) 전기용품안전기준 제정 및 개정 고시(2020.07.21 국가기술표준원장)

① 전기차 충전기(KC 61851-1, KC 62196-2) 개정

전기차의 배터리 용량이 커지고 사용자의 충전시간 단축요구도 증가됨에 따라 충전속도 향상을 위하여 2종을 개정

② 전지(KC 62133-2, KC 62133) 제정 및 폐지

㉠ 휴대기기용 리튬이차전지에 해당하는 국제기준이 최신화됨에 따라 국내 안전기준 부합화 기존에 적용되고 있던 KC 62133 버전은(CB의 경우 IEC62133 : 2012만 적용) 2020년 12월 31일까지 병행 적용 후 폐지될 에정이며, 신규 제정되는 KC 62133-2 버전은 (CB의 경우 IEC62133-2 : 2017만 적용) 공포한 날부터 시행된다.

㉡ 속도 25km/hr 이하의 개인형 이동장치(전기자전거 제외)에 사용되는 배터리의 KC 62133-2 적용은 2021년 8월 1일부터 적용된다.

③ 기타 사항

KC 62133-2 : 2020 규격이 KOLAS(Korea Laboratory Accreditation Scheme, 한국인정기구) 등재 완료되어 진행 가능하며, 등재 범위 및 장비 사정에 따라 배터리 충전전압 60V 이하, 정격용량 25Ah까지 진행이 가능하다.

5) 전기자동차의 저온 주행성능 시험

전기자동차에 있어서 법제화된 안전기준은 사전 안전성의 확인으로 실제 전기차의 운행 중, 충전 중 그리고 정차 중에 있어 운전자와 탑승자의 생명을 보호하기 위한 최소의 강제기준(법규)일 뿐이다. 그러나 자동차의 성능과 품질에 관련된 사항들은 제조사들의 개발과 제조능력, 가격에 따른 정책 등에 달려있다.

여기서는 전기차 운행에 있어 리튬이온 2차전지가 갖는 가장 취약한 부분 중의 하나인 한겨울에 배터리의 효율이 떨어지는 저온 주행성능에 대해 설명하고자 한다.

저온 주행성능 비교는 상온과 대비한 주행성능, 즉 대표적인 주행효율 중 최대 주행거리(Km)를 비교하는 시험이다.

주행효율은 전기차가 배터리 1회 완전충전(만충전) 후 주변 환경(여기서는 온도)에 있어 상온과 저온에서의 최대 주행거리의 비교이다.

상온(常溫)은 일정한 온도를 뜻하며, 대개 20±5°C를 의미한다. 즉, 상온은 영상 15°C(도)부터 25°C(도)까지의 온도 범위를 말하며, 화학에서 상온은 25°C를 사용하는 경우가 가장 많다.

주행효율은 현재 판매되고 있는 전기승용차를 비롯한 전기차량 가운데 특히 겨울철 배터리 효율을 시험하는 것이다. 저온(영하 6.7도) 환경에서도 최장 주행 가능 거리가 상온 주행거리의 90% 이상을 유지해야만 하는데, 특히 겨울철에는 배터리 효율이 떨어지고 난방으로 전력 소모가 커 배터리 소모가 심해 주행거리가 줄어든다. 여러 시험에 의하면 추운 겨울에는 배터리 효율이 급격히 떨어져 상온 대비 주행 가능 거리가 최소 10~20% 감소하고, 상온 대비 저온의 배터리 효율이 38.8% 감소되며 심하면 주행 가능 거리가 절반 이상 떨어진다.

겨울철 전기차 주행거리가 급속히 줄어드는 주요 요인으로는 난방기 가동도 있다. 내연기관차의 경우 엔진의 폐열을 이용해 따뜻한 바람을 만들어 히터를 켜도 연비에 미치는 영향이 적다. 히터를 작동하지 않아도 기본적으로 따뜻한 바람이 나오는 것을 느낄 수 있다. 반면 전기차는 엔진열 난방이 되지 않아 히터를 켜면 추가로 배터리의 에너지를 소모해야 한다. 예를 들면, 배터리 효율 저하로 전기차는 겨울철 주행거리가 수십 km 줄어든다. 일반적으로 저온(영하 6.7도)에서는 상온(23~25도) 대비 20%가량 전비(전비는 내연기관차에서 쓰는 연비의 개념을 전기로 대신한 것이다. 연비는 L당 주행거리(km)를 나타내지만 전비는 1kWh당 주행거리(km)로 표시된다)가 낮다.

환경부 인증 기준 현대차 아이오닉5 2WD 롱레인지 20인치는 주행거리가 상온에서 405km, 저온에서 354km이다. 기아 EV6와 테슬라 모델Y는 상온과 저온의 주행거리 차이가 각각 44km, 69.3km이다.

겨울에 전기차 주행거리가 줄어드는 것은 리튬이온 배터리를 사용하기 때문이다. 리튬이온은 액체 상태의 전해질을 통해 양극과 음극을 오가며 충전 · 방전한다. 기온이 떨어지면 액체 전해질이 굳고 리튬이온 이동이 둔해지면서 내부 저항이 커지고 배터리 성능은 떨어진다.

따라서 전기차가 겨울철과 같은 낮은 기온에서 전비가 떨어지는 것은 리튬이온 배터리 특성 때문이다. 전기차 배터리 내부는 액체 전해질로 구성되어 있고, 전해질은 리튬이온이 양극을 오갈 수 있는 통로와 같은 역할을 한다. 기온이 떨어지면 전해질이 굳으면서 내부 저항이 커지게 돼 효율이 그만큼 낮아지게 되기 때문이다.

이를 해결하기 위해서는 향상된 배터리 관리시스템(BMS) 기술에 달려 있다. BMS는 배터리팩 내부의 전압 · 전류 · 온도 등 데이터를 읽어내고 배터리 사용 조건을 조절하는 두뇌 역할을 한다.

해결 사례를 들자면 다음과 같은 2가지 방법으로 해결할 수가 있다.

① BMS로 '배터리 사전 조절' 기능을 탑재해 주행 전 배터리를 운행(주행) 시의 주변 환경에 맞는 적합한 온도로 냉각 · 예열해 차량이 최적의 주행 성능을 발휘하도록 해야만 한다.

② 또한 배터리의 열관리 기술인 쿨링시스템(cooling system, 냉각시스템 · 냉각장치)을 활용한 냉각기술이다. 이는 제조원가에 구애받지 않고 차량이 어떠한 환경에서도 정격에 의한 일정한 성능을 낼 수 있도록 최고 수준의 열관리 기술을 탑재 적용하도록 해야 한다. 전기차를 개발할 때 북극 빙설, 사막지대 등지에서 영하 40도부터 영상 50도에 이르는 극한 환경의 극한 온도에서도 전기차량이 정상적으로 작동하는지를 확인하는 극한시험에서 주행효율이 뛰어난 것이야말로 바로 전기차량의 최상 품질이며 최고 성능을 보장(보증)하는 것이다.

③ 따라서 현재 기술로는 전기차의 저온 주행효율을 올리는 방법은 리튬이온 배터리 온도 최적화 기술을 활용하는 것이다. 특히 저온 주행효율이 가장 낮은 전기차의 대부분은 히트펌프(heat pump)가 없고, 실내 히터 온도를 30도 이상으로 설정할 수 있도록 했다. 환경부는 저온 주행거리 인증 시 전기차 히터를 최고 온도, 최대 풍량으로 작동해 에너지 소모가 큰 상태에서 차량 성능을 확인한다.

④ 배터리 성능등급 예측 연구, 소형 전기차 플랫폼 성능시험 방법 연구, 구동축전지 연소 안전시험을 위한 열에너지에 관한 다양한 연구 등과 함께 실증화 기술개발이 필요하다.

2023년 국내 자동차 시장에서 판매 중인 전기차는 세부 모델별로 총 102종이며, 환경부 인증결과 겨울철 도심에서 1회 충전 주행거리가 300km 이상인 모델은 30종으로 조사됐다.

테슬라 모델X 주행거리가 381km로 가장 길었고, 현대차 아이오닉6(376km), 아이오닉5(357km), 기아 EV9(351km), 니로 플러스(349km), 롤스로이스 스펙터(344km)가 뒤를 이었다.

반면 국내에서 판매되고 있는 전기승용차 가운데 겨울철 배터리 효율이 가장 뛰어난 모델은 롤스로이스 스펙터, 현대자동차 아이오닉5N, 기아 EV6 GT 순으로 조사됐다. 특히 30종 가운데 저온(영하 6.7도) 환경에서 최장 주행 가능 거리가 상온 주행거리의 90% 이상을 유지하는 모델은 스펙터(98.4%), 아이오닉5N(90.9%), EV6 GT(90.9%) 등 3종뿐이다.

겨울철에도 이들 3개 모델은 그 격차(상온과의 격차)를 최소화했다. 그림 9.1은 전기차 모델별 저온 주행효율, 즉 저온 주행성능 비교를 보여준다.

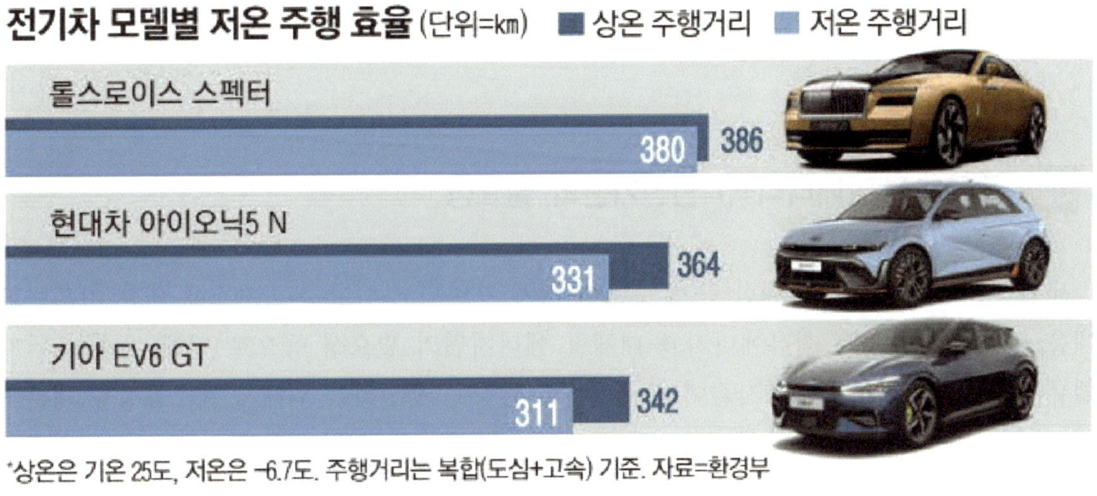

그림 9.1 전기차 모델별 저온 주행효율(저온 주행성능) 비교

전기차를 안전하고 오래 사용하기 위해서는 배터리 충전량은 20%~80% 사이를 유지해 주고, 밸런스 있게 충전하기 위해서 한 달에 한 번 정도는 완속 충전해 주는 것이 중요하다.

사진 9.1은 리튬이온 2차전지가 전기차 하부의 중간 부분에 조립되어 있는 배터리 플랫폼 구조이다.

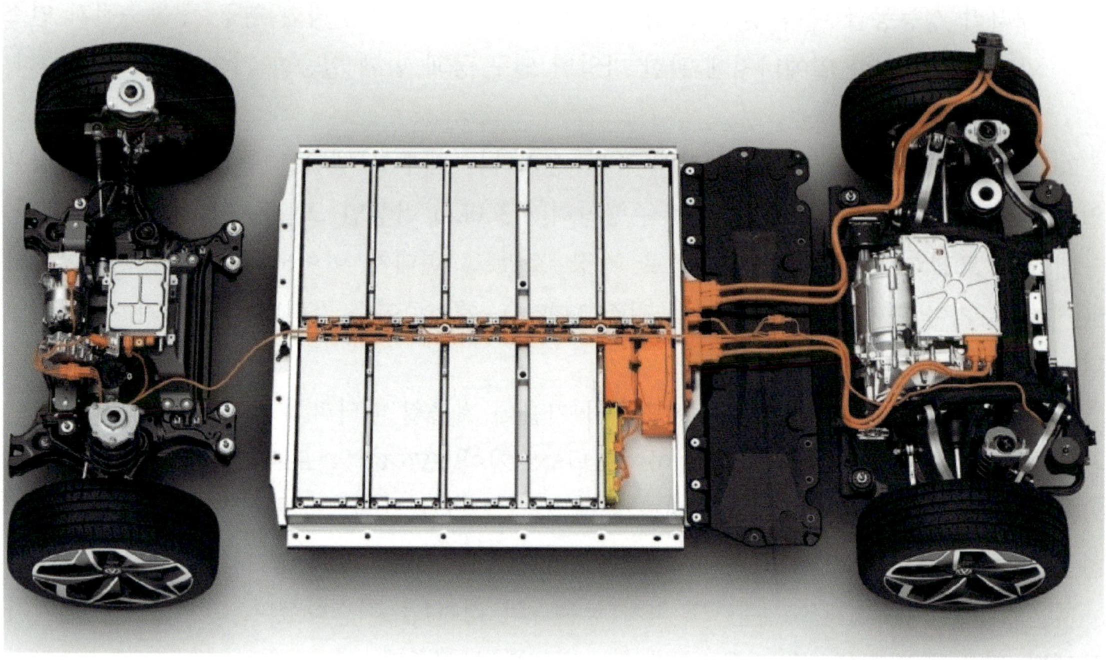

사진 9.1 리튬이온 2차전지의 플랫폼 조립구조

02 구동축전지(배터리팩) 안전기준의 필요성

세계적으로 환경오염에 대한 규제 수준이 점차 강화되고 있고 온실가스에 의한 기후변화 대응 및 고갈되어가는 석유에너지를 대체할 에너지원의 필요성 등으로 인해 미래 에너지 밸류체인(value chain은 가치사슬이라는 의미로 제품을 생산하기 위해서 제조공정을 세분화해 사슬(chain)처럼 엮여 가치(value)를 창출하는 것을 의미한다. 밸류체인은 기업이 제품 및 서비스를 생산해서 부가가치를 생성하는 모든 일련의 과정을 말한다)을 확장하며 RE100(재생에너지 100% 사용, RE100은 재생에너지전기(Renewable Electricity) 100%의 약자로 기업 활동에 필요한 전력의 100%를 태양광과 풍력 등 재생에너지를 이용해 생산된 전기로 사용하겠다는 자발적인 글로벌 캠페인이다), 저공해의 환경친화적인 자동차(EFV, Environmentally Friendly Vehicle, 온실가스 배출수준, 공해물질 배출수준, 소음수준이 모두 낮고 재활용성이 높은 자동차라고 정의함)의 개발과 보급이 요구되어 왔다.

1990년대 이후 하이브리드자동차(HEV, Hybrid Electric Vehicle)를 필두로 전기자동차(EV,

Electric Vehicle), 플러그인 하이브리드자동차(PHEV, Plug-in Hybrid Electric Vehicle), 수소연료전지차(FCEV, Fuel Cell Electric Vehicle로 연료전지로 전기모터에 전력을 공급하여 주행하는 자동차를 말하며, 연료전지차라고도 부른다) 등의 기술개발이 가속화되어 시범보급 및 초기양산 체계에 들어섰으며, HEV는 이미 본격적으로 양산되어 시장경쟁 체계로 급속히 전환되고 있다.

이러한 친환경자동차(EFV)의 공통적인 핵심기술요소 중의 하나가 구동축전지(배터리팩, Battery pack)이다. 국내 자동차 안전기준에서 구동축전지는 자동차의 구동을 목적으로 전기에너지를 저장하는 축전지 또는 이와 유사한 기능을 하는 전기에너지 저장매체로 정의하고 있다.

친환경자동차(EFV)의 일회충전 주행거리, 에너지 소비효율, 최고속도 등의 성능향상을 위해서 구동축전지의 대용량, 고출력화가 불가피하다. 앞서 말한 것처럼 구동축전지는 고전원의 에너지 저장장치이므로 고성능일수록 저장된 에너지가 커지고 사고 시 용도 외로 발생될 수 있는 에너지량도 증가하게 되므로 성능향상과 동시에 안전성 확보는 필수적이다. 구동축전지의 발화나 폭발 또는 감전으로 인한 사고를 미연에 방지하고 안전도를 확보하기 위한 최소한의 안전성 요구조건이 구동축전지의 안전기준이 되는 것이다.

친환경자동차(EFV, Environmentally Friendly Vehicle)

하이브리드자동차(HEV)는 엔진과 모터를 동시에 이용하여 구동력을 발생시키는 자동차이다. 하이브리드자동차 중에 외부로부터 충전이 가능한 자동차를 플러그인 하이브리드자동차(PHEV)라고 한다. 그리고 엔진이 없고 모터로만 구동력을 발생시키는 자동차를 총칭해 전기자동차(EV)라고 한다.

HEV나 PHEV 모두 전기모터와 엔진이라는 동력을 발생시키는 두 개의 심장을 가졌다는 점은 같다. 단지, 차이는 외부에서 충전을 할 수 있느냐, 없느냐다. 따라서 플러그인 하이브리드자동차와 하이브리드자동차의 가장 큰 차이점은 배터리의 용량 차이 그리고 전기 플러그를 이용해 충전한다는 점이다.

PHEV(플러그인 하이브리드전기차)에는 HEV(하이브리드전기차)보다 4배에서 10배가량 큰 배터리를 탑재한다. 이러한 리튬이온 배터리가 차량의 주동력원이 된다.

전기차(EV)는 기존 내연기관에 전기모터와 배터리의 역할이 어느 정도 개입되는지에 따라 '하이브리드전기차(HEV)', '플러그인 하이브리드전기차(PHEV)', '순수 전기차(EV)'로 구분하고 있다.

순수 전기차(EV)는 100% 전기에너지로만 주행하는 전기자동차를 의미하고, '혼합물'이라는 의미의 하이브리드(Hybrid)가 붙은 HEV와 PHEV는 내연기관에 전기모터가 혼합된 형태이다. 이 둘의 차이점은 주동력과 보조동력이 다르다는 점이다. HEV는 주동력원이 화석연료(열에너지)이고 보조동력원이 전기에너지인 반면, PHEV는 주동력원이 전기에너지이고, 보조동력원이 화석연료이다. PHEV는 EV보다는 주행거리가 길고 HEV보다 연비가 좋다는 장점이 있지만, 여전히 화석연료를 사용한다는 부분에서 환경적인 부담이 남아 있는 자동차이기도 하다.

그림 9.2는 국내에서 판매되고 있는 전기자동차(EV, Electric Vehicle)의 일반구조이며, 여기에 실장되는 다양한 구동축전지(배터리팩)의 규격(사양, 스펙)을 나타낸다.

전기차의 출력

출력 1kW는 약 1.36마력(PS)이다. 그림 9.2에서와 같이 최고출력 100kW 전기차의 출력을 마력으로 환산하면 136마력(PS)인 셈이다. 출력은 자동차의 힘을 정형화한 수치이다. 1마력(馬力)은 75kg의 물체를 1초 동안 1m 움직이는 힘(75kg · m/sec)이다. 이 마력을 부를 때 영어권에서 '호스 파워(horse power)', 즉 HP로 쓴다. 미국과 영국 등에서 통용되는 1마력은 1HP인 셈이다.
독일을 포함한 유럽에서는 HP 대신 PS(pferdestrake) 마력을 쓴다. 우리나라도 PS 마력을 인증 때 사용한다. 자동차 등록증 역시 HP가 아닌 PS로 표기돼 있다. 같은 1마력을 나타내지만 미세한 차이도 존재한다. 결론부터 말하자면 엄밀히는 '1PS=0.986HP'다.
우리나라에서 100마력(PS)인 자동차를 미국으로 수출하면 98마력(HP)이다. 실제로 제네시스 스포츠세단 G70 3.3 터보는 한국에서 최고출력이 370마력(PS)이다. 그러나 미국 수출형은 365마력(HP)으로 표기된다. 거꾸로 미국에서 100마력(HP)인 자동차를 한국으로 수입하면 최고출력은 102마력(PS)으로 상승한다.

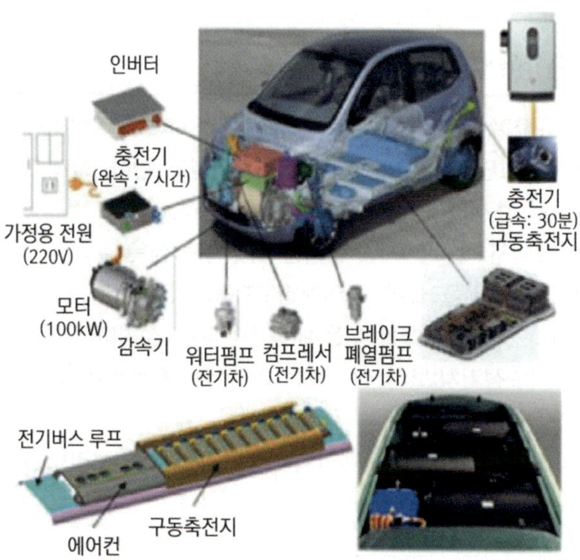

구분		구동축전지 규격
종류		납, 리튬이온, 리튬폴리머
형식		원통형, 각형, 파우치
정격전압		72~613V
정격용량		50~250Ah
정격출력		7.7~95kWh
충전 시간	완속	4~6시간
	급속	25~60분
크기(mm) L×W×H		950×600×210~9000×1500×400
일회충전 주행거리		30~130km
최고속도		55~130km/hr

그림 9.2 국내 시범보급 및 양산 전기자동차의 일반구조와 다양한 구동축전지(배터리팩)의 규격

(1) 자동차 안전기준 협정

자동차 안전기준은 자동차 및 자동차의 부품 또는 장치를 제작함에 있어서 안전운행에 필요한 성능과 기준을 제시하고 이 기준에 적합하지 않으면 도로상을 운행하지 못하도록 하여 자동차 안전상의 결함으로 인한 사고를 최소화할 목적으로 제정된 규정이다.

안전기준은 국가별로 동일한 목적으로 제정 · 운영되고 있으나, 안전기준 항목, 기준, 평가방법 등이 상이함에 따라 이를 조화하여 세계적으로 동일한 자동차 안전기준을 만들고자 하는 노력이 1958년 유럽 주도로 체결된 1958협정이다.

이후 미국 주도의 1998협정을 통해 계속되고 있지만 국가별로 자동차기술 수준과 기후, 도로 등 환경적인 특성이 다르고 자칫 국가간 기술 또는 무역장벽이 될 수 있어 신중히 진행되고 있다. 한국도 1958협정에는 2004년, 1998협정에는 2001년에 가입하여 안전기준 국제조화에 적극적으로 동참하고 있다.

(2) 국내 구동축전지(배터리팩) 안전기준 동향

국내에서 구동축전지 안전기준 제정의 필요성이 대두된 것은 2004년 현대자동차 클릭 하이브리드 50대와 2005년부터 현대자동차 베르나 하이브리드, 기아자동차 프라이드 하이브리드가 수도권 내 공공기관 등에 시범으로 보급되면서부터이다.

자동차안전연구원은 국토해양부 및 건설교통기술평가원으로부터 “하이브리드자동차 안전성 평가기술개발” 정부과제를 위탁받아 2006년 10월부터 2008년 9월까지 2년에 걸쳐 구동축전지뿐만 아니라 기존의 내연기관 자동차와 구조가 다른 하이브리드자동차 전반에 대한 연구를 수행하여 당시 안전기준 상의 미비점 도출 및 이를 보완하는 안전기준(안)을 국토해양부에 제출하여 국토해양부가 하이브리드자동차 및 전기자동차 관련 6개 조항 개정, 2개 기준조항 신설을 골자로하는 “자동차안전기준에 관한 규칙 일부 개정령(2009.1.23)”을 공포하고, 개정령에 따른 5개 항목 개정 및 2개 시험항목을 신설하는 “자동차안전기준 시행세칙 개정(2009.2.19)”을 고시하였다. 이때 구동축전지 안전기준이 비로소 제정된 것이다.

표 9.1은 자동차안전기준에 관한 규칙의 일부로 구동축전지에 관한 세부내용을 요약해 설명하고 있다.

표 9.1 자동차안전기준에 있어 고전원전기장치 및 구동축전지에 관한 규칙

조항	세부내용 요약
제2조 정의	52. 고전원전기장치란 구동축전지, 전력변환장치, 구동전동기 등 작동전압이 직류 60볼트 또는 교류 25볼트를 초과하는 전기장치를 말한다. 53. 구동축전지란 자동차의 구동을 목적으로 전기에너지를 저장하는 축전지 또는 이와 유사한 기능을 하는 전기에너지 저장매체를 말한다.
제18조의 2 고전원전기장치	자동차의 고전원전기장치는 다음 각 호의 기준에 적합하여야 한다. 1. 고전원전기장치간 전기배선의 피복은 주황색으로 할 것 2. 고전원전기장치간 전기배선이 차실 내 및 차체 외부에 노출되는 부분에는 보호기구를 설치할 것 3. 고전원전기장치간 전기배선은 노출된 활선도체부 및 이음부가 없을 것 4. 고전원전기장치와 전기배선은 접속 시 극성이 바뀌지 아니하도록 할 것 5. 고전원전기장치에는 다음 각 항목과 같이 감전에 대한 경고표시를 할 것 6. 고전원전기장치는 공구를 사용하지 아니하면 쉽게 개방, 분해, 제거되지 아니하는 구조일 것
제18조의 3 구동축전지	자동차의 구동축전지는 다음 각 호의 기준에 적합하여야 한다. 1. 구동축전지는 차실과 벽 또는 보호판 등으로 격리되는 구조일 것 2. 자동차의 구동축전지는 설계된 범위를 초과하는 과충전을 방지하고 과전류를 차단할 수 있는 기능을 갖출 것 3. 구동축전지는 국토해양부장관이 따로 정하는 물리, 화학, 전기 및 열적충격조건에서 발화 또는 폭발하지 않을 것

표 9.2는 자동차안전기준에 관한 규칙 중 시행세칙의 일부로 고전원전기장치 및 구동축전지 안전성시험에 관한 세부내용의 요약이다.

표 9.2 자동차안전기준에 있어 구동축전지 관련 시행세칙

<table>
<tr><th>조항</th><th colspan="2">세부내용 요약</th></tr>
<tr><td rowspan="5">별표1의 47
고전원전기장치
안전성시험</td><td colspan="2">44.1 적용범위
본 규정은 구동축전지 등 고전원전기장치의 구조및 안전성시험에 대하여 규정한다.
44.6 시험기준
고전원전기장치는 안전기준 제91조 제4항의 기준에 적합하여야 한다.</td></tr>
<tr><th>시험조건</th><th>기준</th></tr>
<tr><td>1. 시속 48.3킬로미터의 속도로 자동차를 고정벽에 정면 충돌</td><td rowspan="3">가. 화재 및 폭발이 발생하지 않을 것
나. 자동차의 정지순간부터 30분 동안 구동축전지 전해액 누출량이 5리터 이하일 것
다. 차실내로 구동축전지 전해액이 유입되지 않을 것
라. 구동축전지 장치 중의 일부라도 차실내로 침입하지 않을 것</td></tr>
<tr><td>2. 시속 48.3킬로미터의 속도로 이동벽을 자동차의 뒷면에 추돌</td></tr>
<tr><td>3. 시속 32.3킬로미터의 속도로 이동벽을 자동차의 옆면에 추돌</td></tr>
</table>

<table>
<tr><th>조항</th><th colspan="2">세부내용 요약</th></tr>
<tr><td></td><td>4. 제1호부터 제3호까지 시험 후 자동차를 90도씩 4번을 회전시켜 각 위치에서 5분 동안 정지</td><td>마. 고전원 활선도체부와 노출 도전부(전기적 샤시)와의 절연저항은 각각 100Ω/V[DC], 500Ω/V[AC] 이상일 것</td></tr>
<tr><td>별표1의 48
구동축전지
안전성시험</td><td colspan="2">44.1 적용범위
본 규정은 자동차용 구동축전지의 물리 · 화학 · 전기 및 열적 충격조건에서 안전성을 확인하기 위한 시험방법에 대하여 규정한다.
44.4 시험기준
안전기준 제18조 3의 기준에 적합하여야 한다.
<table>
<tr><th>시험항목</th><th>시험방법</th><th>시험기준</th></tr>
<tr><td>낙하안전시험</td><td>4.9m 자유낙하</td><td>발화/폭발</td></tr>
<tr><td>액중투입안전시험</td><td>0.6몰 염수에 1시간 침수</td><td>발화/폭발</td></tr>
<tr><td>과충전안전시험</td><td>SOC 150%까지 과충전</td><td>발화/폭발</td></tr>
<tr><td>과방전안전시험</td><td>SOC 0%에서 1C로 과방전</td><td>발화/폭발</td></tr>
<tr><td>단락안전시험</td><td>50mΩ 이하로 회로 구성 후 단락</td><td>발화/폭발</td></tr>
<tr><td>열노출안전시험</td><td>80℃ 챔버에 4시간 노출</td><td>발화/폭발</td></tr>
<tr><td>연소안전시험</td><td>890~900℃로 2분간 직접 가열</td><td>폭발</td></tr>
</table></td></tr>
</table>

사진 9.2는 앞 표 9.2의 구동축전지 안전성시험 조항중 7개의 시험항목에 대한 안전성시험 장면을 보여준다.

사진 9.2 구동축전지 안전성시험 장면

정부의 저탄소녹색성장 정책에 힘입어 안전기준 개정 이후 지금은 여러 가지 모델의 하이브리드자동차, 저속전기자동차(NEV, Neighborhood Electric Vehicle로 최고속도가 시속 60킬로미터(60km/hr)를 초과하지 않고, 차량 총중량이 1,361킬로그램(kg, 즉 1.36ton)을 초과하지 않는 전기자동차이다), 승용전기자동차, 대형승합전기자동차, 대형전기버스 등에 이르기까지 다양한 환경친화적인 자동차(EFV, Environmentally Friendly Vehicle, 친환경전기차)가 출시되고 있으며, 각 차종별 요구특성에 따라 구조와 용량, 출력 등의 성능을 달리하는 다양한 구동축전지가 탑재되고 있다.

이처럼 급변하는 전동화 모빌리티(mobility) 산업에서 전기차용 구동축전지 시장의 진보된 기술과 시범보급 및 양산 현황에 따라 이미 제정된 구동축전지 안전기준의 개정 필요성이 다시금 대두되었다. 따라서 자동차안전연구원(KATRI)은 국토해양부 출연사업인 "2011년 전기자동차 도로주행 모니터링 사업"의 일환으로 1년간 다양한 형태의 구동축전지에 대한 안전성 시험연구를 통해 현행 안전기준 상의 미비점 및 보완점을 도출하고 시험방법 등에 대한 개선안을 마련해 2012년 구동축전지 안전기준시행세칙을 개정했다.

저속전기자동차(NEV, Neighborhood Electric Vehicle)

저속전기자동차는 현존하는 차량들과 전혀 다른 개념의 전기차다. NEV는 근거리 저속차량이란 의미로서 시속 100킬로미터(100km/hr) 이상의 속도를 내는 고속전기자동차(FSEV, Full Speed Electronic Vehicle)의 단점인 비싼 가격을 현실에 알맞은 수준으로 낮춘 저렴한 가격의 차량이다. 직장인들의 하루 평균 출퇴근 이동거리가 20km 이내, 시내 주요 도로에서 시속 60킬로미터(60km/hr) 이상의 속도를 내기 어려운 점을 감안하여 철저히 출퇴근과 업무용으로 만들어진 세컨드카 개념의 저가 차량을 의미한다. 기존의 내연기관 자동차, 고속전기자동차와는 다른 개념으로, 최고속도가 시속 60킬로미터(60km/hr)를 초과하지 않고, 차량 총중량도 1,361킬로그램(kg)을 초과하지 않는 경차 개념의 전기자동차(전기차)이다.

표 9.3은 시범보급 및 양산되고 있는 친환경자동차(EFV, Environmentally Friendly Vehicle)별 탑재(실장)된 구동축전지를 비교한 현황이다.

▶▶ 표 9.3 친환경자동차(EFV)별 탑재된 구동축전지 비교 현황

외관	차종	차명 (제작사)	형식	전압(V)	용량(Ah)	출력(kWh)	구동축전지 제작사
	경형승용 (NEV)	e-ZONE (CT&T)	Pb	72	165	11.9	세방전지 (KOR)
	경형승용 (NEV)	e-ZONE (CT&T)	Li-ion	76.8	138	10.6	VALANCE (US)
	경형승용 (NEV)	체인지(AD Motors)	Li-ion	76.8	100	7.7	AVIATION (CHINA)
	소형승용 (HEV)	아반떼 HEV (현대)	Li-polymer (LPG)	180	5.3	0.954	LG Chem. (KOR)
	소형승용 (HEV)	포르테 HEV (기아)	Li-polymer (LPG)	180	5.3	0.954	LG Chem. (KOR)
	중형승용 (HEV)	소나타 HEV (현대)	Li-polymer (휘발유)	270	5.3	1.4	현대모비스 (KOR)
	중형승용 (HEV)	K5 HEV (기아)	Li-polymer (휘발유)	270	5.3	1.4	현대모비스 (KOR)
	경형승용 (EV)	블루온(현대)	Li-polymer	330	50	16.4	SK Innovation (KOR)
	소형승용 (EV)	SM3 ZE (르노삼성)	Li-polymer	360	64.8	23.3	AECS (JAPAN)
	대형승합 (EV)	ELEC-CITY (현대)	Li-polymer	380	250	95	SK Innovation (KOR)
	대형승합 (EV)	E-PRIMUS (한국화이바)	Li-polymer	613	140	86	ENERDEL (US)
	대형승합 (HEV)	BLUECITY HEV(현대)	Li-polymer (CNG)	360	10.6	3.8	LG Chem. (KOR)
	대형승합 (HEV)	BC211M HEV (대우버스)	Li-ion (디젤)	340	11	3.74	EATON(US)

(3) 국외 구동축전지(배터리팩) 안전기준 동향

국외의 경우 미국, 유럽, 일본 등 자동차 선진국에서도 현재 구동축전지 안전기준을 제정하여 운영하고 있는 나라는 없다. 다만 강제규정이 아닌 규격으로써 국제표준화기구(ISO)에서 ISO 12405 "전기자동차 리튬이온 구동축전지 시스템 시험규격(Part1 : 고출력용, Part2 : 고에너지용)"을 2011년에 제정하였고 국제전기에너지표준기구(IEC)에서 IEC 62660 셀단위 리튬전지의 성능, 수명, 신뢰성, 비정상시험에 대하여 규격을 제정·운영하고 있다.

중국의 경우 국가표준(National Standard) GB/T 18384.1-2001 "Electric Vehicle Safety Specification, Part1 : On-board energy storage"에 구동축전지 셀단위 6개 시험항목(압축, 관통, 과충전, 과방전, 단락, 열노출시험)에 대해서 규정하고 있다. 하지만 규격이 아닌 강제규정으로의 구동축전지 안전기준 제정의 시급성 및 중요성에 대해서는 전 세계적인 공감대가 형성되어 있어 국제연합(UN)을 중심으로 구동축전지 안전규정 제정을 추진한 것이다.

앞서 언급한 바와 같이 자동차 안전기준의 국제조화를 추진하고 1958협정과 1998협정을 실행하기 위한 조직으로 UN 산하 유럽경제위원회(ECE, Economic Commission for Europe)에 자동차 실무위원회(WP29, Working Party on the Construction of Vehicles29는 자동차 제작에 관한 실무위원회로 1952년에 스위스 제네바에 설립되었다)가 구성되어 있다.

WP29는 하부조직으로 6개 전문분과가 있으며, 전문분과별로 안전규정 제·개정이 필요한 안건에 대하여 지속적으로 논의하여 합의된 규정안을 WP29 총회에 상정한다.

논의안건에 따라 보다 집중적인 논의나 연구가 필요한 경우에는 전문가그룹을 구성하여 각국의 의견을 조율하고 심도있는 연구를 통해 규정안을 개발하기도 한다. 상정된 안건이 각국 대표로 구성된 WP29 총회의 승인을 받게 되면 그 안건은 안전규정으로써 법적인 효력을 갖게 되는 것이다.

그림 9.3은 앞에서 설명한 자동차 안전기준의 국제조화를 추진하고 있는 UN 산하 유럽경제위원회(ECE)의 자동차실무위원회(WP29)에 구성된 전문분과별 조직도이다. 여기서 구동축전지(배터리팩) 안전기준을 심의하여 제·개정하고 있다.

2010년 11월 충돌안전 전문분과(GRSP, Working Party on Passive Safety, 충돌안전전문가회의)에서 구동축전지 안전규정 제정의 필요성을 인식하고 심도있는 연구를 위해 독일을 의장국으로 구동축전지 전문가그룹(RESS : Rechargeable Electric Energy Storage System)을 구성하고 공식적인 활동을 시작했다. 2010년 11월부터 2012년 1월까지 6차에 걸쳐 각국의 정부, 인증기관, 연구기관, 자동차 및 구동축전지 제작사가 참여해 구동축전지 시험기준, 시험항목 및 시험절차 등을 논의하여 규정안을 작성하였다. 우리나라에서는 교통안전공단 자동차안전연구원과 LG화학이 논의에 참여하였으며, 구동축전지 안전기준 시행 경험과 세계 최고 수준의 구동축전지 관련기술을 바탕으로 RESS 제정논의에 국내 안전기준 및 업계 의견을 반영하였다.

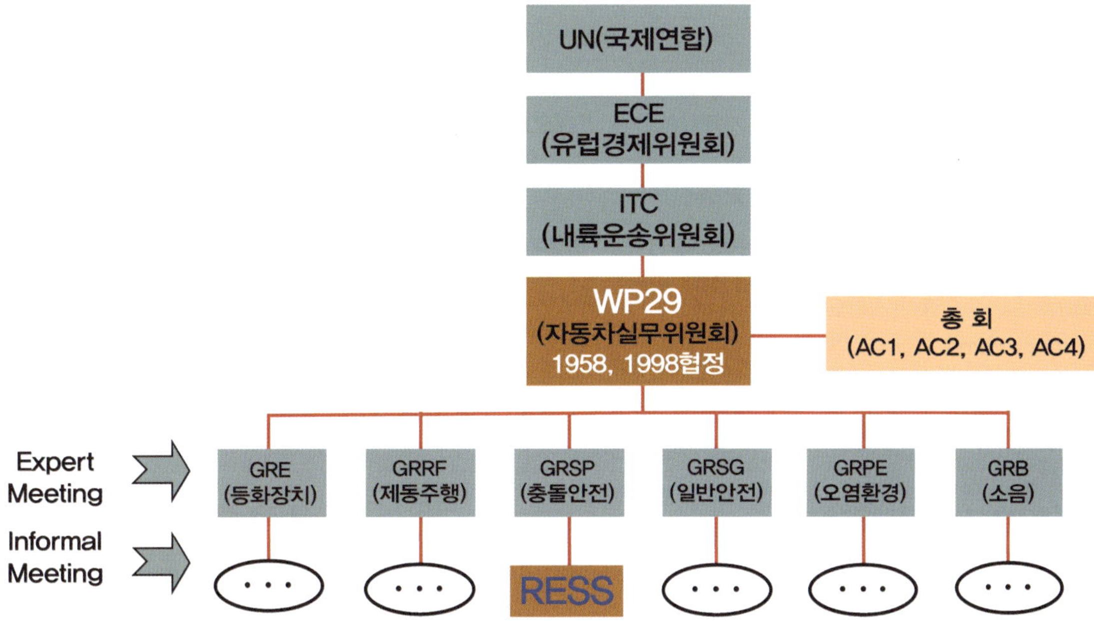

그림 9.3 UN산하 유럽경제위원회(ECE)의 자동차실무위원회(WP29)에 구성된 전문분과별 조직도

RESS 전문가그룹 활동 결과로 개발된 규정안은 2012년 GRSP와 WP29 승인을 받아 1958협정에 따른 ECE 규정 R100(전기동력자동차의 인증에 관한 규정) 개정을 추진해서 현재 시행하고 있다.

표 9.4는 구동축전지 전문가그룹(RESS)의 활동 결과로 개발된 ECE 규정 R100(ECE R100, 전기동력자동차의 인증에 관한 규정) 개정안의 주요 내용이다.

표 9.4 ECE R100 "전기동력자동차의 인증에 관한 규정" 개정안의 주요 내용

개정 시험항목	주요 내용	한국 유사기준 (자동차안전기준 시행세칙)
1. Vibration	자동차의 진동환경에서 REESS의 안전성능 검증	-
2. Thermal Shock & Cycling	REESS 급격한 온도변화에 대한 안전성능 검증(수명동안 가속온도변화 환경)	-
3. Mechanical Shock (구성품 기반)	자동차 충돌 상황에서 REESS의 관성 부하에 대한 안전성능 검증	별표1의 47 고전원전기장치 안전성 시험(차량 기반) 별표1의 48 낙하안전시험
4. Mechanical Integrity (구성품 기반)	자동차 충돌 상황에서 REESS의 직접 부하에 대한 안전성능 검증	

개정 시험항목	주요 내용	한국 유사기준 (자동차안전기준 시행세칙)
5. Fire Resistance	자동차 화재 시 REESS의 폭발에 대한 안전성능 검증(탑승자 대피시간 확보)	별표1의 48 연소안전시험
6. External Short Circuit	REESS 단락 시 보호기능에 대한 안전성능 검증	별표1의 48 단락안전시험
7. Overcharge Protection	REESS 과충전 시 보호기능에 대한 안전성능 검증	별표1의 48 과충전안전시험
8. Over-discharge Protection	REESS 과방전 시 보호기능에 대한 안전성능 검증	별표1의 48 과방전안전시험
9. Over-temperature Protection	REESS 냉각기능 고장 시 내부온도 상승에 대한 안전성능 검증	별표1의 48 열노출안전시험
-	-	별표1의 48 액중투입안전시험

ECE R100 개정과는 별도로 독일은 1998협정에 따른 전기자동차 세계기술규정(GTR, Global Technical Regulation) 개발을 위한 전문가그룹 구성에 관해 2011년 11월 WP29 총회 승인을 얻었으며, 2014년 11월까지 전기자동차 GTR을 개발한다는 계획을 발표했다. 제1차 전기자동차 GTR 전문가 기술회의는 2012년 3월 일본에서 개최되었고 의장국인 미국은 한국의 적극적인 참여를 요청했다. 이 회의에서 구동축전지(RESS)를 전기자동차 GTR 논의범위에 어떻게 포함할 것인지가 결정되었다.

전기자동차 및 구동축전지(RESS) GTR 제정은 향후 전기자동차 산업에 미치는 파급효과가 클 것으로 예상되어 한국의 자동차 및 구동축전지 제작사, 관계기관 등 관련 전문가들이 적극 참여해 국내 여건 및 기술 등을 반영해 향후 GTR 제정이 완료된 이후, GTR 내용을 반영한 국내 구동축전지 안전기준 및 안전기준 시행세칙의 개정을 통해 1998협정에 따른 국제기준조화가 추진되어 2023년 전기자동차와 전기이륜차에 관한 구동축전지 안전기준 및 시행세칙이 개정돼 시행되고 있는 것이다. 안전성평가 시험항목은 2023년 전기자동차는 12개, 전기이륜차는10개 항목으로 국제기준 대비 강화된 안전기준이다.

03 구동축전지(배터리팩) 안전기준

전동화 전기차를 구동시키는 구동모터(motor)에 전원을 공급해주는 리튬이온 2차전지 배터리팩(구동축전지로 포괄해서 명칭한다)의 안전성 평가는 물론 안전기준을 제정하고 있다.

표 9.5는 2009년 세계 처음으로 자동차안전연구원(KATRI)이 제정한 구동축전지 관련 안전기준 항목을 보여준다. 이는 전기차의 배터리 제품(배터리팩 품목)에 있어 반드시 받아야 하는 안전기준 필수항목(사항)으로 강제기준이다. 이는 전기차의 배터리 안전성을 확인하기 위해 제정된 법규이다.

▶▶ **표 9.5** 구동축전지 관련 안전기준 항목(강제기준)

구동축전지 시행세칙 개정

- 적용시기
  - 신차 : 2021년 7월 1일부터 적용
  - 양산차 : 2023년 7월 1일부터 적용 (2년 유예)
- 평가대상
  - (최초) 모든 자동차 구동배터리 → 60V 이상 자동차 구동배터리
  - (개정) 60V 이하 마일드 하이브리드용 배터리를 제외한 자동차 구동배터리 직류 60V 이상의 고전원에 한정한다.

개정 전	현행		비고
–	진동시험		신설
–	열충격시험		신설
연소안전시험	연소시험		휘발유 연소시험 추가
단락안전시험	단락시험		회로저항 (50mΩ → 5mΩ)
과충전안전시험	과충전시험		시험방법 세분화
과방전안전시험	과방전시험		시험방법 세분화
열노출안전시험	과열방지시험		과열방지기능 확인
–	과전류시험		신설
액중투입안전시험	침수시험		GTR 반영 제안
–	기계적 시험	충격시험	신설
–		압착시험	신설
낙하안전시험	낙하시험		기계적시험 또는 낙하시험 중 제작사 선택
7항목	12항목		

(자료 : 자동차안전연구원)

(1) 전기자동차용 구동축전지(배터리팩)

표 9.6은 2021년에 전기자동차 구동축전지(단일 셀이 아니라 배터리팩) 안전성 시험기준과 관련하여 12개 안전성 시험항목을 개정한 내용이다. 개정 전에는 7개 항목이었으나, 여기에 진동시험, 열충격시험, 과전류시험, 충격시험, 압착시험 등 5개 항목을 추가로 신설했다.

새롭게 신설 개정된 12개 배터리 안전성 시험항목을 자세히 살펴보면 열적 안전성(2개 항목), 전기적 안전성(5개 항목), 화학적 안전성(1개 항목), 물리적 안전성(4개 항목)으로 세분화되어 있다.

▶ **표 9.6** 전기자동차 구동축전지(배터리) 안전성 시험기준(12개 항목, 2021년 7월 1일 시행)

시험항목		시험기준 및 적용기준
열충격시험		파열, 전해질 누출, 벤팅, 발화, 폭발이 없을 것, 시험 후 절연저항이 100Ω/V 이상일 것 (열적 안전성)
연소시험		폭발이 없을 것, 완성차에서 구동축전지 케이스의 최저 높이가 지면으로부터 1.5m 이상일 경우 시험 제외(열적 안전성)
단락시험		파열, 전해질 누출, 벤팅, 발화, 폭발이 없을 것, 시험 후 절연저항이 100Ω/V 이상일 것 (전기적 안전성)
과충전시험		파열, 전해질 누출, 벤팅, 발화, 폭발이 없을 것, 시험 후 절연저항이 100Ω/V 이상일 것 (전기적 안전성)
과방전시험		파열, 전해질 누출, 벤팅, 발화, 폭발이 없을 것, 시험 후 절연저항이 100Ω/V 이상일 것 (전기적 안전성)
과열방지시험		파열, 전해질 누출, 벤팅, 발화, 폭발이 없을 것, 시험 후 절연저항이 100Ω/V 이상일 것 (전기적 안전성)
과전류시험		파열, 전해질 누출, 벤팅, 발화, 폭발이 없을 것, 시험 후 절연저항이 100Ω/V 이상일 것 (전기적 안전성)
침수시험		발화, 폭발이 없을 것, 구동축전지의 설치 위치가 승객실보다 높을 경우 시험대상에서 제외 (화학적 안전성)
진동시험		파열, 전해질 누출, 벤팅, 발화, 폭발이 없을것, 시험 후 절연저항이 100Ω/V 이상일 것 (물리적 안전성)
기계적 시험 주1), 주2)	충격 시험	전해질 누출, 발화, 폭발이 없을 것, 시험 후 절연저항이 100Ω/V 이상이며, 시험품의 이탈 및 변형이 없을 것(물리적 안전성)
	압착 시험	전해질 누출, 발화, 폭발이 없을 것, 시험 후 절연저항이 100Ω/V 이상일 것(4.5톤 초과 제외)(물리적 안전성)
낙하시험 주1), 주2)		전해질 누출, 발화, 폭발이 없을 것, 시험 후 절연저항이 100Ω/V 이상일 것(물리적 안전성)

주1) 기계적시험(충격시험과 압착시험) 또는 낙하시험 중 어느 하나의 기준을 적용한다(제작사 선택).

주2) 안전기준 제91조 제4항 및 별표 11의 3에 따른 고전원전기장치의 충돌시험기준에 적합한 자동차의 구동축전지는 기계적시험 및 낙하시험을 생략할 수 있다.

표 9.6의 시험항목에 있어 침수시험의 등급은 IP58 이상이다.

기계적 시험은 제작사의 선택사항으로 제작사의 결정에 따라 생략할 수도 있다. 또한 전방위 충돌시험 시는 기계적 시험에 있어 모든 항목시험을 제외해준다. 낙하시험의 높이는 4.9m이다.

(2) 전기이륜차용 구동축전지(배터리팩)

표 9.7은 2022년에 전기이륜차 구동축전지(배터리팩) 안전성 시험기준과 관련하여 10개 안전성 평가 시험항목을 새로이 신설한 내용이다.

새롭게 신설된 전기이륜차 안전기준 및 시행세칙은 구동을 위해 전기를 사용하는 모든 전기이륜 모빌리티(mobility, 이동수단 및 이동장치)인 전기바이크(bike, 오토바이), 전동킥보드, 전동스쿠터 등 두 바퀴를 갖고 배터리 전원으로 전기공급을 받아 전기모터(motor, 전동기로 전력을 이용하는 원동기다. 즉, 전기에너지를 회전운동에너지로 전환하는 기계다)로 구동되는 모든 모빌리티(mobility, 이동수단), 즉 전기이륜차에 모두 해당된다.

특히 표 9.7의 시험항목에서 보듯이 1번 진동시험부터 8번 낙하시험까지는 배터리 제품(여기서는 배터리팩 단품(제품)을 의미한다)을 시험 종료한 후에도 반드시 정상적으로 작동해야만 한다.

표 9.7 전기이륜차 구동축전지(배터리팩) 안전성 시험기준(10개 항목, 2022년 12월 25일 시행)

구분	시험항목	시험기준
1	진동시험	파열(고전원), 전해질 누출, 벤팅, 발화, 폭발이 없을 것, 시험 후 절연저항이 100Ω/V 이상일 것(고전원)
2	열충격시험	파열(고전원), 전해질 누출, 벤팅, 발화, 폭발이 없을 것, 시험 후 절연저항이 100Ω/V 이상일 것(고전원)
3	단락시험	파열(고전원), 전해질 누출, 벤팅, 발화, 폭발이 없을 것, 시험 후 절연저항이 100Ω/V 이상일 것(고전원)
4	과충전시험	파열(고전원), 전해질 누출, 벤팅, 발화, 폭발이 없을 것, 시험 후 절연저항이 100Ω/V 이상일 것(고전원)
5	과방전시험	파열(고전원), 전해질 누출, 벤팅, 발화, 폭발이 없을 것, 시험 후 절연저항이 100Ω/V 이상일 것(고전원)
6	과열방지시험	파열(고전원), 전해질 누출, 벤팅, 발화, 폭발이 없을 것, 시험 후 절연저항이 100Ω/V 이상일 것(고전원)
7	과전류시험	파열(고전원), 전해질 누출, 벤팅, 발화, 폭발이 없을 것, 시험 후 절연저항이 100Ω/V 이상일 것(고전원)
8	낙하시험	파손, 파열(고전원), 전해질 누출, 벤팅, 발화, 폭발이 없을 것, 시험 후 절연저항이 100Ω/V 이상일 것(고전원)
9	연소시험	폭발이 없을 것
10	침수시험	발화, 폭발이 없을 것

시험 종료 후 정상 작동할 것.

(3) 전기자동차(전기차)와 전기이륜차의 구동축전지(배터리팩) 안전기준 비교

표 9.8은 전기자동차(전기차)와 전기이륜차의 핵심부품(요소) 구동축전지(배터리팩) 안전기준 비교를 시험구분과 세부시험항목으로 나타낸 것이다.

배터리 시험 SOC(State of Charge의 약자로, 말 그대로 배터리의 '충전 상태'를 의미하는 배터리 용어이다. 쉽게 말해 배터리의 잔량 표시가 대표적이다. 배터리의 잔존 용량을 나타내기 위해 현재 사용할 수 있는 배터리의 용량을 전체 용량으로 나누어 백분율(%)로 표현하는 배터리의 '잔존 용량'을 나타낸 지표이다)는 배터리가 사용되는 환경(온도, 습도, 도로 상태, 예상치 못하는 외란 · 변수, 주행 속도 등 주행 및 운행에 관련된 모든 환경)에 따라 다르다. 단지 여기서는 정상 환경부터 극한 환경까지의 레인지(range, 범위)를 설정해 놓고 시험하는 시험실(실험실) 수준의 기본시험인 것이다. 전기자동차(전기차)의 배터리 안전기준에 있어 시험항목의 개정 후는 국내기준이 국제기준과 비교해 시험항목수도 더 많고 내용도 더욱 엄격함을 알 수 있다.

표 9.8 전기자동차(전기차)와 전기이륜차의 구동축전지(배터리팩) 안전기준 비교(국제기준 대비 강화됨)

번호	구분	항목	전기자동차					전기이륜차	
			국내기준(KMVSS)		국제기준			국내기준 (KMVSS, '22.12.25)	국제기준 R.136 ('16.10.16)
			개정 전	개정 후 ('21.7.1)	UN GTR20 ('18.3.14)	UN R.100 03시리즈 ('21.6.9)	UN R.100 02시리즈 ('13.7.15)		
시험 SOC			95%	95%	95%		50%	95%	50%
1	열적 안전성	열충격 시험	–	○	○		○	○	○
2	열적 안전성	연소시험	○ (LPG)	○ (LPG, 휘발유)	○ (LPG, 휘발유)		○ (휘발유)	○ (LPG, 휘발유)	○ (휘발유)
3	열적 안전성	과열방지 시험	○	○	○		○	○	○
4	전기적 안전성	단락시험	○	○	○		○	○	○
5	전기적 안전성	과충전 시험	○	○	○		○	○	○
6	전기적 안전성	과방전 시험	○	○	○		○	○	○
7	전기적 안전성	과전류 시험	–	○	○		–	○	–
8	화학적 안전성	침수시험	○	○	–		–	○	–

<table>
<tr><th rowspan="4">번호</th><th rowspan="4">구분</th><th rowspan="4">항목</th><th colspan="5">전기자동차</th><th colspan="2">전기이륜차</th></tr>
<tr><th colspan="2">국내기준(KMVSS)</th><th colspan="3">국제기준</th><th rowspan="3">국내기준 (KMVSS, '22.12.25)</th><th rowspan="3">국제기준 R.136 ('16.10.16)</th></tr>
<tr><th rowspan="2">개정 전</th><th rowspan="2">개정 후 ('21.7.1)</th><th rowspan="2">UN GTR20 ('18.3.14)</th><th colspan="2">UN R.100</th></tr>
<tr><th>03시리즈 ('21.6.9)</th><th>02시리즈 ('13.7.15)</th></tr>
<tr><td>9</td><td rowspan="4">물리적 안전성</td><td>진동시험</td><td>–</td><td>○</td><td colspan="2">○</td><td>○</td><td>○</td><td>○</td></tr>
<tr><td>10</td><td>충격시험</td><td>–</td><td>○</td><td colspan="2">○</td><td>○</td><td>–</td><td>○</td></tr>
<tr><td>11</td><td>압착시험</td><td>–</td><td>○</td><td colspan="2">○</td><td>○</td><td>–</td><td>–</td></tr>
<tr><td>12</td><td>낙하시험</td><td>○</td><td>○</td><td colspan="2">–</td><td>–</td><td>○</td><td>○</td></tr>
<tr><td colspan="3">시험항목수</td><td>7</td><td>12</td><td colspan="2">10</td><td>9</td><td>10</td><td>9</td></tr>
</table>

(4) 구동축전지(배터리팩) 안전성 평가

구동축전지(배터리팩) 안전기준과 관련된 배터리 안전성 평가 종류(항목)은 사진 9.3과 같다. 여기서는 앞에서 언급한 바와 같이 직류 60V 이상의 고전압(고전원) 전기차용 구동배터리를 대상으로 안전성 평가를 하고 있다.

① 진동시험

일정한 주파수(진동폭과 주기)를 갖는 진동과 불규칙한 진폭과 주기를 갖는 가변적인 진동으로 진행한다. 예를 들면, 상하진동은 1분에 사이클을 12번 진동시켜 180분(3시간) 동안 진행한다.

② 열충격시험

200°C 이상의 고온에서 열충격으로 인한 전해액의 누수와 열폭주(thermal runaway), 열전이(thermal propagation) 상태를 시험한다.

③ 단락시험

배선 등의 불량과 리튬이온의 덴드라이트(dendrite는 리튬이온 배터리를 사용할 때 생기는 나뭇가지 모양의 결정이다. 다른 말로는 수지상 결정이라고도 한다) 현상 등으로 인한 단락(short, 합선) 상태를 시험한다. 단락시험은 배터리의 양극(+)과 음극(-)을 쇼트(short)시켜 시험을 진행한다.

④ 과충전 · 과방전 · 과전류시험

배터리 냉각장치의 릴레이(relay, 계전기라고도 하고 어떤 값 이상의 전기적 입력을 인식하여 다른 전기 회로의 개폐를 제어하는 기기이다. 전자석(권선에 제어 입력 전류를 흘려 자화시킨 것)에 의해 접점을 물리적으로 움직이게 하여 접점을 개폐하는 역할을 한다)를 on/off시켜 시험한다.

⑤ 과열방지시험

배터리의 과열을 방지하는 계통이나 기계적 · 물리적 장치 등에 의한 과열방지(overheating protection)를 시험한다.

⑥ 침수시험

IP58 등급으로 진행한다. IP의 뜻은 'Ingress Protection rating'의 약자이며 '외부 오염물 침투 보호 등급'이라는 뜻으로, 방수는 모든 방향에서 낮은 압력으로 분사 또는 침투되는 물로부터 완벽하게 보호되는 완전방수 수준으로 보면 된다. IP58 등급에서 앞의 숫자 5는 내용물에 손상을 주지 않는 수준(제한된 수준의 유입 허용)의 먼지 등으로부터의 방진보호 수준이고, 뒤의 숫자 8은 1m 이상 깊이의 물속에 1시간 침수시켜 시험을 하는 방수보호로 최상의 기준이다.

⑦ 충격시험

슬레드(SLED) 시험(실차 충돌시험을 시뮬레이션하는 모의 충돌 시험장비로 자동차 충돌 사고가 일어났을 때 안전 부품들이 제대로 작동하는가를 확인하는 시험)장치로 동하중 충격 시험을 한다.

⑧ 압착시험

10kN(Newton, 뉴튼)의 힘(하중)을 배터리팩 측면(측면은 배터리팩에서 길이가 긴 방향의 측면을 말한다)으로 밀면서 압착시험을 한다. 참고로 KS규격 1kgf는 9.8N(SI 규격)이다. 이때 배터리팩의 손상이 발생 시 내부에서 기체로 증발되어 나오는 전해액 증기에 함유된 발암물질을 후드(hood)로 석션(suction, 빨아들여 흡입)한다.

⑨ 낙하시험

전기차용 배터리팩을 4.9m에서 자유낙하시켜 낙하충격에 기인한 발화, 폭발 등을 확인하는 시험이다. 또한 충전상태 등을 점검한다.

충격시험을 위한 낙하 높이(4.9m) 설정은 시험기준 전기차의 후방충돌 시에 받는 충격량(충격량은 물체가 받는 충격의 정도(크기)를 나타내는 값으로 작용힘과 시간의 곱이며, 단위는 N · sec이다)을 기준으로 규격화된 시험기준 배터리의 무게를 가지고 역산으로 높이를 설정한 것이다.

그러나 최근 전기차의 확산으로 배터리의 용량, 크기와 무게, 형태(각형 · 원통형 · 파우치형)에 따른 낙하시험 높이와 방법 등의 변화 또는 범위(range)의 설정(유연성이 있도록)이 필요하다고 본다. 즉, 새롭게 탄력적으로 설정할 필요성이 있다. 한편 전기이륜차용 배터리팩은 1m에서 6면을 반복 낙하시켜 낙하시험을 시행한다.

⑩ 연소시험

배터리팩 하단부를 휘발유, 최근에는 LPG 버너로 가열시킨 후 발화, 폭발 등의 여부를 1시간 동안 관측하고, 확인하는 시험이다.

사진 9.3과 같이 구동축전지(배터리팩) 안전성 평가를 친환경자동차(EFV, Environmentally Friendly Vehicle)용 고전압 배터리의 물리 · 화학 · 전기 및 열적 충격조건에서 안전성을 시험, 평가, 검증하고 있다.

사진 9.3 구동축전지(배터리팩) 안전성 평가 종류(시험항목)

친환경자동차용 고전압 배터리의 물리 · 화학 · 전기 및 열적 충격조건에서 안전성 검증이 반드시 필요하다. 예를 들어, 사진 9.4는 충남 보령에서 실제로 발생한 전기차 코나EV의 화재 장면이다. 운전 중이거나 충전 중에 배터리로 인한(리튬이온 배터리의 열폭주가 주된 원인이다) 화재가 발생하는 빈도가 높다.

배터리 안전성 평가

친환경자동차용 고전압 배터리의 물리·화학·전기 및
열적 충격조건에서 안전성 검증

➲ **사진 9.4** 충남 보령에서 발생한 실제 전기차 코나EV의 화재 장면

압착시험

사진 9.5는 압착시험에서 배터리팩의 손상이 발생 시 내부에서 증발되어 나오는(액체 전해액이 기화돼 나온) 기체 증기를 시험용 배터리팩 위에 달린 커다란 깔때기(funnel) 모양의 후드(hood)에서 석션(suction, 빨아들여 흡입)하는 모습이다. 이때 전해액이 기화 · 증발되어 나오는 기체는 톨루엔, 벤젠, 포름알데히드와 같은 발암물질을 함유한 유독성 가스이다.

배터리 안전성 평가

친환경자동차용 고전압 배터리의 물리·화학·전기 및
열적 충격조건에서 안전성 검증

(a) 석션 후드(suction hood) (b) 기화된 전해액 증기를 후드로 석션(suction)

➲ **사진 9.5** 압착시험 및 시험 후의 유해가스의 발생과 흡입 장면

04 구동축전지(배터리팩) 안전기준 연구

자동차안전연구원(KATRI)은 전기차의 성능 안전을 위해 구동축전지 안전기준 연구에 심혈을 기울이고 있다.

(1) 구동축전지(배터리) 안전기준 연구 내용

① 전기차 안전사고 원천 차단을 위한 BMS 감시기능 등 강화

배터리관리시스템(BMS) 기반 전기자동차 화재, 폭발, 누전 등의 사고예방 기술개발 및 전기차 화재, 폭발, 누전 등의 사고 발생 모니터링 · 안전성 평가 기술개발

② BMS 안전기준 및 화재방지기술 연구개발

차량 화재 발생 시 계기반에 화재 경고등 점등 + 자동신고(화재차량 접근금지 경보) + 화재확산 방지 기술개발 + 신속진화시스템 개발 등 미래 모빌리티 시대의 전기차 안전성 고도화를 위한 도전적 연구 수행

- 전기차 화재 · 폭발 방지를 위한 안전성 평가 기술개발 및 자동차안전도평가(KNCAP) 적용
- 열전이시험 제정 후 KNCAP 시험 차량 중 열전이 억제 우수차량 평가 및 선정
- KNCAP(Korean New Car Assessment Program, 국내 자동차의 안전도를 평가하는 프로그램)

제안 사항

1. 현재는 완충 및 급속충전 시에 그리고 정차 또는 주차 시에는 BMS(Battery Management System, 배터리 관리시스템)가 꺼진다. 따라서 혹시 배터리셀 이상으로 인한 열전이 및 열폭주가 문제가 되므로 지속적인 감지 및 원격 관측이 필요하다. 이를 위해서는 배터리셀 내부 구조의 변화를 계속 감지(센싱, sensing)해야 할 필요성이 있다. 한편 무수한 충 · 방전을 위해 리튬이온의 이동 시 혹시나 모를 분리막을 파손시키는 주된 원인이 되는 덴드라이트(dendrite) 현상의 사전 예측도 필요하기에, 배터리셀의 이상유무(예를 들면, 셀 밸런싱, 절연상태, 단락 · 합선, 과열, 스웰링 현상 등)를 상시 모니터링하고 예측하는 인공지능(AI) 시스템도 요구된다.
2. 배터리 화재 시 소방차가 노즐(nozzle)에 관창시켜 불을 끄고 있으나, 내부의 액티브 쿨링시스템(active cooling system, 능동형 냉각장치)이 작동되도록 하는 안전기준이 필요하다. 왜냐하면 현재는 화재가 발생하게 되면 BMS가 꺼지므로(off) 냉각장치가 작동되지 않는 큰 문제점이 있다. 따라서 배터리셀로 인한 화재 발생 시 무정전 전원장치(UPS, Uninterruptible Power Supply : 전원에서 발생하는 각종 장해(전압변동, 주파수변동, 전압파형의 왜곡, 노이즈, 순간정전 등)로부터 기기를 보호하고 양질의 전원으로 바꿔서 중요 부하에 정전없이 주어진 방전시간 동안 연속적으로 공급해 주는 정지형 CVCF(Constant Voltage Constant Frequency) 전원장치이다)와 같은 별도의 보조 배터리가 필요하다. 이는 화재로 인한 전원의 끊김이 없도록 별도 보조 배터리에 의한 전원공급으로 BMS와 냉각장치의 작동이 멈추는 것을 방지하는 기능이다.

(2) 구동축전지(배터리팩) 첨단안전기능 정보공개

KNCAP(Korean New Car Assessment Program)은 국내 자동차의 안전도를 평가하는 프로그램이다. 국토교통부 소관으로 국내에서 출시되는 신차의 충돌 테스트 등을 통해 평가하는 시스템으로, 1999년부터 시행되었으며 세계 5번째로 독자적인 충돌 테스트 체계를 갖추고 있다. 주요 내용은 표 9.9와 같다.

① **상시이상감지 :** 주차 중 배터리의 열폭주 발생 감지 및 알림기능

② **액티브 쿨링(active cooling, 능동형 냉각) :** 주차 중 배터리 열폭주 시 배터리를 강제 냉각시켜 열전이 지연을 방지한다. 현재는 배터리가 빨리 소모돼 방전되는 것을 막기 위해 액티브쿨링기능이 없다.

③ **정보저장 :** 주차 중 배터리 열폭주 시 배터리 온도 등 관련 정보저장 및 전송

④ **열폭주 :** 배터리셀 내부에서 발생한 제어 불가능한 발열현상 감지

▶ **표 9.9** 구동축전지의 첨단안전기능 정보공개 주요 내용

<table>
<tr><th>기능</th><th>아이오닉6</th><th>니로</th><th>XC40</th><th>풀스타2</th></tr>
<tr><td>상시이상감지</td><td colspan="2">–운행 및 충전 중 배터리 실시간 감시
–주차 후 2시간 동안 배터리 실시간 감시
–주차 중 배터리 이상발열 감지 시 사용자에게 문자 알림</td><td colspan="2">–운행 및 충전 중 배터리 실시간 감시
–배터리 고온 상태로 주차 시 배터리 감시 기능 최대 30분간 작동</td></tr>
<tr><td>액티브 쿨링</td><td colspan="2">–운행 및 충전 중 배터리 냉각장치 작동
–주차 중 배터리 이상발열 감지 시 사용자에게 문자 알림
–액티브 쿨링 기능 없음</td><td colspan="2">–운행 및 충전 중 배터리 냉각장치 작동
–배터리 고온 상태로 주차 시 배터리 냉각 장치 최대 30분간 작동
–액티브 쿨링 기능 없음</td></tr>
<tr><td>배터리정보저장</td><td colspan="2">–운행 및 충전 중 배터리 이상 감지 시 배터리 정보저장
–주차 후 2시간 동안 배터리 이상 감지 시 배터리 정보저장
–주차 후 2시간 이후 제어기 동작 시 배터리 정보저장</td><td colspan="2">–운행 및 충전 중 배터리 온도 및 상태 등을 일정 주기 저장
–주차 후 24시간 동안 주변 환경에 따라 4~23시간 간격으로 배터리 정보저장</td></tr>
</table>

- 상시이상감지 : 주차 중 배터리 열폭주 발생 감지 및 알림기능
- 액티브 쿨링 : 주차 중 배터리 열폭주 시 배터리를 강제 냉각시켜 열전이 지연
- 정보저장 : 주차 중 배터리 열폭주 시 배터리 온도 등 관련정보 저장 및 전송
- 열폭주 : 배터리셀 내부에서 발생한 제어 불가능한 발열현상

(3) 구동축전지 안전기준 연구

① 안전기준 연구 : 열전이 시험 제정(UN/ECE/GRSP/EVS GTR 2)

㉠ 시험 목적 : 배터리 셀 내부 단락으로 열폭주 및 열전이 평가

㉡ 관련 용어

- 열폭주(thermal runaway) : 셀 내부 단락으로 인한 발열반응으로 온도가 상승하여 제어가 불가능한 상태로 도달하는 현상
- 열전이(thermal propagation) : 내부 단락으로 시작된 열폭주가 주변 셀로 전이되는 현상
- GTR 1단계(완료) : 시험방법 개발 전까지 문서(engineering document) 제출로 안전성 증명
- GTR 2단계(진행 중) : 시험 재현성과 반복성을 고려하여 셀의 열폭주를 모사할 수 있도록 시험 조건 및 기준 개발 논의가 27차 회의('23.7월) 중단 → UN R.100에서 논의 계속 예정

㉢ 국내 기준조화

- 화염 억제시간 강화 : 주차 중 열폭주를 가정하여 기존 억제시간 5분 → 평균 소방 도착 소요시간으로 연장(10분)
- KNCAP 채택 : 배터리 열전이 억제성을 평가하여 KNCAP에 결과 반영
- 사진 9.6은 열전이시험(thermal propagation testing)을 정면에서 관측한 장면이다.

사진 9.6 열전이시험(1)

- 시험하고자 하는 타겟 배터리셀에 히팅 필름(heating film)을 부착하고 시험을 하고 있다.

• 사진 9.7은 열전이시험(thermal propagation testing)을 정면과 측면에서 관측한 장면이다.
• 그림 9.4는 열전이시험 개요도이다.

② 안전기준 연구 : 열전이 시험 제정(UN/ECE/GRSP/EVS GTR 2)

㉠ 시험 목적 : 주차 중 배터리 화재 발생을 모사하는 열전이 시험법 개발

㉡ 시험 방법

• 열폭주 타겟셀 선정(열전이가 가장 쉽게 일어날 수 있는 위치)
• 타켓셀에 부착된 히팅필름을 가열하는 국부급속가열(localized rapid heating) 방법으로 열폭주 개시
• 열전이 상황에서 배터리 폭발 및 화재 발생여부 확인(열전이 감지 후 5분간 승객실 내 가스 유입 및 화염 등의 발생이 없어야 함)

사진 9.7 열전이시험(2)

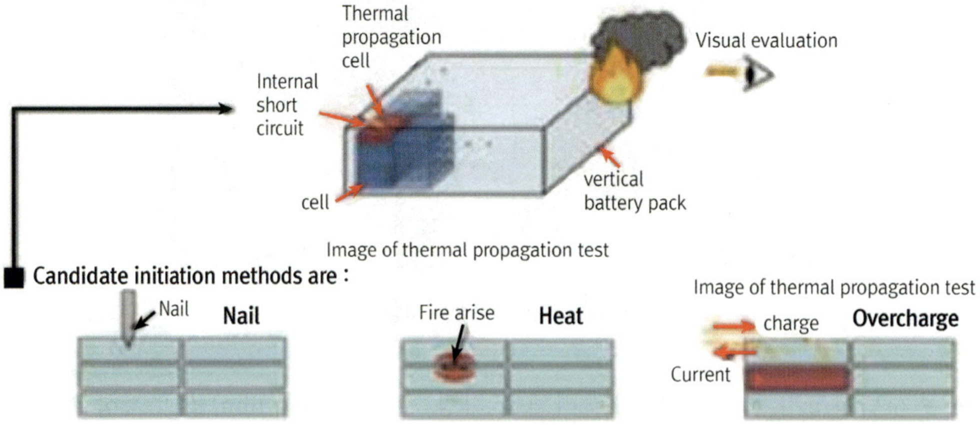

그림 9.4 열전이시험 개요도

③ 전기자동차 안전성평가 및 통합안전 관리기술개발 과제

㉠ 전기차 배터리 안전성 확인 제도 개발

- 전기차의 중요 부품인 배터리의 안전 관리를 위해 사전인증제도 신설
- 정부가 인정한 시험기관 및 국가기관에서 발행한 성적서만 인정하여 저품질 배터리 사용 방지 목적

㉡ 전기차 배터리 이력관리제 및 배터리 내구기준 신설

- 자동차 이력관리 항목에 전기차 배터리를 포함하여 배터리의 수리 · 교환 이력을 관리하여 배터리 안전관리 추진
- 현재 논의 중인 국제기준(UN GTR22)의 전기차 주행거리에 따른 성능기준을 신설하여 배터리 내구성능 관리
  - 5년 이하 혹은 10만 km 이하 주행 : 배터리 SOH 80% 이상
  - 8년 이하 혹은 16만 km 이하 주행 : 배터리 SOH 70% 이상
- 전기차 배터리 내구성능평가 장비 등이 광주 2단계 사업 일환으로 구축 추진(95억)

SoH(State of Health)

> 모든 제품에는 유효기간과 수명이 있듯, 배터리에도 당연히 정해진 수명이 있다. 배터리의 잔존 수명이자 현재 성능 상태를 알려주는 지표가 바로 SoH이다. SoH는 배터리의 최초 성능 대비 현재 배터리가 가진 성능 수준을 한눈에 보여주는 것으로, State Of Health를 직역하면 '배터리 건강상태'를 의미한다.
> 배터리는 사용할수록 내부저항이 증가해 용량이 열화되는 제품인데, 배터리에도 당연히 정해진 수명이 있다.
> 일부 스마트폰이나 태블릿 PC, 노트북 등에서는 이 SoH를 쉽게 확인할 수 있다. 배터리의 수명은 사용자의 이용 습관 또는 외부 환경에 영향을 많이 받기 때문에 동일한 기간을 사용한 배터리라고 하더라도 SoH는 달라질 수 있다.

인버터, 컨버터, DC-DC 컨버터, 구동 모터 등을 모두 포괄해서 워런티(warranty, 보증기간)를 해주고 있다.

④ 전기차 배터리 내구기준 신설(표 9.10 참조)

㉠ 국제기준(UN GTR22)의 전기차 주행거리에 따른 성능기준을 신설하여 배터리 내구성능 관리

- 5년 이하 혹은 10만 km 이하 주행: 배터리 SOH 80% 이상
- 8년 이하 혹은 16만 km 이하 주행: 배터리 SOH 70% 이상

▶▶ **표 9.10 전기차 배터리의 규제별 내구성 기준**

기관	기간	거리	SOH	비고
US EPA('27)	5년	10만km	SOCE 80%	MPR
	8년	16만km	SOCE 70%	MPR
	8년	13만km	SOCE	워런티
US CARB ('26, 캘리포니아)	5년	10만km	SOCR 80%	MPR
	8년	16만km	SOCR 70%	MPR
	10년	24만km	SOCR	워런티
Euro7 M1('25.7월) N1('26.7월)	5년	10만km	SOCE 80%(75%)	M1(N1)
	8년	16만km	SOCE 70%(65%)	M1(N1)
UN GTR22	5년	10만km	SOCE 80%	MPR
	8년	16만km	SOCE 70%	MPR

- SOCE(State of Certified Energy : 잔여에너지율)

$$= \frac{UBE\ measured(kWh)}{UBE\ certified(kWh)} \times 100 = \frac{\text{측정배터리용량}(kWh)}{\text{공인배터리용량}(kWh)} \times 100$$

- SOCR(State of Certified Range : 잔여거리율)

$$= \frac{Range\ measured(km)}{Range\ certified(km)} \times 100 = \frac{\text{측정주행거리}(km)}{\text{공인주행거리}(km)} \times 100$$

- MPR(Minimum Performance Requirement : 최소 성능기준)
- UBE(Usable Battery Energy : 배터리 가용 에너지)
- M1 : 9인승 이하 승용차
- N1 :총중량 3.5톤 이하 화물차

05 친환경자동차 및 부품 시험 · 인증 · 평가

(1) 목적

친환경자동차의 부품 시험 · 인증 · 평가의 목적은 그림 9.5와 같이 친환경자동차의 성능기준을 만족하는지를 평가해 최소한의 필수적인 자동차 주행 시의 요구품질(전반적인 성능, 규격, 제도 등)과 안전성을 보증하는 국제기준의 평가항목을 측정, 시험을 통해 보증하는데 목적이 있다.

(2) 시험 종류

시험 종류는 크게 다음과 같이 2종류로 시험을 진행한다.

① 구동축전지 안전성평가 등 자동차 및 자동차 부품의 성능과 기준 시행세칙
② 연구개발용역 등 인프라장비 활용 시험

그림 9.5 친환경자동차의 성능기준과 안전성 보증

사진 9.8은 배터리 안전성 평가항목으로 친환경자동차용 고전압 배터리의 물리 · 화학 · 전기 및 열적 충격조건에서 안전성 평가와 검증을 하고 있다.

사진 9.8 자동차안전연구원(KATRI)의 배터리 안전성 평가항목

사진 9.9와 같이 충돌시험은 저상 전기차(low-floor EV, 바닥이 낮고 출입구에 계단이 없는 즉, 다른 차량에 비해 상대적으로 실내 바닥 높이가 낮은)에서 저속충돌, 고속 정면충돌을 시험하고 있다.

사진 9.9 충돌 안전성 평가시험

사진 9.10과 같이 충격시험은 저상 전기차에서 저속충돌, 고속 정면충돌을 시험하고 있다.

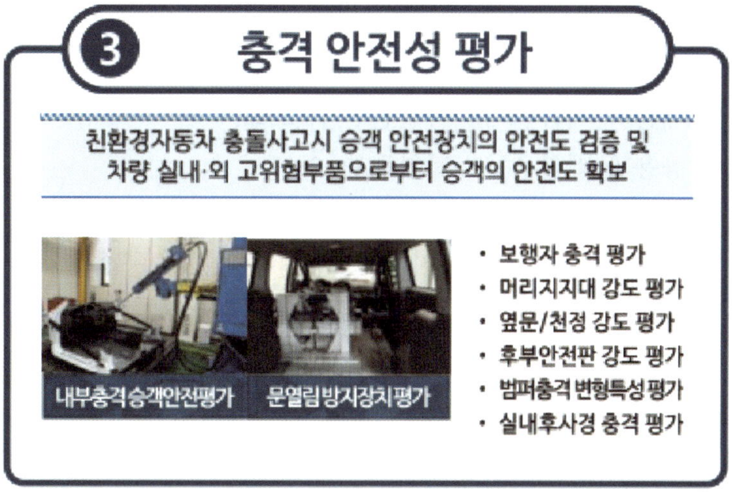

사진 9.10 충격 안전성 평가시험

참고문헌

이국환, “최신 제품설계(Advanced Product Design)”, 기전연구사, 2017.

이국환, “플라스틱 개론과 제품설계”, 기전연구사, 2021.

이국환, “플라스틱 응용과 재활용”, 기전연구사, 2021.

이국환, “엔지니어링 플라스틱 및 응용”, 기전연구사, 2021.

이국환, “슈퍼엔지니어링 플라스틱 및 응용”, 기전연구사, 2021.

이국환, “이국환 교수와 함께하는, 스마트폰 개발과 설계기술”, 기전연구사, 2020.

이국환, “스마트폰 개발전략(Development Strategy of Smart Phone)”, 기전연구사, 2020.

이국환, “스마트폰 해석과 개선설계(CAE & Improvement Design of Smart Phone)”, 기전연구사, 2022.

이국환, “4차 산업혁명의 핵심소재, 플라스틱 미래산업에 답하다”, 기전연구사, 2019.

이국환, “미래창조를 위한 창의성”, 카오스북, 2013.

이국환, “냉각장치 · 냉각시스템 개발 및 활용”, 구민사, 2023.

이국환, “설계사례 중심의 기구설계(개정증보판)”, 기전연구사, 2021.

이국환, “최신 기계도면 보는 법”, 기전연구사, 2018.

이국환 · 김성호, “제품 · 서비스 플랫폼 개발전략”, 진샘미디어, 2022.

이국환 외 공저, “제품개발과 기술사업화 전략”, 한티미디어, 2009.

이국환, “기계시스템응용설계 강의자료”, 2016~2023.

이국환, “메커니즘 사전”, 기전연구사, 2020.

이국환, 교육 · 강연 · 세미나 자료 등, 2016~2023.

이국환 외 공저, “설계사례중심의 3차원 CAD SolidWorks 2015”, 기전연구사, 2015.

이국환 외 공저, 3차원 CAD SolidWorks를 활용한 해석(CAE)”, 기전연구사, 2009.

이국환, 연구개발 및 기술이전 자료, 논문 등, 2017~2023.

이국환, 전자제품 기구설계 강의자료 등, 2016~2023.

홍명웅 편저, “엔지니어링 플라스틱 편람”, 기전연구사, 2007.

황한섭, “사출성형공정과 금형”, 기전연구사, 2014.

桑嶋 幹, 久保敬次 공저, “기능성 플라스틱의 기본”, SoftBank Creative, 2011.

오태균 외 공저, “신편 자동차공학”, 진샘미디어, 2020.

정남용 외 공저, “최신 재료역학(Mechanics of Materials)”, 진샘미디어, 2023.

동아일보, “전기차 ‘게임체인저’ 전고체 배터리… 앞서가는 日, 추격하는 韓”, A31면, 2023. 06. 27.

동아일보, “한애란 기자의 딥다이브”, B3면, 2023. 07. 27.
한국특허정보원(www.kipris.or.kr), 키프리스 특허정보넷.

구글 특허검색, www.google.com/patents(patents.google.com)
위키피디아(www.wikipedia.org)
미국 특허청(www.uspto.gov)
유럽 특허청(www.epo.org)
세계지적재산권기구(WIPO, World Intellectual Property Organization)
https://patentscope.wipo.int
www.google.com/scholar(scholar.google.com)
삼성SDI 자료
LG에너지솔루션 자료
SK이노베이션 자료
한국세라믹기술원 자료
자동차안전연구원 배터리 안전기준 자료

찾아보기

국문

영문

T

U

기타

맺음말 - Epilogue

기술 패권의 시대, 배터리의 시대가 활짝 열리다.

현 시대 과학기술의 발전은 4차 산업혁명의 범주를 뛰어넘을 만큼 가히 엄청나다.

우리 인간들은 능력과 지혜를 받았는데, 그 능력과 지혜의 한계는 어디까지일까 감히 상상하기도 어렵다. 단지, 인간의 지혜와 능력이 인류의 발전과 성장 그리고 평화로운 번영을 위해 올바르게 선용되기를 기대하며, 한편으론 올바르지 못한 방향으로 쓰이지 못하게 하는 제어와 규제가 반드시 필요하다고 본다.

세상에 없는 기술, 지금껏 생각지도 못하고, 상상하지도 못한 기술들이 하루하루 쏟아져 나오고 있다.

인류의 역사와 함께 해온 과학기술은 현재 AI(인공지능), 반도체, 양자컴퓨터를 비롯해 전기자동차는 우리의 이동수단으로 일상생활에 필수적인 도구이다. 전기자동차를 움직이는 핵심은 바로 배터리다.

본 저서의 특징은 다음과 같다.

내용을 알기 쉽고 정확히 이해하도록 각 장마다 앞서 설명한 내용에 좀 더 내용을 추가하여 반복해 저술하였다.

이는 여러 분야의 독자들이 2차전지 지식의 이해와 습득을 원활하게 하기 위함이다.

전공에 관계없이 학습하도록 많은 그림과 사진, 도표들을 발췌하고 인용해 폭넓은 내용을 개론적으로 다루었다.

저자는 학부 3학년, 4학년에게 기계시스템응용설계와 대학원 석사 · 박사과정 대학원생들과 전기자동차 및 2차전지 관련 세미나, 토론 등을 한 내용을 심층적으로 정리하여 새로운 차별화된 내용을 담았다.

저자는 기계시스템응용설계로 박사학위를 받은 공학자로 리튬이온 2차전지, 리튬인산철 배터리, 슈퍼커패시터 배터리 등의 연구개발과 기술사업화를 한 실무경험을 기반으로 저술하였다. 2차전지 관련 기술개발 및 활용에 도움이 될 것이다.

저자의 연구개발 자료를 부분적으로 접목하여 저서의 차별성을 기하였다.

저자의 플라스틱을 활용한 저서는 10여 권이 이미 출간되어 판매되고 있다. 이 분야 전문가이며, 공학자로 2차전지의 융복합 관련 다양한 내용으로도 집필하여 2차전지 및 전기자동차 관련 기술 습득에도 도움이 될 것이다.

2차전지 관련 다양한 방법(논문검색, 특허검색, 기능분석 등)으로 각 핵심요소의 역할과 특성을 파악/검토/분석을 통해서 도출된 문제점 분석과 이에 대한 개선안, 대안으로 개념설계의 제시 등 다양하고 차별화된 사례연구(Case study)를 제시하여 향후 연구개발 및 기술개발 그리고 개선 등에 도움을 줄 것이다.

본 저서의 집필에 너무 많은 수고와 노력 그리고 열정으로 배터리를 비롯한 전기자동차 그리고 과학기술 및 관련 공학발전 등에 기여를 한 분들의 업적과 결과를 분석하고, 검토하고, 가르치고, 세미나 등을 하면서 나름대로 저자의 차별화된 내용을 추가했다.

독자들 앞날에 발전과 성장이 있기를 기대하며, 기술보국의 주인공이 되길 바라는 바이다.

다시 한 번 2차전지의 발전과 성장에 기여를 한 분들의 노고에 진심으로 찬사와 감사를 드리는 바이다.

저자소개

이국환(李國煥)

한양대학교 정밀기계공학과와 동대학원을 졸업한 후 한국산업기술대학교에서 기계시스템응용설계 관련 박사학위를 받았다. 35년 이상 대우자동차 연구소, LG전자 중앙연구소, 대학교에서 기계·시스템 및 부품·소재, 전자·정보통신, 환경·에너지, 의료기기 산업 등에서 아주 다양한 융·복합기술 분야의 첨단 R&D, 제품개발 및 프로젝트를 수행하였다.

주요 내역은 다음과 같다.

- LG전자 특허발명왕 2년(1992년~1993년) 연속 수상(회사 최초)
- LG그룹 연구개발 우수상 수상(1996년) – 국내 최초 및 세계 최소형·최경량 PDA(개인휴대정보단말기) 개발로 1996년 한국전자전시회 국무총리상 수상
- 문화관광부선정 과학기술분야 우수학술도서 저술상 3회 수상(1998년, 2001년, 2014년)-국내 최다
- 2021년 제39회 한국과학기술도서상 출판대상 수상(과학기술정보통신부장관상) – "이국환 교수와 함께하는 스마트폰 개발과 설계기술" 시리즈 총 3권
- "중소기업을 위한 지식재산관리 매뉴얼" 자문 및 감수위원(특허청, 대한변리사회)
- LG전자, 삼성전자, 에이스안테나, 만도 등 다수 기업(BM발굴, 개발 및 현업문제해결 컨설팅, 특강)과 현대·기아 차세대 자동차 연구소(창의적 문제해결 방법론 교육)
- 삼성전기에서 제품개발 및 설계 직무교육
- 정부출연연구기관, 한국산업단지공단, 중소기업진흥공단, 한국생산성본부, 지자체, 대학교 등에서 창의적 제품개발, 신사업발굴, R&D전략 및 기술사업화(R&BD), 창의적 문제해결 방법론 등 교육 및 강의
- 첨단 제품 및 시스템 관련 미국특허(2건), 중국특허(2건) 및 국내특허 20여개 보유

현재 한국공학대학교에서 기계시스템응용설계, 창의적 공학설계, ICT 제품설계·개발 등과 더불어 대학원에서 기술사업화 및 R&D전략, 특허기반의 제품·시스템개발 및 기술사업화(IP-R&D, R&BD), 기술경영(MOT) 등을 가르치고 있으며, 정부 R&D 개발사업화 과제 선정 및 평가위원장 등 다수 역할을 수행하고 있다.

또한, 다양한 융·복합기술 분야에서 창의적이며 혁신적인 특허·지식재산권(PM : Personal Mobility, 전동개인이동수단 관련 다수의 국내 및 미국특허등록, 중국특허등록, 해외특허 PCT 출원)을 보유하고 있으며 이를 활용한 글로벌 혁신적, 창의적이며 차별화된 첨단 제품과 시스템 개발에도 열정을 쏟고 있다.
㈜피엠모터스(www.pmmotors.co.kr) 창업자 겸 원천기술 개발자(30여 편의 국내외 특허 보유)로 과학자, 공학자,

발명가로 활동 중이다.

다음과 같은 전문 분야에서도 활발한 활동을 하고 있다.

- 창의성, 창의적 문제해결의 방법론 및 창의적 개념설계안의 도출 · 구체화
- 혁신적·창의적 개념설계(Concept design) R&D 및 연구과제 · 아이템 창출
- 선행 연구개발 및 창의적(Creative) 도전기획과제 발굴 및 창출
- 특허기술의 사업화(Open innovation), 특허분석 및 회피설계
- 제품개발과 기술사업화 전략, 사업아이템 발굴 및 BM(비즈니스 모델) 전략수립
- 제품·시스템설계 및 개발공학, 동시공학적 개발(CAD/CAE/CAM), 원가절감(VE) 및 생산성(Q.C.D) 향상
- 기술예측, R&D 평가 등

저서로는 〈다이슨 '날개없는 선풍기' 선행개념 연구개발〉, 〈플라스틱 제품개발 사례 및 활용〉, 〈냉각장치·냉각시스템 개발 및 활용〉, 〈알기쉬운 도면연습〉, 〈알기쉬운 기계제도 도면해석〉, 〈제품·서비스 플랫폼 개발전략〉, 〈스마트폰 해석과 개선설계〉, 〈플라스틱 응용과 재활용〉, 〈플라스틱 금형·사출성형과 제품설계〉, 〈복합 엔지니어링 플라스틱 및 응용〉, 〈수퍼 엔지니어링 플라스틱 및 응용〉, 〈엔지니어링 플라스틱 및 응용〉, 〈플라스틱 개론과 제품설계〉, 〈설계사례 중심의 기구설계(개정증보판)〉, 〈스마트폰 부품목록과 설계도면〉, 〈스마트폰 개발전략(Development Strategy of Smart Phone)〉, 〈스마트폰 개발과 설계기술〉, 〈최신 제품설계(Advanced Product Design)-ICT 및 융 · 복합 제품개발을 위한〉, 〈4차 산업혁명의 핵심소재, 플라스틱 미래산업에 답하다〉, 〈최신 기계도면 보는 법〉, 〈메커니즘 사전〉, 〈제품설계·개발공학〉, 〈제품개발과 기술사업화 전략〉, 〈동시공학기술(Concurrent Engineering & Technology)〉, 〈설계사례 중심의 기구설계〉, 9〈2차원 CAD AutoCAD 2023, 2022, 2021, 2020, 2019, 2018, 2017, 2016, 2015, 2014 등〉, 〈3차원 CAD SolidWorks 2015, 2013, 2011 등〉, 〈SolidWorks를 활용한 해석·CAE〉, 〈3차원 CAD Pro-ENGINEER Wildfire 2.0 등〉, 〈기계도면의 이해 Ⅰ·Ⅱ〉, 〈2D 드로잉 및 3D 모델링 도면 사례집〉, 〈미래창조를 위한 창의성〉, 〈알파고 시대, 신인류 인재 육성 프로젝트〉 등 제품설계 및 개발, R&D, 기술사업화, CAD/CAE, 특허, 창의성, 창의적인 혁신제품의 개발전략 분야 등 상품기획, 제품설계 및 생산에 이르는 전분야·전주기에 걸친 총 79권의 관련 저서가 출간되어 있다.